煤矿井下槽波探测方法及应用

姬广忠　程建远　王　季
王保利　张平松　胡泽安　著

应急管理出版社

·北京·

图书在版编目（CIP）数据

煤矿井下槽波探测方法及应用/姬广忠等著． －－北京：应急管理出版社，2020

ISBN 978 -7 -5020 -7732 -7

Ⅰ.①煤⋯ Ⅱ.①姬⋯ Ⅲ.①煤矿—井下作业—地震勘探—研究 Ⅳ.①P618.110.8

中国版本图书馆 CIP 数据核字（2019）第 230354 号

煤矿井下槽波探测方法及应用

著　　者	姬广忠　程建远　王　季　王保利　张平松　胡泽安
责任编辑	成联君
责任校对	李新荣
封面设计	于春颖
出版发行	应急管理出版社（北京市朝阳区芍药居 35 号　100029）
电　　话	010 -84657898（总编室）　010 -84657880（读者服务部）
网　　址	www.cciph.com.cn
印　　刷	北京建宏印刷有限公司
经　　销	全国新华书店
开　　本	710mm×1000mm $^1/_{16}$　　印张　18　　字数　341 千字
版　　次	2020 年 5 月第 1 版　2020 年 5 月第 1 次印刷
社内编号	20192499　　　　　　　　　定价　68.00 元

版权所有　违者必究

本书如有缺页、倒页、脱页等质量问题，本社负责调换，电话：010 -84657880

前　　言

我国诸多煤矿开采条件复杂，煤层内的小断层、小陷落柱等地质异常威胁煤矿安全开采，需要提前探明。未来煤炭开采向着深部开采、智能化无人开采方向发展，无人值守工作面和透明工作面的提出对煤层地质构造精准探测提出了更高要求。

槽波技术适用于探测煤层中的小构造，经过几十年的发展和广大物探工作者的努力，目前槽波技术在煤矿已经得到广泛应用，尤其是近10年槽波技术发展十分迅速。经过近些年的研究和实践积累，笔者们积累了较多的研究成果，编成专著供大家参考。

虽然槽波透射方法效果较好，但是槽波反射法尤其独头巷道超前探测仍面临着诸多问题，槽波基础理论需要继续深化，探测精度也有待提高，槽波研究仍需要大家继续努力、开拓创新。

另外，感谢为本书提供帮助的诸多同仁：朱培民、吴荣新、胡雄武、胡继武、陆斌、覃思、吴海、张庆庆、段建华、金丹、王盼、何文欣、李刚、张孝文、张广忠、叶红星、崔伟雄、吴国庆、牛欢、关奇、刘硕、何良、张强、李辉、李德春、杨小慧、王伟、杨思通、马欣等，正是有了大家的共同努力，才有了本书的最终完成。

本书编写分工为：绪论由姬广忠、程建远、张平松编写，第1、2章由程建远、姬广忠、王季编写，第3章由姬广忠、王保利、朱培民编写，第4章由姬广忠、程建远、王季、王保利编写，第5章由姬广忠、程建远、王保利编写，第6、7、8章由姬广忠编写，第9、10章由姬广忠、张平松、胡泽安编写，第11、12章由王季、程建远、王保利、何良、张强编写。全书由程建远校正。本书编者姬广忠、张平松、胡泽安工作单位为安徽理工大学，程建远、王季、王保利工作单位为中煤科工集团西安研究院有限公司。

本书既可作为专著供广大煤矿相关科研工作者参考，也可作为高等院校教材为本科、研究生使用。

由于作者水平有限，书中难免有疏漏及欠妥之处，敬请广大读者批评指正。

姬广忠

安徽理工大学·淮南

2019 年 10 月

目　　次

0　绪论 ··· 1
　　0.1　国内外研究现状 ··· 1
　　0.2　存在问题及发展方向 ·· 6

第一部分　槽波基础理论与探测技术

1　槽波的形成与特性 ·· 9
　　1.1　槽波的形成与分类 ·· 9
　　1.2　槽波的频散 ··· 14
　　1.3　槽波的波形 ··· 21
　　1.4　槽波的振幅 ··· 23
　　1.5　槽波的衰减 ··· 25
2　槽波数据采集方法 ·· 30
　　2.1　槽波的激发 ··· 30
　　2.2　槽波的接收 ··· 30
　　2.3　槽波地震仪 ··· 32
　　2.4　观测系统设计 ·· 33
3　三维槽波数值模拟 ·· 37
　　3.1　地震波场传播理论 ·· 37
　　3.2　三维交错网格高阶有限差分数值算法 ··· 40
　　3.3　三维空间巷道界面处理方法 ··· 46
　　3.4　透射槽波的波场传播特征 ·· 55
　　3.5　反射槽波的波场传播特征 ·· 61
4　槽波数据分析与处理 ·· 88
　　4.1　包络计算与速度分析 ·· 88
　　4.2　槽波频散分析 ·· 90
　　4.3　极化分析与极化滤波 ·· 98
　　4.4　槽波能量一致性校正 ·· 108

4.5	工频干扰时频域压制	108
4.6	透射槽波成像方法	112
4.7	槽波数据处理的特殊性	121
4.8	透射槽波一般处理流程	122
4.9	反射槽波数据处理技术	124
4.10	z 分量槽波探测理论基础及应用	132

5 反射槽波偏移成像方法 147

5.1	槽波绕射偏移	147
5.2	克希霍夫偏移	148
5.3	基于等效偏移距的散射波成像	149
5.4	槽波三分量极化偏移成像	153
5.5	反射槽波模拟数据偏移成像	166

第二部分 非弹性各向同性介质槽波特征

6 VTI 煤层介质的槽波波场与频散特征 181

6.1	VTI 介质的理论基础	181
6.2	VTI 三层水平介质 Love 型槽波频散曲线	182
6.3	VTI 介质三维槽波数值模拟	189

7 HTI 煤层介质的槽波波场与频散特征 196

7.1	HTI 介质的理论基础	196
7.2	HTI 三层水平介质 Love 型槽波频散曲线	197
7.3	HTI 介质三维槽波数值模拟	205

8 黏弹 TI 煤层介质的槽波波场特征 214

8.1	黏弹 TI 介质三维波动方程	214
8.2	正常煤层模型的数值模拟	215
8.3	含断层煤层模型数值模拟	226
8.4	含陷落柱煤层模型数值模拟	231

9 TI 介质多层水平地层 Love 型槽波频散曲线特性 237

9.1	TI 介质 Love 型槽波频散曲线求解	237
9.2	TI 介质 Love 型槽波频散分析	242

10 TI 介质多层水平地层 Rayleigh 型槽波频散曲线特性 246

10.1	TI 介质 Rayleigh 型槽波频散曲线求解	246
10.2	TI 介质 Rayleigh 型槽波频散分析	250

第三部分　煤矿井下槽波探测应用实例

11　透射槽波探测实例 ··· 261
　11.1　陷落柱探测 ··· 261
　11.2　断层探测 ··· 263
　11.3　煤厚探测 ··· 265
12　反射槽波探测实例 ··· 267
　12.1　断层探测实例一 ··· 267
　12.2　断层探测实例二 ··· 272
参考文献 ··· 274

0 绪 论

我国煤矿开采地质条件复杂，在煤矿开采过程中，小断层、陷落柱、采空区、煤厚变化等地质异常容易引发顶板垮落、突水、瓦斯突出等安全隐患，严重威胁煤矿安全开采，有时甚至会造成巨大的经济损失和严重的人员伤亡；同时，由于地质条件的突然变化常常打乱正常的采掘计划，会造成采掘失调、影响正常生产效率等。

地震勘探是超前探查煤矿隐伏地质构造的首选手段，例如地面三维地震和井下槽波地震探测技术。地面三维地震能够查明落差 5 m 以上断层、直径 30 m 以上陷落柱等地质异常体，但对小断层、小陷落柱、煤厚变化等探测精度较低（程建远等，2013）；矿井物探方法具有距离探测目标近、分辨率高等优势，如音频电透、瞬变电磁法等对低阻富水异常区比较敏感，但对构造探测精度偏低，且受巷道锚网等铁磁物质干扰大（于景邨等，2007；刘盛东等，2014），地质雷达、无线电波透视虽适用于构造探测，但透距较短。相比之下，煤矿井下槽波地震探测技术具有探测距离远、精度高、抗干扰能力强、波形易识别以及成果直观等优点，在断层、陷落柱、煤厚变化、采空区、废弃巷道等地质异常探测方面具有独特的优势。

与顶（底）板相比，煤层是一种低速度、低密度的介质，因此地震波在煤层顶（底）板会产生全反射，来自顶（底）板的反射波相互干涉从而形成槽波。槽波勘探方法利用在煤层内激发和传播的槽波查明煤层构造，是目前煤矿井下最有效、分辨率最高的地震方法（Dresen and Rüter，1994；刘天放等，1994）。

0.1 国内外研究现状

1955 年，Evision 首先接收到了实际煤层中的 Love 槽波，发现槽波能量很强；1963 年，Krey 从理论上分析了槽波基本特征，奠定了槽波应用的理论基础。槽波的理论研究主要涉及槽波频散性质、槽波传播特征、全空间数值模拟等，槽波的处理技术主要包括透射槽波 CT 成像和反射槽波偏移成像。下面将详细论述这几个方面的国内外研究现状。

1. 槽波频散特征

频散是槽波最重要的特性。基于弹性各向同性介质，槽波频散已在理论研究方面推出了三层水平层状条件下煤层的槽波频散公式，同时采用理论推导和数值计算相结合，得到了弹性各向同性介质、多层水平层状中煤层的槽波频散曲线数值解。Asten 等（1984）通过有限元法对煤层中 Love 型槽波频散进行了研究，结果表明当 Love 型槽波遇到断层、空隙、岩脉时，反射波和散射波能量分布可显示出地质异常特征。Rader（1985）采用相移法计算了水平层介质 Love 型槽波的频散曲线和振幅深度分布，结果显示在高频处煤层波导依赖于下半部分黏土厚度和夹层厚度，在低频处显示为一个 Love 型导波。Kranjewski 等（1987）观察到实际数据 Love 型槽波基阶频散曲线和理论符合较好，但实际频散曲线朝低频方向移动 10%～20%。Yang 等（2014）研究了多层介质 Rayleigh 型槽波频散曲线和品质因子特性，指出 Rayleigh 型槽波品质因子主要受煤层厚度和煤层横波品质因子影响。He 等（2017）认为煤层中 Rayleigh 槽波简正振型始终存在，实际煤层中大多数能接收到基阶和一阶槽波。杨真等（2010）研究了 0.9 m 薄煤层 SH 型槽波频散特征，发现槽波有高频和低频两个独立且不连续的波段，可将两者结合进行探测。王伟等（2012）利用实际数据提取的频散曲线，对某固定频率对应的速度进行层析成像，获得了工作面内煤层厚度和高应力区分布特征。冯磊等（2015）分析了实际槽波的极化特征。乔勇虎等（2018）推导了弹性各向同性介质煤层厚度变化时槽波理论频散曲线。可以看出上述关于 Love 型槽波和 Rayleigh 槽波频散研究都是基于煤层是弹性各向同性介质的假设，对于实际具有显著横向各向同性、纵向薄互层出现的煤层而言，将上述理论直接应用到实际槽波探测中必然会带来误差，应当求解黏弹各向异性介质槽波频散曲线。

多层水平层状介质槽波频散曲线求解算法包括相位递归算法和传播矩阵算法（Dresen 和 Rüter，1994），其中传播矩阵算法应用较多。地表面波频散求解的算法较多，主要有 Thomoson‑Haskell 算法、Schwab‑Knopoff 算法、δ 矩阵算法和广义反射—透射系数法（何耀锋等，2006）。陈晓非（1993）提出了广义反射—透射系数法，解决了以往算法高频精度丢失的问题，计算结果更为准确、稳定，易于编程实现。求取地面半空间条件下黏弹性介质面波频散、衰减曲线的方法是 Muller 法（张凯等，2016）。Ji 等（2019）研究了多层水平地层 TI 介质中 Love 槽波理论频散曲线。

2. 槽波传播特征与波场模拟

基于弹性各向同性介质，早期的槽波研究以简单的二维层状模型为主，主要涉及槽波的波形特点、遇到地质异常的传播特性、振幅分布、频散及实际数据分析等（Krey 等，1982；Buchanan，1986），复杂的煤层模型无法用理论推导的方式得到槽波波场，一般采用数值模拟方法（Edward，1985）。

随着计算机技术的高速发展，三维数值模拟可用来模拟三维复杂地质模型的槽波波场。Essen 等（2007）模拟了含有断层、煤厚变化情况下煤层中 Rayleigh 槽波的波场特征，指出槽波遇到干扰体产生振幅较小的反射槽波，在煤层分岔处不产生反射槽波。陈香梅和朱培民等（2012）采用有限元模拟了三维含复杂巷道模型的槽波传播过程，能够较好地模拟巷道型槽波。姬广忠等（2012）通过交错网格高阶有限差分法编写了专门的槽波正演软件，提出了基于镜像法处理煤矿巷道特殊空间的算法，能较好地模拟含巷道的煤层模型。杨思通等（2011，2012，2016）研究了矿井巷道超前探测的三维地震波场与探测方法，指出在特定的构造界面上会产生能量较大的绕射波，容易干扰反射波，巷道迎头前方 Rayleigh 型槽波能量较强，适于超前探测，Love 型槽波能量较弱，不利于超前探测。Wang 等（2017）采用高阶交错网格有限差分法模拟了巷道前方存在小断层时的地震波散射特征。何文欣（2017）采用交错网格有限差分 GPU 并行计算模拟了工作面内含不同断层的槽波波场，并对其进行了 CT 成像。姬广忠（2017）模拟了断层存在时的反射槽波波场，并进行了绕射偏移成像。皮娇龙等（2013，2018）还制作了物理模型以分析槽波波场。

此外，煤矿井下存在巷道这一特殊空间，由于巷道空气介质和周围煤层密度差异很大，巷道壁上介质基本不连续，所以在数值模拟中很难处理。目前有限差分法对巷道的处理方法有两种，一种是把巷道看作真空，采用镜像法处理巷道界面，姬广忠等（2012）设计了利用镜像法处理巷道空间的算法，还可处理起伏巷道，Li 等（2013，2015）将其用于黏弹介质中的槽波模拟；另一种是将巷道空气密度设置较大值，避免计算不收敛，杨思通等（2012）采用了这种方法。陈香梅、朱培民等（2012）采用有限元法模拟了巷道模型，将巷道作为真空，对自由界面处理较好。从处理效果来看，有限元法对巷道效果较好。

3. 黏弹介质和各向异性介质中的槽波传播

煤层是典型的黏弹介质，品质因子大多在 50、甚至更低（Dresen 等，1994），对槽波能量吸收较大。程久龙等（1992）研究了三层黏弹性介质模型的 Love 波传播特性，发现煤槽 Q 值随频率变化，在 Airy 相附近急剧减小，槽波衰减增大，需要进行衰减补偿。Li 等（1995）估算了与频率相关的 Love 槽波品质因子值。Li 等（2013，2015）利用有限差分模拟研究了黏弹介质中的槽波以及起伏巷道中的槽波传播情况，同样发现煤层黏弹性对槽波衰减作用较大，对槽波做衰减补偿是非常必要的，补偿标准应依据槽波衰减曲线。

煤层具有层理和裂隙，具有明显的各向异性，学者们分析了煤层各向异性对槽波速度的影响，表示各向异性对槽波的影响不能被忽略，但对此进行定量分析和波场数值模拟的文献很少。Buchanan 等（1983）从群速度频散曲线测得的煤层速度各向异性高达 14%，认为忽略煤层各向异性会在反射异常体位置推断上引起误差。Liu 等（1991）开始研究裂隙对 Love 型槽波传播的影响，计算了二维 EDA 介质中的槽波，结果发现理论合成记录和实际结果在旅行时间、振幅和频散特征等方面吻合较好。姬广忠等（2019）研究了 HTI 和 VTI 煤层中的三维槽波波场和三层介质 Love 槽波的频散曲线，VTI 介质与各向同性介质中的槽波差异较大，HTI 介质较小。Ji 等（2019）研究了多层水平地层 TI 介质中 Love 槽波理论频散曲线。

4. 槽波数据处理技术

透射槽波主要探测煤层内的构造，如断层、陷落柱、煤厚变化等。透射槽波成像处理技术主要有槽波振幅衰减系数 CT 成像（姬广忠等，2014；Dresen 等，1994）、槽波速度 CT 成像（王伟等，2012；李松营等，2016，2017）、初至折射波速度 CT 成像（王文德，1997）等。其中槽波振幅衰减系数成像对陷落柱、断层效果最好，煤厚次之，但是实际探测中各炮各道能量一致性较差，由黏弹性引起的槽波能量衰减并没有严格按照槽波衰减曲线进行补偿，能量一致性校正和能量补偿是该方法的处理难点。槽波速度成像适于探测煤厚变化、陷落柱、褶皱等，对断层效果稍差。该方法首先需要通过提取槽波频散曲线拾取槽波速度，然后通过 CT 成像反演工作面内槽波速度分布，若探测煤厚，还需将槽波速度转换为对应煤厚，但是提取的槽波频散曲线经常不准确，造成成像结果精度低，而将槽波速度转换为煤厚时是依据弹性各向同性介质槽波频散曲线，显然不符合实际煤层特征。由于初至折射波速度太高，对异常反应不敏感，所以初至折射波速度 CT 成像一般精度较低。

反射槽波技术主要用于探测断层、废弃巷道等。Mason 等（1980）在 20 世纪 70 年代末开始进行煤矿反射槽波的试验研究，提出了用于断层成像的延迟求和方法，类似于绕射偏移成像。Buchanan 等（1981，1983）改良了上述方法，设计了动态道集叠加和自适应延迟求和成像方法。Millahn 等（1980）以 SH 极化方向判断真实反射点，采用两分量利用 Love 槽波做极化偏移。Elsen（1986）和 Schott（1990）等在进行了多次试验后，对反射槽波采用包络叠加和极化滤波进行成像。Hu 等（2007）尝试把逆时偏移技术应用于反射槽波成像，利用模型数据进行成像。以上这些方法同样可以应用到掘进巷道工作面前方的反射槽波成像。

地震超前探测方法最先是在隧道超前探测中发展起来的，而后用于煤矿掘进巷道超前探测中。沈鸿雁等（2006）研究了反射波法隧道井巷地震超前预报技术 RTSP（Reflected-Wave Tunnel Seismic Prediction）。刘盛东等（2006）提出了基于绕射扫描偏移的矿井震波超前探测 MSP 技术。

煤矿井下槽波地震超前探测数据的成像方法还有槽波绕射偏移成像方法、矿井体波极化偏移成像方法等。偏移前的数据预处理也较为重要。王季（2015）针对井下实际地震数据中反射槽波受干扰严重的问题，研究了反射槽波探测采空巷道的方法，提出了基于最小平方反褶积的反射槽波增强算法及径向道变换方法，利用绕射偏移方法实现了对巷道的成像。Lüth 等（2005）将基于极化方向的菲涅尔体偏移应用于 VSP（Vertical Seismic Profiling）数据和隧道实际数据处理中，提高了成像图像的质量。王勃等（2012，2016）研究了矿井地震全空间极化偏移成像技术，提出了利用体波进行极化滤波的极化偏移技术，能够消除工作面前方层上下对称的假象。王伟等（2014）采用 Kirchhoff 偏移方法探测，对前方断层进行了反射槽波成像。姬广忠等（2017，2018）模拟了存在断层时的反射槽波波场，并进行了绕射偏移成像。蒋锦朋等（2018）采用槽波扫描方法拟合前方断层位置，并指出当采用垂向集中力源激发地震波时，Rayleigh 型槽波较为适合超前探测。Ji 等（2018）在分析槽波极化特性的基础上，提出了槽波三分量极化偏移技术，该方法具有方向选择性，在偏移过程中滤掉了其他干扰波，因而比其他方法成像精度更高。蒋锦鹏、何良等（2018）研究了基于槽波的 TVSP 超前探测方法的可行性。

5. 槽波的工程应用

1985 年，德国 WBK 公司推出了分布式槽波数字地震仪 SEAMEX85 及数据处理专用软件 ISS，加速了槽波勘探的实际应用。1983 年，中国矿业大学在微机上开发了可独立运行的 MISS 槽波处理软件。1985 年，西安煤炭科学研究院从德国引进全套技术及井下勘探设备，先后在全国 70 多个煤矿进行了槽波地震的探测工作，并研制了国内第一套具有自主知识产权的槽波地震勘探仪——DYSD 矿用数字地震仪，于 1997 年出口印度。

1997 年，王文德总结了国内部分矿区煤层槽波的赋存情况，根据槽波特性对其进行了分类，研究结果指出：我国绝大部分煤层都体现出比较理想的槽波赋存条件，具备通过槽波地震探测方法探测回采工作面内部隐伏构造的可行性。王文德等（1997）还研究了通过钻孔实现槽波地震勘探的技术。尤为关键的是：刘天放等（1994）在其编著的《槽波地震勘探》一书中系统性地分析了当时的槽波地震技术研究现状，论述了槽波特性、模拟技术、处理方法和相关的计算软件，研究了二维三层介质情况下煤厚、煤层物性、围岩物性对频散曲线的影响，提出了一些提取频散曲线的方法，以及二维有限差分槽波数值模拟的算法设计和实现等，为我国槽波勘探技术的推广奠定了理论基础。

20 世纪末，随着地面煤矿采区三维地震勘探技术的发展与成熟，槽波地震勘探技术在我国的发展陷入低谷，一方面是煤炭行业不景气，另一方面是槽波勘探技术存在不足，这些不足包括槽波地震勘探施工过于复杂烦琐、采集道数少、处理成像技术上有待改善、仪器设备笨重、需要很多人力等。

　　Ge 等（2008）采用椭圆映射方法，在 Harmony 煤矿成功探测到空洞。钱建伟等（2013）分析了 Love 型槽波在煤层中的能量分布规律及煤层对 Love 型槽波的滤波特性，认为煤层对 Love 型槽波的滤波作用类似于高通滤波器。乐勇等（2013）利用槽波技术对义安煤矿 11061 工作面进行了透射法探测，通过 CT 成像分辨出工作面内与煤厚相当的小构造，同时还能获得围岩高应力区及瓦斯富集带等地质信息。任亚平（2015）以陕北某煤矿大型工作面槽波地震工程为例，开展了超大工作面内隐伏断层的槽波地震探测，探测结果与后期巷道揭露情况基本吻合，为矿井实现盘区勘探提供了技术支持。程建远等（2015）、吴海（2016）、张庆庆（2017）基于槽波地震探测技术，采用第三代节点式地震仪的设计理念，开发出节点式设计、独立式激发、分布式采集、三通道储存、集中式回收的新型槽波地震仪，实现了煤矿井下槽波地震观测系统的自由布设，高效施工。胡国泽等（2013）阐述了槽波地震勘探技术的研究现状及其形成特点、工作方法、应用实例，并对其未来发展进行了展望。李刚等（2016）利用槽波探测了工作面内的陷落柱发育情况，准确率较高。赵朋朋（2017）采用槽波透射和反射联合方法探测煤层小构造。王保利等（2019）开发了 GeoCoal 槽波处理软件。郭银景等（2019）总结了近几年槽波的应用情况。

0.2 存在问题及发展方向

　　目前槽波透射方法对槽波发育较好的煤层效果好，但不少地区煤层槽波能量弱，有些煤矿甚至不发育槽波（王文德，1997；王顺等，2001），严重影响槽波探测效果。另外，槽波无法定量判断断层断距，对断距小于煤厚二分之一的断层解释精度低，对煤厚探测精度同样需要提升。反射槽波同样严重依赖槽波的发育程度，反射槽波强的煤层效果好，有时煤层透射槽波能量强，但反射槽波依然很弱，而且衰减很快；当透射槽波弱时，反射槽波基本接收不到，而且炮点附近反射槽波缺失，在一定偏移距之外才能接收到（王季，2017）。依照现有槽波理论，反射槽波能量都较强，对这些现象到目前为止没有合理的理论解释。独头巷道槽波超前探测时，观测空间受到严重限制，反射槽波信号弱，而且接收范围很小，面临更大的挑战。

　　今后，槽波基础理论应该往更深化、更符合实际煤层的方向发展，槽波采集技术应该往多道、三分量接收、仪器更轻便的方向发展，处理技术往更精细、分辨率更高的方向发展，同时积极利用钻孔进行数据采集，尝试利用采煤机震源、激振震源代替炸药震源等，只有这样才能把槽波探测效果提升到一个新台阶。

第一部分
槽波基础理论与探测技术

1 槽波的形成与特性

1.1 槽波的形成与分类

煤层多以泥岩、粉砂岩、砂岩或灰岩作为顶（底）板，与围岩相比，煤层具有速度低、密度小的特点。由表 1-1 可知，在岩石-煤层剖面中，以煤层为中心形成了一个低速"槽"。煤与围岩密度、速度的比值约在 1.5~3.0。煤层上、下界面都是一个极强的波阻抗分界面。

表 1-1 煤、围岩的速度与密度

岩 性	$v_P/(km \cdot s^{-1})$	$v_S/(km \cdot s^{-1})$	$\rho/(g \cdot cm^{-3})$
围岩（砂岩、粉砂岩、泥岩、页岩、灰岩）	3.0~4.8	1.6~2.8	2.4~2.8
煤	1.8~2.4	0.9~1.4	1.3~1.4

在地质剖面中，煤层是一个典型的低速夹层，在物理上构成了一个"波导"。当煤层中激发了体波，包括纵波和横波，激发的部分能量由于顶底界面的多次全反射被禁锢在煤层及其邻近的岩石（简称煤槽）中，不向围岩辐射，在煤槽中相互叠加、干涉，形成一个强的干涉扰动，即槽波。槽波以煤层为波导沿着煤槽向前传播，因此槽波又称煤层波或导波（刘天放等，1994）。

在一个三层对称的岩石—煤层—岩石模型中，煤层中激发的体波——P 波、S 波以 α 角入射到煤、岩石的分界面上，产生反射和透射，并遵守斯奈尔定律，即

$$\frac{v_{P2}}{\sin\alpha} = \frac{v_{S2}}{\sin\theta} = \frac{v_{P1}}{\sin\alpha_t} = \frac{v_{S1}}{\sin\theta_t} = c \qquad (1-1)$$

式中 v_{P2}、v_{S2}——煤层的 P 波速度与 S 波速度；
v_{P1}、v_{S1}——围岩的 P 波速度与 S 波速度；
α_t、θ_t——P 波与 S 波的临界角；
c——波前沿煤、岩石分界面传播的速度。

煤层上、下界面的速度条件直接关系到槽波的形成。煤层 P 波速度可能大于或小于围岩 S 波速度。因此，煤-岩体波速度可能存在两种情况，即 $v_{P1} > v_{P2} >$

$v_{S1} > v_{S2}$ 与 $v_{P1} > v_{S1} > v_{P2} > v_{S2}$（图 1-1）。图 1-1 中，震源在左边，虚线表示 S 波波前，实线表示 P 波波前。当煤层中激发的体波以入射角小于临界角入射到煤、岩石分界面时，即 $c > v_{S1}$，尽管这些界面都是反射系数大于 0.2~0.3 的强反射面，在其界面上产生强的反射返回煤层；但同时仍有相当多的能量，由于折射作用以体波的形式向围岩辐射，因而这些地震体波在煤层内来回反射的过程中，迅速衰减而消失，形成了所谓的泄漏振型（图 1-1a~图 1-1e）；反之，当体波以入射角大于临界角入射到煤、岩石分界面时，即 $c_R \leqslant v_{S1}$，则由于发生全反射，地震体波的能量被限制在煤层及邻近岩石的一个薄层中，不向围岩辐射，形成了所谓的简正振型（图 1-1f~图 1-1h）。这里讨论的槽波就属于简正振型的范畴。它对于实际应用具有重要意义。

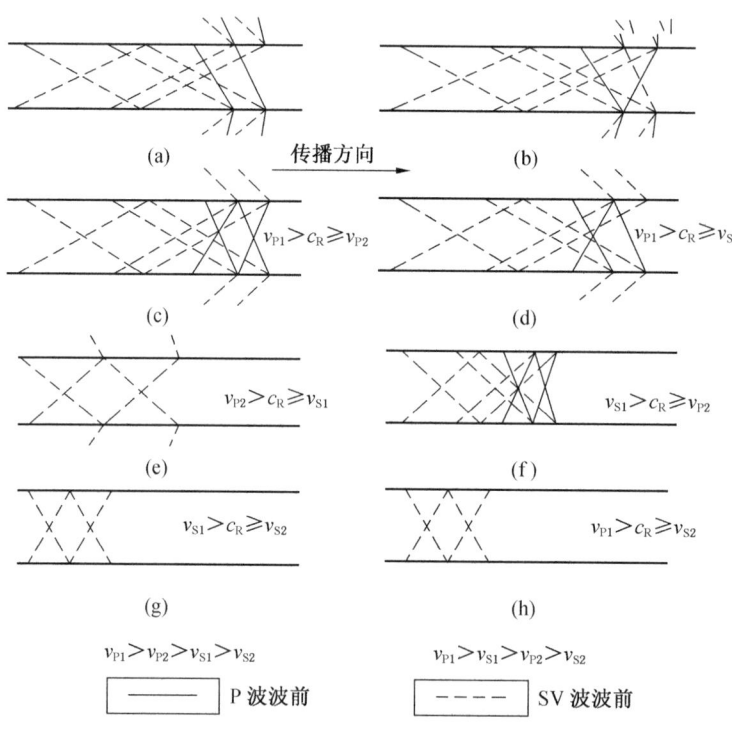

图 1-1 由 P 波与 SV 波激发的瑞雷型槽波示意图（刘天放等，1994）

显然，在 $v_{P1} > v_{P2} > v_{S1} > v_{S2}$ 的条件下，如果 $v_{P2} > c \geqslant v_{S1}$，只有 SV 波与 SH 波产生全反射，可形成槽波，作为简正振型在煤层中传播（图 1-1f）；在 $v_{P1} > v_{S1} > v_{P2} > v_{S2}$ 的条件下，如果 $v_{S1} \geqslant c \geqslant v_{P2}$，则在煤层分界面上，将有 P-P、P-SV、SV-

SV 及 SH-SH 全反射，可形成槽波，作为简正振型在煤层中传播（图 1-1f、图 1-1h），因此这种速度条件是一种更为有效的波导条件。

对于 SH 波只需考虑煤层和围岩间横波的关系，当然仅有 $v_{S1} > v_{S2}$ 的情况。如图 1-2 所示。

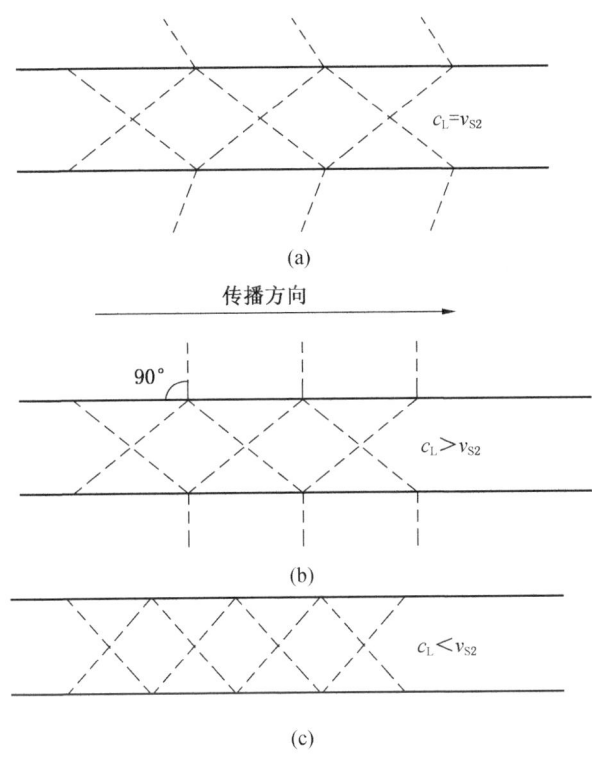

图 1-2 激发的 SH 波形成槽波示意图

由上可见，在煤层中可能同时存在 P 波、SV 波和 SH 波。煤层中的 SH 波由于质点振动平面垂直于 P 波、SV 波质点振动平面，在煤、岩石分界面上没有波型转换，在煤层内只存在 SH 波与 SH 波的干涉模式。对于 P 波与 SV 波，由于质点振动在同一平面，且在煤、岩石分界面上可以相互转换，则干涉模式要复杂得多。如图 1-3 所示，从点①、②发出的上行 P 波，经上界面全反射的 P 波，与点②、③发出的上行 S 波，经上界面全反射的转换 P 波在同一方向传播；同理，点③、④发出的 P 波，经上界面全反射的转换 S 波与点④、⑤的上行 S 波经上界面全反射的 S 波在同一方向传播。此后经下界面全反射，在点⑥的 P 波与 S 波只要考虑到上下界面全反射相移、波长与煤厚关系适当，在煤层内将形成 P – SV 波的相长干涉。这样可能有两类干涉振动，作为简正振型在煤层内传播。

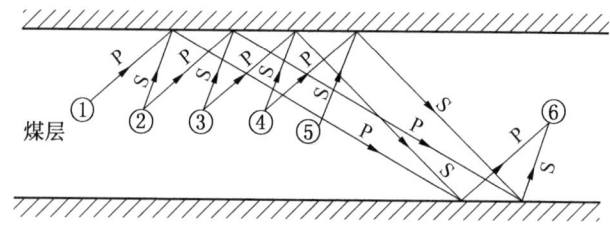

图 1 – 3 P – SV 干涉示意图

显然，煤层上、下界面的速度条件直接关系到槽波的形成。煤层 S 波速度小于上、下围岩 S 波速度，煤层中的 S 波速度可能被煤层所制导，但要区别不同极化的横波：垂直极化 SV 波入射到煤、岩石分界面上，部分能量转换成 P 波，如果 P 波不满足全反射条件，它将以透射 P 波的形式向围岩辐射，因此它的能量不断"泄漏"，最后煤层内激发的 P 波与 SV 波迅速消失；而 SH 波在煤、岩石分界面上只要满足全反射条件，它在煤层中不产生能量的漏失而相长干涉形成槽波。当煤层的横波与纵波速度都小于上下围岩的横波速度时，不仅 SH 波而且 SV 波和 P 波都能产生全反射被煤层有效制导。当 SV 波与 P 波都以大于临界角入射到煤、岩石分界面时，根据斯奈尔定律，P 波入射时转换的 SV 波与 SV 波入射时形成的反射 SV 波传播方向相同；SV 波入射时转换的 P 波与 P 波入射时形成的反射 P 波传播方向相同，从而 P 波与 SV 波具有干涉的可能。考虑到煤层上、下界面上全反射时产生的相移，一旦入射波波长（或频率）与入射角的关系合适，P 波与 SV 波就可能产生相长干涉形成槽波。综上所述，在煤层中可能存在不同的槽波。

按物理构成及极化特征，槽波分为瑞雷型槽波和洛夫型槽波两类，简单记为 R 波与 L 波。R 波是由 P 波与 SV 波形成的干涉波，质点在与煤层面相互垂直、与传播方向平行的平面内振动。由于既有水平分量又有垂直分量，所以质点振动的轨迹一般呈逆行椭圆状(图 1 – 4)。L 波只由单一的 SH 波在煤层中干涉形成，质点在平行煤层面的平面内垂直于波传播方向上振动。显然，槽波实际上就是由体波在煤层中形成的干涉波，即层间面波。

煤层中激发槽波的同时，在安置震源的同一煤壁表面上，通常还可以观测到另一种巷道振型槽波（Roadway modes），它是由煤壁（或工作面）自由表面所制导的，类似于地面地震勘探的地滚波，从震源沿煤壁自由表面"直接"传播，

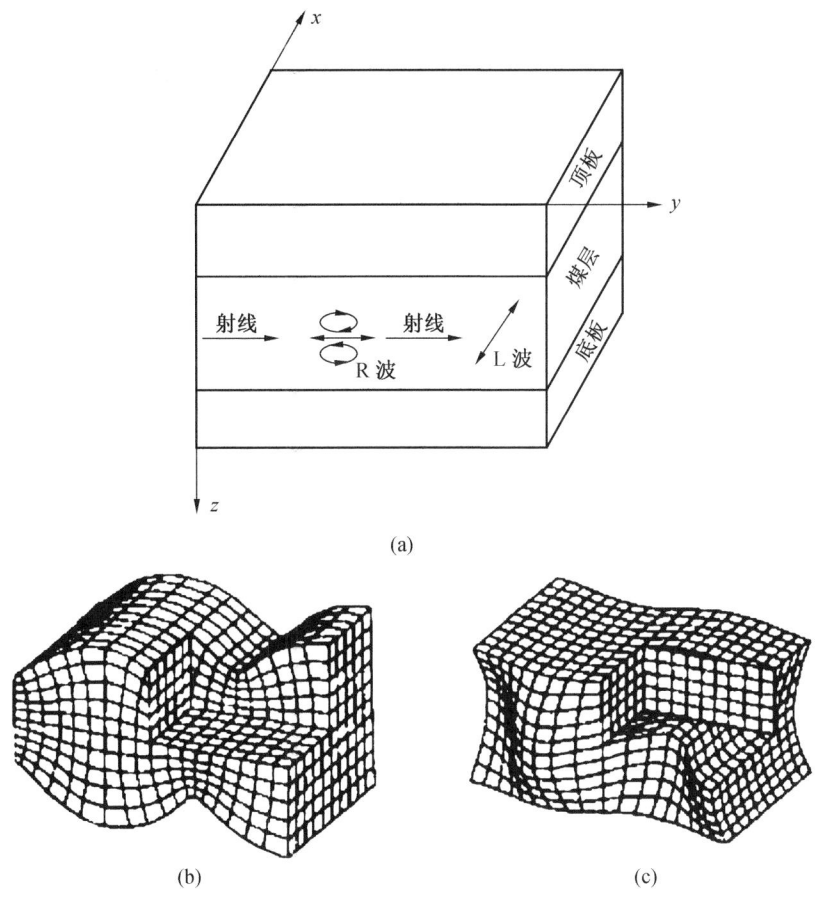

图 1-4 槽波的类型及其质点的振动（刘天放等，1994）

又称直达槽波，记作 C_d。最低阶振型的 C_d 波与基阶振型 L 波类似，只是速度偏低 10%~20%、频率向低频移动（这可能与自由表面煤壁的破裂有关），它的振幅从煤壁向煤层内迅速衰减。在槽波反射法测量中，直达槽波可能干扰近距离反射槽波的检测，所以有时把它看作一种干扰波。直达槽波干扰严重时，可借助它的极化角是 0°或 90°，即平行煤壁或垂直煤壁振动的特征，以区别于反射槽波。

值得指出的是：在煤层中激发时似乎只形成 P 波，在界面上可转换为 SV 波，对于 R 波及 C_d 波的形成最为有利。实际上，由于震源的非球对称性和附近介质的非均匀各向异性，结果 P 波、SV 波与 SH 波几乎同时激发，因此既可能形成 R 波、C_d 波，同时也形成 L 波。

从形成简正振型的条件看，L 波仅为 SH 波形成的干涉波，它仅要求煤层的 S 波速度小于上下围岩的 S 波速度；但 R 波是由 P 波、SV 波形成的干涉波，它不仅要求煤层的 S 波速度小于上下围岩的 S 波速度，而且还要求煤层的 P 波速度也小于上下围岩的 S 波速度，条件更为严格。

综上可知，槽波是体波在低速煤层内形成的干涉波，类似于地表传播的瑞雷面波与洛夫面波的层间面波。但槽波与体波又有所不同，即传播速度低；仅在低速层及相邻近岩石的二维板状空间中传播；振幅随深度非均匀分布；具有明显的频散特征。

1.2 槽波的频散

槽波最大的特点是频散，即槽波的传播速度是频率的函数。震源信号不同频率的分量有不同的速度传播，从而产生频散。激发的短促脉冲，由于频散随着传播距离的增大而"散开"，逐渐形成变频的长波列，如图 1-5 所示。

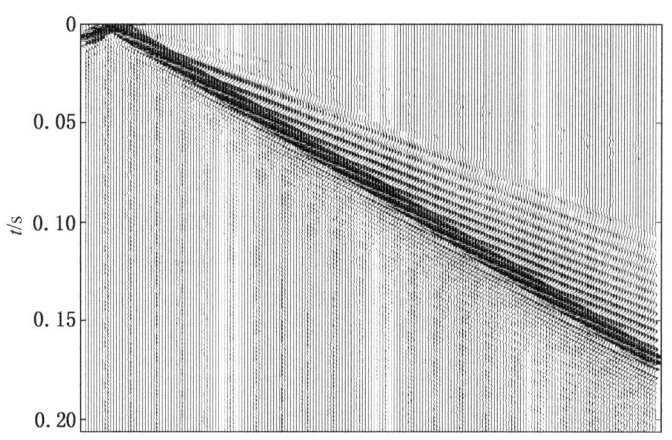

图 1-5 槽波频散现象

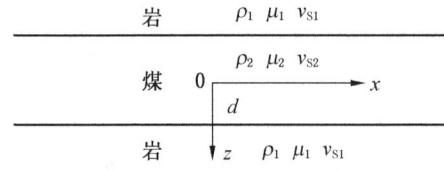

图 1-6 弹性各向同性介质三层对称水平层状煤层模型

1.2.1 三层模型 Love 槽波频散方程

假设介质为弹性各向同性，图 1-6 是上下对称三层水平层状介质模型，上下弹性介质为围岩，其物性相同。上部围岩的密度、垂向横波速度、弹性参数分别为 ρ_1、v_{S1}、μ_1，中间低速夹层为煤层，其相应参数为 ρ_2、v_{S2}、μ_2，煤

层厚度为 $2d$。坐标原点位于煤层中心，z 轴垂直向下，x 轴平行于煤层顶界面。

SH 波的位移场（略去谐波因子 $\exp[i\omega(t-x/c_L)]$）：

$$\begin{cases} v_1 = C\exp[\beta_1(z+d)] & (z<-d) \\ v_2 = A\cos\beta_2 z + B\sin\beta_2 z & (-d \leqslant z \leqslant d) \\ v_3 = D\exp[-\beta_1(z-d)] & (z>d) \end{cases} \quad (1-2)$$

式（1-2）中 A、B、C、D 为振幅系数，β_1、β_2 为振幅随深度指数衰减的系数。代入 SH 波的波动方程，可得

$$\beta_1 = \frac{\omega}{c_L}\left(1 - \frac{c_L^2}{v_{S1}^2}\right)^{1/2}$$

$$\beta_1 = \frac{\omega}{c_L}\left(1 - \frac{c_L^2}{v_{S1}^2}\right)^{1/2}$$

式中，c_L 为槽波相速度，β 为正实数，所以 $v_{S2} \leqslant c_L \leqslant v_{S1}$。

根据边界条件，位移和应力在界面上连续：

$$\begin{cases} v_1|_{z=-d} = v_2|_{z=-d} \\ v_2|_{z=d} = v_3|_{z=d} \\ (\sigma_{yz})_1|_{z=-d} = (\sigma_{yz})_2|_{z=-d} \\ (\sigma_{yz})_2|_{z=d} = (\sigma_{yz})_3|_{z=d} \end{cases} \quad (1-3)$$

由广义胡克定律 $\sigma_{yz} = \mu\varepsilon_{yz} = \mu\dfrac{\partial v}{\partial z}$，代入式（1-3）得到振幅系数方程式：

$$\begin{cases} C - A\cos\beta_2 d + B\sin\beta_2 d = 0 \\ A\cos\beta_2 d + B\sin\beta_2 d - D = 0 \\ \mu_1\beta_1 C - \mu_2\beta_2 A\sin\beta_2 d - \mu_2\beta_2 B\cos\beta_2 d = 0 \\ -\mu_2\beta_2 A\sin\beta_2 d + \mu_2\beta_2 B\cos\beta_2 d + \mu_1\beta_1 D = 0 \end{cases} \quad (1-4)$$

若使方程式中 A、B、C、D 不同时为 0，则需系数行列式为 0：

$$\begin{vmatrix} 1 & -\cos\beta_2 d & \sin\beta_2 d & 0 \\ 0 & \cos\beta_2 d & \sin\beta_2 d & -1 \\ \mu_1\beta_1 & -\mu_2\beta_2\sin\beta_2 d & -\mu_2\beta_2\cos\beta_2 d & 0 \\ 0 & -\mu_2\beta_2\sin\beta_2 d & \mu_2\beta_2\cos\beta_2 d & \mu_1\beta_1 \end{vmatrix} = 0 \quad (1-5)$$

展开得

$$\mu_1\beta_1\mu_2\beta_2\tan^2\beta_2 d + (\mu_2^2\beta_2^2 - \mu_1^2\beta_1^2)\tan\beta_2 d - \mu_1\beta_1\mu_2\beta_2 = 0$$

得到两个解：

$$\tan\beta_2 d = \frac{\mu_1\beta_1}{\mu_2\beta_2} \qquad \tan\beta_2 d = -\frac{\mu_2\beta_2}{\mu_1\beta_1} \quad (1-6)$$

根据三角函数：

$$\frac{\mu_1 \beta_1}{\mu_2 \beta_2} = -\frac{1}{\tan \beta_2 d} = -\cot \beta_2 d = -\tan\left(\frac{\pi}{2} - \beta_2 d\right) = \tan\left(-\frac{\pi}{2} + \beta_2 d\right)$$

$$\beta_2 d = \arctan \frac{\mu_1 \beta_1}{\mu_2 \beta_2} + n\pi \quad (n = 0, 1, 2, \cdots)$$

$$\beta_2 d = \arctan \frac{\mu_1 \beta_1}{\mu_2 \beta_2} + n\pi + \frac{\pi}{2} \quad (n = 0, 1, 2, \cdots)$$

显然，上两式取反正切函数后可统一为一个公式：

$$\beta_2 d = \arctan \frac{\mu_1 \beta_1}{\mu_2 \beta_2} + \frac{n\pi}{2} \quad (n = 0, 1, 2, \cdots) \tag{1-7}$$

替换 β，得频散曲线公式：

$$\frac{\omega d}{c_L}\left(\frac{c_L^2}{v_{S2}^2} - 1\right)^{1/2} = \arctan\left[\frac{\mu_1\left(1 - \frac{c_L^2}{v_{S1}^2}\right)^{1/2}}{\mu_2\left(\frac{c_L^2}{v_{S2}^2} - 1\right)^{1/2}}\right] + \frac{n\pi}{2} \quad (n = 0, 1, 2, \cdots) \tag{1-8}$$

当 $n=0$ 时称为基阶频散曲线，$n=1$ 时称为一阶频散曲线，依次类推。

相速度是频率的隐函数，但是频率是相速度的显函数，因此计算频散曲线时，可将相速度作为自变量、频率作为函数进行求解。

当三层模型不对称时，下层围岩参数为 ρ_3、v_{S3}、μ_3，求解思路和上面相同，可以得到一般三层模型 Love 槽波频散方程，同样有两个根：

$$\begin{cases} \tan(\beta_2 d) = \dfrac{\mu_3 \beta_3 \mu_1 \beta_1 - \mu_2^2 \beta_2^2 + \sqrt{(\mu_2^2 \beta_2^2 + \mu_3^2 \beta_3^2)(\mu_2^2 \beta_2^2 + \mu_1^2 \beta_1^2)}}{\mu_2 \beta_2 (\mu_1 \beta_1 + \mu_3 \beta_3)} \\ \tan(\beta_2 d) = \dfrac{\mu_3 \beta_3 \mu_1 \beta_1 - \mu_2^2 \beta_2^2 - \sqrt{(\mu_2^2 \beta_2^2 + \mu_3^2 \beta_3^2)(\mu_2^2 \beta_2^2 + \mu_1^2 \beta_1^2)}}{\mu_2 \beta_2 (\mu_1 \beta_1 + \mu_3 \beta_3)} \end{cases} \tag{1-9}$$

更进一步，可以求出 Love 槽波的振幅随深度分布，将频散曲线上的点代入方程式（1-4），并令系数 $D=1$，可求出其他3个系数（A、B、C），将系数代入方程式（1-2）即是 Love 槽波的振幅深度分布公式。

从周期方程可知，在波导层内，振动波前的传播速度决定于层厚及震源激发的频率。较长波长的振动要在波导层内产生相长干涉，必须以较陡的射线来回反射，所以它沿波导传播的速度比较短波长振动的速度高。于是，震源信号不同频率的分量有不同的速度传播，从而产生频散。

频率不同的一"群"平面谐波在传播中互相干涉，形成一个图像复杂的合成振动，该合成振动的振幅也是变化的。对于频散波列，合成振动的振幅不同于谐波，它以一个独立的速度行进着。合成振动极大值沿波导传播的速度称为群速度，以 U 表示。由于波的能量与振幅的平方成正比，这意味着波的绝大部分能量集中在振幅极大值附近，所以群速度也就是波的最大能量传播的速度。频散使槽波在传播中相位与能量包络极大值的传播速度不同，或者说相速度与群速度出现明显的差异。因此，频散给槽波带来三个问题，即不能精确估计波至时间；不同类型、不同振型的槽波波列互相重叠，难以分开；波列散开，使振幅减弱，降低了信噪比。

群速度相当于波列包络极值传播的速度：

$$U = \frac{\Delta x}{\Delta t_g} \tag{1-10}$$

为了讨论群速度与相速度间的关系，设有两个沿 x 正方向传播的、频率与相速度相近的平面谐波，振幅都为 1，则其合成振动为

$$f(x,t) = \exp\left\{i(\omega-\Delta\omega)\left(t-\frac{x}{c-\Delta c}\right)\right\} + \exp\left\{i(\omega+\Delta\omega)\left(t-\frac{x}{c+\Delta c}\right)\right\}$$

将此式按 $\Delta c/c$ 展开，取一阶微量 $\Delta c/c$，$\Delta\omega/\omega$，得

$$f(x,t) = 2\cos\Delta\omega\left[t - \frac{\Delta\left(\frac{\omega}{c}\right)}{\Delta\omega x}\right] \times \exp\left[i\omega\left(t-\frac{x}{c}\right)\right] \tag{1-11}$$

由此可知，合成振动以相速度 c、频率 ω 沿 x 正方向传播；但合成振动的振幅 $2\cos\Delta x[t-\Delta(\omega/c)/\Delta\omega x]$ 也在变化或传播，变化的频率是 $\Delta\omega$，运动的速度即群速度为 $\Delta\omega/\Delta(\omega/c)$。在取极限的情况下，有

$$V = \frac{d\omega}{d\left(\frac{\omega}{c}\right)} = \frac{d(ck)}{dk} = c + k\frac{dc}{dk} \tag{1-12}$$

上式表达了群速度与相速度的关系，已知其中一个，可导出另一个。

槽波频散（图 1-7）有以下特点：

（1）相速度总是介于围岩与煤层的横波速度之间，随频率 f 的升高逐渐降低。在 $f\to 0$ 时，各阶振型的相速度 $c\to v_{S1}$ 达到最大值，这与煤层的厚度及其他物性参数无关。

（2）群速度 U 总小于相速度 c，即 $U<c$，只有当 $f\to 0$ 或 $f\to\infty$ 时，$U\to c$。

（3）群速度曲线存在一个以上的极值点，它们分别对应槽波波列上的一个特殊震相，称埃里（震）相。埃里（震）相以其频率高、振幅大的特点出现在 L 波波列的尾部。R 埃里（震）相常有两个以上，既可对应于极小值，也可对应于极大值，情况比 L 波复杂，但仍以强振幅为特征。后面以 f_A、U_A 分别表示埃里（震）相的频率和群速度。

（4）不同阶振型 n 对应不同的频散曲线及不同的截止频率和频带范围。随

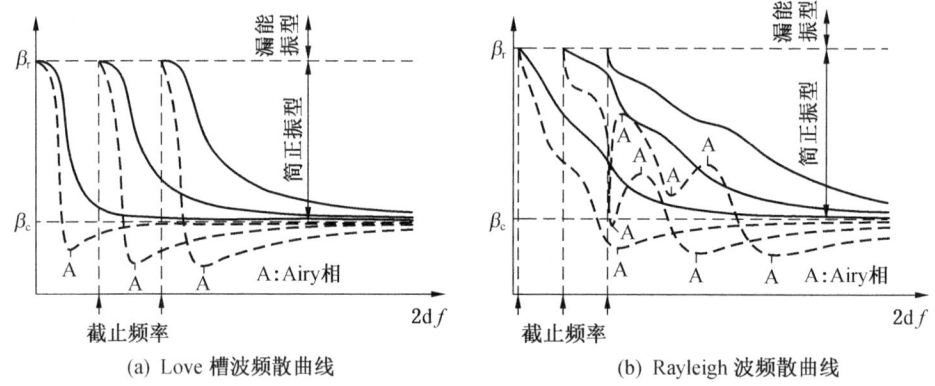

图 1-7 典型频散曲线

着 n 的增大,截止频率和频带范围升高,埃里(震)相频率 f_A 也升高,但它的群速度 U_A 降低,频散程度增大。

1.2.2 影响频散的因素

槽波频散具有不同的群速度与相速度。频散越剧烈,群速度与相速度差异越大。影响频散的因素很多,下面用理论模型(表 1-2)计算来讨论其中的一些因素对基阶振型 L 波频散的影响。在图 1-8 及图 1-9 中,频散曲线成对绘出。

表 1-2 模型参数一览表(刘天放等,1994)

模型内容	模型参数: v, km/s; $2d$, m; ρ, g/cm³						参 数 变 化 量
	围岩 1		煤层、夹矸		围岩 3		
	v_{S1}	ρ_1	v_{S2}	ρ_2	v_{S3}	ρ_3	*
煤厚	2.25	2.6	1.2	1.3	*	2.25	2.6	2, 4, 6, 8, 10
煤层密度	2.25	2.6	1.2	*	2	2.25	2.6	1.1, 1.2, 1.3, 1.4, 1.5
围岩密度	2.25	*	1.2	1.3	2	2.25	*	2.4, 2.5, 2.6, 2.7, 2.8
煤层速度	2.25	2.6	*	1.3	2	2.25	2.6	0.9, 1.0, 1.1, 1.2, 1.5
围岩速度	*	2.6	1.2	1.3	2	*	2.6	1.8, 2.0, 2.2, 2.6
非对称性	*	2.6	1.2	1.3	2	2.25	2.6	1.8, 2.0, 2.25, 2.5, 2.8
底黏土	2.3	2.7	1.2	1.3	2	1.8 2.3	1.8 2.7	底黏土厚度 1, 2, 4
夹矸	2.3	2.7	1.2 2.0 1.2	1.3 2.3 1.3	1 * 1	2.3	2.7	0.1, 0.5, 1.0

注: * 为变化的参数。

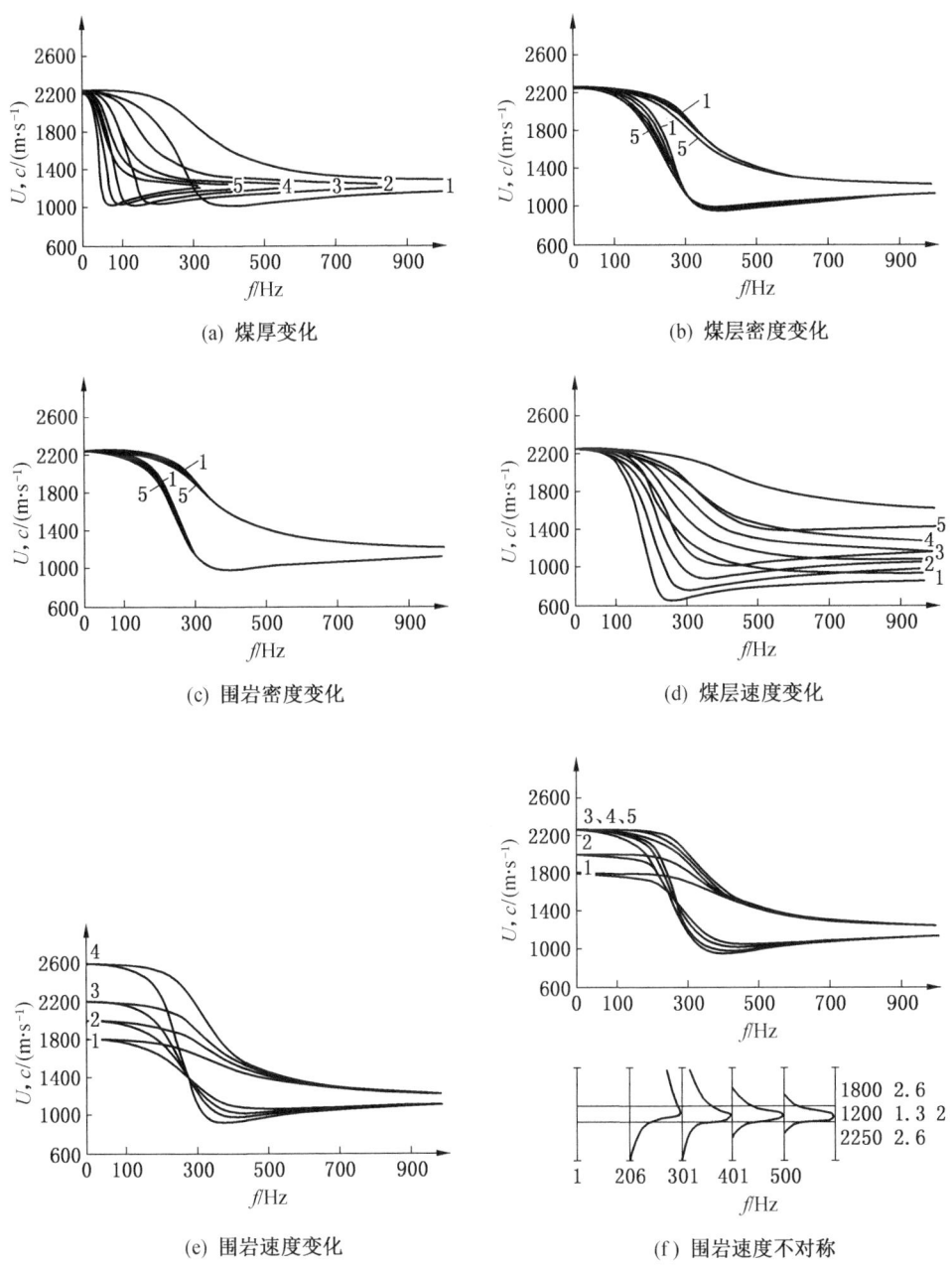

图1-8 从理论模型计算的基阶L波频散特征（刘天放等，1994）

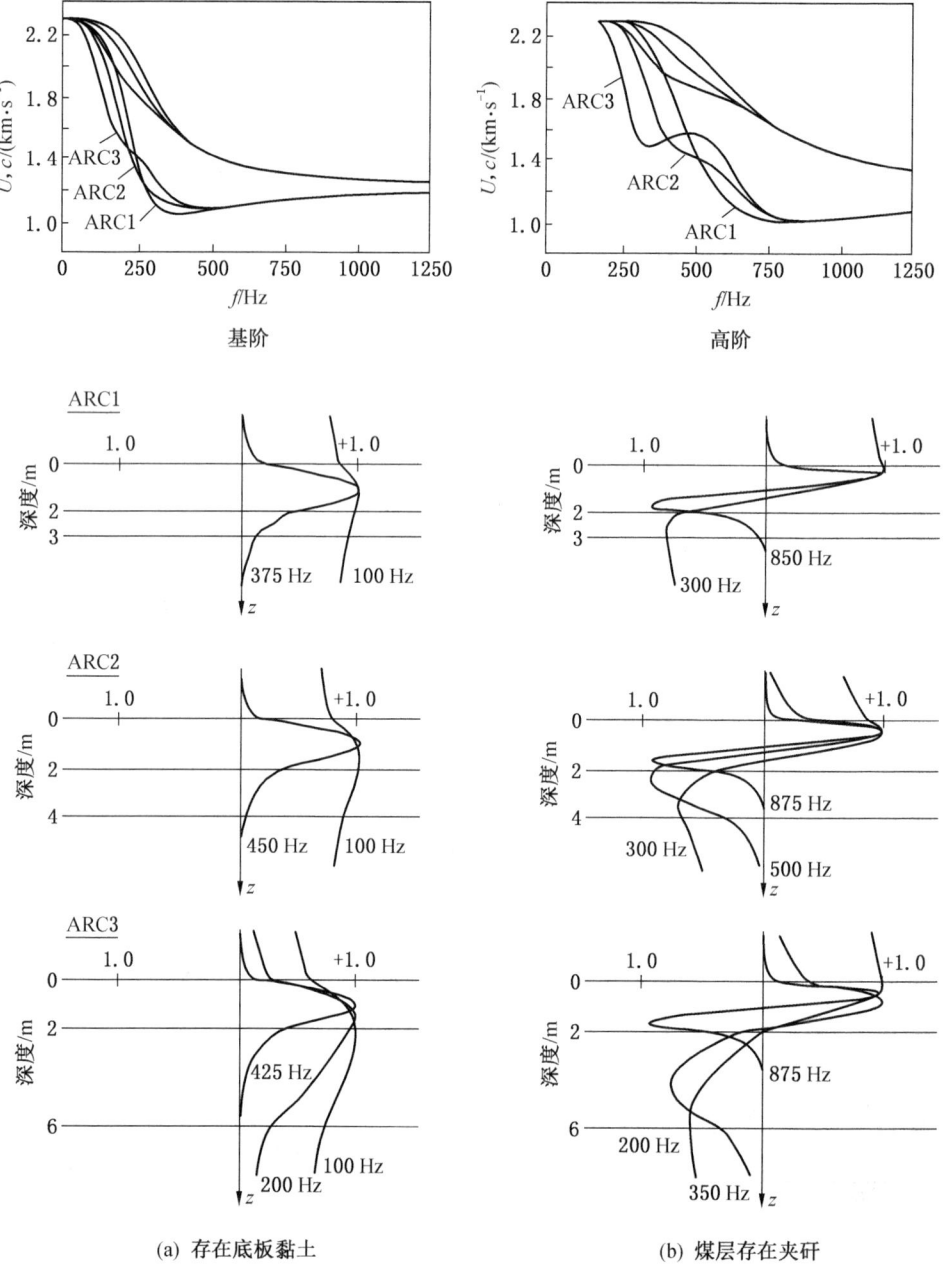

ARC1、ARC2、ARC3—参数变化序号

图 1-9　底板黏土及夹矸条件下的频散曲线

分析图 1-8、图 1-9，可得出如下结论：

（1）煤层厚度变化对 L 波频散特征的影响十分明显（图 1-8a）：随煤厚 $2d$ 增大，L 波所含主要频段与 f_A 迅速向低频移动。由此来看，中厚煤层可能比厚煤层更利于槽波应用。但是，煤厚的变化并不影响 U_A。

（2）不论是煤层或是围岩密度变化，对 L 波的频散特征影响不大（图 1-8b、图 1-8c）。

（3）围岩与煤层速度差异越大，L 波频散越强烈（图 1-8d、图 1-8e）。随着围岩速度增大，煤层速度减小，埃里（震）相 f_A 及 U_A 都向低频移动，其中煤层厚度变化影响更大。

（4）若上、下围岩速度不对称，在煤层顶底界面上全反射时产生不同相移，破坏了对称相长干涉，从而使振幅分别不对称，频散特征也发生变化。L 波的相速度是介于围岩 S 波速度的最小值与煤层 S 波速度之间（图 1-8f）；它的振幅分布不对称，其不对称程度随频率的降低而加剧：频率越低，振幅极值向低速围岩一侧偏移越大，在低速围岩中的振动能量越多，衰减也越慢。煤层底板黏土的存在，与这类情况类似（图 1-9a）。值得指出的是：底板黏土的存在，通常可能破坏 R 波形成的速度条件。

（5）夹矸的存在将一个煤层分成了多层，并破坏了它的对称性。夹矸对 L 波频散的影响，主要有以下两个方面（图 1-9b）：

① 使频散曲线发生畸变，夹矸厚度越大影响越明显，甚至出现多个极值，对应多组埃里（震）相。

② f 较低时，煤与夹矸被视为一体，振幅分布犹如没有夹矸的情况；随着 f 升高，能量逐渐向厚分层集中，夹矸厚度越大，随 f 升高能量集中的速度越快。

煤层附近的低速层（如邻近的煤层）对频散的影响类似于夹矸厚度大的影响。

1.3 槽波的波形

1.3.1 槽波的定性图像

槽波的图像可从图 1-10 上群速度曲线来定性理解。这里列举的是基阶振型 L 波的频散曲线。群速度曲线可以极小点（埃里震相）为界，分为左右两支。最先到达的槽波震相是通过围岩传播的频率 ω 最低的波，到达时间 $t_1 = x/v_{S1}$，随后到达的震相频率不断升高。当煤层较厚，v_{S1}/v_{S2} 较大时，左支曲线较陡，在不大的频率范围内，群速度很快下降，这意味着很长一段波列上频率仅缓慢增加，波列类似谐波；当 $t_2 = x/v_{S2}$ 或略大于此时，右支高频震相开始出现，并与左支较低频震相叠加在一起。随着群速度继续下降（即时间更大），这时群速度皆具有双值，对应左右两支低、高频震相相互叠加，只是左支频率不断升高，右支频率不断减小，直到 $t_1 \approx x/U_A$，埃里（震）相附近左右两支频率接近，在一个较宽频带范围内的波同相叠加，形成一个很强的震相，即埃里震相。它出现在波列的尾部，正如图1-10b的合成记录所示。

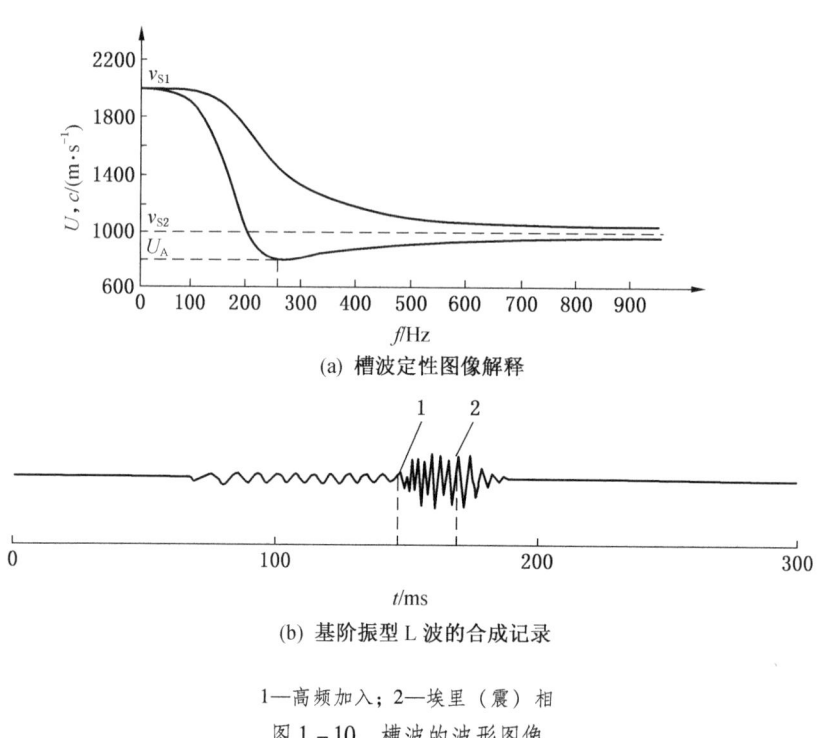

(a) 槽波定性图像解释

(b) 基阶振型L波的合成记录

1—高频加入；2—埃里（震）相

图1-10 槽波的波形图像

槽波波列的长度将由下式决定：

$$L_T \approx \left(\frac{1}{U_A} - \frac{1}{v_{S1}} \right) x \quad (1-13)$$

显然，波列长度与观测点到震源的距离、埃里（震）相群速度 U_A 及围岩最小S波速度 v_{S1} 有关。

1.3.2 槽波的波形及理论合成

不论L波或R波，都是频散波，它们都是不同频率、不同速度谐波的合成。设槽波沿 x 正方向传播，在数学上总可将它表示为

$$f(x,t) = \int_{-\infty}^{\infty} S(\omega) \exp[i(\omega t - kx)] d\omega \quad (1-14)$$

令 $\theta(k) = \omega t - kt$，则

$$f(x,t) = \int_{-\infty}^{\infty} S(\omega) e^{i\theta(k)} dk \qquad (1-15)$$

式中 $S(k)$——震源激发脉冲的频谱。

1.4 槽波的振幅

各向同性介质中槽波的振幅分布（图1-11）中，基阶和二阶槽波振幅在煤层中央位置最大，呈偶对称，而一阶槽波振幅在煤层中央位置最小为0，在距顶（底）板1/4煤厚位置最大，呈奇对称。

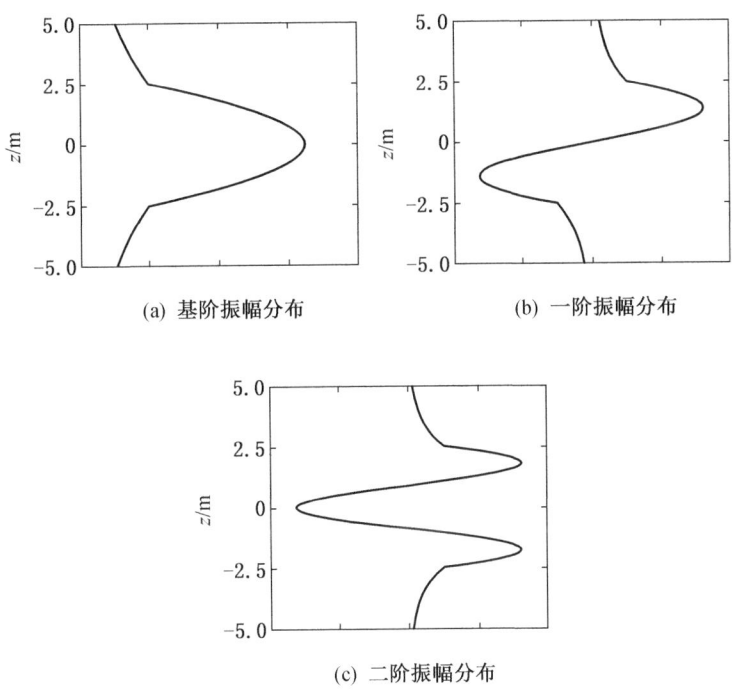

图1-11 三层对称模型Love槽波振幅深度分布图（5 m煤厚，-2.5~2.5 m为煤层）

Love槽波的能量不局限于煤层中，在邻近围岩中也有分布，只是随离开煤岩界面而按指数规律迅速衰减，且槽波在围岩中的能量衰减随频率的升高、煤岩速度差异增大而加快；在三层对称模型中，设模型参数 $2d = 2.0$ m、$v_{S1} = 2500$ m/s、$v_{S2} = 1300$ m/s、$\rho_1 = 2.6$ g/cm³、$\rho_2 = 1.3$ g/cm³，则基阶L波理论频散曲线、振幅分布及能量比率曲线如图1-12所示。从图1-12b、图1-12c可清楚看出：ω 越高，集中在煤层中的能量越多。

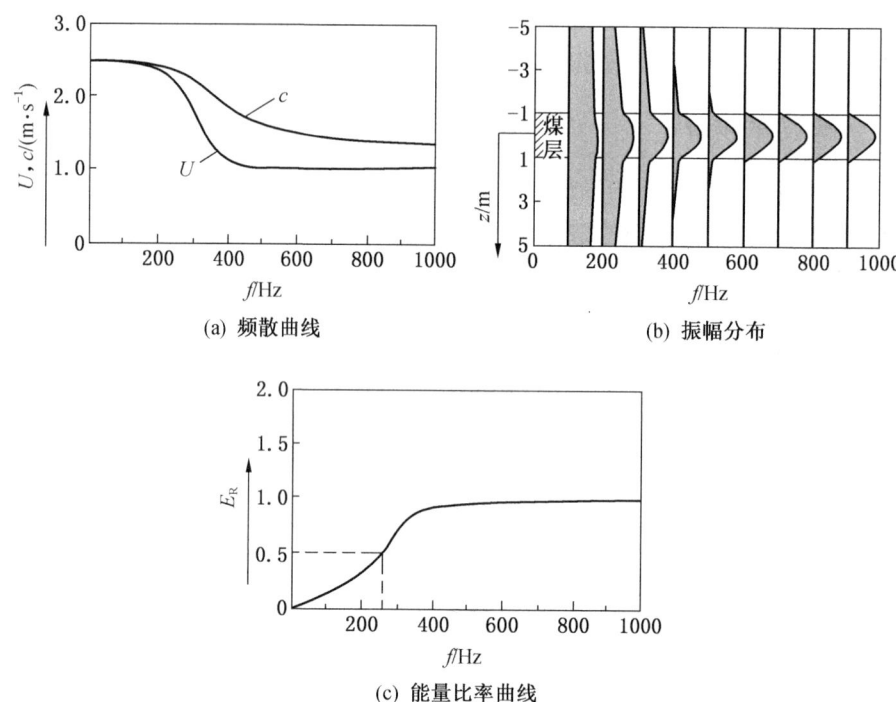

图 1-12 频散曲线、振幅分布及能量比率曲线(刘天放等,1994)

若定义能量分布比率为:E_R = 煤层中的动能/煤层内外总动能

对于 L 波:

$$E_{RL} = \frac{\int_{-d}^{d}\int_{0}^{T}\frac{1}{2}\rho v_y^2 \mathrm{d}t\mathrm{d}z}{\int_{-\infty}^{\infty}\int_{0}^{T}\frac{1}{2}\rho v_y^2 \mathrm{d}t\mathrm{d}z} \qquad (1-16)$$

对于 R 波:

$$E_{RR} = \frac{\int_{-d}^{d}\int_{0}^{T}\frac{1}{2}\rho(v_x^2 + v_s^2)\mathrm{d}t\mathrm{d}z}{\int_{-\infty}^{\infty}\int_{0}^{T}\frac{1}{2}\rho(v_x^2 + v_s^2)\mathrm{d}t\mathrm{d}z} \qquad (1-17)$$

式中　　T——周期;

　　　　d——1/2 煤厚;

　　　　v_x、v_y、v_z——x、y、z 三个方向的速度。

显然，E_R 随 f 增大而增大（图 1-12c）。通过槽波理论与模型研究认为，只有在 $E_R \geq 0.5$ 的条件下，才可能检测到清晰的槽波。因此，在实际工作中应选择合适工作频带的下限。

应该指出，当槽波从一个不对称于煤层中心面的断层反射时，还可能观测到 P-SV 型槽波与 SH 型槽波转换、振幅对称振型与反对称振型的转换。

1.5 槽波的衰减

槽波在沿煤层及邻近岩石传播过程中，其能量不断衰减。它主要与波前扩散、频散和介质非完全弹性的吸收有关。

1.5.1 波前扩散与频散衰减

槽波局限在煤层及邻近岩石一个薄层、近似二维空间内向外传播，它的波前呈圆柱状。随传播距离 x 增大，槽波的振幅不断减小，振幅几何扩散按 $x^{-1/2}$ 衰减，比球面波波前扩散要慢。由于频散现象，槽波振幅将按 $x^{-1/2}$ 衰减，对埃里（震）相频率则按 $x^{-1/3}$ 衰减。综合这两种衰减因素（波前扩散和频散衰减），槽波振幅仍将按 x^{-1} 的规律衰减，总的效应与球面体波类似，槽波埃里（震）相按 $x^{-5/6}$ 衰减。值得注意的是，埃里（震）相比槽波其余部分衰减要慢，可以预料：当 x 足够大时，埃里（震）相将成为槽波波列所具有的优势震相。由于埃里（震）相有频率高、振幅大、出现时间晚的特点，易于识别和提取。因此，有时仅仅分析研究和利用埃里（震）相这一特殊部分的槽波。

实际介质并非理想的完全弹性介质，而槽波频率又常高达 500~1000 Hz 以上，因此在实际工作中介质对槽波的吸收作用是不能忽略的。

1.5.2 介质的吸收衰减

实际煤层及邻近岩石对槽波的吸收效应是一个复杂的问题，介质的吸收衰减一般可用吸收系数 α 来描述。因此由于介质的吸收作用，槽波的振幅将按 $e^{-\alpha x}$ 衰减。布坎南（Buchanan，1978）等研究表明：在 $f<1$ Hz 条件下，α 与 f 呈线性关系。

虽然几何频散形成了高频、强振幅的特殊震相——埃里（震）相，可能随距离 x 增大而成为频散槽波波列的优势震相。然而，由于介质的吸收作用，使高频的埃里相随 x 的增大而强烈衰减，在 x 很大时实际上又很难检测。所以，介质的吸收作用给研究和利用埃里相位带来困难，阻碍了槽波探测范围的扩大。

槽波双程衰减可按下式计算：

$$TL = 20\log(2x) + 2\delta \frac{x}{\lambda_A} \quad (1-18)$$

式中　　x——从震源到目标的单程距离，m；

λ_A——基阶振型埃里相波长，m；

δ——吸收衰减速率，$\delta = \alpha\lambda$，dB/m。

式（1-18）右端第一项与柱状波前扩散及几何频散有关，第二项与吸收衰减有关。Dresen 等对具有代表性的煤层模型研究后指出：在最坏的情况下，R 波的吸收衰减速率 $\delta = 1$ dB/m。如果已知煤厚及有关参数，不难算出在现有设备动态范围下可以得到的最大探测距离。

1.5.3 煤槽的品质因子 Q_L 值

煤槽指槽波传播通过的煤层与邻近的岩石层。显然，槽波的吸收衰减应该与这一部分介质的吸收特性 α 或品质因子 Q 值有关。

由地震波基础中，介质非完全弹性的吸收效应 $e^{-\alpha x}$，可以在谐波传播因子 $\exp[i(kx - \omega t)]$ 中将波数 k 从实数域扩展到复数域来获得，令复波数：

$$K = k + i\alpha \quad (1-19)$$

且

$$\alpha = \frac{\omega}{2Qc} \quad (1-20)$$

式中　α——吸收系数；

　　　c——相速度；

　　　Q——介质的品质因子。

在槽波的一般表达式（7-17）中，将 $kx = \omega/cx$ 替换为

$$kx \approx \frac{\omega}{c\left(1 - \dfrac{i}{2Q}\right)} x \quad (1-21)$$

对比后发现：将 k 扩展到复数域，相当于引入一个复数速度。

对于三层对称模型，设 Q_1、Q_2 分别表示围岩及煤层的 Q 值，且认为 Q_1、Q_2 在通常的频率范围内与 f 无关。现引入复数速度：

$$\begin{cases} v_{1Q} = v_{1S}(1 + i\varepsilon_1) & \varepsilon_1 = \dfrac{1}{2Q_1} \\ v_{2Q} = v_{2S}(1 + i\varepsilon_2) & \varepsilon_2 = \dfrac{1}{2Q_2} \\ c_{LQ} = c_L(1 + i\varepsilon_L) & \varepsilon_L = \dfrac{1}{2Q_1} \end{cases} \quad (1-22)$$

代入 L 波周期方程：

$$G = \tan\xi - \eta = 0 \quad (1-23)$$

式中：

$$\xi = \frac{\omega d}{c_L} \sqrt{\frac{c_L^2}{v_{S2}^2} - 1}$$

$$\eta = \frac{\mu_1}{\mu_2} \frac{\sqrt{1 - \frac{c_L^2}{v_{S1}^2}}}{\sqrt{\frac{c_L^2}{v_{S2}^2} - 1}}$$

只取 ε_1、ε_2、ε_3 的一阶微量，得到新的周期方程 $G_Q = 0$。G_Q 等于零，则它的实部与虚部必须同时为零；$\mathrm{Re}G_Q = 0$，与弹性介质周期方程相同，即

$$\mathrm{Re}G_Q = G = 0$$

而从 $\mathrm{Im}G_Q = 0$ 中，可求得

$$\frac{1}{Q_L} = \frac{A}{Q_1} + \frac{B}{Q_2} \quad (1-24)$$

式中，$A = p_1/p$，$B = p_2/p$。若令 $n_1 = c_L^2/(v_{S1}^2 - c_L^2)$，$n_2 = c_L^2/(c_L^2 - v_{S2}^2)$，则

$$p = \eta(n_1 + n_2) - (1 - n_2)\xi\sec^2\xi$$
$$p_1 = \eta(n_1 + n_2)$$
$$p_2 = \eta(n_2 - 2) + n_2\xi\sec^2\xi$$

根据式（1-24）可计算出煤槽的 Q_L 值。对于三层对称模型：$v_{S1} = 2000$ m/s，$v_{S2} = 1000$ m/s，$\rho_1 = 2.7$ g/cm³，$\rho_2 = 1.3$ g/cm³，$Q_1 = 150$，$Q_2 = 50$，以及煤厚 $2d = 1.0$ m、2.0 m、4.0 m 时计算的结果，如图 1-13 所示。

根据上述讨论及图 1-13，总结如下（刘天放等，1994）：

（1）煤槽 Q_L 值，不仅决定于煤层 Q_2 值，还与围岩 Q_1 值有关。

（2）煤槽 Q_L 值与 ω 有关。当 ω 很低时，$c \to v_{S1}$，于是 $A \to 1$，$B \to 0$，所以 $Q_L \to Q_1$。这时槽波的大部分能量分散在围岩中传播，介质的吸收衰减主要决定于围岩的 Q_1 值（因为 Q_1 大，衰减较慢）；反之，当 ω 很高时，$c \to v_{S2}$，于是 $A \to 0$，$B \to 1$，所以 $Q_L \to Q_2$。这是因为 ω 越高，槽波能量越集中于煤层中，槽波的衰减主要与煤层 Q_2 值有关（因为 Q_2 小，衰减较快）。

（3）煤槽 Q_L 值曲线与群速度曲线形体类似：左支陡，右支缓，在埃里（震）相附近具有极小值。考虑到

$$\frac{d\alpha}{dk} = \frac{1}{2Q_L} \times \left(1 + \frac{k}{Q_L} \times \frac{dQ_L}{dk}\right) \quad (1-25)$$

在低频端及埃里（震）相附近，由于 $d\alpha/dk \to 0$，吸收系数随 ω 的变化率分别为低、中、高三个不等的常数 $1/2Q_1$、$1/2Q_2$、$1/Q_{Lmin}$。在这些频段，煤槽吸收系数近于线性变化（图 1-13b）。高频端比低频端 α 随 ω 升高增长快，而在埃里（震）相附近，α 随 ω 有陡然急增的趋势。

1.5.4 煤槽 Q_L 值与煤厚有关

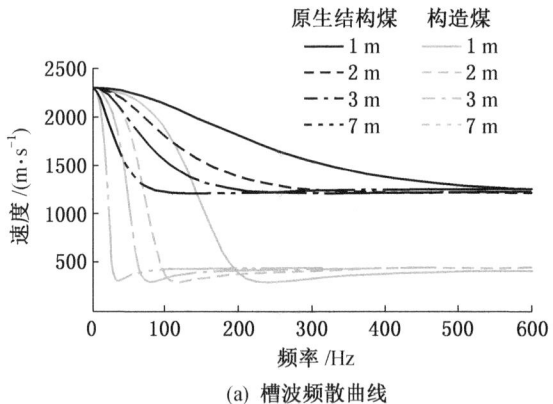

(a) 槽波频散曲线

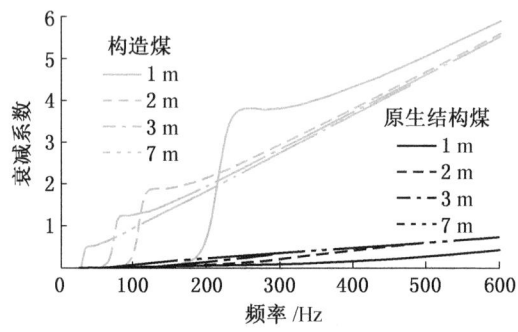

(b) 槽波吸收衰减曲线

图 1-13　不同煤体结构煤层中槽波频散曲线及
吸收衰减曲线（冯磊等，2017）

如从理论计算或实测已知 Q_L，则可对槽波的吸收衰减进行 Q_L 补偿，即反 Q 滤波，这将有益于研究埃里（震）相及扩大槽波的探测范围。在反 Q 滤波实例中（图 1-14），图 1-14a 是原始 x 分量透射记录，图 1-14b 是经过 AGC（时窗 150 ms）和带通滤波（300~600 Hz/65 dB）处理之后的透射记录。处理后的记录，信噪比明显提高，埃里（震）相突出。图 1-14c 是经反 Q 滤波、AGC（150 ms）及滤波（300~600 Hz/65 dB）之后的结果。由于 Q 补偿，使埃里（震）相可靠检测范围从 650 m 左右扩大到 740 m，记录面貌得到进一步改善。

需要说明的是：煤的 Q 值随煤的类型和产地不同而不同。Jackson 等（1982）测得英国下佛罗里德煤层的 Q 值约为 45；Buchanan 等（1982）测出澳大利亚 Buli 煤层的 Q 值约为 39；Arnetzl 等（1981）测得鲁尔矿区 EB 煤层的 Q 值约为 95，富沥青煤 Q_L 值约为 40~65。一般情况下，煤层的 Q 值都小于 100。

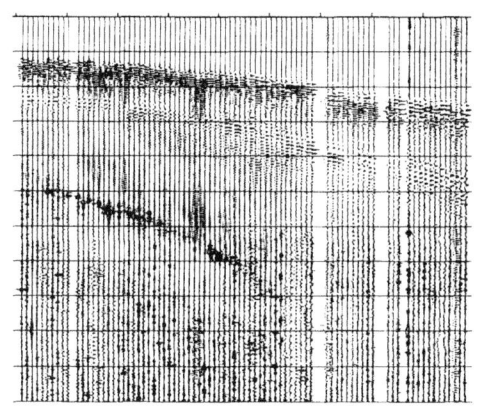

(a) 原始 x 分量投透记录

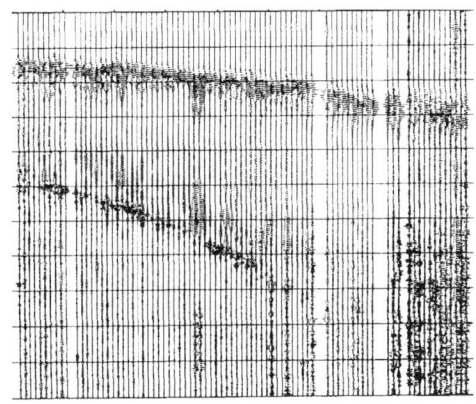

(b) 经 AGC 与带通滤波处理

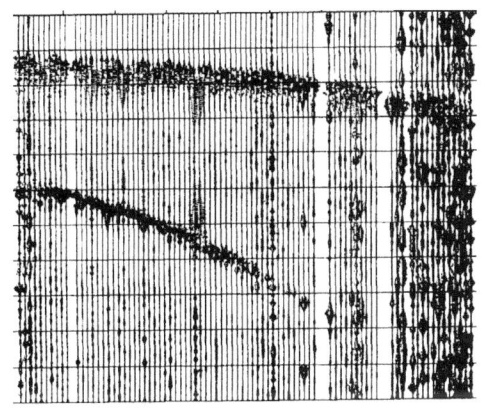

(c) 反 Q 滤波后

图 1-14 透射槽波记录反 Q 滤波实例（刘天放等，1994）

2 槽波数据采集方法

受煤矿井下特殊应用环境限制，煤矿井下地震数据采集技术和地面有很大区别，例如观测系统的设计受巷道分布等诸多因素的制约，地震仪器必须防爆，所用震源和检波器安置有特殊要求等。

2.1 槽波的激发

激发槽波的震源主要有两种：一种是机械震源；另一种则是爆炸震源。

锤击震源是机械震源的一种，它主要有施工简单、安全、高效等优点，但激发能量弱、探测距离近，而且煤壁并不易锤击。锤击时用大锤打击插于钻孔中的减震铁杆即所谓的鲍勒杆，通过钻孔底部把振动传递到煤层中，鲍勒杆的减震作用可抑制打击后铁杆的余震。

爆炸震源主要适用在工作面较宽的情况下，其激发能量比机械震源强，探测距离远。爆炸孔的深度为 1.5~3 m，平行于煤层且尽可能处在煤层中心。为了消除爆炸时产生的声波干扰，钻孔必须用黄泥堵上，尤其在反射测量中。药量一般在 150~300 g 之间，通常采用安全乳化炸药和瞬发雷管；在同一施工过程中，震源等激发条件尽量保持一致。

巷道出露围岩的地方无法把孔打在煤层里，如果离煤层很近，可以把炮孔打在围岩，尽可能偏向煤层。因为炮点激发区域性的震动，煤层里仍然有震源激发能量，能够产生槽波，最好药量稍大。

2.2 槽波的接收

由于煤层巷道的掘进破坏了原有地层应力平衡，巷道侧壁 1.5 m 范围内处于松动圈，虽然煤层是连续的，但该区域煤层与正常的煤层相比，其弹性波速度明显变低、地应力急剧变化、对弹性波吸收作用明显。因此，检波器尽可能安置在正常的煤层中。

2.2.1 孔中二分量气囊检波器接收

井下地震波接收一般采用二分量接收，都在平行于煤层方向，包括垂直煤壁方向和平行煤壁方向。常用二分量一体化的气囊式检波器（图2-1），两个方向敏感的检波器互呈直角装在一个金属圆筒中，圆筒的一侧贴有胶皮，另一侧附有金属片。

检波器布置在煤层中心,垂直于煤壁,孔深1 m,这样可以避免煤壁松散带造成的危害。钻孔深度一致,使所有的检波器保持在一条线上,这样就可在数据处理时省去静校正这一步骤。安装时用一根带有水准器的钢管将检波器送入钻孔底部以确保检波器呈水平状态,然后用打气筒打入压缩空气使检波器与孔壁紧紧相贴。这种方法采集的地震数据质量很好,缺陷是二分量检波器价格较为昂贵,施工难度较大、工期长、效率低。

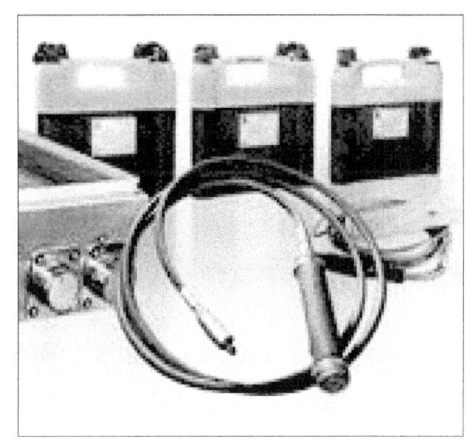

图2-1 孔中二分量气囊检波器(德国DMT公司)

2.2.2 锚杆垂直z分量接收

目前,煤矿井下巷道支护方式大多采用锚杆、锚索固定侧壁的煤层和巷道顶,对于钢筋锚杆来说,锚杆2 m长,基本上穿过了煤层的松动圈,且钢筋本身是刚性的,可将检波器固定在出露的锚杆露头上,采用垂直z分量接收,节省了大量工作量,中煤科工集团西安研究院发明了这种检波器的安置方法。锚杆有钢筋锚杆和玻璃钢锚杆,玻璃钢锚杆塑性较强,振动信号衰减大,数据质量没有钢筋好。

为了将检波器固定在出露的锚杆露头上,我们设计了检波器—锚杆对接装置,装置一端的粗口对接到锚杆露头上,装置另一端设有孔眼,检波器尾椎可以插入其中,装置四周有诸多孔眼,用于拧入螺钉,固定装置(图2-2)。

这种方式施工十分简便,槽波信号较为明显,但是由于锚杆对槽波信号再次进行改造,相当于进行一次滤波作用,原始信号在频谱和能量上有一定的失真,不同锚杆接收的槽波能量有时差异较大,需要进行校正。对接收槽波进行能量一

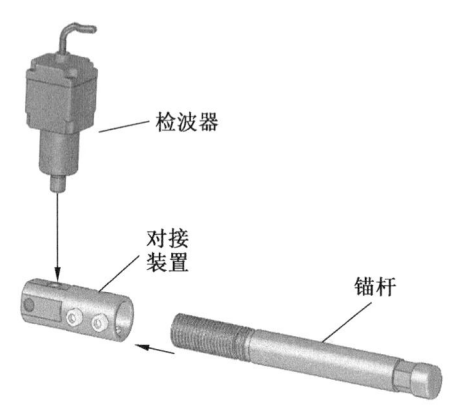

图 2-2　检波器—锚杆对接装置（中煤科工集团西安研究院）

致性校正，再借助接收道数多的优势，这种方式同样能取得不错的效果。

2.2.3　钢钎接收

往煤壁打入钢钎，将检波器接入钢钎头上，钢钎一般长度为 40~60 cm。这种方式好处是钢钎和煤壁、检波器和钢钎耦合较好，施工比打孔简便、比接锚杆复杂，在没有锚杆的巷道可替代锚杆。缺点是钢钎一般较短，仍在巷道松动圈范围内，打入钢钎也稍微费力。

2.3　槽波地震仪

在 20 世纪 80 年代，德国 DMT 公司研制出了煤矿井下防爆槽波数字地震仪（SEAMEX – 80、SEAMEX – 85），并广泛应用于井下槽波勘探。21 世纪初，DMT 公司对 SEAMEX – 85 槽波地震仪做了全面改进，先后推出 Summit 防爆槽波地震仪和 Summit Ⅱ Ex 防爆槽波地震仪（图 2 – 3）。此仪器属于分布式地震仪，需要大线连接、通过采集站将数据统一发送到主机，爆破时爆炸机需要和主机用炮线连接，其优点是能够在井下查看数据、检查坏道，同一炮记录触发时刻一致，缺点是设备相对笨重，道数相对少，透射法时几条巷道相互贯通才能施工，对盘区探测或巷道之间不通的情况则无能为力，施工不灵活。

2013 年，中煤科工集团西安研究院首次开发出节点式无缆矿用槽波地震仪（图 2 – 4），其特征是没有主机、中继站、电瓶、大线，重量轻、时钟同步、分布式布设、不受空间影响，单站 3 道，每个采集站接收爆破数据后自动存储，再把所有爆破数据从采集站中提取出来，这样就可以布置任意多道检波器，施工快速方便，观测系统灵活，其缺点是无法在井下查看数据，需要到地面抽取数据。

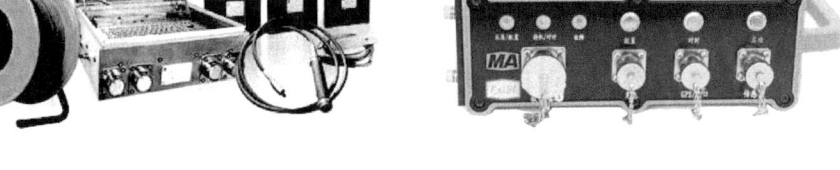

图 2-3 德国 Summit Ⅱ Ex 分布式　　　　图 2-4 YTZ3 节点式无缆矿用
　　　　槽波地震仪　　　　　　　　　　　　　　槽波地震仪

2.4 观测系统设计

槽波地震观测系统的设计受诸多因素制约，如巷道条件、风流瓦斯状况、顶（底）板状况、运输条件、积水条件和机电状况等，这些因素都直接或间接影响着槽波地震数据采集质量。

2.4.1 观测系统的设计原则

地震勘探的观测系统是指地震波的激发点和接收点间的相对位置关系。在槽波探测实践中，合理地设计观测系统，对探测效果和效率起着决定性作用。通常应根据槽波探测的任务、巷道和顶（底）板条件、风流瓦斯状况和仪器设备特点等进行观测系统的设计，一般应注重考虑以下 5 个方面：

（1）根据槽波探测目的、矿井地质条件和干扰波特点等设计观测系统。若工作面内只有一条巷道适合探测，往往采用反射法的观测系统；当具备透射条件时，要充分考虑工作面内的断层发育情况、有效巷道长度等因素来设计观测系统。

（2）根据槽波探测区的通风条件、运输条件、机电状况、风流、瓦斯状况和积水条件等因素来设计观测系统，这是提高探测效率的关键。根据被探测的目标（如断层、陷落柱等）设计被探测区的网度。

（3）尽可能增加覆盖区域的道炮密度，采用多次叠加的方式来探测，以提高反射信号的信噪比。

（4）利用透射法和反射法的时距曲线，合理选择叠加参数，使其叠加后的信噪比足够高。

(5) 尽可能采用大道间距、大排列的观测系统，以便用较小的工作量有效地完成探测任务。

2.4.2 观测系统的设计方法

槽波地震勘探可采用透射法、反射法等施工方法。

1. 透射法观测系统的设计

煤矿井下透射槽波的观测系统设计要依据地质探测任务和巷道条件而定。相对而言，透射法观测系统的设计采用的是"非纵向"观测系统，即炮点和排列的布置存在一定的非纵向偏移，而炮点的布置可在煤巷中，也可在钻孔中（图2-5）。接收排列的设计可连续，也可分簇布置。依巷道条件和矿井地质条件，可采用"大道间距"和"小道间距"的设计方法。

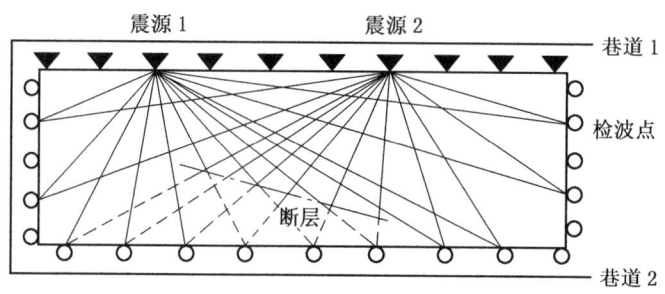

图2-5 透射法观测系统

透射法观测系统的设计分为参数测定时的观测系统和构造探测时的观测系统，实际工作时往往将两者合二为一。观测系统的设计所选参数有道间距、炮检距和覆盖次数。大道距的设计适用于槽波特征明显、构造简单的情况；反之，则应采用小道距的设计。施工方向应以巷道条件和槽波仪特点设置。

当仪器道数较多时，可以绕工作面一周布置检波点和炮点（图2-6），则射线覆盖密度很大，可同时进行透射法、反射法处理和解释。

2. 反射法观测系统的设计

通常，反射槽波信号的信噪比偏低，所以多采用多次覆盖观测系统，采用绕射偏移方法处理（图2-7）。巷道反射槽波采集比较复杂，原因有：①井下巷道长度有限，测线短，覆盖次数少；②井下施工困难，需要结合实际情况布设；③在可能的情况下，应尽可能增加覆盖次数。

3. 综合探测观测系统的设计

在槽波地震探测中，由于受开采条件的限制，所探测的地段可能只有一条巷道或多条巷道，如图2-8所示。接收点不可能布置成面积状的观测系统，只能

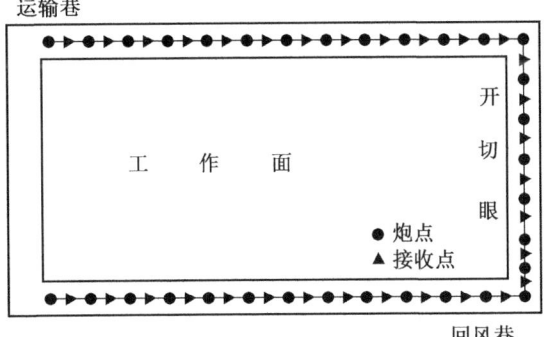

图 2-6 三维全息槽波透视采集

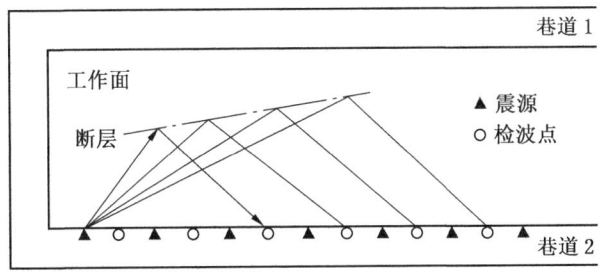

图 2-7 反射法观测系统

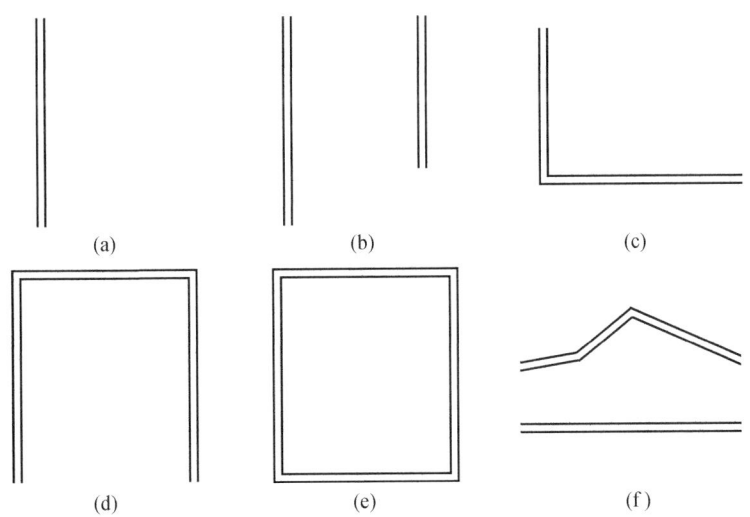

注：双线段表示巷道

图 2-8 一般槽波探测区段的巷道情况

沿巷道呈线状布置排列。

槽波综合探测观测系统的设计，即在能利用的巷道内布置检波器，检波点不动，依次爆破，仪器统一接收数据，最大限度地采集数据，然后依采用的处理方法抽取相应数据进行处理分析。

3 三维槽波数值模拟

交错网格高阶有限差分法具有占用内存小、计算精度高、计算速度快和并行算法易实现等优点,是一种综合性能十分优良的波场计算方法。根据弹性波理论,本章研究了波动方程交错网格有限差分的离散格式。

3.1 地震波场传播理论

3.1.1 弹性波运动平衡微分方程

根据弹性波理论,弹性体的运动微分方程为

$$\begin{cases} \dfrac{\partial \sigma_{xx}}{\partial x} + \dfrac{\partial \tau_{xy}}{\partial y} + \dfrac{\partial \tau_{xz}}{\partial z} + f_x - \rho \dfrac{\partial^2 u_x}{\partial t^2} = 0 \\ \dfrac{\partial \tau_{xy}}{\partial x} + \dfrac{\partial \sigma_{yy}}{\partial y} + \dfrac{\partial \tau_{yz}}{\partial z} + f_y - \rho \dfrac{\partial^2 u_y}{\partial t^2} = 0 \\ \dfrac{\partial \tau_{xz}}{\partial x} + \dfrac{\partial \tau_{yz}}{\partial y} + \dfrac{\partial \sigma_{zz}}{\partial z} + f_z - \rho \dfrac{\partial^2 u_z}{\partial t^2} = 0 \end{cases} \quad (3-1)$$

式中　　t——时间分量;

　　　　u——弹性体中质点在 x、y、z 上对应的位移分量;

　　　　ρ——密度;

　　　　σ、τ——应力;

　　　　f——外力分量。

由弹性力学可知,弹性体受到外力影响之后,各点位移分量 u 和相应的应变分量 ε 存在的几何关系是:

$$\begin{cases} \varepsilon_{xx} = \dfrac{\partial u_x}{\partial x} & \varepsilon_{xy} = \dfrac{\partial u_y}{\partial x} + \dfrac{\partial u_x}{\partial y} \\ \varepsilon_{yy} = \dfrac{\partial u_y}{\partial y} & \varepsilon_{yz} = \dfrac{\partial u_z}{\partial y} + \dfrac{\partial u_y}{\partial z} \\ \varepsilon_{zz} = \dfrac{\partial u_z}{\partial z} & \varepsilon_{xz} = \dfrac{\partial u_x}{\partial z} + \dfrac{\partial u_z}{\partial x} \end{cases} \quad (3-2)$$

结合广义胡克定律可知,在固体里面任意一点所对应的各个应力都是应变的线性函数,相应的方程是:

$$\begin{pmatrix} \sigma_{xx} \\ \sigma_{yy} \\ \sigma_{zz} \\ \tau_{yz} \\ \tau_{xz} \\ \tau_{xy} \end{pmatrix} = \begin{pmatrix} c_{11} & c_{12} & c_{13} & c_{14} & c_{15} & c_{16} \\ c_{21} & c_{22} & c_{23} & c_{24} & c_{25} & c_{26} \\ c_{31} & c_{32} & c_{33} & c_{34} & c_{35} & c_{36} \\ c_{41} & c_{42} & c_{43} & c_{44} & c_{45} & c_{46} \\ c_{51} & c_{52} & c_{53} & c_{54} & c_{55} & c_{56} \\ c_{61} & c_{62} & c_{63} & c_{64} & c_{65} & c_{66} \end{pmatrix} \begin{pmatrix} \varepsilon_{xx} \\ \varepsilon_{yy} \\ \varepsilon_{zz} \\ \varepsilon_{yz} \\ \varepsilon_{xz} \\ \varepsilon_{xy} \end{pmatrix} \quad (3-3)$$

式（3-3）中 c 是和弹性体关联的弹性常数。

3.1.2 三维各向同性介质一阶速度—应力弹性波方程

为了防止对位移计算二阶导数，引进质点振动速度 V_x、V_y、V_z 变量，即位移的一阶导数，以使计算简化。在没有受到外力影响或外力消失之后，可获得所需的一阶弹性波方程：

$$\begin{cases} \rho \dfrac{\partial V_x}{\partial t} = \dfrac{\partial \sigma_{xx}}{\partial x} + \dfrac{\partial \tau_{xy}}{\partial y} + \dfrac{\partial \tau_{xz}}{\partial z} \\ \rho \dfrac{\partial V_y}{\partial t} = \dfrac{\partial \tau_{xy}}{\partial x} + \dfrac{\partial \sigma_{yy}}{\partial y} + \dfrac{\partial \tau_{yz}}{\partial z} \\ \rho \dfrac{\partial V_z}{\partial t} = \dfrac{\partial \tau_{xz}}{\partial x} + \dfrac{\partial \tau_{yz}}{\partial y} + \dfrac{\partial \sigma_{zz}}{\partial z} \end{cases} \quad (3-4)$$

将式（3-2）代入式（3-3），并对时间 t 求导，可得

$$\begin{pmatrix} \dfrac{\partial \sigma_{xx}}{\partial t} \\ \dfrac{\partial \sigma_{yy}}{\partial t} \\ \dfrac{\partial \sigma_{zz}}{\partial t} \\ \dfrac{\partial \tau_{yz}}{\partial t} \\ \dfrac{\partial \tau_{xz}}{\partial t} \\ \dfrac{\partial \tau_{xy}}{\partial t} \end{pmatrix} = \begin{pmatrix} c_{11} & c_{12} & c_{13} & c_{14} & c_{15} & c_{16} \\ c_{21} & c_{22} & c_{23} & c_{24} & c_{25} & c_{26} \\ c_{31} & c_{32} & c_{33} & c_{34} & c_{35} & c_{36} \\ c_{41} & c_{42} & c_{43} & c_{44} & c_{45} & c_{46} \\ c_{51} & c_{52} & c_{53} & c_{54} & c_{55} & c_{56} \\ c_{61} & c_{62} & c_{63} & c_{64} & c_{65} & c_{66} \end{pmatrix} \begin{pmatrix} \dfrac{\partial V_x}{\partial x} \\ \dfrac{\partial V_y}{\partial y} \\ \dfrac{\partial V_z}{\partial z} \\ \dfrac{\partial V_z}{\partial y} + \dfrac{\partial V_y}{\partial z} \\ \dfrac{\partial V_x}{\partial z} + \dfrac{\partial V_z}{\partial x} \\ \dfrac{\partial V_x}{\partial y} + \dfrac{\partial V_y}{\partial x} \end{pmatrix} \quad (3-5)$$

针对弹性各向同性介质而言，独立的弹性系数总共有两个。因此，弹性系数如果不为零，则可用拉梅常数 λ 和 μ 进行表示，则

$$\begin{pmatrix} \sigma_{xx} \\ \sigma_{yy} \\ \sigma_{zz} \\ \tau_{yz} \\ \tau_{xz} \\ \tau_{xy} \end{pmatrix} = \begin{pmatrix} \lambda+2\mu & \lambda & \lambda & 0 & 0 & 0 \\ \lambda & \lambda+2\mu & \lambda & 0 & 0 & 0 \\ \lambda & \lambda & \lambda+2\mu & 0 & 0 & 0 \\ 0 & 0 & 0 & \mu & 0 & 0 \\ 0 & 0 & 0 & 0 & \mu & 0 \\ 0 & 0 & 0 & 0 & 0 & \mu \end{pmatrix} \begin{pmatrix} \varepsilon_{xx} \\ \varepsilon_{yy} \\ \varepsilon_{zz} \\ \varepsilon_{yz} \\ \varepsilon_{xz} \\ \varepsilon_{xy} \end{pmatrix} \quad (3-6)$$

把式（3-6）代入到式（3-5）之后可得下述一阶微分方程组：

$$\begin{cases} \sigma_{xx} = (\lambda+2\mu)\dfrac{\partial V_x}{\partial x} + \lambda\left(\dfrac{\partial V_y}{\partial y} + \dfrac{\partial V_z}{\partial z}\right) \\ \sigma_{yy} = (\lambda+2\mu)\dfrac{\partial V_y}{\partial y} + \lambda\left(\dfrac{\partial V_x}{\partial x} + \dfrac{\partial V_z}{\partial z}\right) \\ \sigma_{zz} = (\lambda+2\mu)\dfrac{\partial V_z}{\partial z} + \lambda\left(\dfrac{\partial V_x}{\partial x} + \dfrac{\partial V_y}{\partial y}\right) \\ \tau_{xy} = \mu\left(\dfrac{\partial V_x}{\partial y} + \dfrac{\partial V_y}{\partial x}\right) \\ \tau_{xz} = \mu\left(\dfrac{\partial V_x}{\partial z} + \dfrac{\partial V_z}{\partial x}\right) \\ \tau_{yz} = \mu\left(\dfrac{\partial V_y}{\partial z} + \dfrac{\partial V_z}{\partial y}\right) \end{cases} \quad (3-7)$$

式（3-4）和式（3-7）称为一阶速度—应力弹性波方程。然后将其结合为矩阵形式：

$$\frac{\partial Q}{\partial t} = A_1 \frac{\partial Q}{\partial x} + A_2 \frac{\partial Q}{\partial y} + A_3 \frac{\partial Q}{\partial z} \quad (3-8)$$

其中 $Q = (V_x, V_y, V_z, \sigma_{xx}, \sigma_{yy}, \sigma_{zz}, \tau_{yz}, \tau_{xz}, \tau_{xy})^{\mathrm{T}}$。

$$A_1 = \begin{pmatrix} 0 & 0 & 0 & \rho^{-1} & 0 & 0 & 0 & 0 & 0 \\ 0 & 0 & 0 & 0 & 0 & 0 & 0 & 0 & \rho^{-1} \\ 0 & 0 & 0 & 0 & 0 & 0 & 0 & \rho^{-1} & 0 \\ \lambda+2\mu & 0 & 0 & 0 & 0 & 0 & 0 & 0 & 0 \\ \lambda & 0 & 0 & 0 & 0 & 0 & 0 & 0 & 0 \\ \lambda & 0 & 0 & 0 & 0 & 0 & 0 & 0 & 0 \\ 0 & 0 & 0 & 0 & 0 & 0 & 0 & 0 & 0 \\ 0 & 0 & \mu & 0 & 0 & 0 & 0 & 0 & 0 \\ 0 & \mu & 0 & 0 & 0 & 0 & 0 & 0 & 0 \end{pmatrix} \quad (3-9)$$

$$A_2 = \begin{pmatrix} 0 & 0 & 0 & 0 & 0 & 0 & 0 & 0 & \rho^{-1} \\ 0 & 0 & 0 & 0 & \rho^{-1} & 0 & 0 & 0 & 0 \\ 0 & 0 & 0 & 0 & 0 & \rho^{-1} & 0 & 0 & 0 \\ 0 & \lambda & 0 & 0 & 0 & 0 & 0 & 0 & 0 \\ 0 & \lambda+2\mu & 0 & 0 & 0 & 0 & 0 & 0 & 0 \\ 0 & \lambda & 0 & 0 & 0 & 0 & 0 & 0 & 0 \\ 0 & 0 & \mu & 0 & 0 & 0 & 0 & 0 & 0 \\ 0 & 0 & 0 & 0 & 0 & 0 & 0 & 0 & 0 \\ \mu & 0 & 0 & 0 & 0 & 0 & 0 & 0 & 0 \end{pmatrix} \quad (3-10)$$

$$A_3 = \begin{pmatrix} 0 & 0 & 0 & 0 & 0 & 0 & 0 & \rho^{-1} & 0 \\ 0 & 0 & 0 & 0 & 0 & 0 & \rho^{-1} & 0 & 0 \\ 0 & 0 & 0 & 0 & 0 & \rho^{-1} & 0 & 0 & 0 \\ 0 & 0 & \lambda & 0 & 0 & 0 & 0 & 0 & 0 \\ 0 & 0 & \lambda & 0 & 0 & 0 & 0 & 0 & 0 \\ 0 & 0 & \lambda+2\mu & 0 & 0 & 0 & 0 & 0 & 0 \\ 0 & \mu & 0 & 0 & 0 & 0 & 0 & 0 & 0 \\ \mu & 0 & 0 & 0 & 0 & 0 & 0 & 0 & 0 \\ 0 & 0 & 0 & 0 & 0 & 0 & 0 & 0 & 0 \end{pmatrix} \quad (3-11)$$

3.2 三维交错网格高阶有限差分数值算法

此节应用交错网格高阶有限差分方法，对三维各向同性介质一阶速度—应力弹性波方程实现离散化。

3.2.1 交错网格高阶有限差分方法

为了显著提升计算的准确性，在交错网格高阶差分时使用了交错网格点来计算空间导数和时间导数。它不但要求空间网格之间要彼此交错，同时在时间上也必须交错，变量的导数是在网格点间中点位置上运算获得的。

1. 时间上 $2M$ 阶差分近似

在计算一阶弹性波方程的过程中，速度和应力这两类参数先后在 $t+\Delta t/2$ 时刻展开运算。为了优化时间差分精度，结合 Taylor 公式进行求解，从而获得 $2M$ 阶精度所对应的时间差分近似，如

$$V_x\left(t+\frac{\Delta t}{2}\right) = V_x\left(t-\frac{\Delta t}{2}\right) + 2\sum_{m=1}^{M}\frac{1}{(2m-1)!}\left(\frac{\Delta t}{2}\right)^{2m-1}\frac{\partial^{2m-1}}{\partial t^{2m-1}}V_x(t) + O(\Delta t^{2m})$$

(3-12)

式中，Δt 为时间步长，当 $M=1$ 时，就可以得到传统的二阶精度差分近似。

运算其中的 $\frac{\partial^{2m-1}}{\partial t^{2m-1}} V_x$，要涉及过多的时间层，内存量要求比较大，为此结合式（3-8）能够把速度对时间的所有奇数阶高阶导数进行有效的转嫁，从而变为应力对空间的导数；把应力对时间的所有奇数阶高阶导数展开有效的转嫁，从而变为速度对空间的导数。通过这种方式，在运算时间层上各类速度场的过程中，仅仅需要上一时间层的速度场和应力场，从而大幅度减少了内存的占用。

当 $2M = 2$ 时，把式（3-4）代入式（3-12）之后得到：

$$V_x\left(t + \frac{\Delta t}{2}\right) = V_x\left(t - \frac{\Delta t}{2}\right) + \frac{\Delta t}{\rho}\left(\frac{\partial \sigma_{xx}}{\partial x} + \frac{\partial \tau_{xy}}{\partial y} + \frac{\partial \tau_{xz}}{\partial z}\right) \quad (3-13)$$

同理，可得其他变量的二阶时间差分精度近似。

2. 空间上 $2L$ 阶差分近似

对于交错网格技术而言，变量所对应的导数是在变量网格点中的半程上展开运算的。所以，通过下述方程式得到一阶空间导数。

$$\frac{\partial f}{\partial x} = \frac{1}{\Delta x} \sum_{i=1}^{L} C_i^{(L)} \left\{ f\left[x + \frac{\Delta x}{2}(2i-1)\right] - f\left[x - \frac{\Delta x}{2}(2i-1)\right] \right\} + O(\Delta x^{2L})$$

$$(3-14)$$

式（3-14）包含的待定系数 $C_i^{(L)}$ 的求解是保证一阶空间导数所对应的 $2L$ 阶差分精度的重中之重。

把 $f\left[x + \frac{\Delta x}{2}(2i-1)\right]$ 和 $f\left[x - \frac{\Delta x}{2}(2i-1)\right]$ 在 x 位置通过 Taylor 公式进行展开之后，可结合下述方程组运算相应的待定系数 $C_i^{(L)}$：

$$\begin{pmatrix} 1 & 3 & 5 & \cdots & 2L-1 \\ 1^3 & 3^3 & 5^3 & \cdots & (2L-1)^3 \\ 1^5 & 3^5 & 5^5 & \cdots & (2L-1)^5 \\ \vdots & \vdots & \vdots & & \vdots \\ 1^{2L-1} & 3^{2L-1} & 5^{2L-1} & \cdots & (2L-1)^{2L-1} \end{pmatrix} \begin{pmatrix} C_1^{(L)} \\ C_2^{(L)} \\ C_3^{(L)} \\ \vdots \\ C_L^{(L)} \end{pmatrix} = \begin{pmatrix} 1 \\ 0 \\ 0 \\ \vdots \\ 0 \end{pmatrix} \quad (3-15)$$

当 $2L = 2$ 时，$C_1^{(1)} = 1$；当 $2L = 4$ 时，$C_1^{(2)} = \frac{9}{8}$，$C_2^{(2)} = -\frac{1}{24}$。

$C_i^{(L)}$ 所对应的计算公式为

$$C_i^{(L)} = \frac{(-1)^{i+1} \prod_{j=1, j \neq L}^{L} (2j-1)^2}{(2i-1) \prod_{j=1, j \neq L}^{L} \left[(2i-1)^2 - (2j-1)^2\right]} \quad (3-16)$$

展开式的截断误差系数为

$$e_L = \frac{2}{(2L+1)!} \sum_{i=1}^{L} \left(\frac{2i-1}{2}\right)^{2L+1} C_i^{(L)} \qquad (3-17)$$

3.2.2 交错网格高阶有限差分数值解

在进行运算的过程中，两类参数所对应的计算空间位置如图 3-1 所示。网格空间从整体上讲是通过这些多元化的节点和排列方式组建而成的。

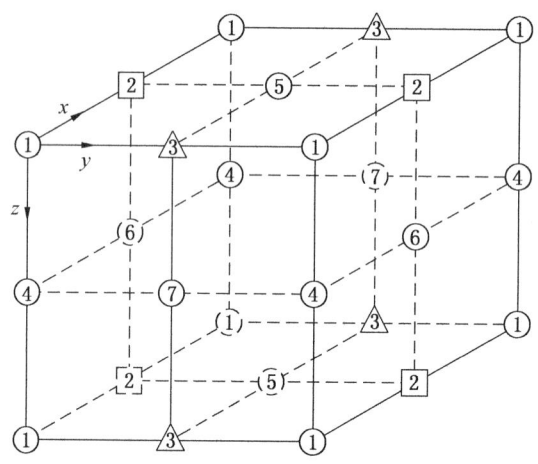

图 3-1 三维交错网格节点分布图（一）

各个节点位置对应的弹性参数和具体的波场分量见表 3-1。

表 3-1 交错网格有限差分各节点处的弹性参数

网格点	1	2	3	4	5	6	7
弹性波场分量和弹性参数	σ_{xx}, σ_{yy}, σ_{zz}, λ, μ	V_x, ρ^{-1}	V_y, ρ^{-1}	V_z, ρ^{-1}	τ_{xy}, μ	τ_{xz}, μ	τ_{yz}, μ

二阶时间差分精度、$2L$ 阶空间差分各向同性介质交错网格高阶有限差分离散方程为

$$\begin{cases}
\sigma_{xx}^{n+}(i,j,k) = \sigma_{xx}^{n-}(i,j,k) + [\lambda(i,j,k) + 2\mu(i,j,k)]\Delta t L_x^- [V_x^n(i^+,j,k)] + \\
\qquad \lambda(i,j,k)\Delta t L_y^- [V_y^n(i,j^+,k)] + \lambda(i,j,k)\Delta t L_z^- [V_z^n(i,j,k^+)] \\
\sigma_{yy}^{n+}(i,j,k) = \sigma_{yy}^{n-}(i,j,k) + \lambda(i,j,k)\Delta t L_x^- [V_x^n(i^+,j,k)] + [\lambda(i,j,k) + \\
\qquad 2\mu(i,j,k)]\Delta t L_y^- [V_y^n(i,j^+,k)] + \lambda(i,j,k)\Delta t L_z^- [V_z^n(i,j,k^+)] \\
\sigma_{zz}^{n+}(i,j,k) = \sigma_{zz}^{n-}(i,j,k) + \lambda(i,j,k)\Delta t L_x^- [V_x^n(i^+,j,k)] + \lambda(i,j,k)\Delta t L_y^- \\
\qquad [V_y^n(i,j^+,k)] + [\lambda(i,j,k) + 2\mu(i,j,k)]\Delta t L_z^- [V_z^n(i,j,k^+)]
\end{cases}$$

$$\begin{cases}
\tau_{xy}^{n+}(i^+,j^+,k) = \tau_{xy}^{n-}(i^+,j^+,k) + \mu(i,j,k)\Delta t\{L_y^+[V_x^n(i^+,j,k)] + \\
\qquad L_x^+[V_y^n(i,j^+,k)]\} \\
\tau_{xz}^{n+}(i^+,j,k^+) = \tau_{xz}^{n-}(i^+,j,k^+) + \mu(i,j,k)\Delta t\{L_z^+[V_x^n(i^+,j,k)] + \\
\qquad L_x^+[V_z^n(i,j,k^+)]\} \\
\tau_{yz}^{n+}(i,j^+,k^+) = \tau_{yz}^{n-}(i,j^+,k^+) + \mu(i,j,k)\Delta t\{L_z^+[V_y^n(i,j^+,k)] + \\
\qquad L_y^+[V_z^n(i,j,k^+)]\} \\
V_x^n(i^+,j,k) = V_x^n(i^+,j,k) + \dfrac{\Delta t}{\rho(i,j,k)}\{L_x^+[\sigma_{xx}^{n-}(i,j,k)] + L_y^-[\tau_{xy}^{n-}(i^+,j^+,k)] + \\
\qquad L_z^-[\tau_{xz}^{n-}(i^+,j,k^+)]\} \\
V_y^n(i,j^+,k) = V_y^n(i,j^+,k) + \dfrac{\Delta t}{\rho(i,j,k)}\{L_x^-[\tau_{xy}^{n-}(i^+,j^+,k)] + L_y^+[\sigma_{yy}^{n-}(i,j,k)] + \\
\qquad L_z^-[\tau_{yz}^{n-}(i,j^+,k^+)]\} \\
V_z^n(i,j,k^+) = V_z^n(i,j,k^+) + \dfrac{\Delta t}{\rho(i,j,k)}\{L_x^-[\tau_{xz}^{n-}(i^+,j,k^+)] + L_y^-[\tau_{yz}^{n-}(i,j^+,k^+)] + \\
\qquad L_z^+[\sigma_{zz}^{n-}(i,j,k)]\}
\end{cases}$$

$$(3-18)$$

式中，Δt 为时间差分间隔；上标 n 表示 $n\Delta t$ 时刻；n^+ 表示 $n+1/2$；n^- 表示 $n-1/2$；i、j、k 表示空间差分格点位置；L_x^+ 等为差分算子。震源子波可加在三个正应力点上，也可加在振动速度上，不过实现起来稍微复杂些。

对于函数 u，沿 x 方向的向前差分算子 L_x^+ 和向后差分算子 L_x^- 分别为

$$\begin{cases} L_x^+[u(x)] = \dfrac{1}{\Delta x}\sum_{i=1}^{L} C_i^{(L)}\{u(x+i\Delta x) - u[x-(i-1)\Delta x]\} \\ L_x^-[u(x)] = \dfrac{1}{\Delta x}\sum_{i=1}^{L} C_i^{(L)}\{u[x+(i-1)\Delta x] - u(x-i\Delta x)\} \end{cases} \quad (3-19)$$

同理，可得其他差分算子。

3.2.3 边界吸收 PML 法

完全匹配层（Perfectly Matched Layer，PML）吸收边界是 Berenger 针对电磁波传播情况引进的一种高效方法，在理论和模型算例上证明该方法可以很好吸收来自各个方向、各种频率的波。

PML 思想是把要求解的变量分为两部分，包括平行于边界的分量和垂直于边界的分量，在所要研究区域的四周加上吸收层，从而充分地吸收边界反射，通过添加的吸收层能够在短时间内衰减沿人工界面法向传播的各类平面波，从而降低人工界面所产生的反射波，除此之外，和人工界面彼此平行的平面波不会发生衰减。

采用 collino 对 PML 计算方程式的分裂思路,假定 $V = V^{\parallel} + V^{\perp}$,$\sigma = \sigma^{\parallel} + \sigma^{\perp}$,同时设 dx、dy、dz 为 x、y、z 这三个方向对应的阻尼因子,因此式(3-8)在这三个方向上的分裂方程可具体表达为

$$\frac{\partial}{\partial t}\begin{pmatrix} Q^{\perp x} \\ Q^{\perp y} \\ Q^{\perp z} \end{pmatrix} + \begin{pmatrix} d_x & 0 & 0 \\ 0 & d_y & 0 \\ 0 & 0 & d_z \end{pmatrix}\begin{pmatrix} Q^{\perp x} \\ Q^{\perp y} \\ Q^{\perp z} \end{pmatrix} = \begin{pmatrix} A_1 & 0 & 0 \\ 0 & A_2 & 0 \\ 0 & 0 & A_3 \end{pmatrix}\begin{pmatrix} \frac{\partial Q}{\partial x} \\ \frac{\partial Q}{\partial y} \\ \frac{\partial Q}{\partial z} \end{pmatrix} \quad (3-20)$$

$$\frac{\partial}{\partial t}\begin{pmatrix} Q^{\parallel x} \\ Q^{\parallel y} \\ Q^{\parallel z} \end{pmatrix} = \begin{pmatrix} 0 & A_2 & A_3 \\ A_1 & 0 & A_3 \\ A_1 & A_2 & 0 \end{pmatrix}\begin{pmatrix} \frac{\partial Q}{\partial x} \\ \frac{\partial Q}{\partial y} \\ \frac{\partial Q}{\partial z} \end{pmatrix} \quad (3-21)$$

上述为各个方向吸收层所存在的边界条件。沿 x 方向的吸收层边界方程为

$$\begin{cases}
\frac{\partial V_x^{\perp x}}{\partial t} + d_x V_x^{\perp x} = \frac{1}{\rho}\frac{\partial \sigma_{xx}}{\partial x} & \frac{\partial V_x^{\parallel x}}{\partial t} = \frac{1}{\rho}\left(\frac{\partial \tau_{xy}}{\partial y} + \frac{\partial \tau_{xz}}{\partial z}\right) \\
\frac{\partial V_y^{\perp x}}{\partial t} + d_x V_y^{\perp x} = \frac{1}{\rho}\frac{\partial \tau_{xy}}{\partial x} & \frac{\partial V_y^{\parallel x}}{\partial t} = \frac{1}{\rho}\left(\frac{\partial \sigma_{yy}}{\partial y} + \frac{\partial \tau_{yz}}{\partial z}\right) \\
\frac{\partial V_z^{\perp x}}{\partial t} + d_x V_z^{\perp x} = \frac{1}{\rho}\frac{\partial \tau_{xz}}{\partial x} & \frac{\partial V_z^{\parallel x}}{\partial t} = \frac{1}{\rho}\left(\frac{\partial \tau_{yz}}{\partial y} + \frac{\partial \sigma_{zz}}{\partial z}\right) \\
\frac{\partial \sigma_{xx}^{\perp x}}{\partial t} + d_x \sigma_{xx}^{\perp x} = (\lambda + 2\mu)\frac{\partial V_x}{\partial x} & \frac{\partial \sigma_{xx}^{\parallel x}}{\partial t} = \lambda\left(\frac{\partial V_y}{\partial y} + \frac{\partial V_z}{\partial z}\right) \\
\frac{\partial \sigma_{yy}^{\perp x}}{\partial t} + d_x \sigma_{yy}^{\perp x} = \lambda\frac{\partial V_x}{\partial x} & \frac{\partial \sigma_{yy}^{\parallel x}}{\partial t} = (\lambda + 2\mu)\frac{\partial V_y}{\partial y} + \lambda\frac{\partial V_z}{\partial z} \quad (3-22) \\
\frac{\partial \sigma_{zz}^{\perp x}}{\partial t} + d_x \sigma_{zz}^{\perp x} = \lambda\frac{\partial V_x}{\partial x} & \frac{\partial \sigma_{zz}^{\parallel x}}{\partial t} = \lambda\frac{\partial V_y}{\partial y} + (\lambda + 2\mu)\frac{\partial V_z}{\partial z} \\
\frac{\partial \tau_{xy}^{\perp x}}{\partial t} + d_x \tau_{xy}^{\perp x} = \mu\frac{\partial V_y}{\partial x} & \frac{\partial \tau_{xy}^{\parallel x}}{\partial t} = \mu\frac{\partial V_x}{\partial y} \\
\frac{\partial \tau_{xz}^{\perp x}}{\partial t} + d_x \tau_{xz}^{\perp x} = \mu\frac{\partial V_z}{\partial x} & \frac{\partial \tau_{xz}^{\parallel x}}{\partial t} = \mu\frac{\partial V_x}{\partial z} \\
\frac{\partial \tau_{yz}^{\perp x}}{\partial t} + d_x \tau_{yz}^{\perp x} = 0 & \frac{\partial \tau_{yz}^{\parallel x}}{\partial t} = \mu\left(\frac{\partial V_y}{\partial z} + \frac{\partial V_z}{\partial y}\right)
\end{cases}$$

在上述函数式中，套用2M阶差分格式（3-14）及式（3-13），从而获得所需的PML吸收边界条件交错网格差分格式：

$$\begin{cases} V_x^n(i^+,j,k) = (V_x^{\perp x})^n(i^+,j,k) + (V_x^{\perp y})^n(i^+,j,k) + (V_x^{\perp z})^n(i^+,j,k) \\ (V_x^{\perp x})^n(i^+,j,k) = \dfrac{1}{1+0.5\Delta t d_i^x}\{(1-0.5\Delta t d_i^x)(V_x^{\perp x})^{n-1}(i^+,j,k) + \\ \qquad\qquad \dfrac{\Delta t}{\rho(i,j,k)} L_x^+ [\sigma_{xx}^{n-}(i,j,k)]\} \\ (V_x^{\perp y})^n(i^+,j,k) = \dfrac{1}{1+0.5\Delta t d_j^y}\{(1-0.5\Delta t d_j^y)(V_x^{\perp y})^{n-1}(i^+,j,k) + \\ \qquad\qquad \dfrac{\Delta t}{\rho(i,j,k)} L_y^+ [\tau_{xy}^{n-}(i^+,j^+,k)]\} \\ (V_x^{\perp z})^n(i^+,j,k) = \dfrac{1}{1+0.5\Delta t d_k^z}\{(1-0.5\Delta t d_k^z)(V_x^{\perp z})^{n-1}(i^+,j,k) + \\ \qquad\qquad \dfrac{\Delta t}{\rho(i,j,k)} L_z^- [\tau_{xz}^{n-}(i^+,j,k^+)]\} \\ \sigma_{xx}^{n+}(i,j,k) = (\sigma_{xx}^{\perp x})^{n+}(i,j,k) + (\sigma_{xx}^{\perp y})^{n+}(i,j,k) + (\sigma_{xx}^{\perp z})^{n+}(i,j,k) \\ (\sigma_{xx}^{\perp x})^{n+}(i,j,k) = \dfrac{1}{1+0.5\Delta t d_i^x}\{1-0.5\Delta t d_i^x (\sigma_{xx}^{\perp x})^{n-}(i,j,k) + \\ \qquad\qquad [\lambda(i,j,k)+2\mu(i,j,k)]\Delta t L_x^- [V_x^n(i^+,j,k)]\} \\ (\sigma_{xx}^{\perp y})^{n+}(i,j,k) = \dfrac{1}{1+0.5\Delta t d_j^y}\{(1-0.5\Delta t d_j^y)(\sigma_{xx}^{\perp y})^{n-}(i,j,k) + \\ \qquad\qquad \lambda(i,j,k)\Delta t L_y^- [V_y^n(i,j^+,k)]\} \\ (\sigma_{xx}^{\perp z})^{n+}(i,j,k) = \dfrac{1}{1+0.5\Delta t d_k^z}\{1-0.5\Delta t d_k^z (\sigma_{xx}^{\perp z})^{n-}(i,j,k) + \\ \qquad\qquad [\lambda(i,j,k)\Delta t L_z^- [V_z^n(i,j,k^+)]\} \end{cases} \quad (3-23)$$

在式（3-23）中，d 指阻尼函数，运算区域中的场变量朝着 x 方向不断衰减，在这种情况下有 $d_j^y=0$，$d_k^z=0$，d_i^x。根据下式计算，R 指理论反射系数，此处假设为 0.0001，δ 指边界厚度，x 指计算点和相应的边界面之间的距离；处于棱区域的时候，阻尼系数有两个不为0，视所在位置而定；在角点区域，阻尼系数均不为零。

$$d_i^x = \log\left(\dfrac{1}{R}\right)\dfrac{3V_p}{2\delta}\left(\dfrac{x}{\delta}\right)^4 \qquad (3-24)$$

同理，可得其他分量的PML离散方程。

3.2.4 稳定性条件

根据傅里叶分析，可获得交错网格有限差分法各类差分精度的稳定性条件，可表达为

$$\Delta t V_p \sqrt{\frac{1}{\Delta x^2} + \frac{1}{\Delta y^2} + \frac{1}{\Delta z^2}} \leq \frac{1}{\sum_{i=1}^{L} |C_i^{(L)}|} \tag{3-25}$$

式中　　V_p——介质纵波速度；

　　　　$C_i^{(L)}$——差分系数。

针对三维各向同性介质而言，地震波传播速度和方向无关，所以三个方向的稳定性条件是一样的，且与泊松比无关，即纵横波速度不同时包含在稳定性条件中，此时能够有效模拟任意泊松比介质内的弹性波场。

3.3　三维空间巷道界面处理方法

煤矿井下的巷道界面类似于地表自由界面，由于三维巷道有多个面，处理起来要比地表自由界面复杂得多。在有限元方法中，自由界面可以直接满足，不用专门处理，但在交错网格有限差分方法中则需对巷道进行特殊处理。

3.3.1　自由界面处理方法

理论上，在自由界面处 $z = 0$ 的水平界面，以二维模型为例，自由边界条件为

$$\sigma_{zz} = 0 \quad \tau_{xz} = 0 \tag{3-26}$$

目前，交错网格有限差分中，常用的处理自由界面的方法有三类：以真空形式处理自由界面的方法（Heterogeneous Approach，简称 HA 法）、镜像法（SIM 法）和利用横向各向同性介质近似代替自由界面的方法（由 Mittet 提出，简称 Mittet 法）。Xu 对第三种方法进行了改进，提出了 AEA 方法。下面以二维模型为例介绍这几种处理水平自由界面的方法：

（1）HA 法：以真空形式或空气介质处理自由界面，物性参数设为 0 或很小的值，这样的设置很容易使计算不收敛，在很短的计算时间内使计算发散。有些方法将空气介质的密度取得比较大，这样可以防止计算发散，但不符合自由界面的要求。

（2）镜像法：仿照电磁法中的处理方法，在自由界面上加几层网格，增加的层数与空间阶数 L 相同。自由界面处，应力值为（λ、μ、ρ 为自由界面物性参数，λ_1、μ_1、ρ_1 为自由界面以下物性参数）

$$\sigma_{zz} = 0 \quad \sigma_{xx} = \frac{4\mu_1(\lambda_1 + \mu_1)}{(\lambda_1 + 2\mu_1) V_x} \tag{3-27}$$

所增加网格的值为和自由界面相对称的对应位置的应力值：
$$\sigma_{zz}(-z) = -\sigma_{zz}(z) \quad \tau_{xz}(-z) = -\tau_{xz}(z) \quad (3-28)$$

若交错网格空间阶数为4，z 是竖直方向，向下为正，水平自由表面位于 $z = j\Delta z$，镜像法的公式是

$$\begin{cases} \sigma_{zz}(i,j) = 0 \\ \sigma_{zz}(i,j-1) = -\sigma_{zz}(i,j+1) \\ \sigma_{zz}(i,j-2) = -\sigma_{zz}(i,j+2) \\ \tau_{xz}(i,j-1) = -\tau_{xz}(i,j) \\ \tau_{xz}(i,j-2) = -\tau_{xz}(i,j+1) \\ \sigma_{xx}(i,j) = \dfrac{4\mu_1(\lambda_1+\mu_1)}{(\lambda_1+2\mu_1)}V_x(i,j) \end{cases} \quad (3-29)$$

上面的方法是将正应力放在交错网格的角点上，王秀明等改进了此方法，将剪应力放在了角点上，从而不用计算自由界面上的 σ_{xx}。设水平自由表面位于 $z = j\Delta z$，镜像法的公式是

$$\begin{cases} \tau_{xz}(i,j) = 0 \\ \tau_{xz}(i,j-1) = -\tau_{xz}(i,j+1) \\ \tau_{xz}(i,j-2) = -\tau_{xz}(i,j+2) \\ \sigma_{zz}(i,j-1) = -\sigma_{zz}(i,j) \\ \sigma_{zz}(i,j-2) = -\sigma_{zz}(i,j+1) \end{cases} \quad (3-30)$$

（3）Mittet 法：利用横向各向同性介质近似代替自由界面，具体实现方法是：

$$\sigma_{zz} = 0 \quad \rho_x = \frac{\rho_1}{2} \quad \rho_z = \rho_1 \quad \lambda = 0 \quad \mu = \frac{\mu_1}{2} \quad (3-31)$$

（4）AEA 法：Xu 对 Mittet 的方法进行了改进，保持 μ 在自由界面附近不变，即 $\mu = \mu_1$，这可以被解释为应力连续，在物理意义上更加合适，而且应用效果良好。

以上是二维情况，三维空间下方程中加上 y 方向的应力分量即可，和其他方向分量公式形式相同。

3.3.2 三维巷道处理方法

以上交错网格的界面处理方法对水平界面而言，镜像法和 AEA 法效果最好。一些学者对起伏界面尝试了多种处理方法，如 Robertsson 提出了一类新的分析思路，即把不规则起伏表面分解成许多水平竖直的网格单元以及表面单元之间顶角，将镜像法应用于不规则界面当中。王秀明等学者按照这种思想，设计了二维

起伏表面的不同类型交错网格有限差分新算法。汪利民按照这种思想,将 AEA 方法用于二维和三维的起伏自由表面模拟。其他处理方法还有旋转交错网格法、映射网格法和坐标变换法等,但这几种方法不太适合三维巷道。由于交错网格方法本身固有的缺陷,以上方法仍然是一种以直(或折)代曲的近似方法,对特别复杂的界面模拟效果不太理想,对较规则或起伏不大的界面模拟效果还是不错的。若要得到真实解,并能模拟起伏界面和倾斜不规则巷道,还需要选用有限元等方法,尤其在需对波场进行精确模拟的情况下。

煤矿井下巷道与地表自由界面不同,它是一个三维空间体,一般来说可看作较规则的六面体,每个面是一自由界面,所以可应用镜像法或 AEA 方法,对倾斜和起伏巷道可借用 Robertsson 的处理思想。

镜像法是自由界面模拟常用的方法,王秀明的交错网格类型使镜像法计算变得简单。Robertsson 方法将网格类型分类过多,在三维模拟中难以实现,可以将其改进,除去顶角网格等类型,仅仅把网格所对应的网格面充当自由界面,位于表面之上的网格通过镜像法进行解决,一个网格可能有几个面是自由界面,各个面对应方向的网格通过镜像法进行具体设定。

综合以上内容,根据以直代曲的方法,对所有网格自由界面展开相应的处理,并调整交错网格类型,采用改进的镜像法模拟三维起伏巷道。由于巷道模型较为复杂,在实现上相对较麻烦,尤其对倾斜或起伏巷道,在编程上需要做些技巧性的处理。

具体实现过程如下:

采用与上面不同的交错网格,将正应力放置网格中心(图 3-2)。

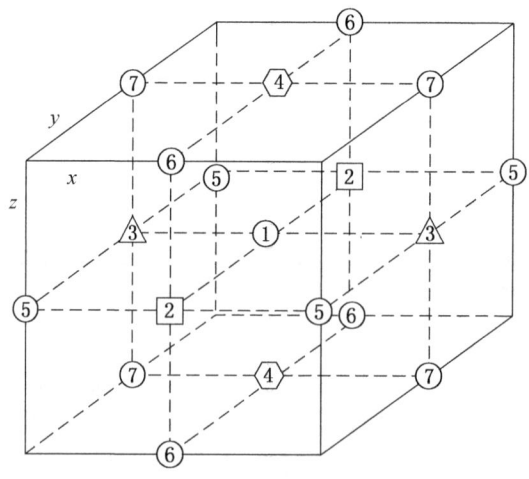

图 3-2 三维交错网格节点分布图(二)

交错网格各节点处所对应的弹性参数见表 3-2。

表 3-2 交错网格各节点处所对应的弹性参数

网格点	1	2	3	4	5	6	7
弹性波场分量和弹性参数	σ_{xx},σ_{yy},$\sigma_{zz}\lambda$,μ	V_x,ρ^{-1}	V_y,ρ^{-1}	V_z,ρ^{-1}	τ_{xy},μ	τ_{xz},μ	τ_{yz},μ

结合网格可知,正应力处于网格中间区域的时候,未处于网格表面,所以无须通过式（3-27）进行运算,处理的步骤也不复杂。

以水平地表自由界面为例,设水平自由表面位于 $z=k\Delta z$,空间阶数为 4,三维镜像法的公式是

$$\begin{cases} \tau_{xz}(i,j,k)=0 \\ \tau_{yz}(i,j,k)=0 \\ \tau_{xz}(i,j,k-1)=-\tau_{xz}(i,j,k+1) \\ \tau_{xz}(i,j,k-2)=-\tau_{xz}(i,j,k+2) \\ \tau_{yz}(i,j,k-1)=-\tau_{yz}(i,j,k+1) \\ \tau_{yz}(i,j,k-2)=-\tau_{yz}(i,j,k+2) \\ \sigma_{zz}(i,j,k-1)=-\sigma_{zz}(i,j,k) \\ \sigma_{zz}(i,j,k-2)=-\sigma_{zz}(i,j,k+1) \end{cases} \quad (3-32)$$

上面公式是相对地表而言,但巷道面的顶板面是在空腔上方,与地表相反,对离散网格来说,地表界面是设置在网格的上表面,但对巷道顶板面,自由界面是设在网格的下表面,镜像方程发生了变化。设巷道顶板面位于 $z=k\Delta z$,下面是空腔:

$$\begin{cases} \tau_{xz}(i,j,k+1)=0 \\ \tau_{yz}(i,j,k+1)=0 \\ \tau_{xz}(i,j,k+2)=-\tau_{xz}(i,j,k) \\ \tau_{yz}(i,j,k+2)=-\tau_{yz}(i,j,k) \\ \sigma_{zz}(i,j,k+1)=-\sigma_{zz}(i,j,k) \\ \sigma_{zz}(i,j,k+2)=-\sigma_{zz}(i,j,k-1) \end{cases} \quad (3-33)$$

与地表存在显著区别的是: $V_z(i,j,k+1)$ 处于自由界面中,因此应对其进行计算,然而这个离散网格对应的真空,物性值为 0,所以在计算的过程中,其密度等同于 $V_z(i,j,k)$ 的密度。自由界面垂直 x 轴或 y 轴的情况依次类推。

对不规则界面离散化后,体现的是一个个网格在界面上的分布,这些网格(网格有6个面)有的一个表面在自由界面上,有的几个表面在自由界面上,对每个在自由界面的表面采用上述镜像法,巷道内为0的网格应力值正好可以设置镜像应力值用。由上可见,处在巷道面上的网格类型有好多种,且处在网格不同面的自由界面镜像公式也不同,采用分类计算的方法颇麻烦,可采用对自由界面的网格找出处在自由界面的面,并判断类型,然后选用相应的镜像设置方法。

3.3.3 三维巷道模拟编程算法

以图3-3在 xoz 面的三维网格为例,设空间阶数为4,斜线标注的网格是需要镜像法计算的网格,阴影标注的是自由界面,以网格A为例,因空间阶数为4,所以计算A的质点振动速度需要用到周围每个方向两个网格的应力值,x、z方向各有一个网格在巷道内,需设置镜像条件,由于巷道内结果都为0,可将巷道网格应力值设置镜像应力值用于计算A,具体实现过程如下:

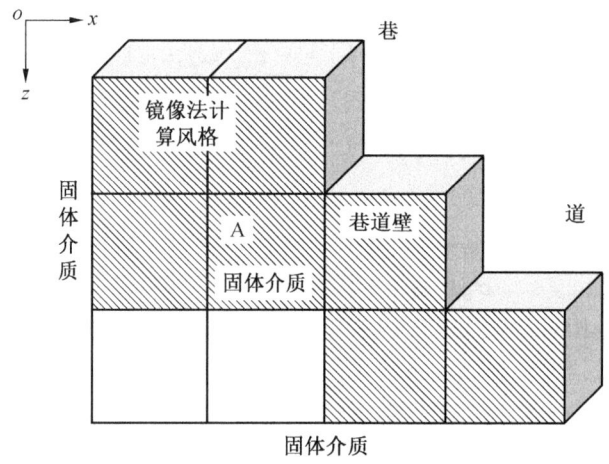

图3-3 巷道处理示意图

(1)对输入模型,根据物性参数判断哪些网格为巷道,哪些网格处在巷道壁位置(物性为固体介质),做上不同标记(图3-3),如 HangDaoFlag[i][j][k],值为0不是巷道,为1是巷道,为2是巷道壁。

(2)根据网格距巷道自由界面距离,判断哪些网格需用镜像法计算,若空间阶数为4,2个网格距离内用镜像法:以(i,j,k)网格为例,HangDaoFlag[i][j][k]=0且 HangDaoFlag[$i\pm2$][$j\pm2$][$k\pm2$]!=0则需用镜像法,做上标记 SIMFlag[i][j][k],值为0不用镜像法,为1用镜像法。

(3) 在循环计算中,对正常介质网格采用一般算法,巷道网格不计算,对需用镜像法计算的网格（SIMFlag[i][j][k]=1）在计算质点振动速度之前,加入设置应力镜像值程序部分:

① 用镜像法计算的网格存在巷道面的方向有 x 正负（以网格位置为相对原点）、y 正负、z 正负 6 种类型,可能一个或几个方向上存在巷道自由界面,每种类型独立计算,这样每个方向都计算到了,解决了多个方向存在巷道面的情况。

② 对每个方向的处理方法是:先找出自由界面在什么位置,因为界面处为巷道壁,(1)中做了标记,在方向上搜索,可找到巷道壁位置,自由界面位置即可确定。然后根据上述相应的镜像法设置需用到的巷道内网格应力值,特殊的是正负方向镜像法设置方法不同。其他方向按同样方法去做,这样就对一个网格的每个自由界面进行了处理。

③ 对自由界面在巷道壁网格（编号 i,j,k）左方（以 A 网格 x 方向为例）的情况,$V_x[i+1][j][k]$ 计算时密度需用 $V_x[i][j][k]$ 的密度,在计算此面所在的巷道壁（编号 i,j,k）网格时,可一同算出。x、y 方向方法同上。

④ 设置程序部分完成后,按原来的算法顺序计算 A 的质点振动速度。

(4) 网格循环计算,对每个需要镜像法的网格同样用（3）中的方法。

此算法只增加了很小的内存和计算量,保证了程序的高性能,对起伏地表同样适用。需要注意的是:网格自由界面前方须有 2 个（空间 4 阶）或 L 个（空间 L 阶）巷道网格,保证镜像条件设置,对倾斜和起伏巷道模型,有时不满足此条件,须对模型做些预处理来满足要求,但若空间阶数选 2,对任何模型都是满足的,只是精度稍低。自由界面,高阶容易发散,低阶比较稳定。对水平巷道空间阶数可选用 4 阶或 6 阶,对倾斜或起伏巷道应降低阶数,选用 2 阶或 4 阶。

3.3.4 含巷道煤层数值模拟

为检验算法正确性,建立含巷道煤层模型进行模拟计算。模型大小为 200 m × 200 m × 50 m,煤层厚度为 5 m,煤层上、下是围岩。煤层纵波速度是 1700 m/s,横波速度是 1000 m/s,相应的密度是 1300 kg/m^3;围岩纵波速度是 3000 m/s,横波速度是 2300 m/s,密度是 2200 kg/m^3。增加了两条 y 方向平行巷道,如图 3-4 所示,正方形表示巷道,截面 4 m × 4 m,与模型边界距离 20 m,y 方向延伸长度 160 m,与竖直切片对称分布,炮点在左边巷道壁旁煤层里,位置（$x26$,$y100$,$z25$）,如图 3-4 中圆圈所示。模拟网格大小 $x=1$ m、$y=1$ m、$z=0.5$ m,时间采样间隔 $dt=0.1$ ms,纵波震源主频 120 Hz,巷道模拟采用上述镜像法,空间阶数为 4。

选取 60 ms 的波场快照（图 3-5）,旋转角度快照中切片一个是 x 方向过炮点中间切片,另一个是过巷道壁竖直切片。

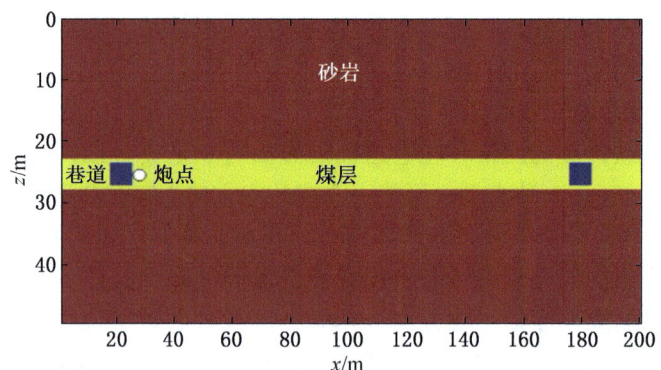

图 3-4 含巷道煤层模型中间面竖直切片（$y=100$）

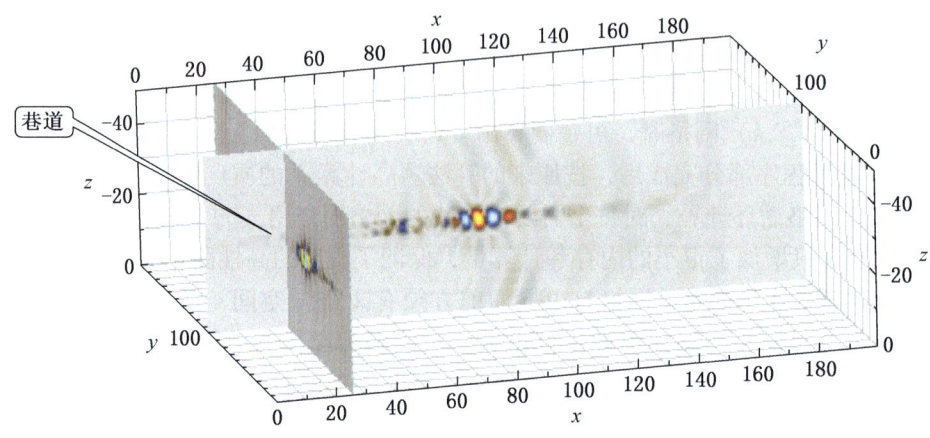

(a) V_x（巷道角度）

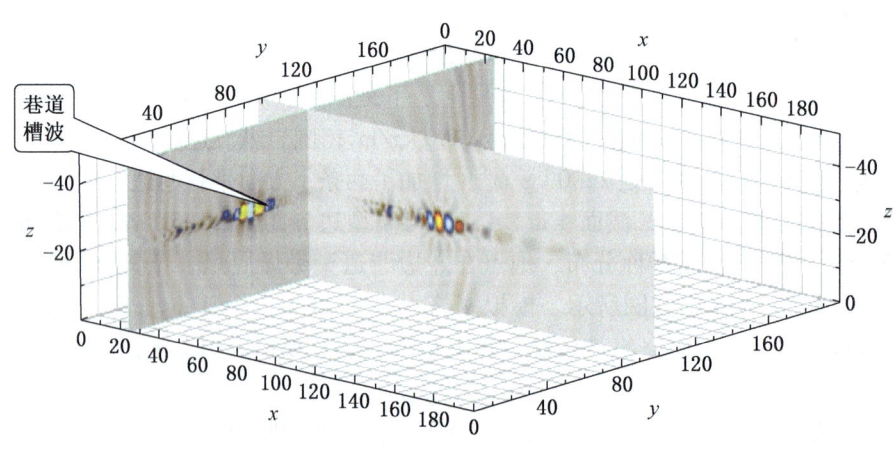

(b) V_x（旋转角度）

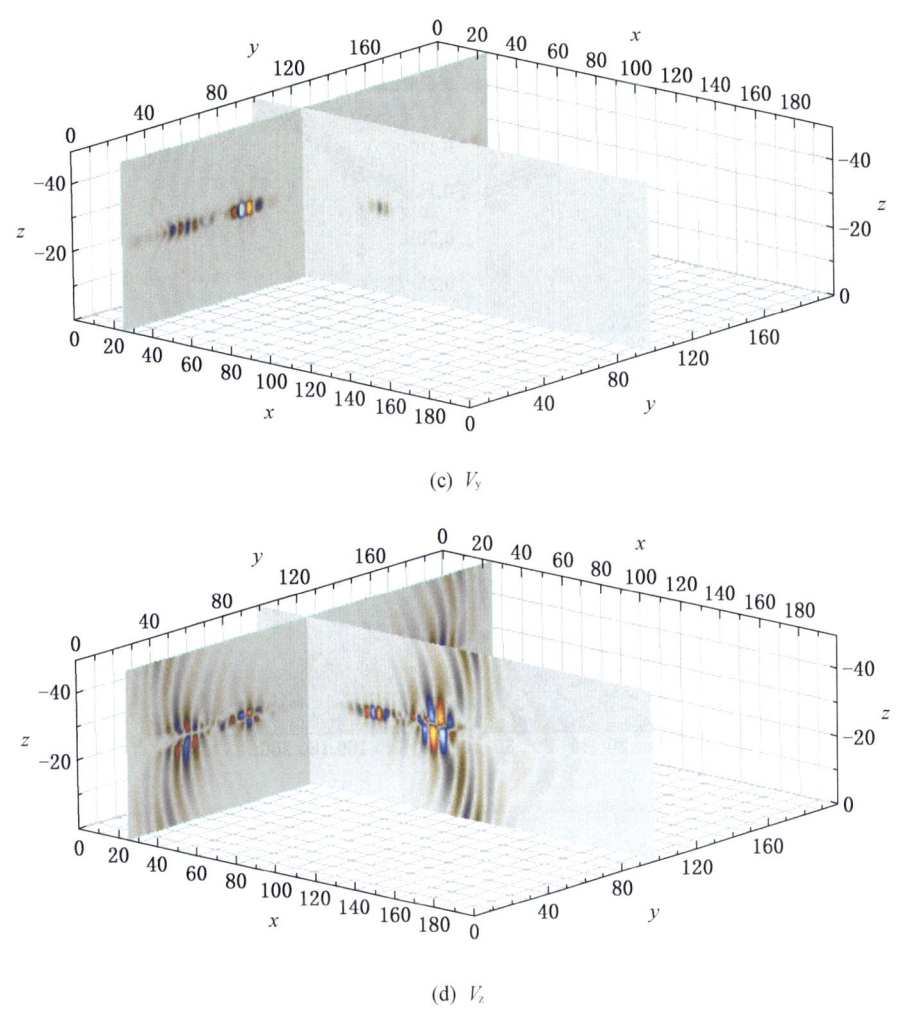

(c) V_y

(d) V_z

图 3-5 含巷道煤层模型 60 ms 波场快照

巷道壁从本质上讲属于自由界面，因此可以形成能量强的面波，面波在煤层中多次反射相互干涉，产生一类更加复杂的槽波，一般所说的瑞雷型槽波和洛夫型槽波并不含面波（因波干涉类型相似而取名），这种波被称为巷道槽波。

取快照中巷道壁剖面最中间过炮点、y 方向的测线（$x=26$，$z=25$）各分量合成记录（图 3-6），并分析频散（图 3-7）。可以看出：巷道槽波能量很强，速度低，频散明显，频散曲线形状符合理论曲线。模拟结果说明槽波数值模拟算法正确。

54 第一部分 槽波基础理论与探测技术

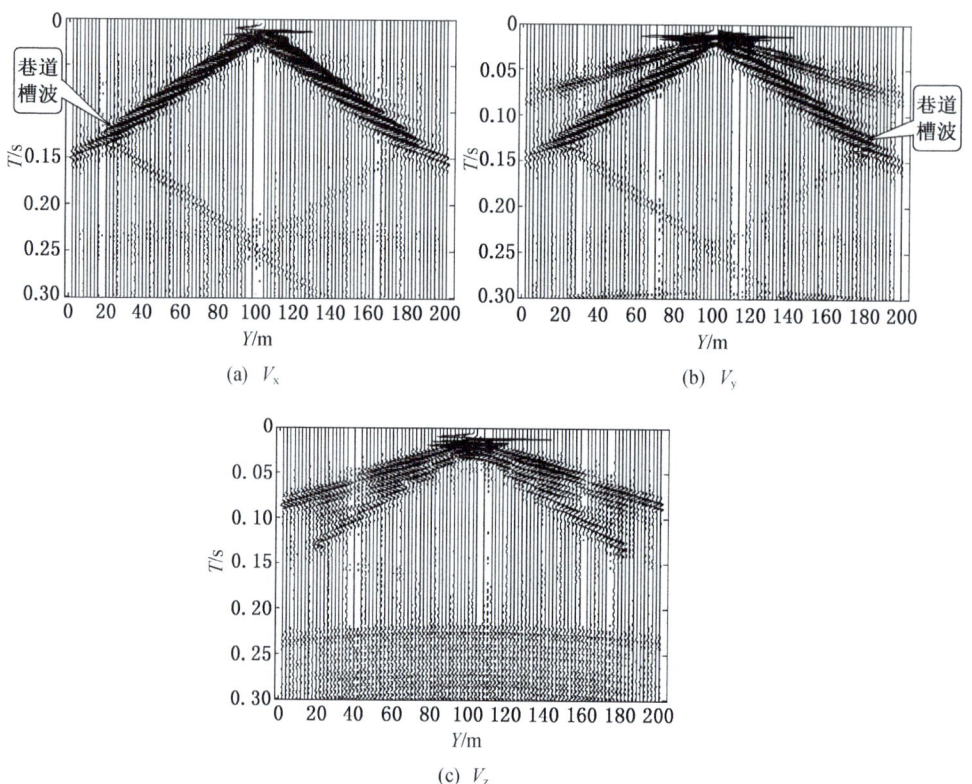

图3-6 巷道壁中间测线 ($z=25$ m, $y=100$ m) 各分量合成记录

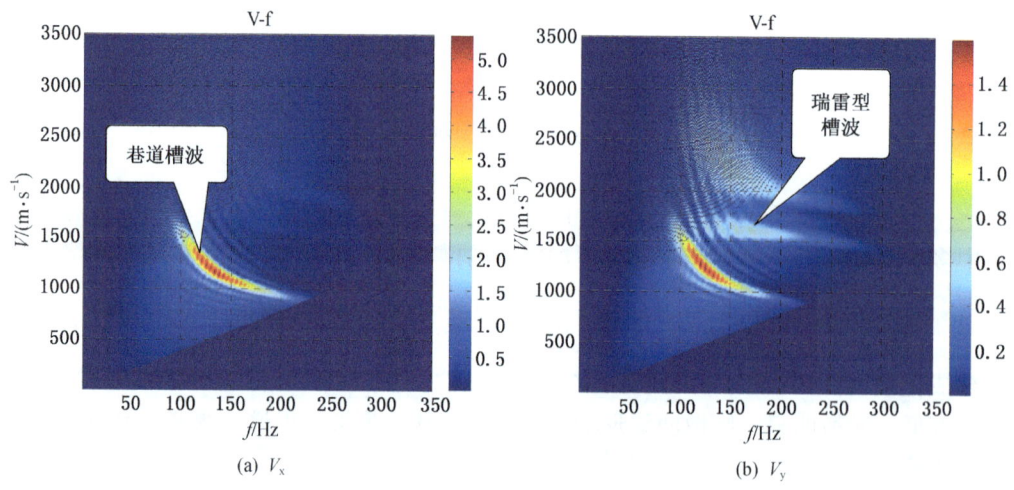

3 三维槽波数值模拟

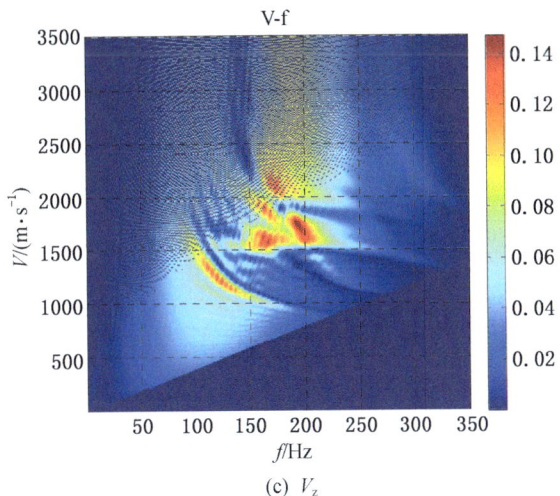

(c) V_z

图 3-7 巷道壁中间测线 ($z = 25$ m, $y = 100$ m) 各分量频散图

3.4 透射槽波的波场传播特征

3.4.1 含陷落柱模型的槽波波场模拟

模型 xyz 方向大小为 1536 m × 240 m × 64 m,围岩参数和煤层参数分别为 $v_p =$ 4000 m/s、$v_s =$ 4000 m/s、$\rho =$ 2.7 g/cm³ 和 $v_p =$ 1800 m/s、$v_s =$ 1100 m/s、$\rho =$ 1.3 g/cm³,煤层厚度为 5 m;4 条巷道(图 3-8)的截面为 3 m × 3 m,陷落柱 xyz 方向大小为 100 m × 300 m × 20 m,介质参数与围岩相同,位于模型正中间位置。炮点在上边巷道壁旁煤层内 2 m,炮间距为 30 m,共 30 炮;接收点在下边巷道壁旁煤层内 2 m,道间距为 10 m,共 140 道。

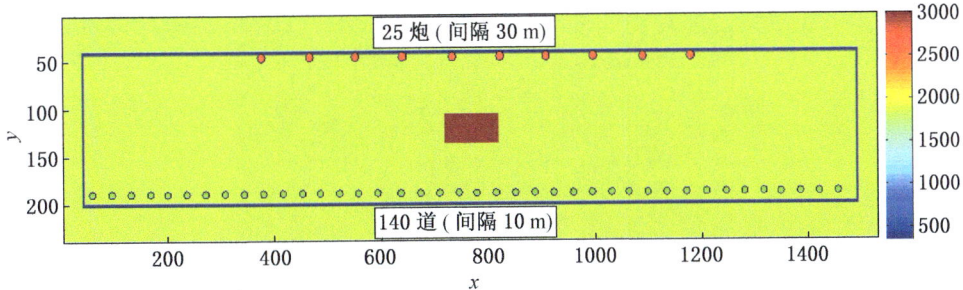

图 3-8 含有陷落柱的煤层工作面三维速度模型(俯视图)

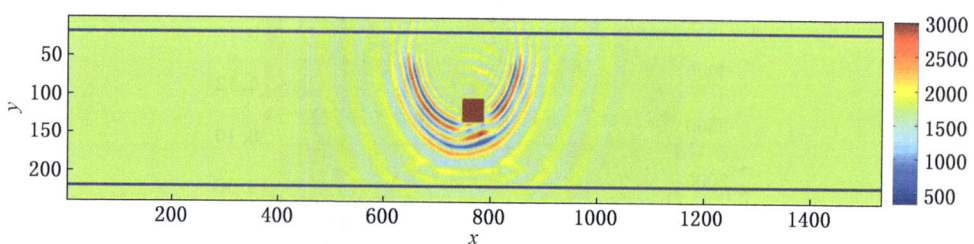

图 3-9　第 12 炮某时刻波场快照图（俯视图）

网格大小为 $x=1\,m$、$y=1\,m$、$z=1\,m$，时间采样间隔 $dt=0.1\,ms$，纵波震源雷克子波主频 120 Hz，差分精度为 2 阶时间 8 阶空间；图 3-9 为第 12 炮某时刻波场快照图（俯视图）；图 3-10 为模拟得到的记录；图 3-11 为频散曲线识别槽波类型。依据图 3-11，可以得出 x 分量中的槽波为 Love 槽波，其埃里相群速

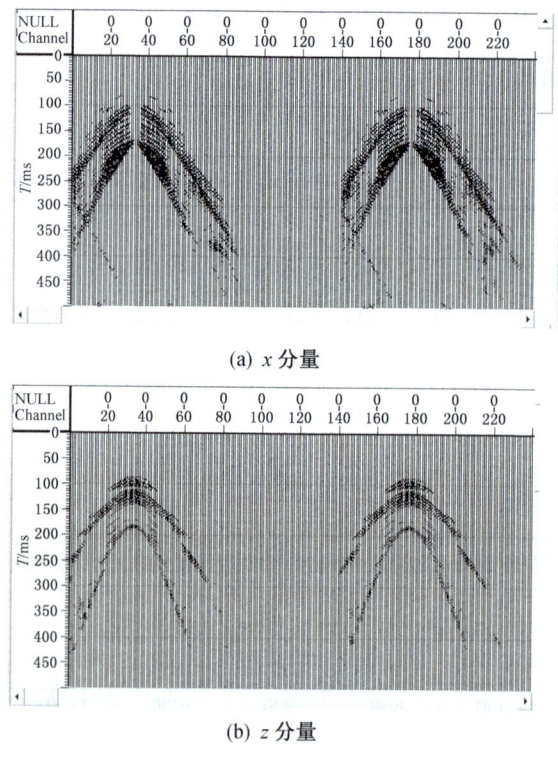

(a) x 分量

(b) z 分量

图 3-10　模拟得到的记录

度约为 875 m/s，频率约为 135 Hz；z 分量的槽波为 Rayleigh 槽波，其埃里相群速度约为 790 m/s，频率约为 205 Hz，均与理论频散曲线一致。通过对槽波能量进行 CT 反演，可得到工作面中的异常构造（图 3 – 12），与给定的陷落柱模型非常吻合。

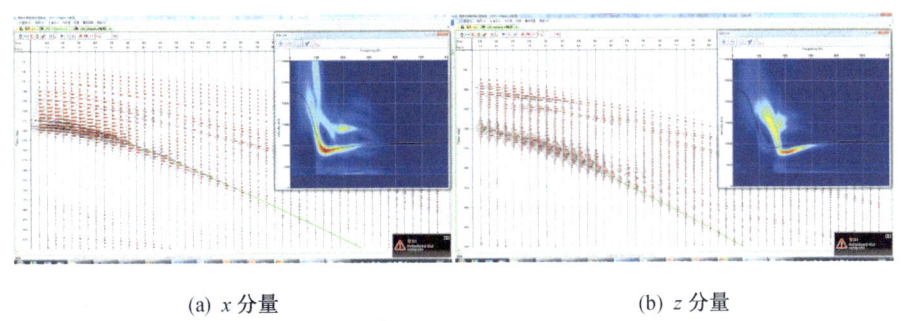

(a) x 分量　　　　　　　　　　　(b) z 分量

图 3 – 11　频散曲线识别槽波类型

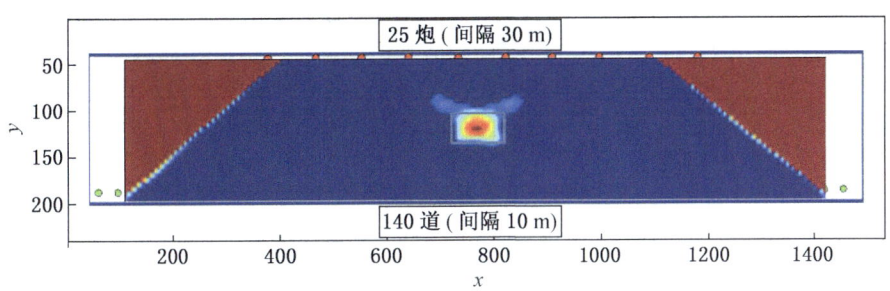

注：图中小长方形框为真实陷落柱位置和大小

图 3 – 12　槽波能量 CT 反演结果与真实模型对比

3.4.2　含断层模型的槽波波场模拟

模型 xyz 方向大小为 1536 m × 240 m × 64 m，围岩参数和煤层参数分别为 v_p = 4000 m/s、v_s = 4000 m/s、ρ = 2.7 g/cm³ 和 v_p = 1800 m/s、v_s = 1100 m/s、ρ = 1.3 g/cm³，煤层厚度为 5 m，增加可围成长方形的 4 条巷道，巷道截面为 3 m × 3 m，断层断距为 5 m，位置如图 3 – 13 所示。炮点在上边巷道壁旁煤层里 2 m，炮间距为 10 m，共 140 炮；接收点在下边巷道壁旁煤层里 2 m，道间距为 10 m，共 140 道，如图 3 – 15 所示。

网格大小为 x = 1 m、y = 1 m、z = 1 m，时间采样间隔 dt = 0.1 ms，纵波震源雷克子波主频 120 Hz，差分精度为 2 阶时间 8 阶空间；图 3 – 14 为模拟得到的第

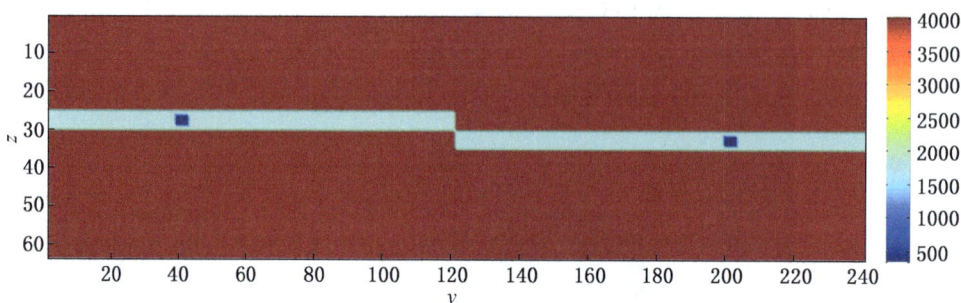

图 3-13 含有断距等于煤厚的煤层工作面三维速度模型（YZ 视图）

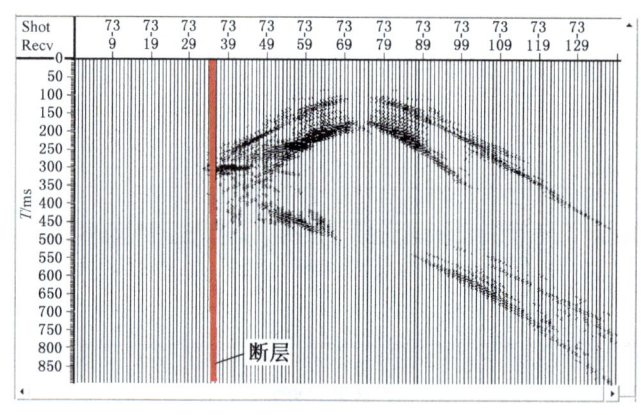

(a) x 分量

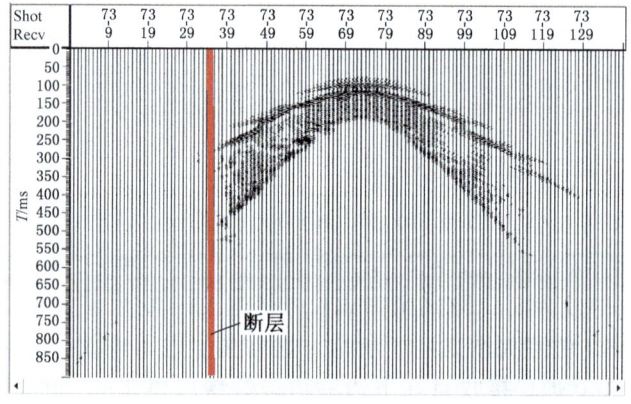

(b) z 分量

图 3-14 断层模型模拟得到的第 73 炮共炮集记录

73炮共炮集记录，从记录中可以明显看出直达Love槽波和Rayleigh槽波在经过断层时能量均完全被阻挡；通过对槽波能量进行CT反演，可得到工作面中的异常构造（图3–15），与给定的断层模型中断层位置非常吻合。

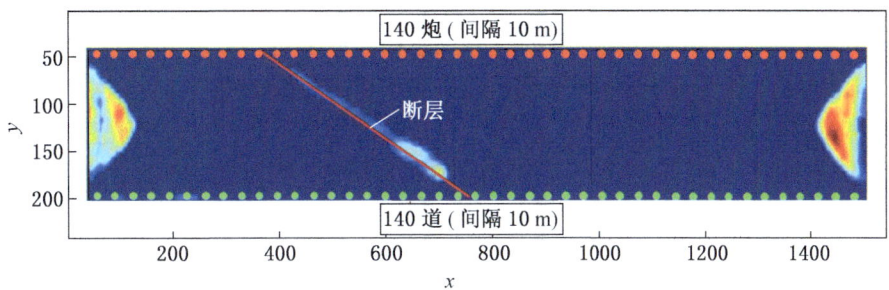

图3–15　槽波能量CT反演结果与真实模型对比

3.4.3　含薄煤带模型的槽波波场模拟

模型xyz方向大小为768 m×240 m×40 m，围岩参数和煤层参数分别为v_p = 4000 m/s、v_s = 4000 m/s、ρ = 2.7 g/cm³ 和 v_p = 1800 m/s、v_s = 1100 m/s、ρ = 1.3 g/cm³，煤层厚度为5 m，增加两条相距200 m且平行于x轴的巷道，巷道截面

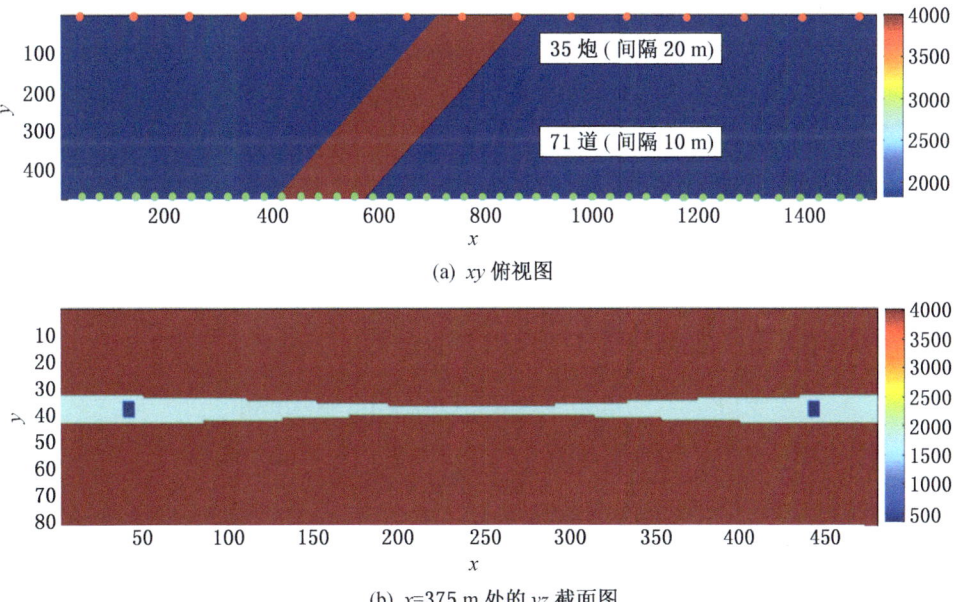

(a) xy俯视图

(b) x=375 m处的yz截面图

图3–16　含有薄煤带的煤层工作面三维速度模型

为 3 m×3 m，薄煤带厚度从 5 m 降为 1 m，宽度为 100 m，位置如图 3-16 所示。炮点在上边巷道壁旁煤层里为 2 m，炮间距为 20 m，共 35 炮；接收点在下边巷道壁旁煤层里 2 m，道间距为 10 m，共 71 道，如图 3-16 所示。

网格大小为 $x=0.5$ m、$y=0.5$ m、$z=0.5$ m，时间采样间隔 $dt=0.05$ ms，纵波震源雷克子波主频 120 Hz，差分精度为 2 阶时间 8 阶空间；图 3-17 所示为模拟得到的第 34 炮共炮集记录，第 16~26 道之间为薄煤带范围，可以看出槽波在经过薄煤带时速度明显增大，且能量也有显著的差异；通过对槽波波至时间进行 CT 反演，可得到工作面中的异常构造（图 3-18），与给定的模型中薄煤带位置一致。

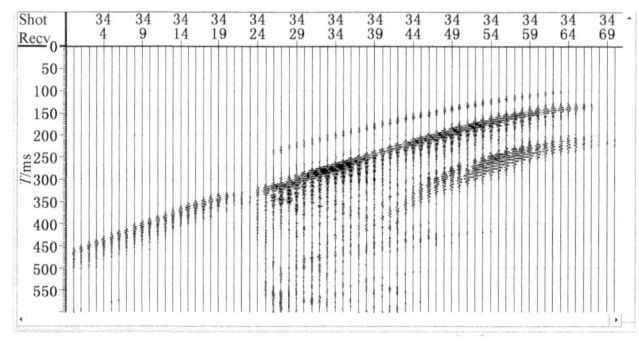

(a) x 分量

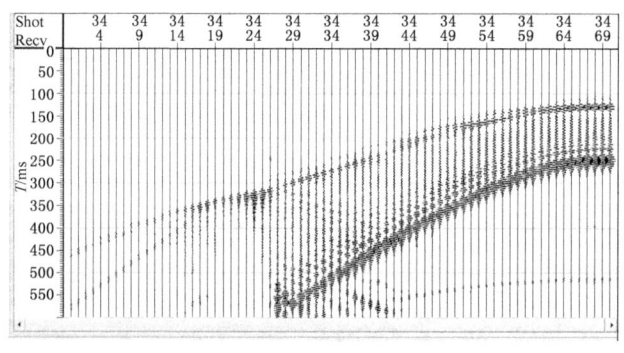

(b) z 分量

图 3-17　薄煤带模型模拟得到的第 34 炮共炮集记录

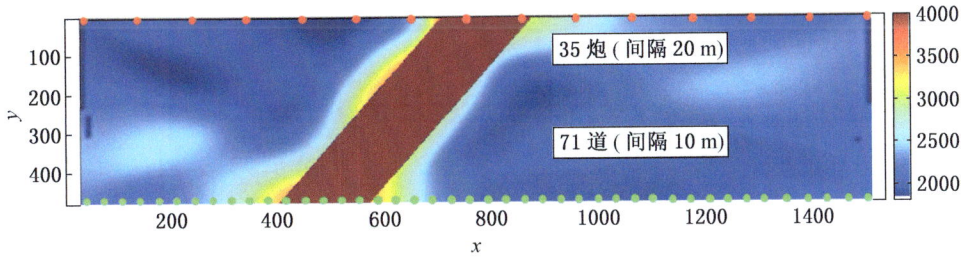

图 3-18 槽波波至时间 CT 反演结果与真实模型对比

3.5 反射槽波的波场传播特征

结合煤层、围岩、断层、陷落柱等实际情况，建立含典型地质异常的三维模型进行反射槽波数值模拟；然后对三维模型模拟结果进行分析，分析波场成分、类型。根据纵横波速度、模型和时距曲线等，辨别波场成分和波形特点，分析 Love 型槽波和 Rayleigh 槽波性质。通过对槽波进行频散分析和极化分析，分析异常体反射、绕射特征及巷道对波场的影响，着重研究槽波反射特征。

3.5.1 含平行巷道断层模型反射槽波模拟

采用交错网格高阶有限差分法对含有断层的三维煤层地质模型进行弹性波数值模拟，利用模拟结果对反射槽波偏移成像方法的有效性进行验证。

平行巷道断层指的是断层走向平行于巷道走向方向。图 3-19 模型 1 中 x、y、z

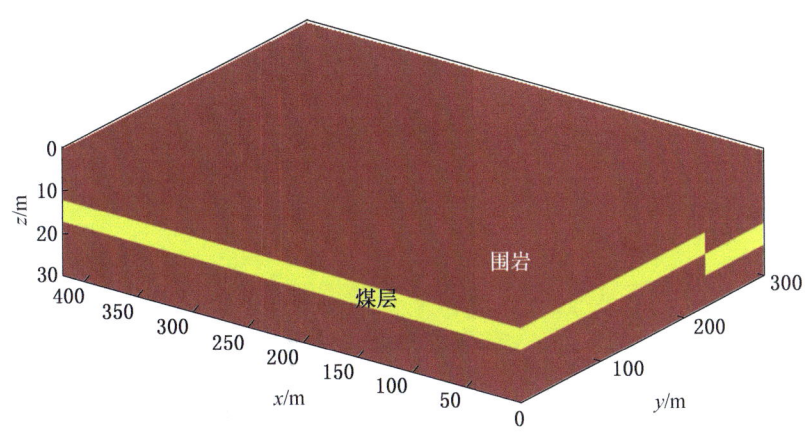

(a) 模型外观

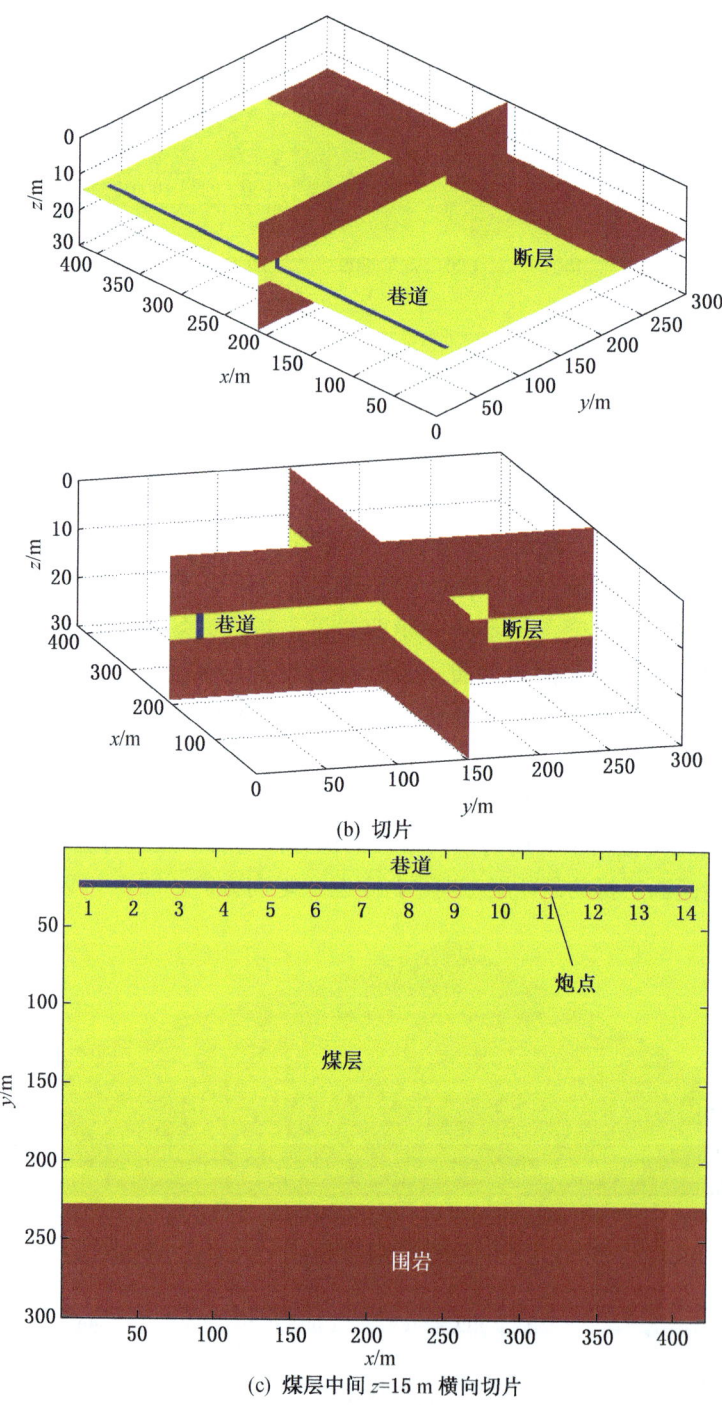

图 3-19　模型 1 含平行巷道断层模型

方向的大小分别为 420 m × 300 m × 30 m，z 方向中间为煤层，煤厚 5 m，煤层顶（底）板岩性相同，对模型在 x、y、z 方向上进行网格化，网格大小为 1 m × 1 m × 0.5 m。取煤层纵波速度 2000 m/s，横波速度 1150 m/s，密度 1300 kg/m³；顶（底）板围岩纵波速度 3500 m/s，横波速度 2100 m/s，密度 2400 kg/m³。巷道位置在 x = 11 ~ 410 m、y = 21 ~ 25 m 处，巷道断面为 5 m × 5 m，设为真空；时间采样间隔 dt = 0.05 ms，记录长度为 0.7 s。采用主频 150 Hz 的雷克子波。

在 y = 225 m 平面处，y ≥ 225 m 半边模型煤层垂直向下错动 5 m，即此处存在一条 5 m 断层，将煤层断开。在巷道壁位置 x = 11 ~ 410 m、y = 26 m、z = 15 m 测线上布置检波点，在巷道壁位置 x = 11 ~ 410 m、y = 28 m、z = 15 m 测线上布置炮点，测线在煤层中央，炮间距为 30 m，道间距为 1 m，共接收 14 炮，每炮 400 道数据。

1. 震源为纵波震源

震源采用纵波震源进行模拟。取模拟结果的第 7 炮（炮点位置 x = 195 m）数据分析。

首先取煤层中央 z = 15 m 切面在 150 ms 和 300 ms 的波场快照，快照记录了这一时刻波场的传播特征（图 3 – 20 ~ 图 3 – 22）。x 分量和 y 分量波场快照能清

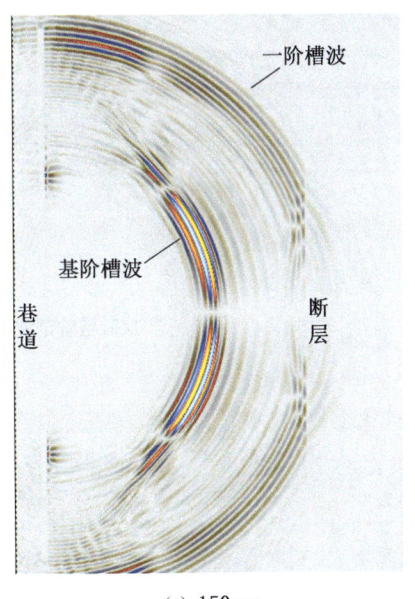
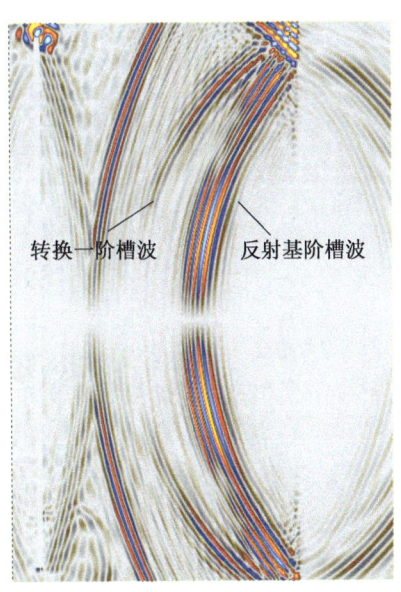

(a) 150 ms　　　　　　　　　　(b) 300 ms

图 3 – 20　模型 1x 分量 150 ms 和 300 ms 波场快照（纵波震源，煤层中央 z = 15 m 切面）

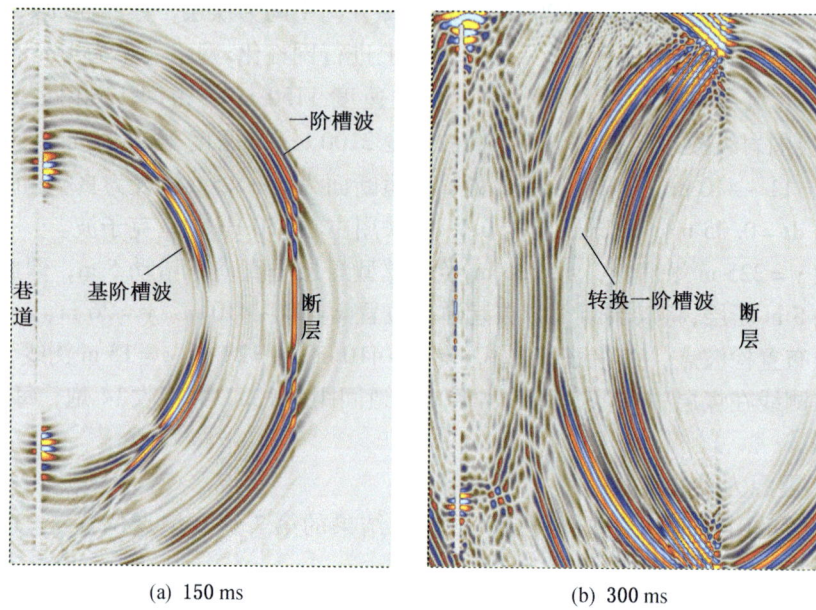

(a) 150 ms   (b) 300 ms

图 3-21 模型 1y 分量 150 ms 和 300 ms 波场快照（纵波震源，煤层中央 z = 15 m 切面）

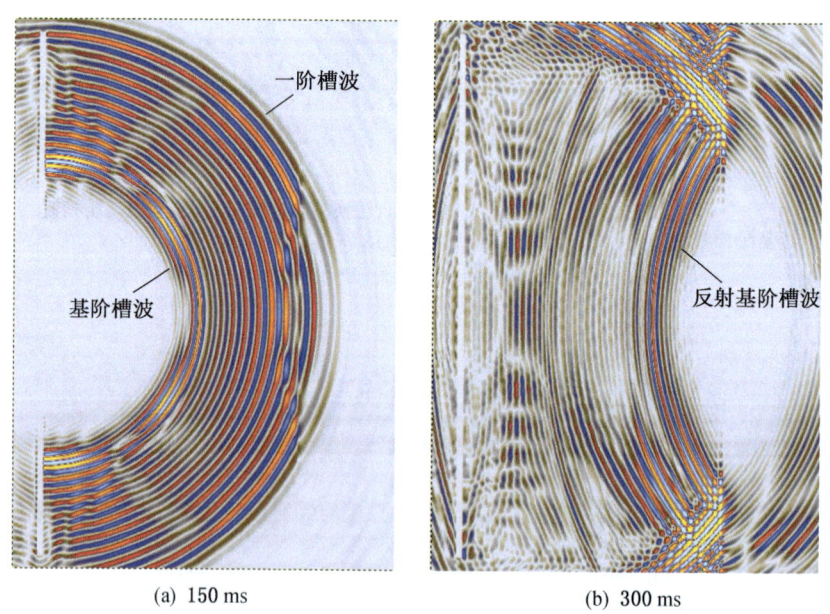

(a) 150 ms   (b) 300 ms

图 3-22 模型 1z 分量 150 ms 和 300 ms 波场快照（纵波震源，煤层中央 z = 15 m 切面）

楚看到：震源首先激发出速度快的一阶槽波和速度慢的基阶槽波，基阶槽波能量强。这里的一阶槽波指的是 Rayleigh 槽波，因为 Love 槽波各阶 Airy 相速度是相同的，由于 Rayleigh 基阶槽波和 Love 槽波速度相近，图中的基阶槽波团混有两种槽波，这里为了方便将这一槽波组统称为基阶槽波。当遇到断层面时，槽波反射回来，值得注意的是基阶槽波产生的反射槽波包括基阶槽波和一阶槽波，这时的一阶槽波是转换槽波，所以在测线记录上各分量都有三组反射槽波，波场较为复杂。

取第7炮槽波数据(图3-23)进行分析。通过计算得知：反射一阶槽波速度为1550 m/s，反射基阶槽波速度为950 m/s，但是直达基阶槽波的速度是850 m/s，所以巷道壁上的直达槽波速度要比煤层内部的槽波小10%~15%，不能直接将巷道直达槽波的速度用于偏移成像，速度选择需要高一些。x、y 分量反射基阶槽波中间部分能量弱、两边大，z 分量各部分都较强，没有空白区域，所以如果采用接收一个分量数据的方案，选用 z 分量效果较好，z 分量能量平均分配在各个方向上，无方向性，成像结果能完整呈现断层形状。

通过分析沿巷道壁传播的直达槽波，可推断震源激发的槽波源的主要成分。按振动方向，巷道方向为 x 方向，直达槽波的传播方向为 x 方向，所以 y 分量为 Love 型槽波，由 SH 波干涉而成，y 分量的波场成分主要是 Love 型基阶槽波和来自围岩的折射横波。x、z 分量为 Rayleigh 型槽波，记录上直达波呈现三组波列，

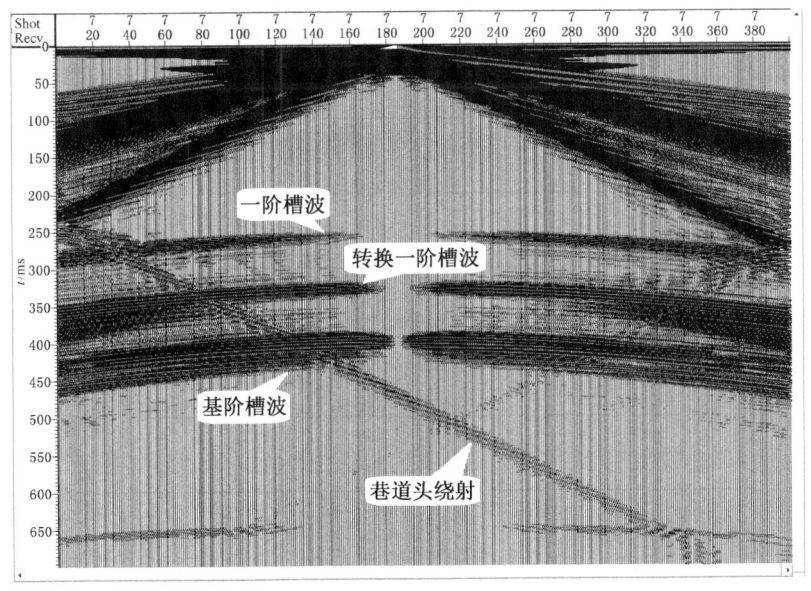

(a) x 分量

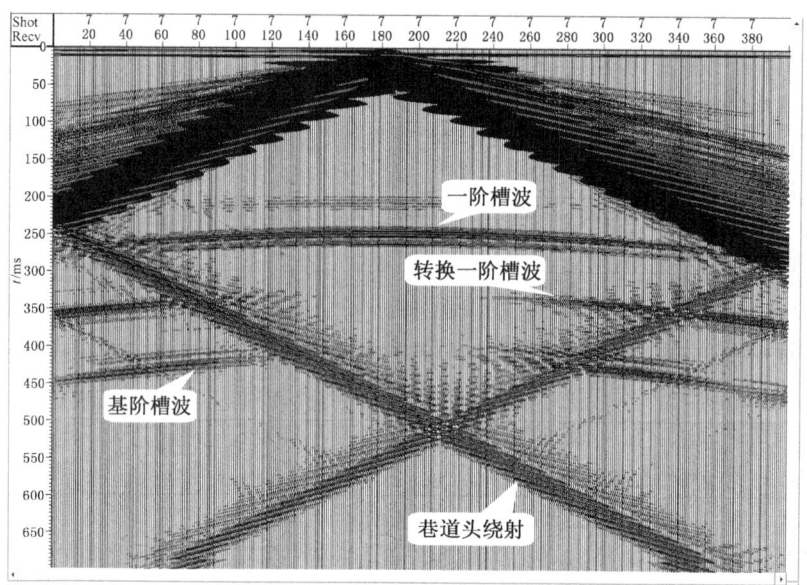

(b) y 分量

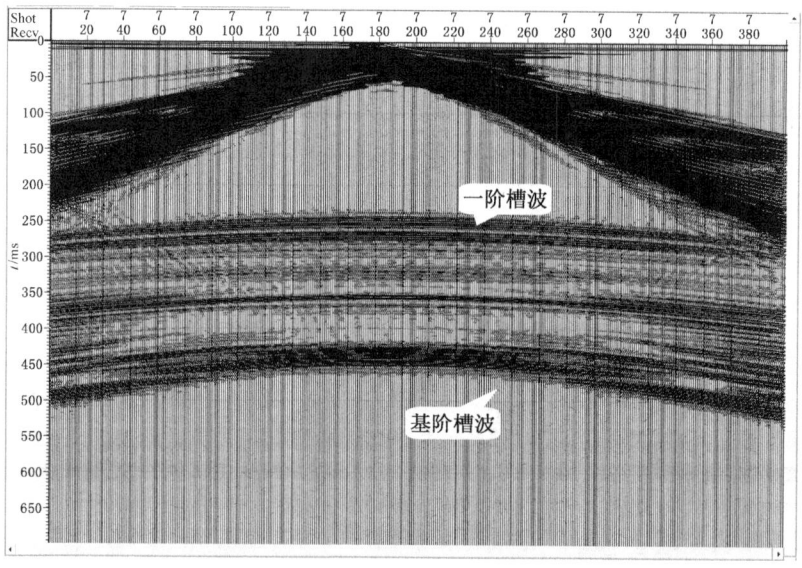

(c) z 分量

图 3-23 第 7 炮反射槽波三分量记录（模型 1，纵波震源）

按速度大小排列分别是：折射纵波、一阶槽波和基阶槽波，由于测线在煤层中心，在此位置基阶槽波 z 分量振幅值大，一阶槽波 z 分量振幅值小，x 分量相反，一阶槽波振幅值大而基阶槽波振幅值小。

基阶反射槽波中，由于速度相近的 Rayleigh 型槽波和 Love 型槽波混杂在一起，按照两种槽波偏振方向的不同，根据入射方向的不同采用分量旋转的方法将两种波分离开来。由于反射槽波经过断层反射到达检波点，射线路径有入射和反射，常规是计算两个射线路径来分离波场，我们以断层线为基准设置实际炮点的镜像炮点，根据镜像炮点的位置计算到达检波点的射线路径，如同透射法的波场分离原理，将分量根据此条路径进行旋转分离，可得到纯净的两种槽波，此种方法更为简单，得到的各种波记录如图 3-24 所示。

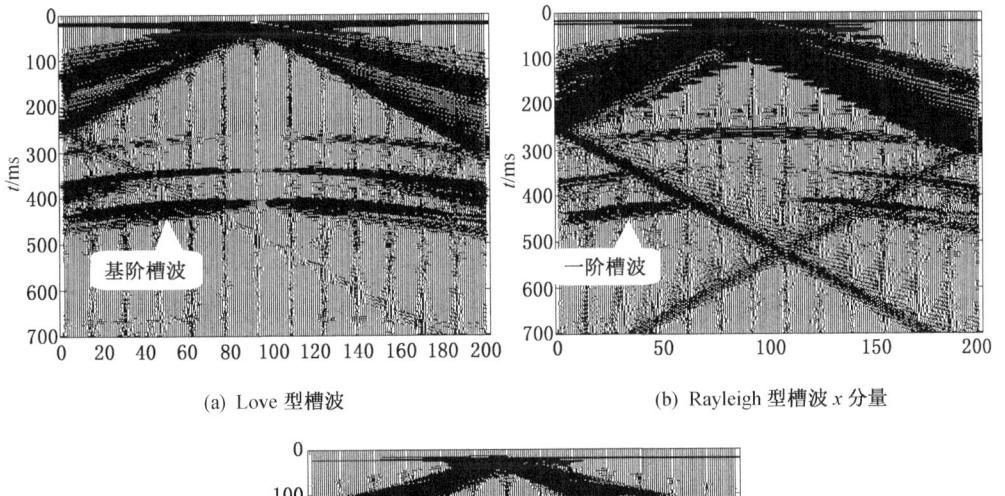

(a) Love 型槽波　　　　　　　(b) Rayleigh 型槽波 x 分量

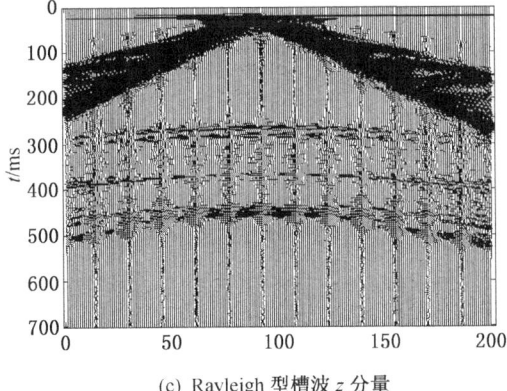

(c) Rayleigh 型槽波 z 分量

图 3-24　反射 Love 型和 Rayleigh 型槽波波场分离

波场分离后，由于炮点位置改变，直达槽波不能正确分离，只有反射槽波分离正确。基阶槽波中，Love型槽波能量强，Rayleigh型槽波稍弱，z分量较小，Love型槽波和Rayleigh型槽波x分量在中间位置能量弱。一阶Rayleigh槽波x分量较强。对于一阶转换Rayleigh槽波，其射线路径非对称，不能采用镜像法计算，所以分离的Love型槽波中仍存有一阶转换槽波，只有根据转换路径计算才能正确分离转换槽波。

2. 震源为纵横波震源

图3-25为实际接收到的反射槽波记录，可以看到只有基阶反射槽波，没有一阶反射槽波，在很多工程中接收到的实际记录也是如此，很少看到一阶反射槽波，推断原因可能是受煤层吸收衰减和震源成分的影响，一阶槽波为高频成分，吸收衰减快，基阶槽波吸收衰减慢，震源成分中如果激发横波成分，则基阶槽波强。另外，如果震源位于煤质松散、不均匀性强的位置，产生的震源波场成分则十分复杂，不一定只产生纵波能量，SV波可能也很强，形成的波场会有较大不同。所以对模型1采用纵横波震源进行模拟，即在正应力和剪应力上同时加载震源载荷，同时激发纵波和横波，相当于震源里面既有纵波也有横波，震源仍然放在原位置。

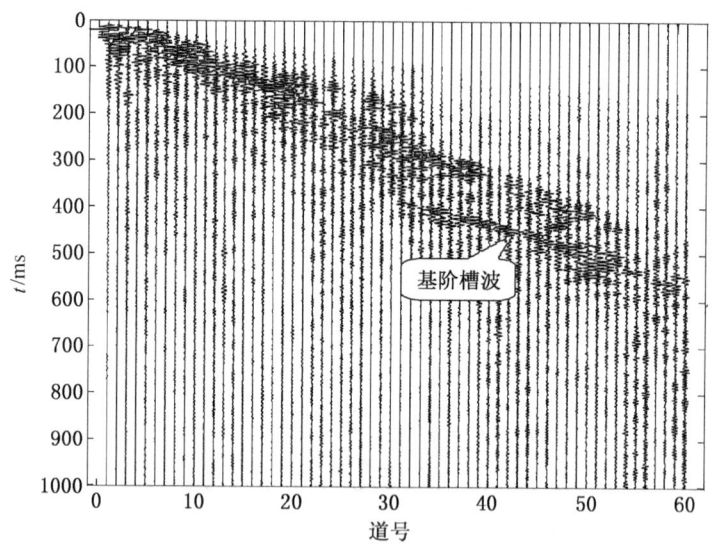

图3-25 实际接收到的反射槽波记录

共模拟14炮，取第7炮数据、煤层中央$z = 15$ m切面在150 ms和300 ms的波场快照（图3-26~图3-28）。x分量和y分量波场仍然有槽波基阶和一阶槽

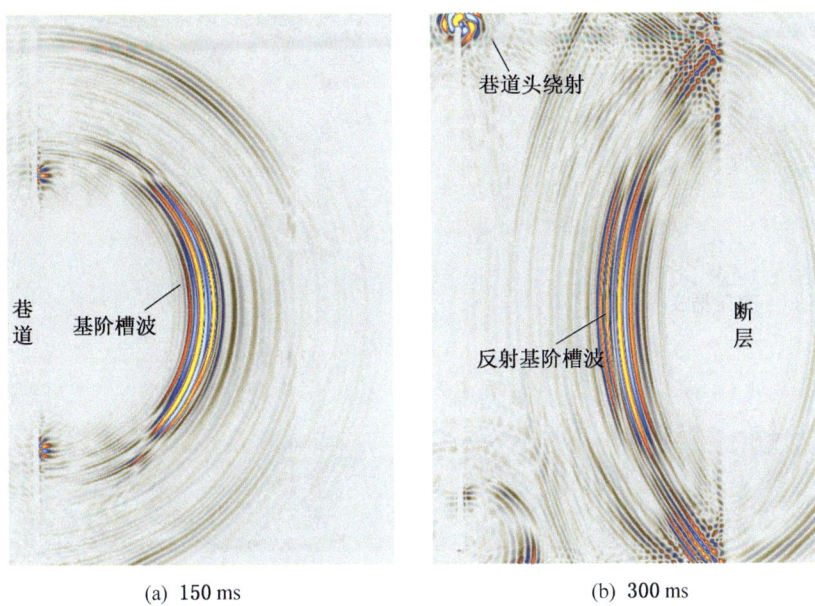

(a) 150 ms　　　　　　　　(b) 300 ms

图 3-26　模型 1x 分量 150 ms 和 300 ms 波场快照（纵横波震源，煤层中央 $z=15$ m 切面）

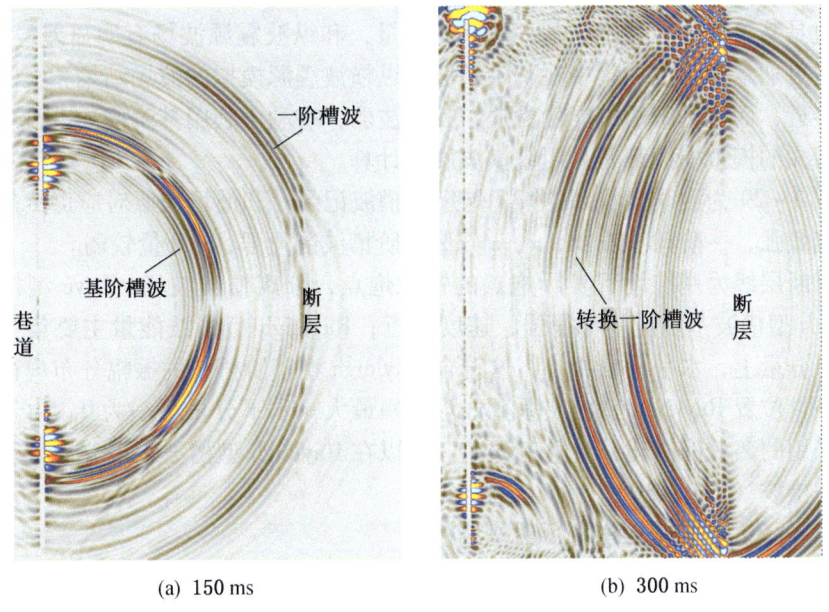

(a) 150 ms　　　　　　　　(b) 300 ms

图 3-27　模型 1y 分量 150 ms 和 300 ms 波场快照（纵横波震源，煤层中央 $z=15$ m 切面）

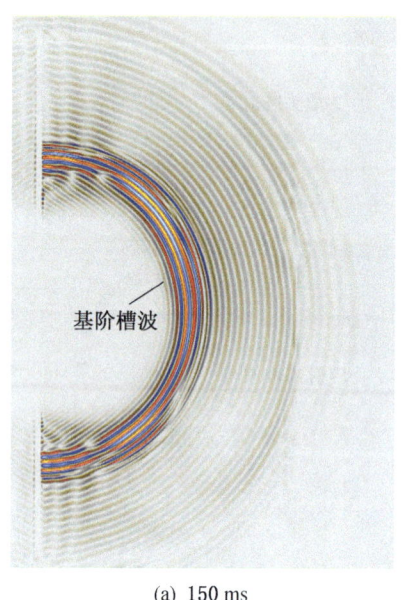
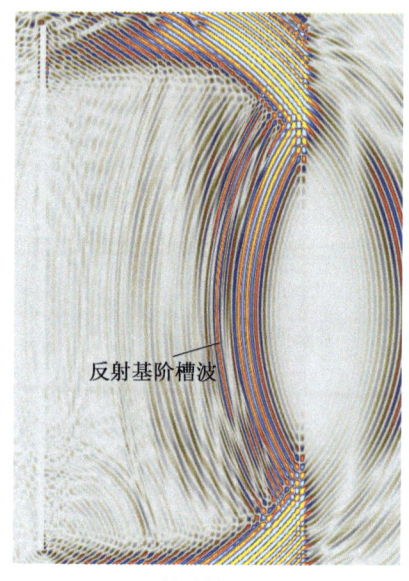

(a) 150 ms　　　　　　　　　　　　(b) 300 ms

图 3-28　模型 1z 分量 150 ms 和 300 ms 波场快照（纵横波震源，煤层中央 $z=15$ m 切面）

波，但是基阶槽波能量远大于一阶槽波能量，和纵波震源波场有明显差异。z 分量槽波更加集中，能量集中在基阶槽波。纵横波震源模拟的波场结果和实际记录更加接近，而且基阶槽波能量更强，其他波弱，有利于利用基阶槽波进行反射探测。后文的模拟模型都是采用纵横波震源计算。

图 3-29 为测线接收到的第 7 炮反射槽波记录，和波场快照对应仍然是基阶槽波能量强，一阶槽波很弱，x、z 分量基阶槽波能量强，y 分量较弱。

以断层线为基准设置实际炮点的镜像炮点，分离槽波波场，Love 型槽波和 Rayleigh 型槽波基阶能量都很强，速度相近；Rayleigh 型槽波能量主要集中在它的垂直分量上，水平分量很小，这符合 Rayleigh 型基阶槽波的振幅分布规律，在煤层中央位置 Rayleigh 型槽波垂直分量振幅最大，水平分量最小为 0。由于模拟计算采用的离散网格化，计算有误差，所以在 Rayleigh 型槽波水平分量记录仍有微弱的槽波（图 3-30）。

3.5.2　含 30°倾斜断层模型反射槽波模拟

将模型 1 的走向平行巷道断层改为和巷道方向呈 30°夹角的倾斜断层（简称模型 2），其他参数和模型 1 相同。断层在 y 轴的交点为 $x=0$ m，$y=25$ m，倾角 90°，断距 5 m。震源采用纵横波震源（图 3-31）。

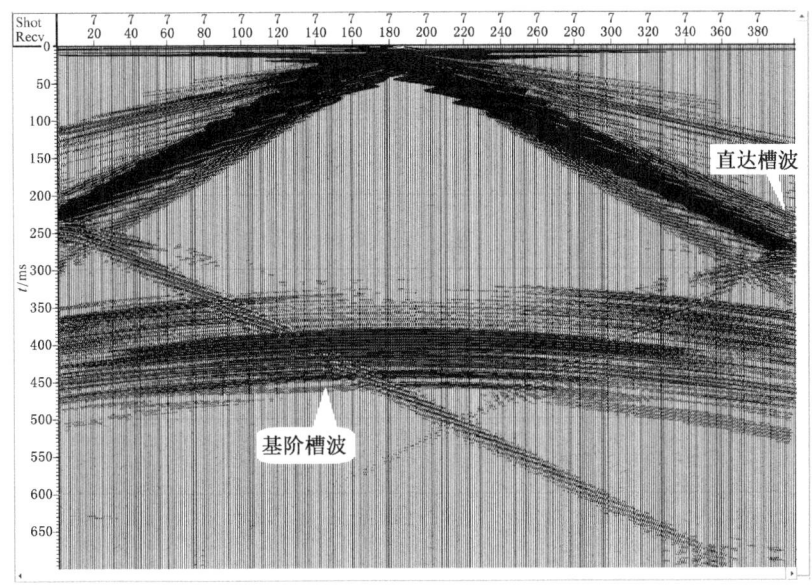

(a) x 分量

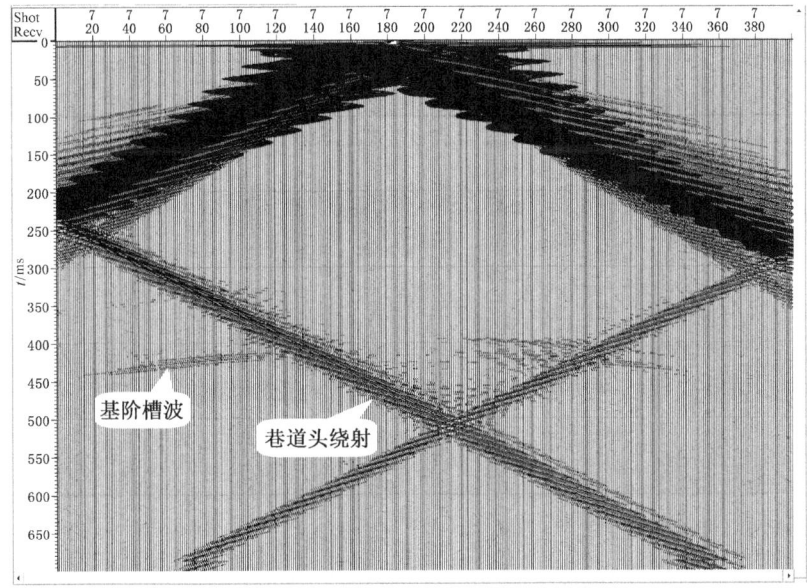

(b) y 分量

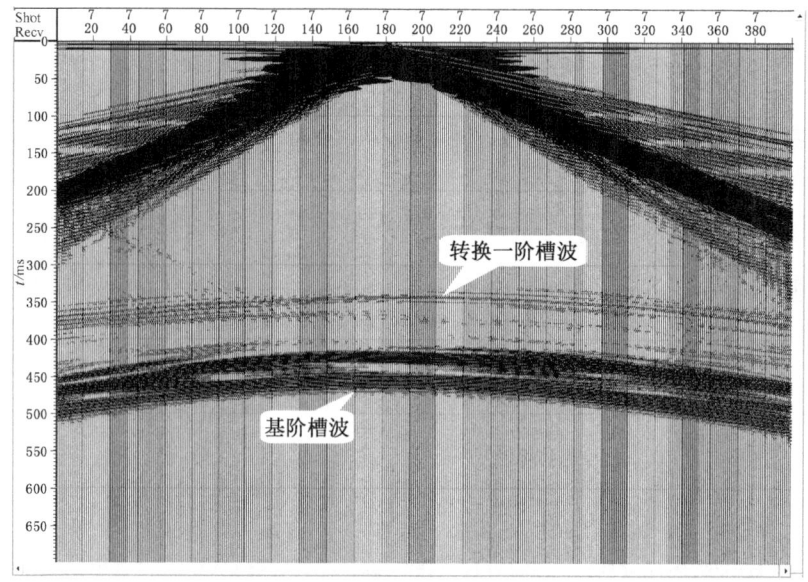

(c) z 分量

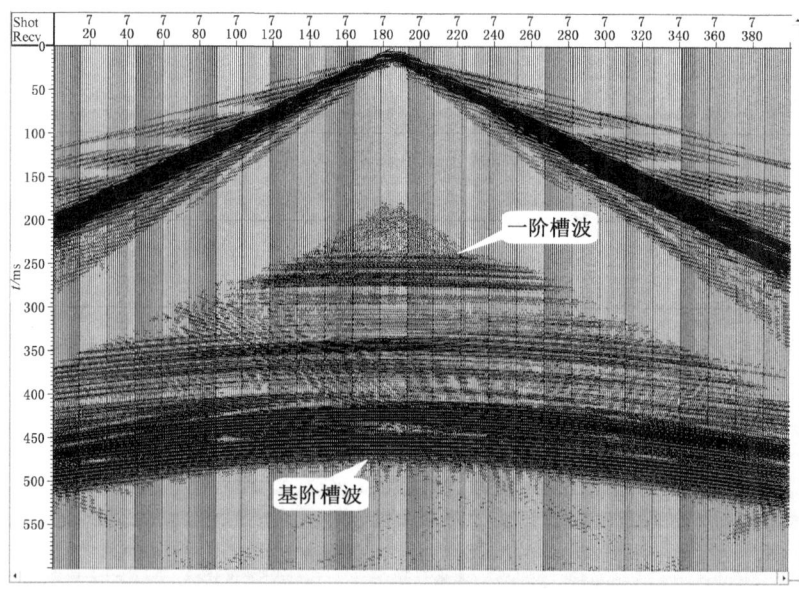

(d) z 分量加 agc (agc 时窗 150 ms)

图 3-29 第 7 炮反射槽波三分量记录（模型 1，纵横波震源）

3 三维槽波数值模拟

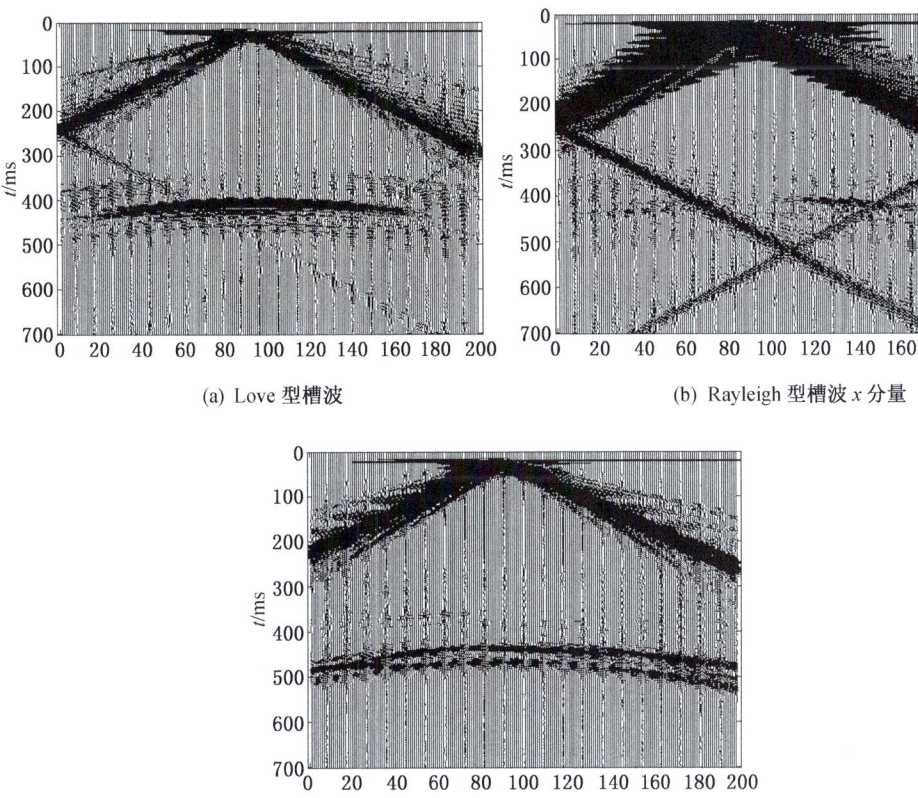

(a) Love 型槽波

(b) Rayleigh 型槽波 x 分量

(c) Rayleigh 型槽波 z 分量

图 3-30 反射 Love 型和 Rayleigh 型槽波波场分离

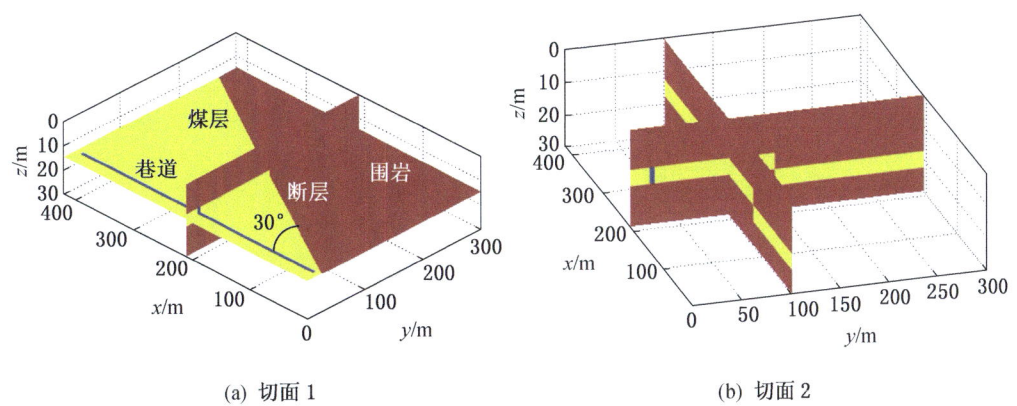

(a) 切面 1

(b) 切面 2

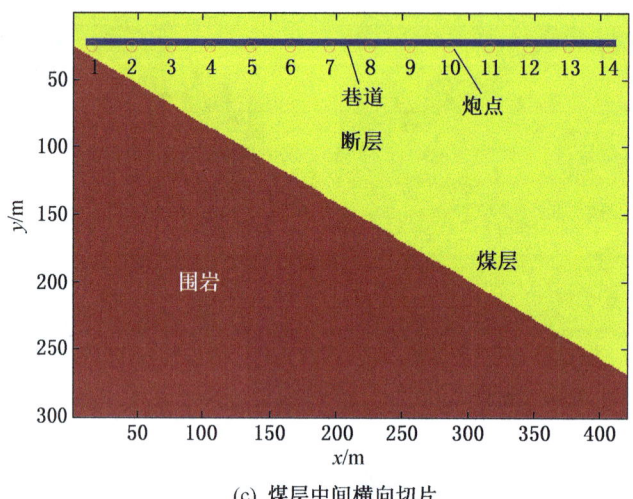

(c) 煤层中间横向切片

图 3-31 模型 2 含 30°倾斜断层模型

取第 12 炮数据、煤层中央 $z=15$ m 切面在 150 ms 和 300 ms 的波场快照（图 3-32～图 3-34），易于观察。x 和 y 分量波场仍然有两组槽波基阶和一阶槽波，

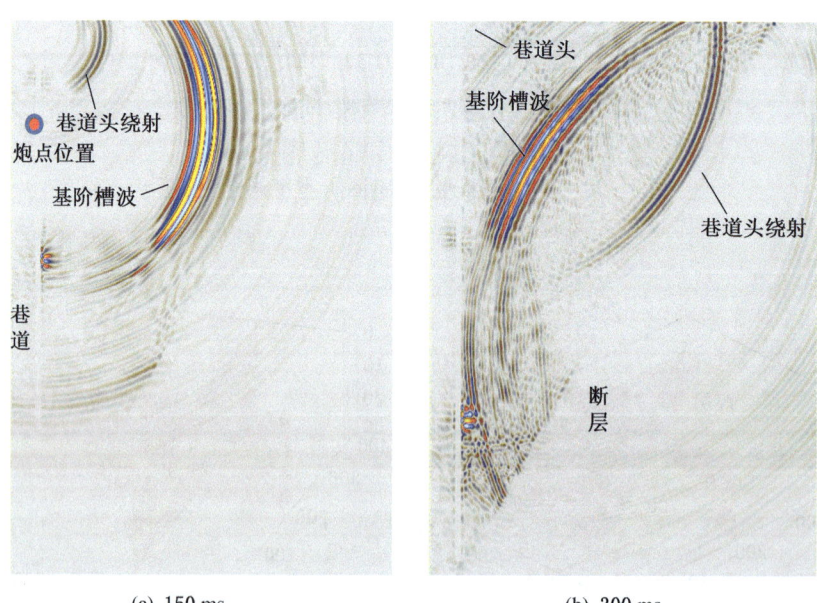

(a) 150 ms   (b) 300 ms

图 3-32 模型 $2x$ 分量 150 ms 和 300 ms 波场快照（纵横波震源，煤层中央 $z=15$ m 切面）

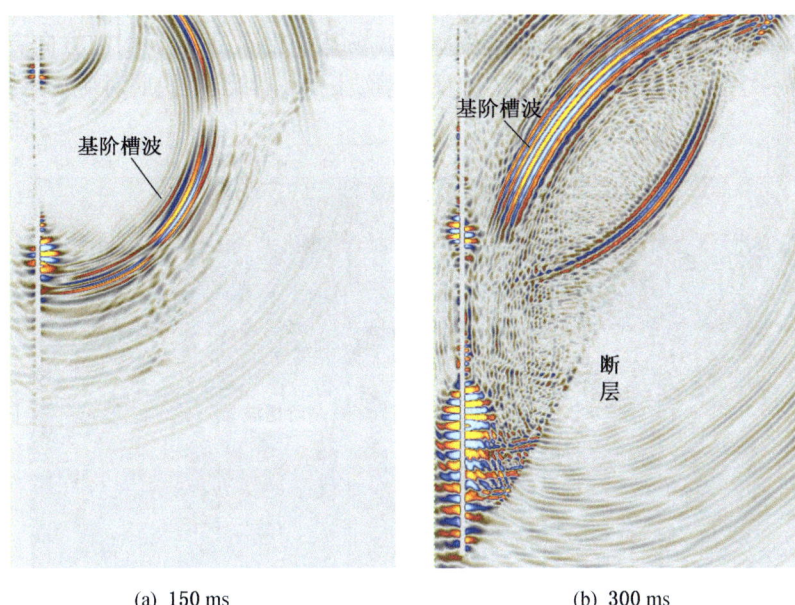

(a) 150 ms   (b) 300 ms

图 3-33　模型 2y 分量 150 ms 和 300 ms 波场快照（纵横波震源，煤层中央 z = 15 m 切面）

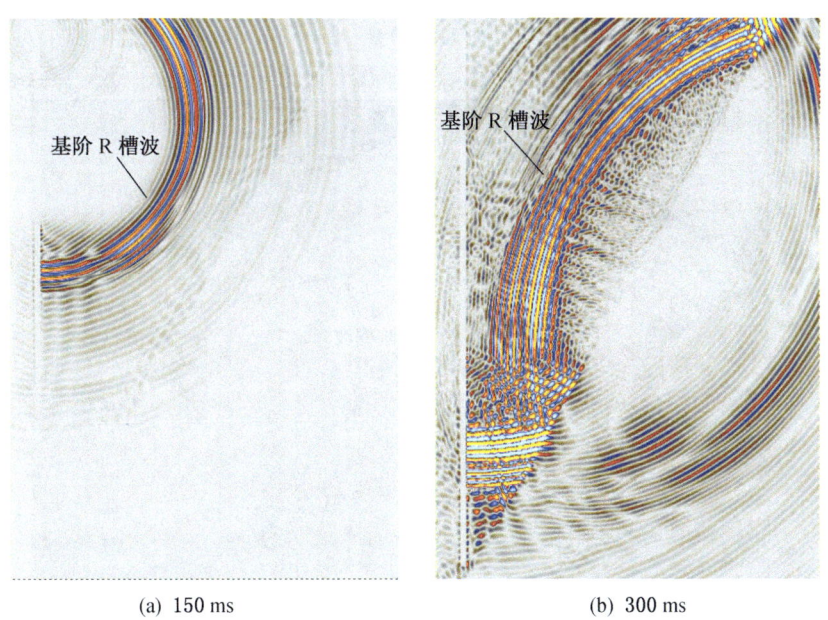

(a) 150 ms   (b) 300 ms

图 3-34　模型 2z 分量 150 ms 和 300 ms 波场快照（纵横波震源，煤层中央 z = 15 m 切面）

基阶槽波能量远大于一阶槽波能量，z分量槽波能量更加集中，能量集中在基阶槽波。整个波场和模型1采用纵横波震源的波场基本相同，只是反射波方向有变化。

图3-35为测线接收到的第7炮反射槽波记录，和波场快照对应仍然是基阶

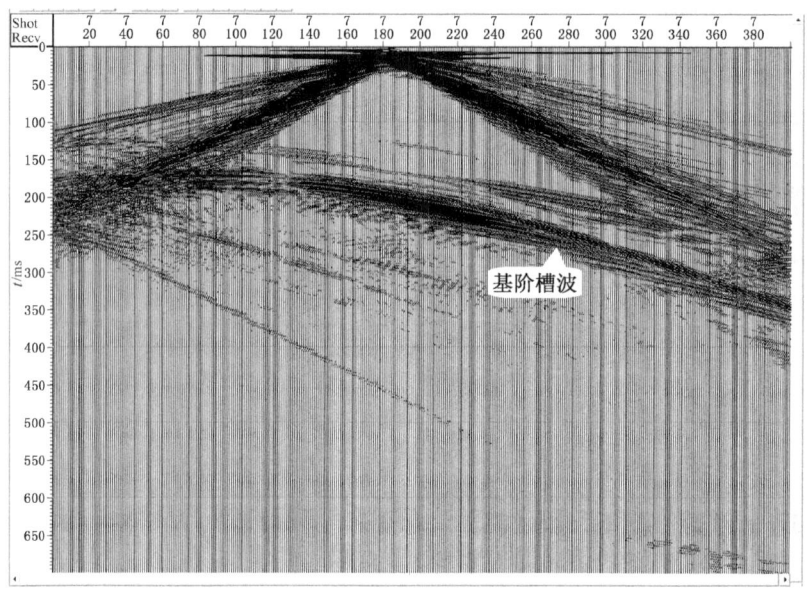

(a) x 分量

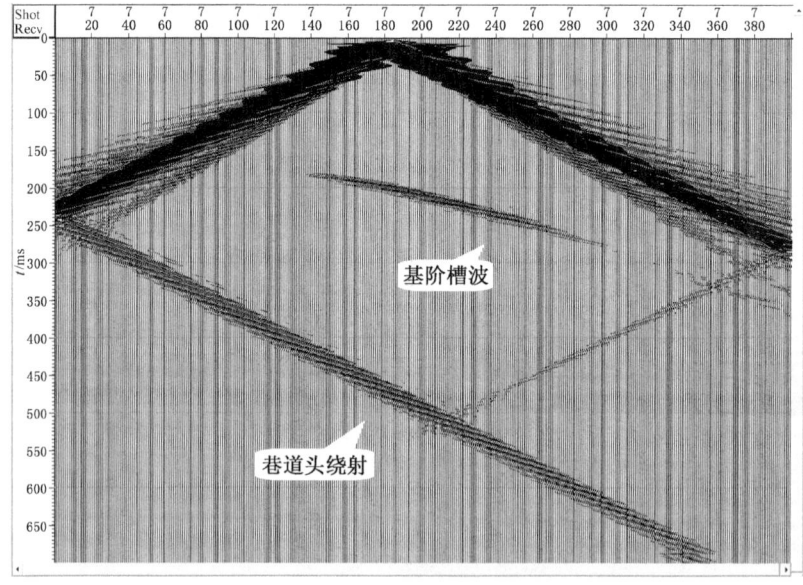

(b) y 分量

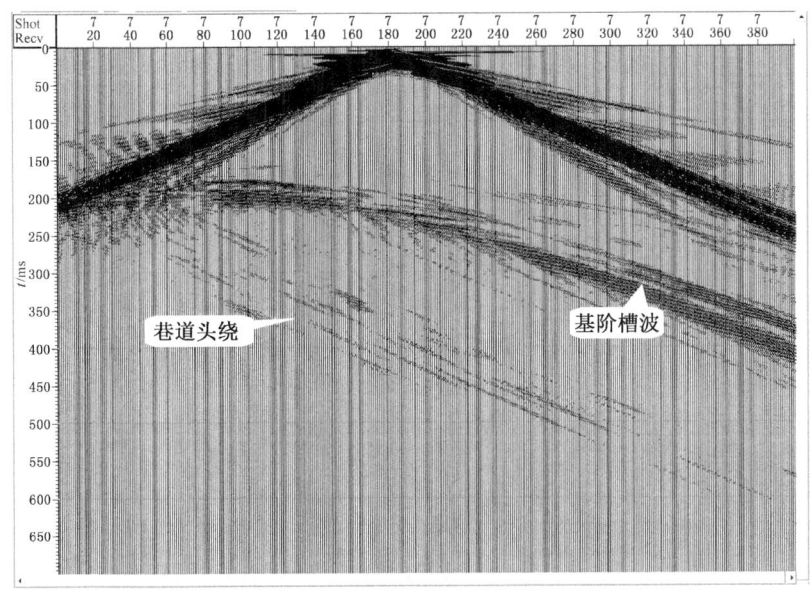

(c) z 分量

图 3-35　第 7 炮反射槽波三分量记录（模型 2，纵横波震源）

槽波能量强，一阶槽波很弱，x、z 分量基阶槽波能量强，y 分量稍弱。和模型 1 不同的是，远处的 350～400 道反射槽波和直达槽波离得越来越近，由于直达槽波速度小于反射槽波速度，在更远处的数据两者会相交，近处的 1～50 道反射槽波和直达槽波已经混合在一块，所以做偏移时需要先做波场分离。

3.5.3　含陷落柱模型反射槽波模拟

将模型 1 的平行巷道断层去除，添加一个陷落柱，将此模型称作模型 3，其他参数和模型 1 相同。陷落柱呈半圆锥形，类似一个梯形围绕中心轴旋转形成的三维几何体，梯形斜边和底边夹角为 60°，煤层中央 $z=15$ m 处陷落柱直径为 30 m，中心在 $x=210$ m，$y=225$ m，即在 x 轴中央，y 轴方向距离巷道 200 m。陷落柱纵波速度为 2600 m/s，横波速度为 1500 m/s，密度为 1800 kg/m^3，震源仍然采用类似 3.5.1 节的纵横波震源（图 3-36）。

取第 7 炮数据（位置如图 3-36b 所示）、煤层中央 $z=15$ m 切面在 150 ms 和 300 ms 的波场快照（图 3-37～图 3-39）。经过陷落柱的反射槽波主要是基阶槽波，能量相对于断层反射槽波很弱，和反射前槽波能量差异更大，x 和 y 分量反射槽波有方向性，x 分量 x 轴方向能量强，y 分量 y 轴方向能量强，z 分量反射

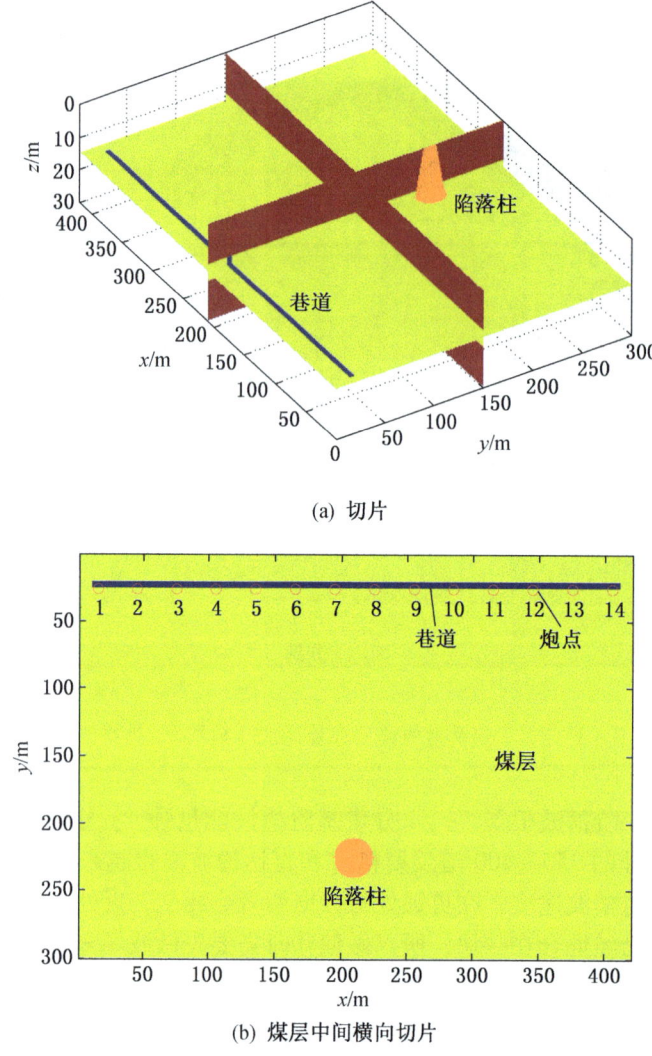

(a) 切片

(b) 煤层中间横向切片

图 3-36 模型 3 含陷落柱模型

槽波没有方向性，各方向能量相对均匀，但是传播速度稍慢。由此可以看出，对陷落柱进行偏移成像难度会比较大，不如断层效果好。

图 3-40 为巷道测线接收到的第 7 炮反射槽波记录，和波场快照对应，陷落柱反射槽波基阶能量很弱，y 分量肉眼基本看不到，需要加 AGC 才能看到。这是理论模拟数据，实际数据噪声很大，信噪比低，有效信号很有可能被噪声淹没，探测难度较大。

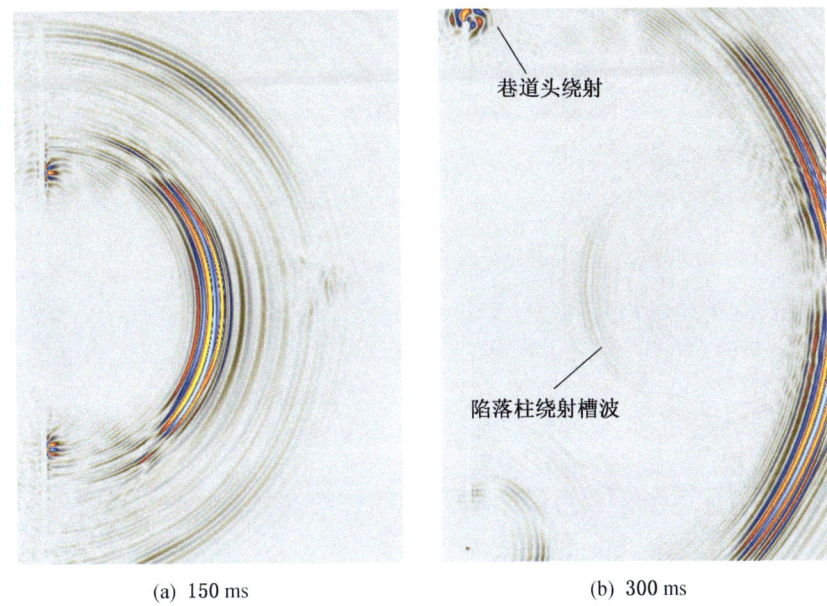

图3-37 模型3x分量150 ms和300 ms波场快照（纵横波震源，煤层中央$z=15$ m切面）

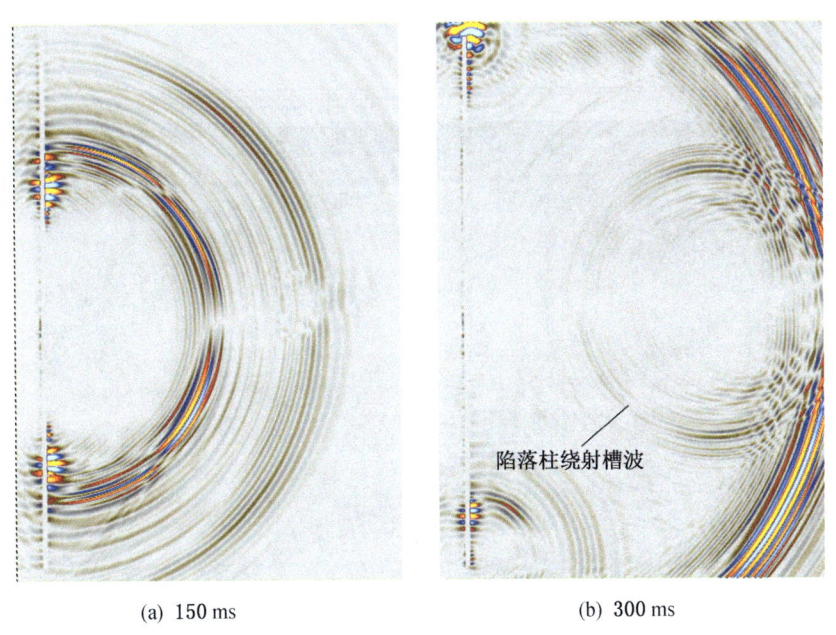

图3-38 模型3y分量150 ms和300 ms波场快照（纵横波震源，煤层中央$z=15$ m切面）

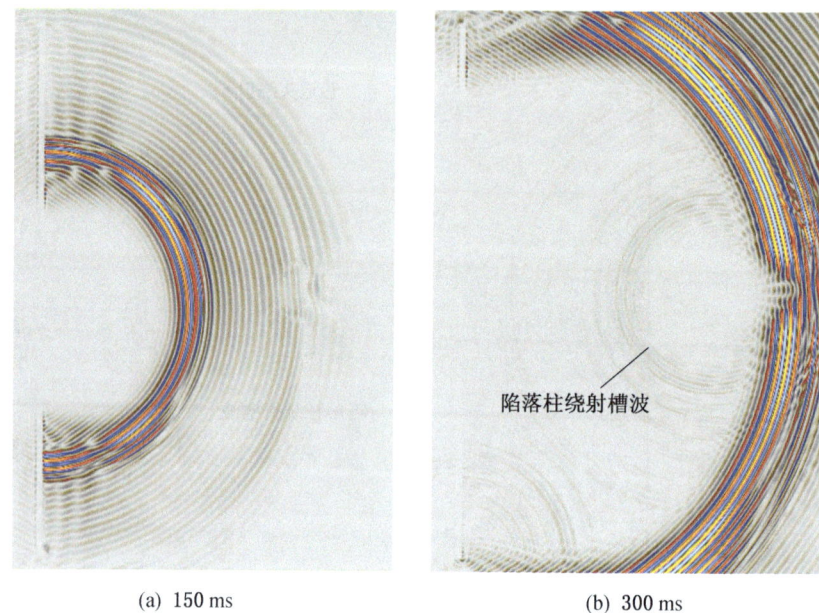

(a) 150 ms   (b) 300 ms

图 3-39　模型 3z 分量 150 ms 和 300 ms 波场快照（纵横波震源，煤层中央 z=15 m 切面）

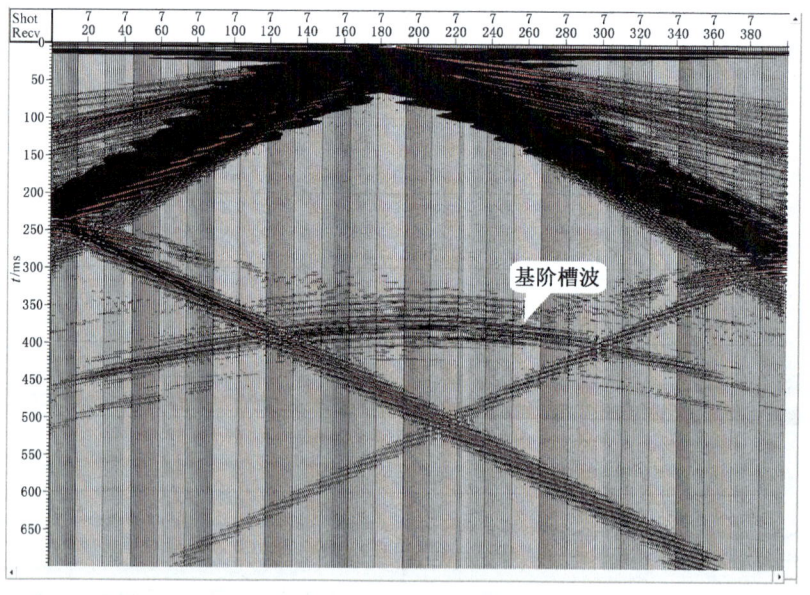

(a) x 分量

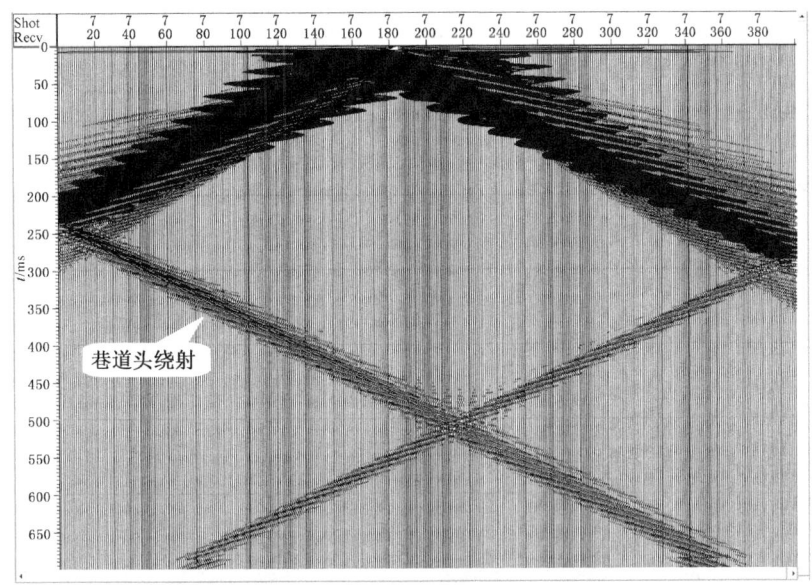

(b) y 分量

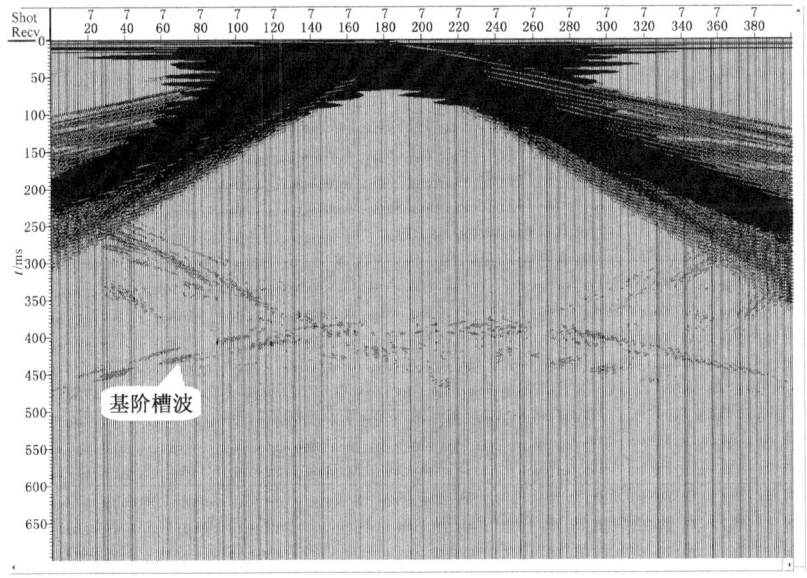

(c) z 分量

图 3-40　第 7 炮反射槽波三分量记录（模型 3，纵横波震源）

3.5.4 巷道两侧含断层模型反射槽波模拟

槽波反射法是探测巷道一侧的断层，另一侧的断层可能会有影响，为了研究对面断层的影响，建立一个巷道两侧都含断层的模型。模型 x、y、z 方向的大小分别为 420 m×305 m×30 m，中间煤层 5 m，巷道位置在 $x=11\sim410$ m、$y=150\sim155$ m 处，宽高都为 5 m，设为真空。在 $y=25$ m（断层1）和 $y=225$ m（断层2）处各有一条断层（图 3-41），断距 5 m，检波点测线在 $y=149$ m 处，炮点测线在 $y=147$ m 处，测线放在靠近 $y=25$ m 处断层 1 的一侧。震源仍然采用类似 3.5.1 节的纵横波震源，围岩和煤层物性参数和 3.5.1 节模型相同。

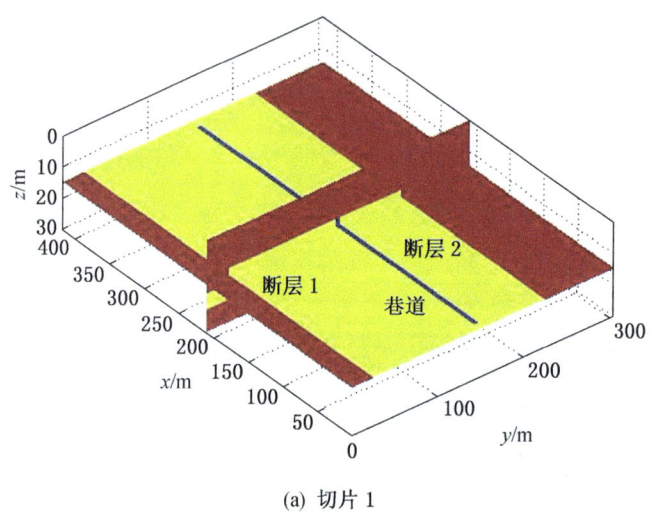

(a) 切片1

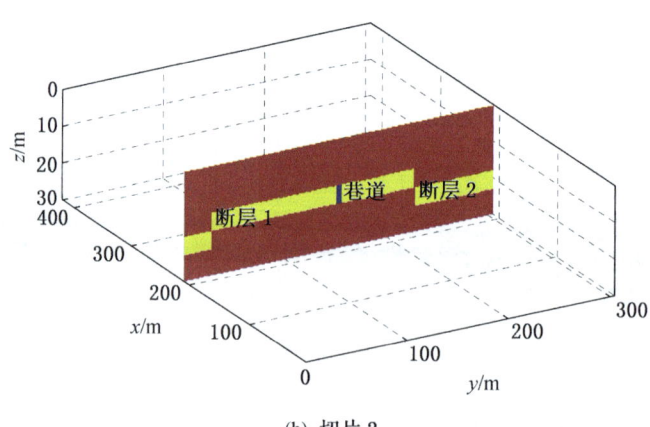

(b) 切片2

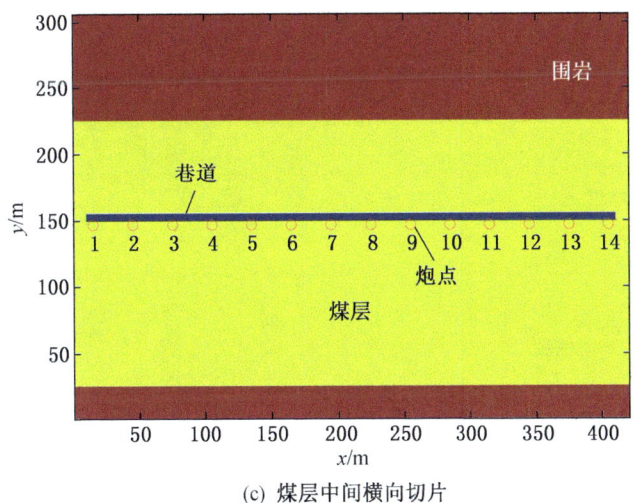

(c) 煤层中间横向切片

图 3-41 模型 4 巷道两侧含断层模型

共模拟 14 炮，取第 7 炮数据（位置如图 3-41c 所示）、煤层中央 $z = 15$ m 切面在 100 ms 和 200 ms 的波场快照（图 3-42～图 3-44），第 7 炮约在测线中间位置。x 分量和 y 分量波场仍然有槽波基阶和一阶槽波，但是基阶槽波能量远

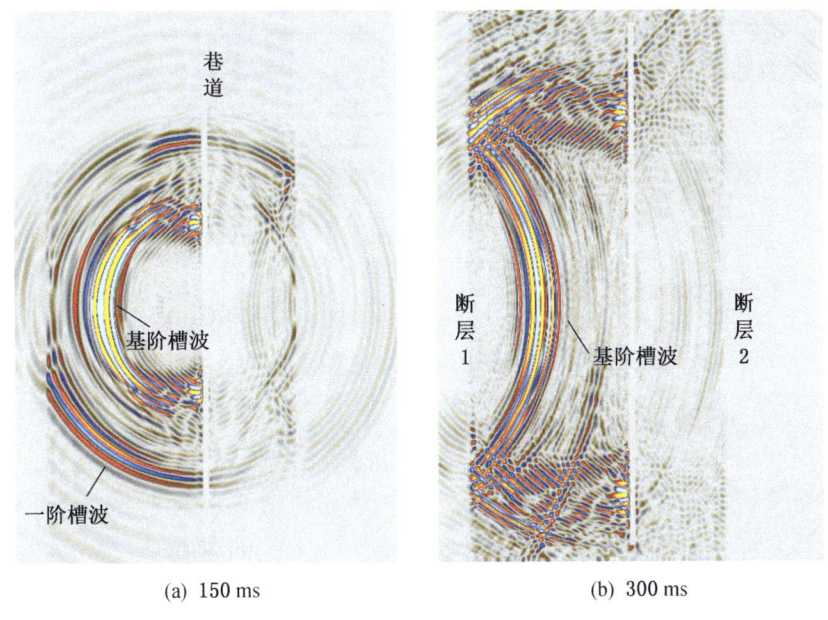

(a) 150 ms　　　　　　　　　　(b) 300 ms

图 3-42 模型 4 x 分量 100 ms 和 200 ms 波场快照（煤层中央 $z = 15$ m 切面）

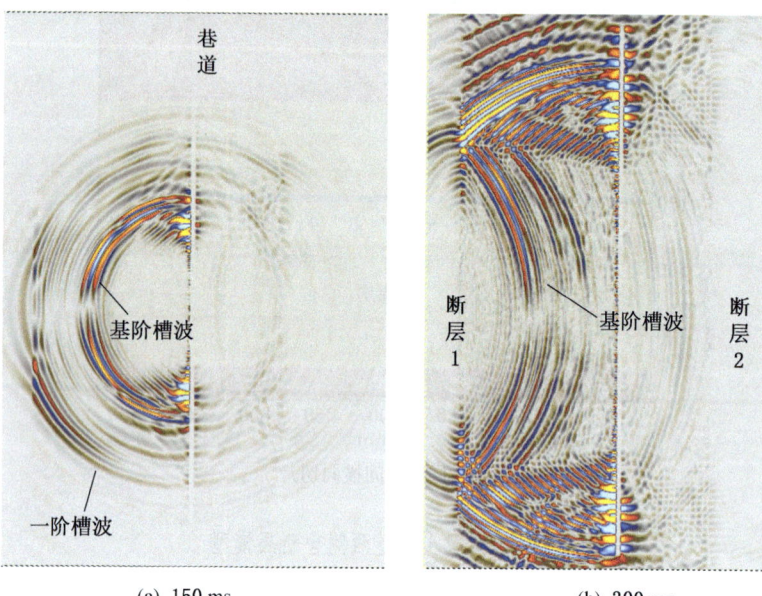

(a) 150 ms (b) 300 ms

图 3-43 模型 4 y 分量 100 ms 和 200 ms 波场快照（煤层中央 $z = 15$ m 切面）

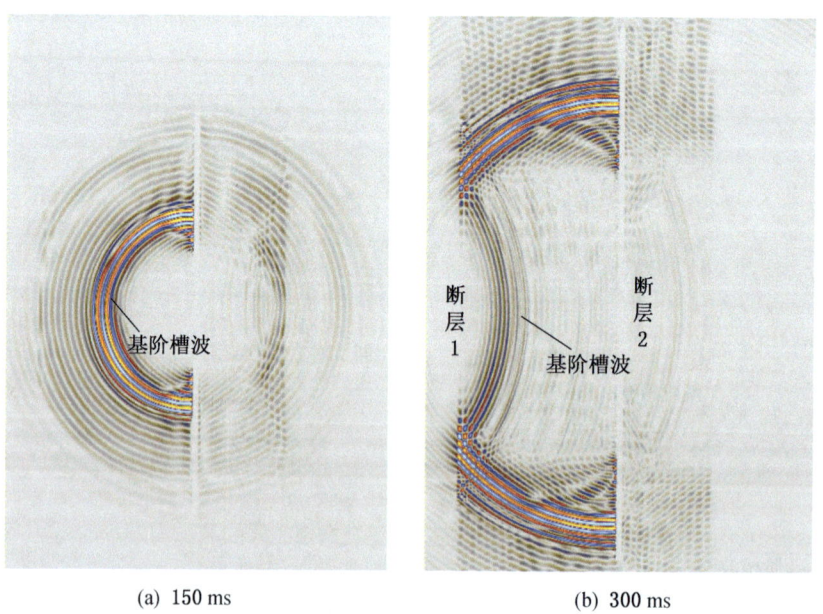

(a) 150 ms (b) 300 ms

图 3-44 模型 4 z 分量 100 ms 和 200 ms 波场快照（煤层中央 $z = 15$ m 切面）

大于一阶槽波能量。在爆破侧的槽波能量远大于巷道对面传播过去的槽波能量，爆破侧反射槽波能量也远大于另一侧的反射槽波能量。对面的槽波是巷道周围绕射过去的槽波能量。

图 3-45 为测线接收到的第 7 炮反射槽波记录，和波场快照对应仍然是基阶

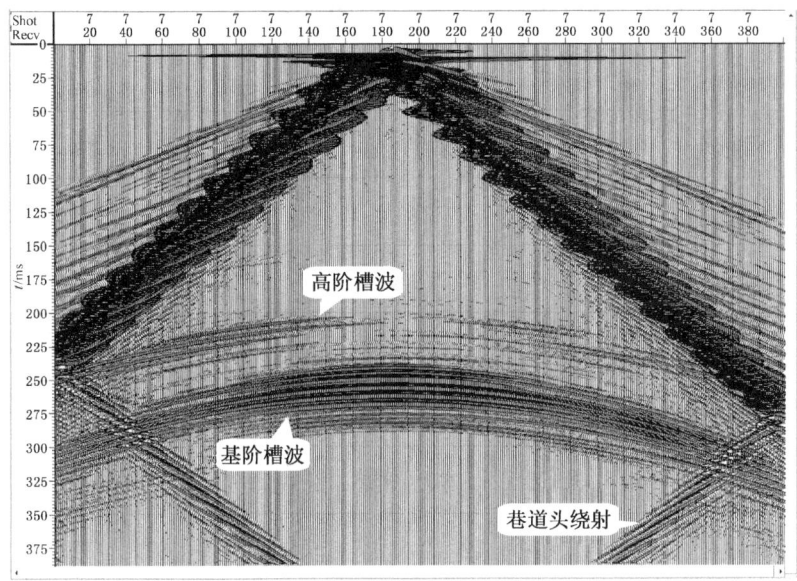

(a) x 分量

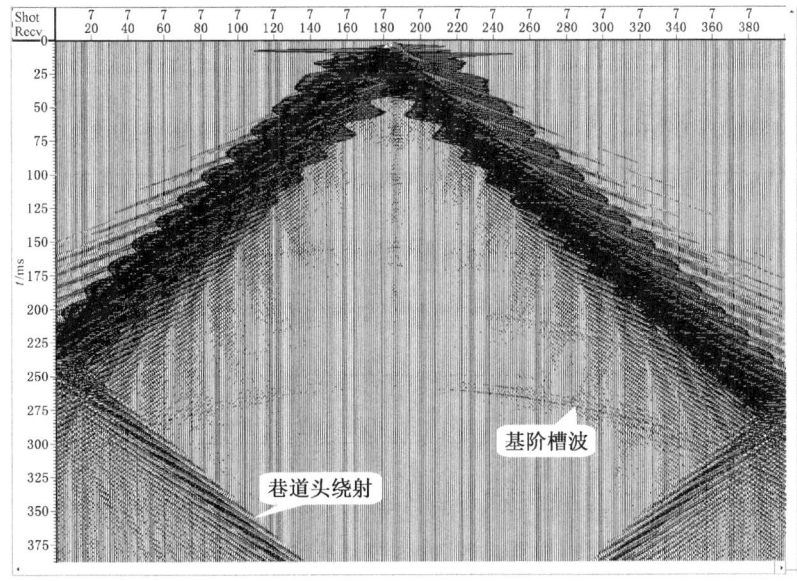

(b) y 分量

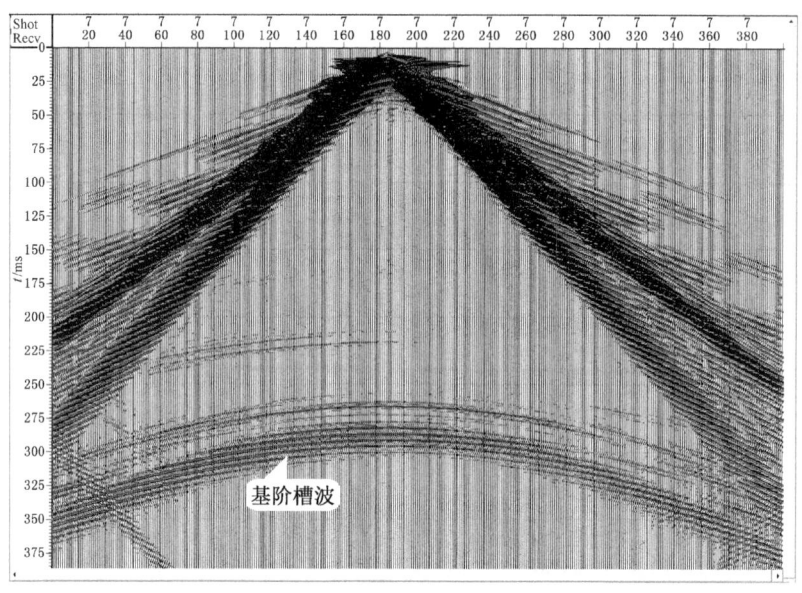

(c) z 分量

图 3-45　第 7 炮反射槽波三分量记录（模型 4）

槽波能量强，一阶槽波很弱，x、z 分量基阶槽波能量强，y 分量较弱。基阶槽波速度约 1000 m/s，断层 1 距巷道测线为 125 m，断层 2 距巷道测线为 75 m，所以来自断层 1 的基阶反射槽波最小旅行时约为 250 ms，来自断层 2 的基阶反射槽波最小旅行时约为 150 ms，显然图 3-45 中各分量在 250 ms 处有基阶反射槽波，但在 150 ms 处基本没有反射槽波，所以据此可初步判定巷道测线对面的断层对成像干扰很小，对成像结果影响不大，当然还需更进一步做成像分析。

本节采用交错网格高阶有限差分法，对含平行巷道断层、30°倾斜断层、陷落柱（直径为 30 m）和巷道两侧含断层的三维煤层地质模型进行了弹性波数值模拟，通过分析波场得到以下结论：

（1）对含平行巷道断层三维煤层模型，当震源为纵波源时，基阶反射槽波、一阶反射槽波的能量都很强，基阶槽波遇到断层时会产生基阶反射槽波和转换的一阶反射槽波；当震源为纵横波源时，接收到很强的基阶反射槽波，一阶反射槽波相比很弱，实际中一般接收到基阶反射槽波，一阶反射槽波很弱，和实际记录接近，推断原因：一是煤层的吸收衰减作用使高频的一阶槽波能量衰减大，而基阶槽波衰减小；二是煤质相对较软，震源不仅产生纵波能量，也产生一部分横波能量。巷道壁上的直达槽波速度要比煤层内部的槽波小 10% ~ 15%，不能直接将巷道直达槽波的速度用于偏移成像，速度选择需要高一些。

（2）槽波 z 分量向四周传播各方向能量基本接近平均分布，x、y 分量有方向性，不同方向能量不同。所以，如果采用接收一个分量数据的方案，选用 z 分量效果较好，成像结果能完整呈现断层形状，如果选用 x 或 y 分量，成像结果只能反映断层两边部分，中间部分缺失，需要远端炮来弥补缺失的部分。

（3）含 30°倾斜断层模型的反射槽波波场和含平行巷道断层模型的波场近似，只是反射波方向有变化。不同的是，离断层近的道接收的反射槽波和直达槽波混合在一起，做偏移时需要先做波场分离。

（4）陷落柱的反射槽波主要是基阶槽波，能量相对于断层反射槽波很弱，y 分量肉眼基本看不到，需要加 AGC 才能看到。实际数据噪声很大，信噪比低，有效信号很有可能被噪声淹没，所以对陷落柱进行偏移成像难度会比较大，不如断层效果好。

（5）巷道两侧含断层模型反射槽波模拟，在爆破侧的槽波能量远大于巷道对面传播过去的槽波能量，爆破侧反射槽波能量也远大于另一侧的反射槽波能量。初步判定巷道测线对面的断层对成像干扰很小，对成像结果影响不大，还需更进一步做成像分析。

4 槽波数据分析与处理

4.1 包络计算与速度分析

4.1.1 包络计算

槽波是干涉波,频率高、波列长,具有强烈的频散效应,相邻道之间的槽波从相位上无法对比,在进行叠加处理时会造成相位的反向抵消。为此,在波列进行处理后才能进行叠加、速度分析。信号包络是常用的处理手段,它将波形序列改变成能量序列(只有正值),变换后的信号在外观上仍然保持与原来信号一致;由于没有负相位,变换后的信号频率可大大降低,只有 20~30 Hz,远低于一般槽波的主要频率(刘天放等,1994)。

地震波的包络又叫瞬时振幅,它把地震道的概念向复数域扩展。

实测的地震道可看成一个复地震道在实平面上的投影(图 4-1),称为实地震道;复地震道在虚平面上的投影,称为虚地震道,它与实地震道互为正交地震道,则有

$$c(t) = x(t) + ix_i(t) \tag{4-1}$$

式中 $c(t)$——复地震道;
  $x(t)$——实地震道;
  $x_i(t)$——虚地震道。

故地震道的包络 $E(t)$ 可按下式计算:

$$E(t) = \sqrt{x(t)^2 + x_i(t)^2} \tag{4-2}$$

虚地震道可直接从实地震道求取,对 $x(t)$ 进行希尔伯特变换得到 $x_i(t)$,实际上相当于对信号道进行一次 90°纯相位滤波。

4.1.2 槽波速度分析

在地面地震勘探中,速度分析的目的是为了获得速度谱和叠加速度,进行动校正以实现共中心点叠加,也可以用于其他处理和岩性解释。槽波的速度分析主要用于可靠地估计槽波埃里(震)相的速度,为后续叠加及偏移处理提供参数,同时也可用来作为识别槽波的标志,这是因为槽波的主要能量部分——埃里(震)相速度相对较低。

地面地震勘探中的速度分析是在共中心点道集上进行的,槽波资料的速度分

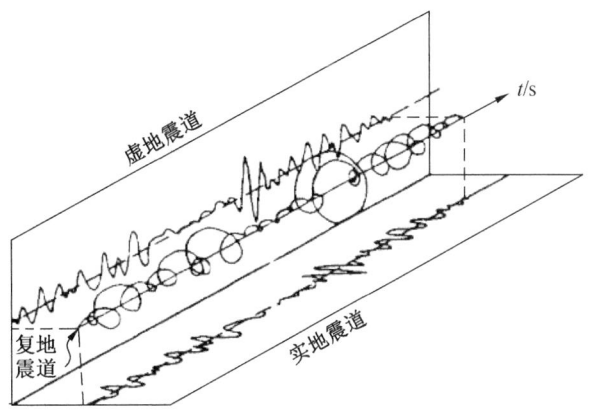

图 4-1 复地震道分析

析则是利用透射槽波资料,因为反射槽波一般能量较弱,加之频散作用,各道之间难以进行对比,而透射槽波相对而言能量较强、槽波特征清楚,特别是埃里(震)相容易识别和提取,炮点与接收点的间距可准确获得,这样就可以比较准确地计算出有关速度值。

速度分析是依据没有构造的透射槽波数据,在经过旋转、窄带滤波提取埃里(震)相及包络计算后进行的。

若有一透射测量检波器排列,炮点到 N 个检波器的距离为 R_i($i=1,2,3,\cdots,N$),给定速度 v_j,则炮点到检波器的旅行时为

$$t_{i,j} = \frac{R_i}{v_j} \quad (i=1,2,3,\cdots,N) \tag{4-3}$$

于是,在 $t_{i,j}$ 往前开一个长度为 Δt 的时窗 $t_{i,j} \to t_{i,j}+\Delta t$,从各道取来包络振幅,按下式计算一个函数值 $M(v_j)$:

$$M(v_j) = \sum_{i=1}^{N} \sum_{i=t_{i,j}}^{t_{i,j}+\Delta t} E_i(t) \quad (j=1,2,3,\cdots) \tag{4-4}$$

显然,式(4-4)只有当给定的 v_j 等于埃里(震)相速度时为极大。图 4-2a 是某一采煤工作面实测槽波透射数据,图 4-2b 为该透射数据速度分析图。从图 4-2b 上可明显看到三列波,依次为直达纵波、直达横波以及槽波埃里相。图 4-2b 上有三个速度极值,从小到大依次为槽波埃里相速度值、横波速度值以及纵波速度值。

当然也可以用时距曲线对各波速度进行估算,只是槽波波列长,估算的速度有误差。

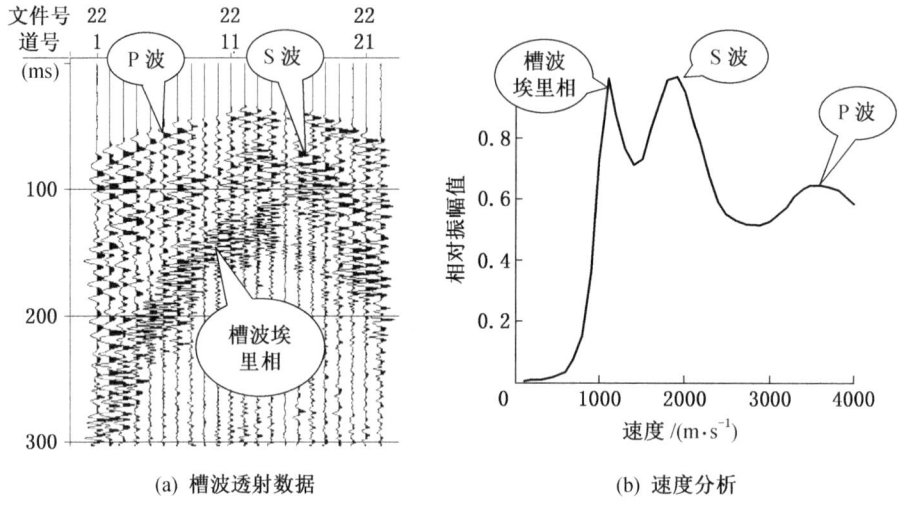

图 4-2 速度分析（李德春，杨小慧）

4.2 槽波频散分析

4.2.1 多次滤波法

多次滤波法可提取槽波群速度。设在震源为 x 的接收点观测到的槽波记录为 $x(t)$，且令 $X(f)$ 为 $x(t)$ 的傅氏变换或频谱，然后采用不同中心频率 f_i（$i=1,2,3,\cdots$）的窄带滤波器 $H(f,f_i)$ 对 $X(f)$ 进行多次滤波，得到一系列输出的谱（刘天放等，1994）：

$$Y_i(f) = F(f_i)H(f,f_i) \quad (i=1,2,3,\cdots) \tag{4-5}$$

将其经反傅氏变换，得到相应的一系列时间信号 $y_i(t)$（$i=1,2,3,\cdots$），分别计算各信号 $y_i(t)$ 的瞬时振幅或包络则为

$$A_i(t) = [y_i^2(t) + z_i^2(t)]^{1/2} \tag{4-6}$$

式中，$z_i(t)$ 是 $y_i(t)$ 的正交地震道，或虚地震道。包络 $A_i(t)$ 极大值对应的时间 t_i 是窄带滤波器中心频率 f_i 附近的震源到接收点的旅行时，于是可算出群速度：

$$U(f_i) = \frac{x}{t_i} \tag{4-7}$$

一般选用高斯（Gauss）滤波器：

$$H(f,f_i) = \begin{cases} 0 & f<(1-D)f_i \\ \exp\left[-\alpha\left(\dfrac{f-f_i}{f_i}\right)^2\right] & (1-D)f_i \leqslant f \leqslant (1+D)f_i \\ 0 & f>(1+D)f_i \end{cases} \tag{4-8}$$

式中 f_i——中心频率；

　　D——滤波器的相对宽度；

　　α——高斯函数值的锐度参数。

依据上述，包络道 A_i 对应于不同中心频率 $f_i(i=1,2,3,\cdots)$。实际常借助于式（4-7）将包络道的时间坐标轴换成 U 的包络 $A_i(U)$，然后按 f_i 顺序将 $A_i(U)$ 排列起来，构成了一个平面，相当于以 f 为横坐标、以 U 为纵坐标、任一包络道和任一时刻的振幅值都是 (U,f) 的函数，表示为 $A(U,f)$。最后在 (U,f) 平面上绘制 $A(U,f)$ 等值线图或用灰度表示。显然，该图上 A_{max} 值的轨迹即等值线的"脊"，表示所求群速度曲线的位置。有时，纵坐标也用群慢度 $1/U$ 来表示。

在一个采区或盘区的透射测量，往往不止记录一道数据。为了改善频散分析效果，可选择 S/N 高的、多炮中的多道记录数据分别进行计算，然后进行叠加作为最终成果。

图 4-3a 为义安煤矿某工作面透射槽波资料，图 4-3b 为该透射资料多次滤波求得的群速度曲线。从图 4-3b 中可以看出两阶群速度曲线，其频率和速度分辨率较高。

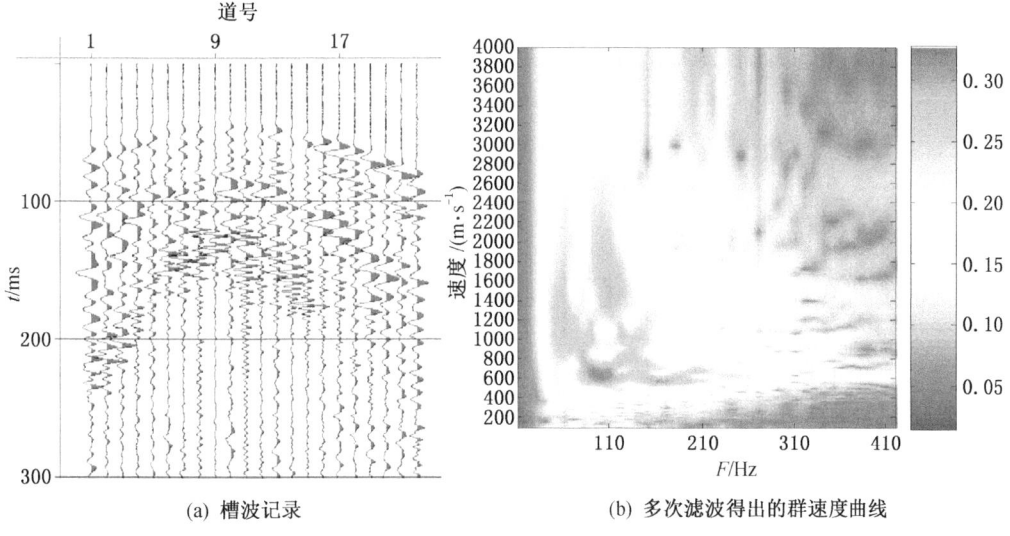

(a) 槽波记录　　　　　　　　(b) 多次滤波得出的群速度曲线

图 4-3　多次滤波计算群速度结果（李德春，杨小慧）

4.2.2　时频分析方法

槽波是频散信号，十分适合用于应用时频分析方法。时频分析是把时间—空间域的数据转到时间—频率域，再利用群速度等于炮检距与旅行时的比值进一步转到频率-速度域,进而得到频散曲线。

时频分析方法可根据核函数表达形式的不同分为线性、双线性(二次型)和非线性三大类。线性时频分析包括 Gabor 变换、STFT(短时傅里叶变换)、WT(小波变换)、ST(S 变换)和 GST(广义 S 变换),二次型时频分析主要有 Affine 类双线性时频分布和 Cohen 类时频分布,其中最受欢迎的是 Wigner-Ville 分布以及由 Wigner-Ville 分布发展而来的一系列分布方法——PWVD、SPWVD、RSPWVD 等。非线性方法包括:基于数据驱动的 HHT(希尔伯特-黄变换)、时频原子匹配追踪自适应分解以及同步挤压变换等参数化方法,它们都属于广义非线性方法范畴。各种方法的原理、使用方法以及适用的数据大小均不相同,处理出来的频散曲线也不相同(马欣,2019)。

1. 基于 S 变换(ST)及广义 S 变换(GST)提取频散曲线

S 变换最早是由 Stockwell 等提出,它是在 STFT 和 WT 的基础上发展而来的一种新型时频分析方法,是一种加时窗的傅里叶变换方法。大量试验表明:S 变换综合了 WT 和 STFT 的优点,避免了它们的不足,其分辨率具有自适应调节的功能,在低频部分仍然有较高的分辨率,且不像 WVD 一样存在交叉项,实现了无损可逆。当信号频带较宽时,S 变换就是最优的选择。

S 变换的基本小波是 Morlet 小波,是连续小波变换思想的延伸。Morlet 小波定义为 $\psi(t) = c(1-t^2)e^{-t^2/2}$,$c = \frac{2}{\sqrt{3}}\pi^{1/4}$。信号 $h(t)$ 的 S 变换定义为

$$S(\tau, f) = \int_{-\infty}^{+\infty} h(t) \frac{|f|}{(2\pi)^{\frac{1}{2}}} \exp\left[-\frac{(\tau-t)^2 f^2}{2}\right] \exp(-i2\pi ft) dt \quad (4-9)$$

定义 $\omega(t, f) = \frac{|f|}{(2\pi)^{\frac{1}{2}}} \exp\left[-\frac{(\tau-t)^2 f^2}{2}\right] \exp(-i2\pi ft)$ 为基本小波,它是在简谐波的基础上加了一个高斯函数。与 CWT 中小波只能伸缩不同的是,S 变换中高斯函数既可以伸缩也可以平移。

但是,由于 S 变换只使用高斯窗函数,且窗函数固定,所以它的时频分辨率是不变的,为了获得更好的灵活性和更高的时频分辨率,广义 S 变换应运而生。通过在 S 变换的基础上加入可调的时窗因子来控制时窗,广义 S 变换时频分辨率是可以调节的。

信号 $h(t)$ 的广义 S 变换为

$$S(\tau, f) = \int_{-\infty}^{+\infty} h(t) \omega(t-\tau) \exp(-i2\pi ft) dt \quad (4-10)$$

$$\omega(t) = \frac{1}{\delta\sqrt{2\pi}} \exp\left(\frac{-t^2}{2\delta^2}\right)$$

$$\delta(f) = \frac{1}{\lambda |f|^p} \quad (\lambda > 0, p > 0)$$

式中 $\omega(t)$——窗函数；

$h(t)$——原始信号；

δ——决定窗函数时间宽度的尺度因子，且是依赖频率变换的函数，它具备了在时频域上随着频率的变化自适应地调整时窗宽度的能力，具有类似多分辨的特性。

综合式（4-8）~式（4-10），广义 S 变换可以用 λ 和 p 来表示：

$$S(\tau, f) = \int_{-\infty}^{+\infty} h(t) \frac{\lambda |f|^p}{(2\pi)^{\frac{1}{2}}} \exp\left[-\frac{\lambda^2 (\tau-t)^2 f^{2p}}{2}\right] \exp(-i2\pi ft) dt \quad (\lambda > 0, p > 0)$$

(4-11)

当 $\lambda = 1$，$p = 1$ 时，即为标准 S 变换。

广义 S 变换提取频散曲线关键程序流程如图 4-4 所示。

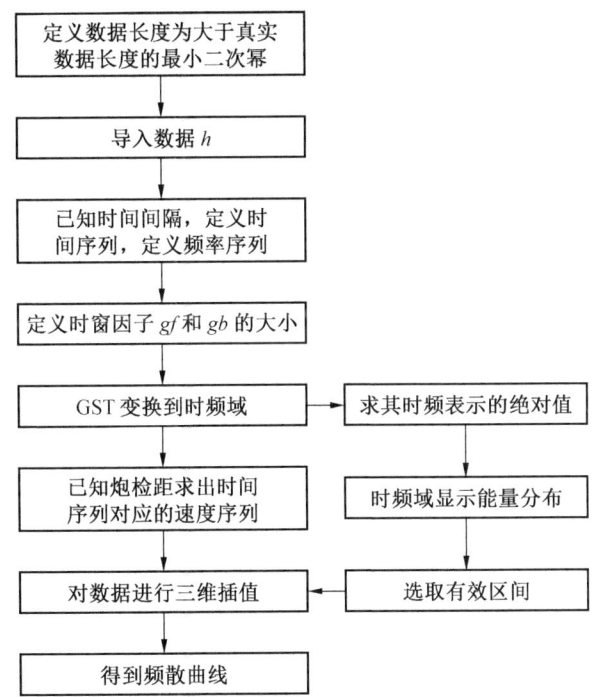

图 4-4 GST 程序流程图

此程序中，gf 和 gb 为可调的时窗因子。通过改变 gf 和 gb 的大小，改变信号在时频域中时间和频率的分辨率，进而改变信号在频率—速度域的分辨率。GST 中使用 fft 作为基本变换，使用了 $H=fft(h)$ 函数。

2. 基于魏格纳—威利分布、伪魏格纳—威利分布和平滑伪魏格纳—威利分布（WVD、PWVD、SPWVD）提取频散曲线

WVD 是 Cohen 类中最基本的处理方法，对槽波数据 $s(t)$ 在时域进行 WVD 处理的定义式为

$$W(t,f) = \int_{-\infty}^{+\infty} s^*\left(t - \frac{1}{2}\tau\right) s\left(t + \frac{1}{2}\tau\right) e^{-j2\pi f\tau} d\tau \qquad (4-12)$$

式中　$s^*(t)$——$s(t)$ 的共轭；

　　　τ——信号的时间延迟；

　　　f——信号的频率；

　　　t——原始数据的时间序列。

WVD 将非平稳信号从时间—空间域转化到时间—频率域，通过时频域的图像分析可以得到其幅频特性随时间的变化情况。WVD 处理单分量信号时在时频平面上有很好的聚集性，分辨率较高，并克服了 STFT 的部分缺点。但是 WVD 处理多分量信号时，在时频域会产生严重的交叉项，分辨率降低。

针对这种缺点，PWVD、SPWVD 等方法被相继提出，这些方法都是在 WVD 的基础上进行加窗得到的，目的是抑制处理多分量信号时产生的交叉项。

PWVD 分布的定义式为

$$W_Z^P(t,f) = \int_{-\infty}^{+\infty} h(\tau) s^*\left(t - \frac{1}{2}\tau\right) s\left(t + \frac{1}{2}\tau\right) e^{-j2\pi f\tau} d\tau \qquad (4-13)$$

式中　$h(\tau)$——窗函数。

SPWVD 分布的表达式为

$$W_Z^S(t,f) = \int_{-\infty}^{+\infty} h(\tau) s^*\left(t - u - \frac{1}{2}\tau\right) s\left(t - u + \frac{1}{2}\tau\right) g(u) h(\tau) e^{-j2\pi f\tau} d\tau \qquad (4-14)$$

式中　$g(u)$、$h(\tau)$——两个实的偶窗函数，且 $g(0) = h(\tau) = 1$。

WVD 变换可调用 Matlab 时频工具箱里的 tfrwv 函数——function[tfr,t,f] = tfrwv(x,t,N,trace)。X 为输入的信号；t 为时间序列。

3. 基于希尔伯特—黄变换（HHT）提取频散曲线

HHT 包括两部分：经验模态分解（EMD）和希尔伯特谱分析（HSA）。HHT 主要应用于非线性非平稳信号和突变信号的处理。和 FFT 将信号分解成无穷多个弦波的思想接近，HHT 是将信号分解成几个周期、振幅不固定的、近似于弦

波的单分量信号和一个趋势函数。HHT 可以避免复杂的数学运算，用来分析频率随时间变化的信号。

目前的主要问题集中在经验模态分解（EMD）上，也就是如何将一个多分量信号分解为一系列单分量信号之和。每个单分量信号称为固有模态函数（IMF）。EMD 的实质就是将信号分解为 IMF 分量。对实信号 $s(t)$ 进行经验模态分解可得

$$s(t) = \sum_{i=1}^{n} C_i(t) + R_n(t) = Re\left[\sum_{j=1}^{n} a_j(t) e^{i2\pi \int f_j(t) dt}\right] \quad (4-15)$$

式（4-15）中每个 $C_i(t)$ 就是一个固有模态函数。最先分离的 IMF 称为高频分量 $C_i(t)$，而其余待分解部分 $\gamma_m(t)$ 称为低频分量，最后剩余的 IMF 称为剩余分量 R_n。

$$\gamma_m(t) = \sum_{i=m+1}^{n} C_i(t) + R_n(t) \quad (4-16)$$

对于各单分量信号，利用希尔伯特变换（HT）可以得到基于瞬时频率的希尔伯特谱。希尔伯特谱 $H(t,\omega)$ 主要有两类，即时间—频率—能量谱 $H_e(t,\omega)$ 和时间—频率—相位谱 $H_p(t,\varepsilon)$，从这两类谱中可以获得时间、频率、能量和相位的分布关系。

希尔伯特—黄变换的完整算法流程如下：

$$f(t) \xrightarrow{\text{经验模量分解}} \text{IMF}_1 \text{IMF}_2 \cdots \text{IMF}_N \xrightarrow{\text{希尔伯特变换}} \begin{cases} H_e(t,\omega) \\ H_p(t,\omega) \end{cases}$$

与传统的信号或数据处理方法相比，HHT 具有如下优点：传统的时频处理方法在实际的数据处理中只能处理线性非平稳的信号，如 FFT 与 WT；随着数据处理方法的发展，也出现了很多方法，但是这些方法也是无法处理非线性信号，而 HHT 具有处理非线性非平稳信号的能力。不同于 FFT 与 WT，HHT 具有自适应产生"基"的能力；HHT 不受 Heisenberg 测不准原理的制约，它适合突变信号。FFT、STFT、WT 等很多时频处理方法都受这个原理的制约。

希尔伯特—黄变换也存在很多缺点：如果一个信号为两个谐振信号的合成，若 $\omega_1 > \omega_2$，那么必须 $A_1\omega_1 > A_2\omega_2$，才不会出现频谱混叠；会产生端点效应，信号随着 IMF 分量分解得越来越多，函数会在数据序列两端产生发散现象，并逐渐向内污染整个数据序列而导致数据失真；包络拟合线算法没有严格数学上的理论支持，目前采用的是经验算法；EMD 分解过程实际上是一个重复的筛选过程，而过多的重复筛选会让 IMF 分量变成纯粹的频率调制信号；EMD 的正交性在数学理论上不成立，不过在实验意义上是满足的；HHT 采用的是二维 EMD，二维信号经过 EMD 分解得到 IMF 信号之后进行希尔伯特变换进行谱分析，这种变换

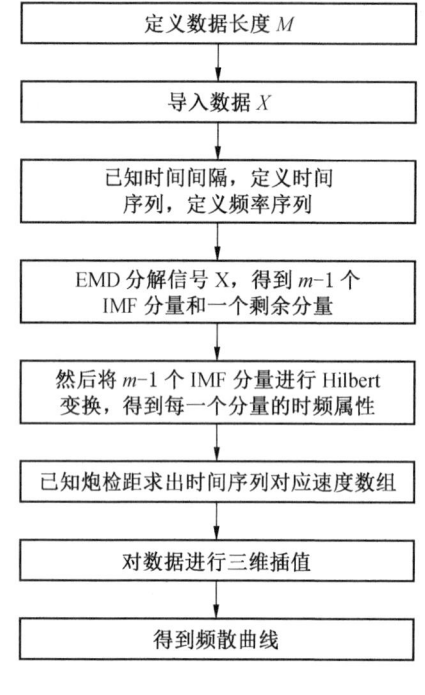

图 4-5 HHT 程序流程图

缺乏同向性。

HHT 变换实现方法是：先将信号进行 EMD 分解，得到各个不同尺度的分量 IMF，对每一个分量进行 Hilbert 变换后得到的是有实际意义的瞬时频率。HHT 提取槽波频散曲线所使用的关键程序流程如图 4-5 所示。

调用 Matlab 程序 emd 工具箱——imf = emd(X)，将信号 X 进行经验模态分解。将得到的 $m-1$ 个 IMF 分量进行希尔伯特变换，所用的主要函数为：[A, fm, tt] = hhspectrum(imf(1:m-1,:))。

4. 几种时频方法对比

通过对比 Wigner—Villa 分布、短时傅里叶变换、广义 S 变换和希尔伯特—黄变换的时频分布图以及频率—速度域的频散曲线（图 4-6），得到的时频分布以及频散曲线最大能量对应的频率、时间和速度均是相同的。短时傅里叶变换分辨率单一，时频聚集性和能量聚集性一般；广义 S 变换的时频分辨率是可以调节的，而且相较于短时傅里叶变换来说，广义 S 变换在高频部分具有较高的时间分辨率，低频部分具有较高的频率分辨率，而且时频聚集性和能量聚集性也更好；Wigner—Villa 分布在频率域和时间域以及速度域都有很高的分辨率，但它的缺点是有交叉现象存在。HHT 分辨率极高，时频聚集能力与能量聚集性强。综上分析，HHT 表现出了最高的时频聚集性能，但是提取到的频散曲线不够完整，曲线连续性不够好。

综上所述，Wigner—Villa 分布、短时傅里叶变换、广义 S 变换和希尔伯特—黄变换 4 种方法的相对性能，可以按"低＜一般＜较高＜高"排列分级，总结见表 4-1。

表 4-1 各类频散分析方法性能对比（马欣，2019）

方法	交叉项	聚集性	分辨率	窗函数	频散曲线连续性
WVD	有	较高	较高	无	好
STFT	无	低	一般	固定	好
GST	无	一般	较高	多分辨	好
HHT	无	高	高	无	差

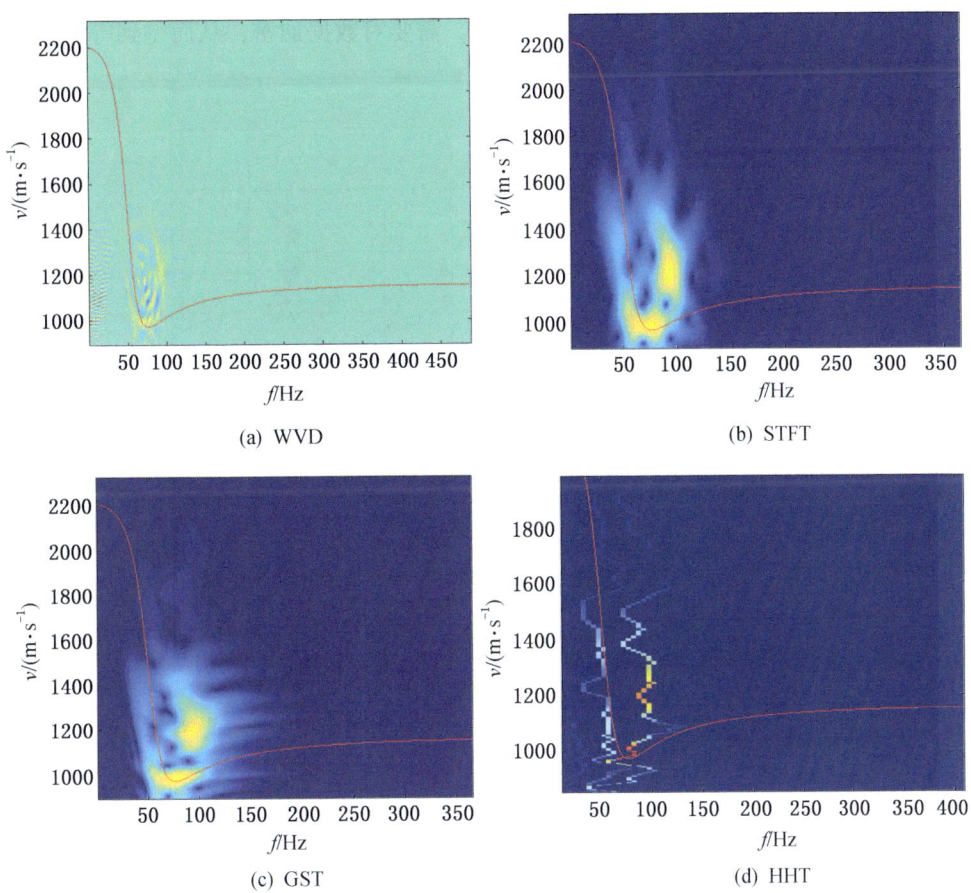

图 4-6 WVD、STFT、GST、HHT 提取到的频散曲线与理论频散曲线的对比

4.2.3 其他频散分析方法

1. 频率—波数域 F—K 法

F—K 法实质是二维傅里叶变换。设地震信号为 $y(t,x)$，t 是时间变量，x 是空间变量，$y(t,x)$ 可以表示成多道地震记录或者是一张地震剖面。对时间—空间域的槽波地震记录 $y(t,x)$ 作二维傅里叶变换，也就是先沿着时间轴做一维 FFT 变换，再沿着空间轴进行一维 FFT 变换，将 $y(t,x)$ 变换到频率—波数域，再根据波数与速度 $k=f/v$ 的关系，转化到 f—v 域，得到频散曲线。此方法是针对多道数据进行，前面多次滤波法、时频分析法皆是对单道数据处理，而且 F—K 法要求多道数据检波点位置及炮点在一条直线上，道间距相同，对理论模拟数据及巷道测线数据有效，对透射数据一般无效。

实际对数据做二维傅里叶变换后，再将频率—波数域转到频率—速度域，由于转换后数据不均匀，部分区域数据稀疏，需要对数据加密，从而得到等间距且清晰的频散图（图4-7）。

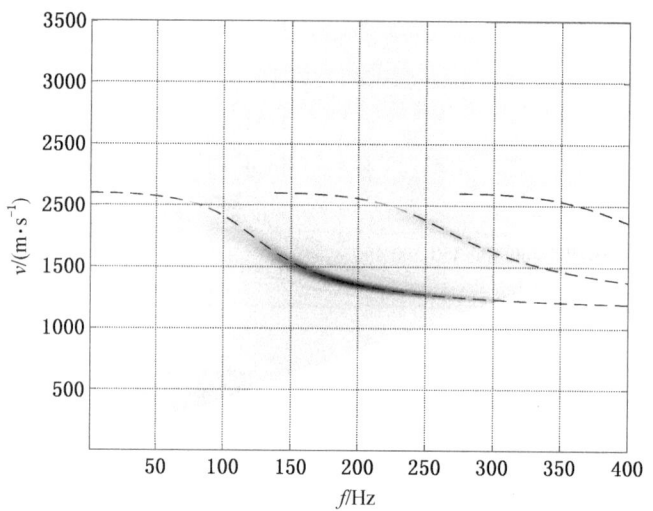

图4-7 F—K法提取的频散曲线（虚线为理论频散曲线）

2. 其他频散分析方法

其他频散分析方法还有移动时窗法、$\tau-p$变换法、短时傅里叶变换法、小波法等。

4.3 极化分析与极化滤波

4.3.1 极化分析

地震波经过质点时质点振动轨迹反映了波的极化特征，极化又称偏振。Love槽波为水平线性极化，Rayleigh槽波一般认为是椭圆极化。实际上，不同接收位置的Rayleigh槽波极化性质不同。

建立煤厚5 m的二维模型，模型x、z方向大小为200 m×50 m，空间剖分网格间距为1 m×0.5 m，时间采样间隔0.1 ms；震源位于（10 m，25 m）处（图4-8中圆圈所示）；采用纵横波震源模拟（同时激发纵波横波），主频200 Hz。测线1位于煤层中央$z=25$ m处。上、下围岩纵波速度为3000 m/s，横波速度为2000 m/s，密度为2200 kg/m³；煤层纵波速度为1700 m/s，横波速度为1000 m/s，密度为1300 kg/m³。

图4-9为测线1的槽波记录。由于震源含有纵波和横波，产生了一阶槽波和基阶瑞雷槽波。z分量基阶槽波能量强，x分量一阶槽波能量比较显著。

4 槽波数据分析与处理

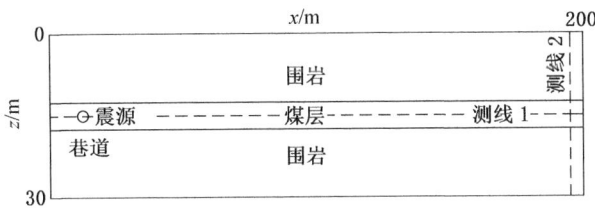

图 4-8 煤厚 5 m 地质模型

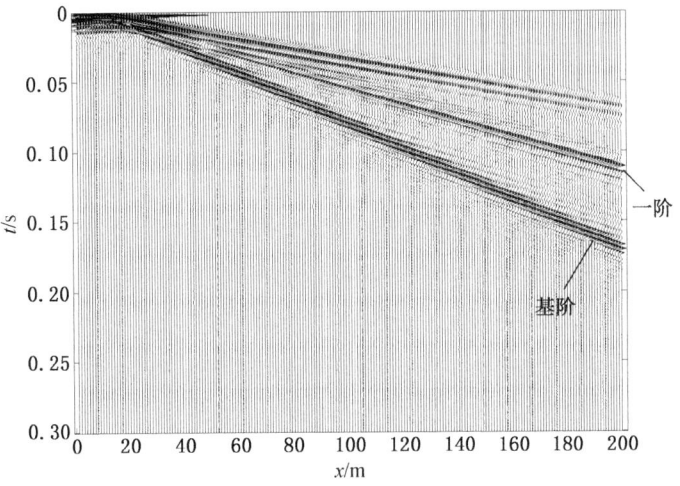

(a) x 分量

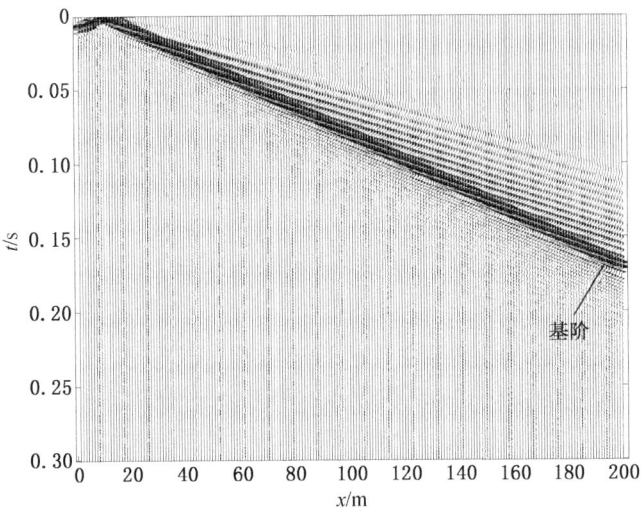

(b) z 分量

图 4-9 模型 1 测线 1 的槽波记录

取 150 道数据（图 4-10），分析偏振特性。

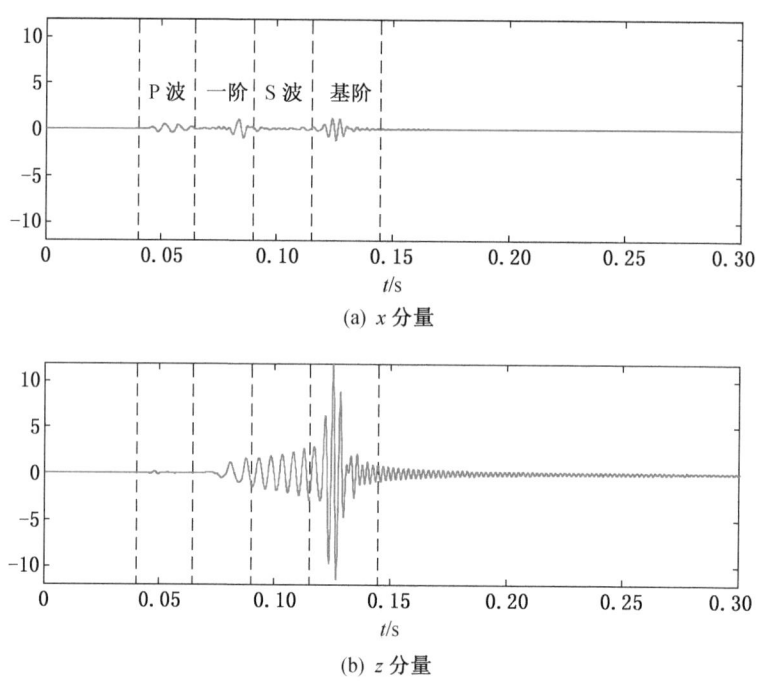

图 4-10　150 道 x、z 分量

分别分析 0.04~0.065 s、0.065~0.09 s、0.09~0.115 s、0.11~0.145 s 时窗内质点的振动轨迹（图 4-11）。质点偏振在 0.04~0.065 s 时窗内主要为 x 方向线性极化，为来自围岩的折射纵波；在 0.065~0.09 s 时窗内为一阶瑞雷槽波，由 P 波和 SV 波干涉而成，看似椭圆极化，实际上在煤层中间处一阶瑞雷槽波 x 分量最大 z 分量为 0，所以这是 x 方向一阶瑞雷槽波和 z 方向 SV 波的混合波；在 0.09~0.115 s 时窗内主要为 z 方向线性极化，主要为围岩的折射横波；在 0.115~0.145 s 时窗内存在明显的椭圆极化，只是短轴相对长轴较小，该波为基阶瑞雷槽波，由于极化方向近似 z 方向，在图 4-10 中此时窗内 z 分量远大于 x 分量，所以波的成分主要由 SV 波组成，含有少许 P 波。在煤层中间处，基阶瑞雷槽波的 z 分量值最大，x 方向为 0，所以呈线性极化，而不是椭圆极化；由于模型是离散化的网格，模拟时会造成一定误差，使得线性极化呈现轻微的椭圆极化（图 4-11）。所以使用极化滤波时，不能认为瑞雷槽波都是椭圆极化而进行滤波，否则得出的结果很可能是错误的，需要分析其具体位置上的极化特征，选择

极化参数才能取得良好效果。0.2 s 后的数据虽然偏振系数接近 1，方位角接近 $-90°$，但主要是 z 方向的数值频散引起的，类似噪声（图 4-12）。

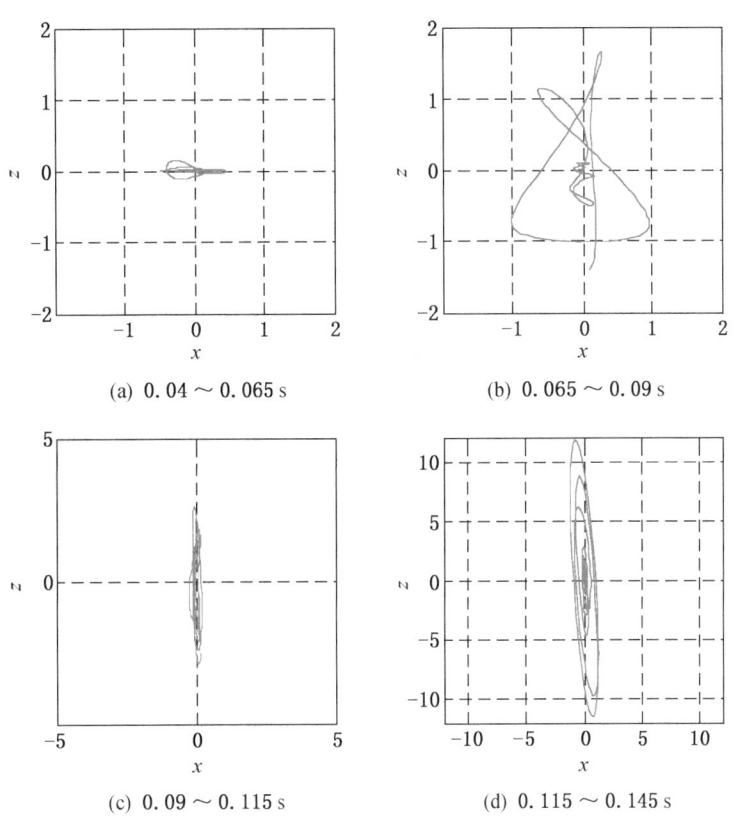

(a) 0.04～0.065 s

(b) 0.065～0.09 s

(c) 0.09～0.115 s

(d) 0.115～0.145 s

图 4-11　不同时窗内质点的振动轨迹

垂直测线 2 位置在煤层中心的检波点记录如图 4-13、图 4-14 所示。

如图 4-15 所示，0.16～0.18 s 为基阶槽波，主要为 z 分量；0.12～0.14 s 为围岩横波；0.1～0.12 s 为一阶槽波。

取测线 2 在煤层 1/4 处的检波点记录，如图 4-16 所示。

如图 4-17 所示，0.16～0.18 s 为基阶槽波，z 分量能量较大，大约是 x 分量的 3 倍，方位角约 97°。0.14～0.16 s 为槽波，不好分辨基阶还是一阶；0.1～0.12 s 为一阶槽波。

4.3.2　极化滤波

极化滤波是根据各类波的极化特征不同，去除干扰波、分离纵横波，从而有

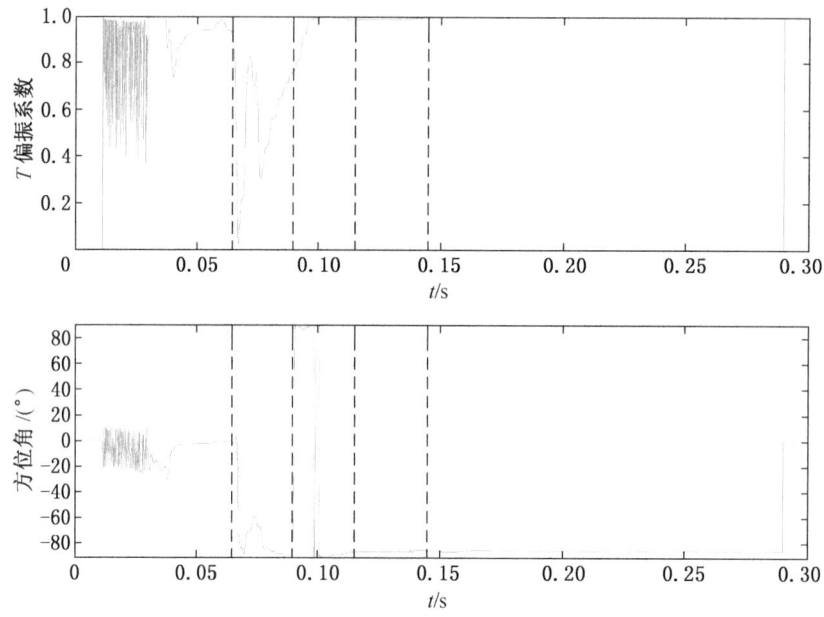

图 4-12 偏振系数及方位角

效地提高信噪比。按照波振动的具体形式，槽波可以划分为两类：通过 SH 波干涉生成的 Love 型槽波和 P-SV 波干涉生成的 Rayleigh 型槽波。Love 型槽波为线性极化，质点振动方向和煤层面平行，和波传播的方向呈 90°；Rayleigh 型槽波为椭圆极化，其质点振动方向和煤层面之间的夹角为 90°，整体的运动轨迹为椭圆状。

极化滤波方法包括 Cone 滤波、Tender 滤波、Tendine 滤波、Poline 滤波及基于时频分析的方法，其中 Tendine 滤波、Poline 滤波方法属协方差矩阵法，即通过协方差矩阵计算所需的偏振参数，并将其作为基础展开偏振滤波，这些是经典的极化滤波方法，以 Poline 方法效果最好。由于传统方法存在时窗不易选择的问题，又产生了以时频分析为基础、自适应的新方法，但实现起来稍微复杂。

对槽波来说，选择的滤波时窗是稳定的，所以基本不存在时窗选择的问题。由此选择了 Poline 方法作为槽波的滤波方法。

1. 三分量极化滤波

在 xyz 坐标系内，对同一质点三分量数据所对应的协方差矩阵展开本征研究。

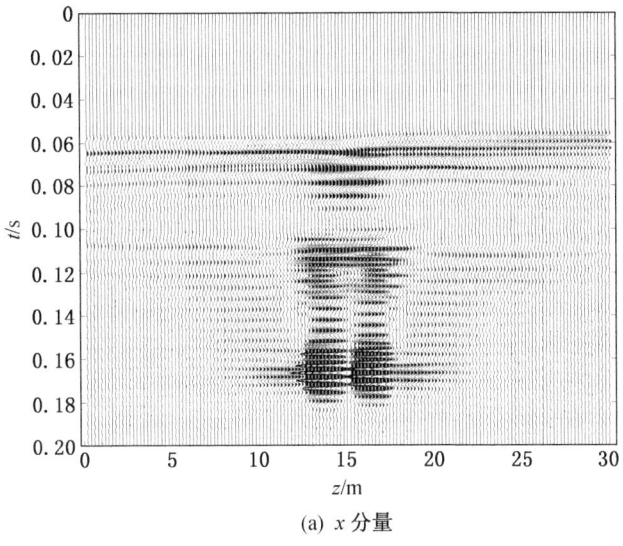

(a) x 分量

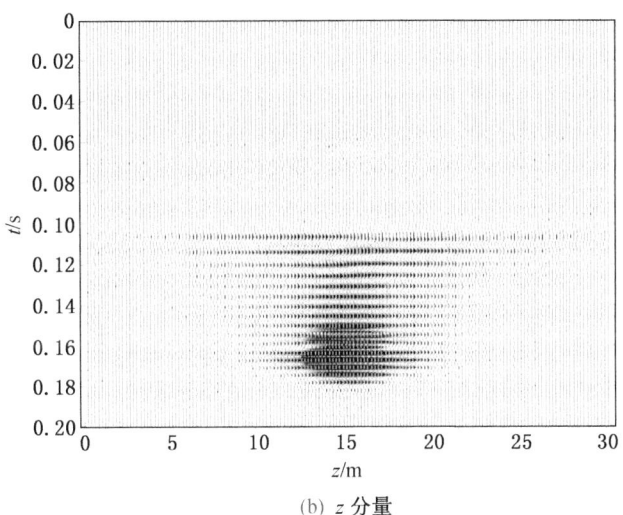

(b) z 分量

图 4-13 垂直测线 2 记录

假定 1 个时窗 (t_1, t_2) 当中采样点数的总量是 M 个，一个检波点上三分量信号的振幅为 x_i、y_i、z_i，由此形成三个分量的协方差矩阵；计算三个矩阵所对应的特征值，并分别将其记作 λ_1、λ_2、λ_3，且 $\lambda_1 > \lambda_2 > \lambda_3$，利用此类特征值就能够分析质点振动轨迹组成的主极化方向。通过该方法计算极化参数后，结合选择的滤波方向计算滤波系数。

应用 Poline 极化滤波器，相应的调制滤波函数是：

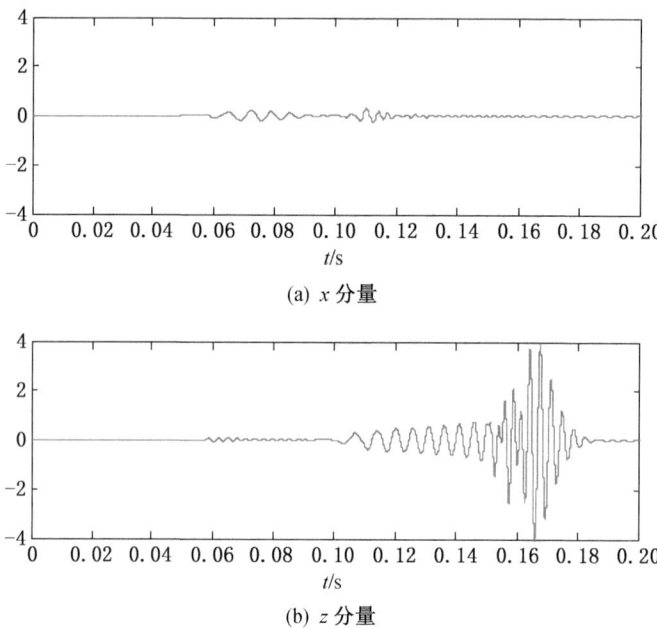

图 4-14　垂直测线 2 在煤层中心的检波点记录

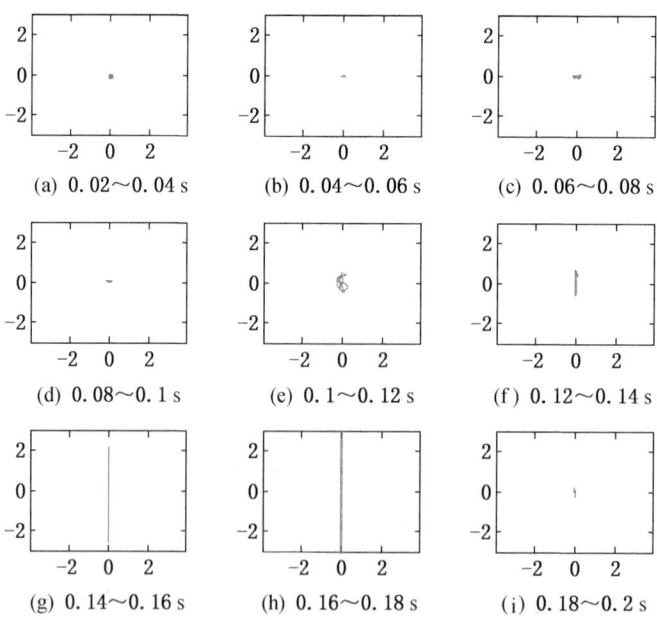

图 4-15　不同时刻偏振图（测线 2 在煤层中心的检波点）

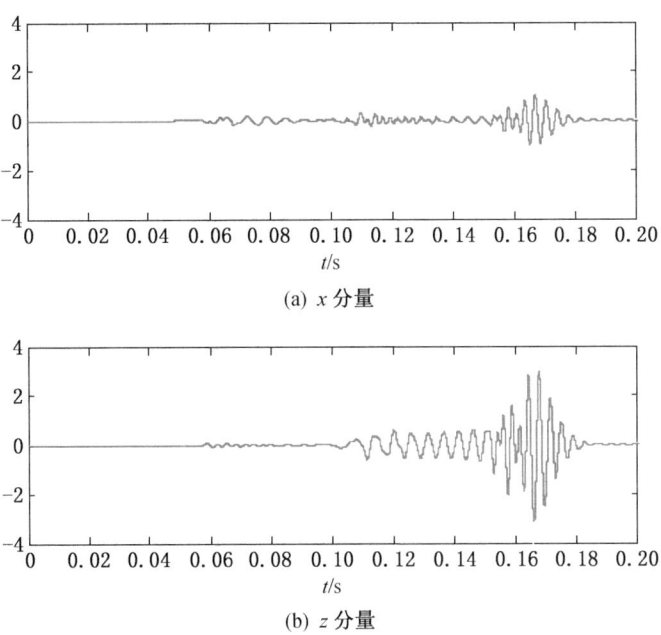

图4-16 测线2在煤层1/4处的检波点记录

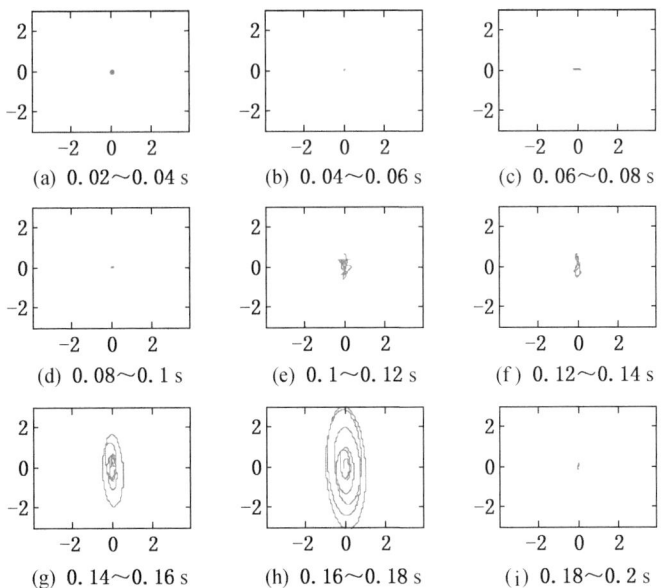

图4-17 不同时刻偏振图（测线2在煤层1/4处的检波点）

$$F(t) = T^p(t)\cos^q\theta(t) \tag{4-17}$$

其中，T 为偏振系数：

$$T = \frac{(1-e_{21}^2)^2 + (1-e_{31}^2)^2 + (e_{21}^2 - e_{31}^2)^2}{2(1+e_{21}^2+e_{31}^2)^2} \tag{4-18}$$

式中　e_{21}——主椭球率，$e_{21} = \sqrt{\lambda_2/\lambda_1}$；

　　　e_{31}——次椭球率，$e_{31} = \sqrt{\lambda_3/\lambda_1}$。

T 是信号的极化程度参数，指数 p 为极化程度 T 的权值，式中 T 值为 0~1，偏振系数介于 0~1 之间。当质点线性偏振时，偏振系数为 1；球偏振时，偏振系数为 0。T 值越小，极化程度更为显著，T_p 衰减越快，极化滤波所取得的实际成效也更理想；T 值越大，T_p 衰减缓慢。$\cos\theta(t)$ 是主极化方向和瞬时极化方向之间夹角的余弦。伴随 q 值的不断增大，$\cos^q\theta(t)$ 函数衰减更快，对偏离主极化方向的信号压制效果越强。一般 p 的取值范围为 0~2，q 的取值范围为 0~4。

协方差极化滤波步骤如下：

（1）输入任意道三分量数据；

（2）对任意采样点，选择极化时窗内的数据，构造其协方差矩阵，求其特征函数和主特征向量；

（3）求偏振系数 T；

（4）求主特征向量和保留方向的夹角余弦 $\cos\theta(t)$；

（5）求取调制函数 F；

（6）采样点值乘以 F 即是滤波后数据。

2. 二分量极化滤波

Love 槽波是 SH 波，瑞雷槽波是 P、SV 波在垂直平面内的干涉，与 SH 波垂直，所以对三分量进行分量旋转，根据 Love 槽波和 Rayleigh 槽波的偏振特性，将波场分离为 SH 波和 P、SV 波两个不同平面的波场。所以，槽波极化分析可以在二维平面内进行，计算简单且效率高。

两分量信号的振幅形成的协方差矩阵，有两个特征值 λ_1、λ_2，且 $\lambda_1 > \lambda_2$。只有一个椭球率，可以定义二维偏振系数为

$$T = (1-e_{21}^2)^2 \tag{4-19}$$

也可用椭圆率定义偏振程度，椭圆率定义为椭圆极化短轴与极化长轴之比：

$$\rho = \frac{\lambda_2}{\lambda_1} \tag{4-20}$$

方位角最大特征值对应的特征向量 V_1 的方向计算公式如下：

$$\alpha = \arctan\frac{V_{1,z}}{V_{1,x}} \tag{4-21}$$

方位角的数值范围在 $[-\pi/2, \pi/2]$。

对于 Rayleigh 槽波，可将椭圆率定义为椭圆极化短轴与极化长轴之比，这样就可以选用椭圆率范围对槽波进行滤波，是极化滤波的另一种方法。

3. Rayleigh 型槽波极化滤波实例

图 4-18a 为理论槽波 x、y 分量记录，包含 Rayleigh 型槽波、折射纵波及横

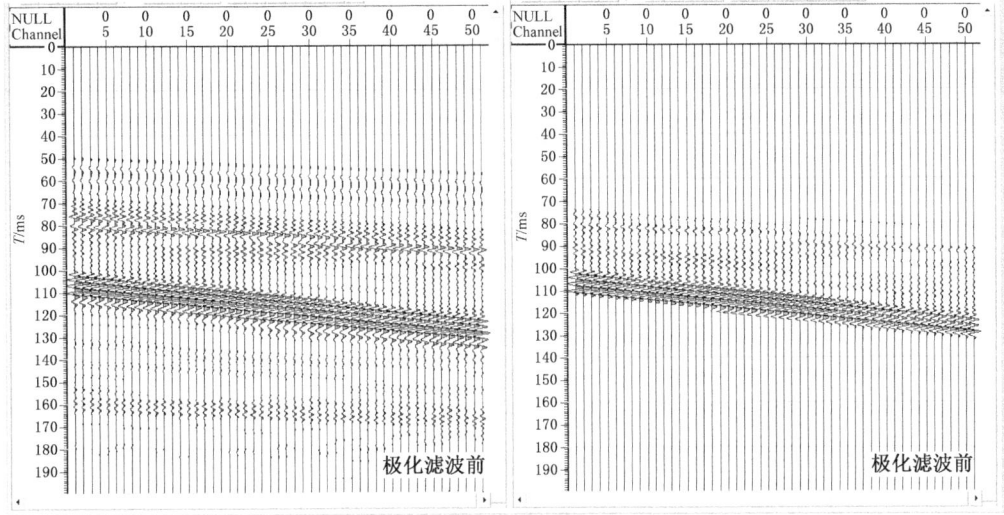

(a) x 分量极化滤波

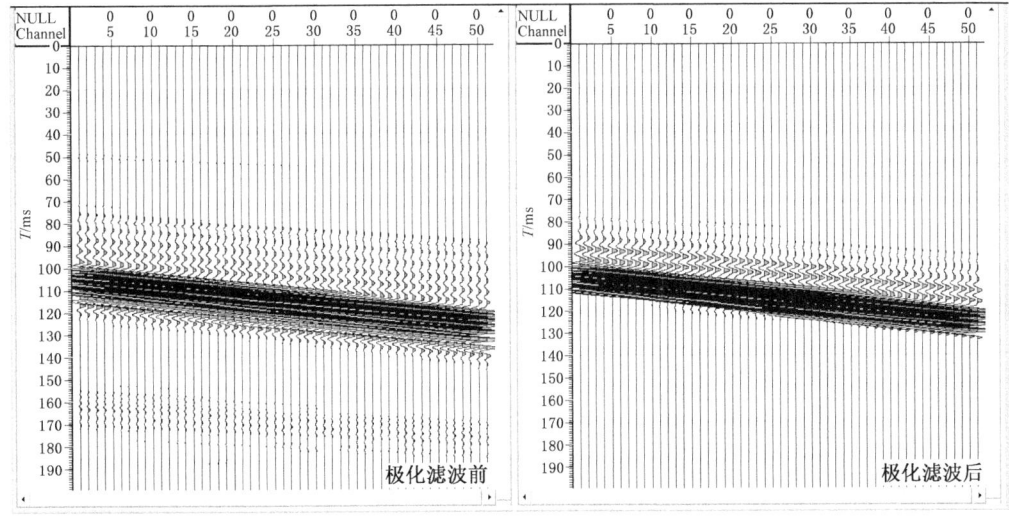

(b) z 分量极化滤波

图 4-18 Rayleigh 型槽波极化滤波

波，对两分量槽波应用极化滤波，保留椭圆偏振 Rayleigh 型槽波，去除线型偏振的折射纵波、横波（图 4-18b）。可以看到：直达体波得到去除，保留了 Rayleigh 型槽波（姬广忠，2017）。

4.4 槽波能量一致性校正

由于煤矿井下不同位置震源激发、检波器接收条件存在差异，地震数据会出现波形畸变、能量差别大等问题，影响后续数据处理与解释。如果采用 AGC、道间均衡等振幅校正方法，虽能使振幅保持基本一致，但也消除了不同道的能量差异，影响槽波对构造的探测。针对这一问题，可以将地面地震的地表一致性振幅校正法应用到井下地震中。该方法是将地表一致性因素进行充分分解，得到四类主要的分量，分别是共中心点响应、震源响应、炮检距响应、接收器响应，通过地表一致性分解获得所需的补偿系数，然后对地震道振幅乘以补偿系数得到校正后的振幅（金丹等，2014）。

在计算时窗内，地震道满足一致性校正的假设时，可把地表一致性影响因素分解，获得相应的校正模型：

$$Q_{nm}(t) = S_n(t)R_m(t)C_k(t)D_l(t) \tag{4-22}$$

式中　$Q_{nm}(t)$——接收点 m 和炮点 n 记录道在特定的时窗 l 区间中的振幅；

　　　$S_n(t)$——处于 n 位置的炮点响应；

　　　$R_m(t)$——位于 m 位置的接收道响应，体现地表对上行反射波造成的影响；

　　　$C_k(t)$——地表处于 m 位置下方的地下响应，其中 $k = 1/2(m+n)$；

　　　$D_l(t)$——偏移距响应，代表与偏移距有关的面波、剩余动校正等的影响，$l = m - n$。针对该方程的解法见文献（金丹等，2014）。

受煤矿井下操作环境的影响，各炮能量不一致，检波器耦合的情况也不相一致，这就对井下地震数据造成不利影响。在图 4-19 展示的共炮点道集记录中，校正之前单炮记录各道能量差别明显（图 4-19a）；在经过地表一致性振幅校正后，能量整体而言较为均匀（图 4-19b）。

4.5 工频干扰时频域压制

在野外地面地震勘探或者煤矿井下槽波地震勘探中，测线附近经常会有工业输电线路经过，这种环境下采集到的地震数据中一般会包含有工频交流信号，工频严重情况下常常会将有效信号湮没，影响了地震勘探数据的分析、处理和后期解释。我国工业交流电的工作频率是 50 Hz，因此地震数据中的工频干扰信号的频率也主要是 50 Hz 及其谐波分量（100 Hz、150 Hz、…）。这个频率和采集到的

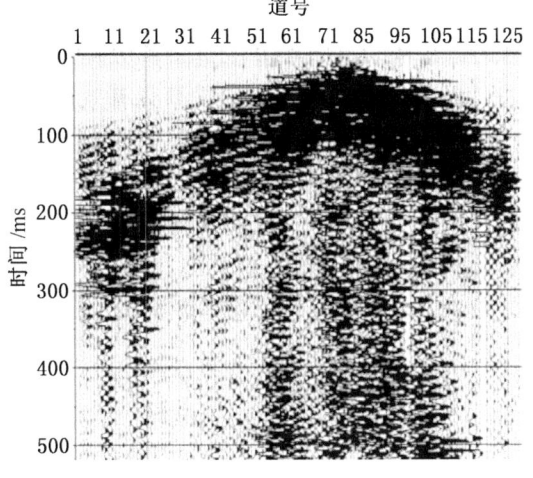

(a) 地表一致性校正前共炮集记录

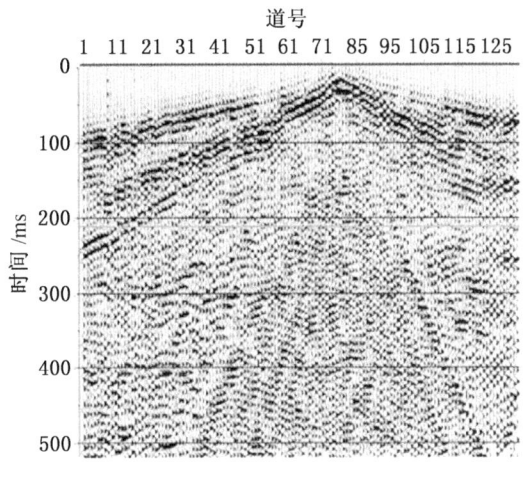

(b) 地表一致性校正后共炮集记录

图 4-19 地表一致性校正前后剖面对比

地震数据的主频非常接近，同时工频干扰信号的能量也非常大，严重降低了地震数据的信噪比。所以，去噪方法压制工频干扰噪声是当前高精度地震数据处理中的一个重要课题。

目前，常用的压制工频干扰的方法主要有频域法和时域法两大类。

在频域类方法中，陷波滤波器是最常用也是最简单的单频噪声去除方法，该方法使用的前提是需要确切地给出待去除噪声的频率信息，而且陷波滤波器会对有效信号造成一定程度的损伤，同时频域加窗后会引起吉布斯效应。在时域法中，较为常见的是通过函数逼近的方法估算地震资料中的单频噪声，如正余弦函数逼近法和余弦函数逼近法等。这一类方法是将单频噪声表示为以振幅、频率、相位（时延）为变量的函数，根据深层时间段高频有效波能量比浅层弱的特点，估算出强单频干扰的频率等参数进而达到估算单频干扰的目的。此外，Xu 等（2013）都利用谐波噪声和地震有效信号在小波域具有不同的形态特性，采用不同的稀疏字典进行表示，然后用 MCA 算法对其进行分离。王保利（2015）提出了在时频域压制井下工频干扰的方法。

根据工频干扰信号的特点，可以将地震数据中的工频干扰信号表示为

$$y(t) = \sum_{i=1}^{N} A_i \cos(2\pi f_i t + \varphi_i) \quad (4-23)$$

式中　A_i——第 i 个频率的工频干扰信号的振幅；
　　　f_i——第 i 个频率的工频干扰信号的频率；
　　　φ_i——第 i 个频率的工频干扰信号的相位；
　　　t——时间；
　　　N——单频干扰信号的个数。

从式（4-23）中可以看出，其瞬时频率和瞬时相位分别为 f_i 和 φ_i，也即瞬时频率和瞬时相位均不随时间而变换，是一固定的常数，同时某个频率成分的振幅谱也不是时间的函数；而有效信号的瞬时频率和瞬时相位以及瞬时振幅都随时间而变化。基于这种差异，依据单频谐波信号在地震道时间轴上的瞬时频率和瞬时相位是恒定的，而有效信号则是变化的，据此可通过将单道信号变换到时频域，通过下式来提取时频域的谐波信号：

$$N(f) = R_t[X(f,t)] \quad (4-24)$$

式中　$N(f)$——提取的频率域中的谐波信号；
　　　$X(f,t)$——时频域中含噪原始信号；
　　　R_t——沿时间轴取中值，最后在时间域中将提取的谐波信号消除即可得到去噪后的信号，如下式所示：

$$\tilde{x}(t) = x(t) - IFFT[N(f)] \quad (4-25)$$

式中　$x(t)$——原始信号；
　　　$\tilde{x}(t)$——去噪后的信号；
　　　$IFFT$——逆傅里叶变换。

具体实现流程如下：
(1) 输入下一道数据；
(2) 将该道数据变换到时频域；
(3) 在时频域，对每个频率沿时间轴求中值；

(4) 将上步得到的数据沿时间复制成原始维数,并逆变换到时间域,得到噪声信号;

(5) 原始数据减去提取的噪声信号,即为滤波后的信号;

(6) 返回第(1)步。

由于处理流程中包含了对所有频率成分的扫描,所以该方法可提取并剔除那些频率分布未知的所有谐波分量,达到较好的谐波干扰压制效果。

图 4-20 是某煤矿槽波地震勘探中采集到的信号,由于检波器置于煤矿巷道

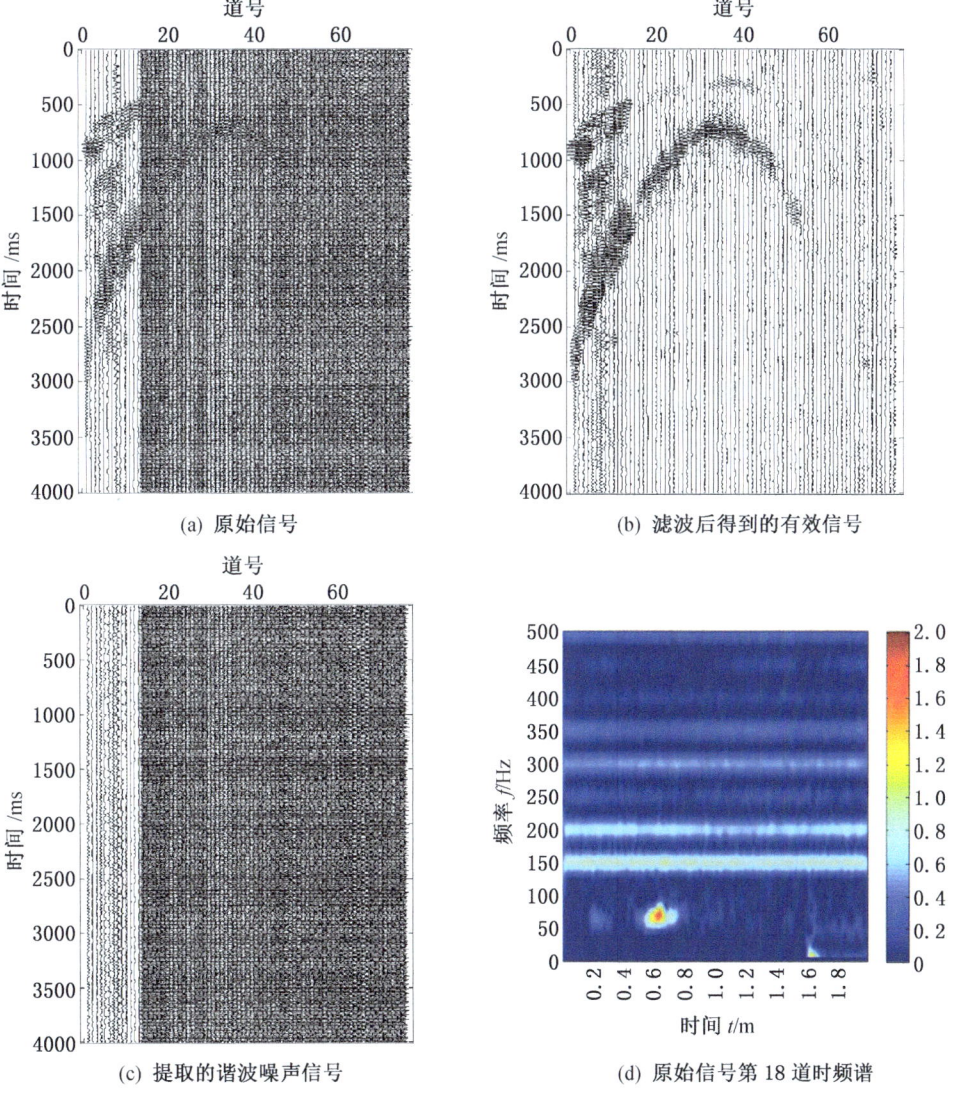

(a) 原始信号　　(b) 滤波后得到的有效信号

(c) 提取的谐波噪声信号　　(d) 原始信号第 18 道时频谱

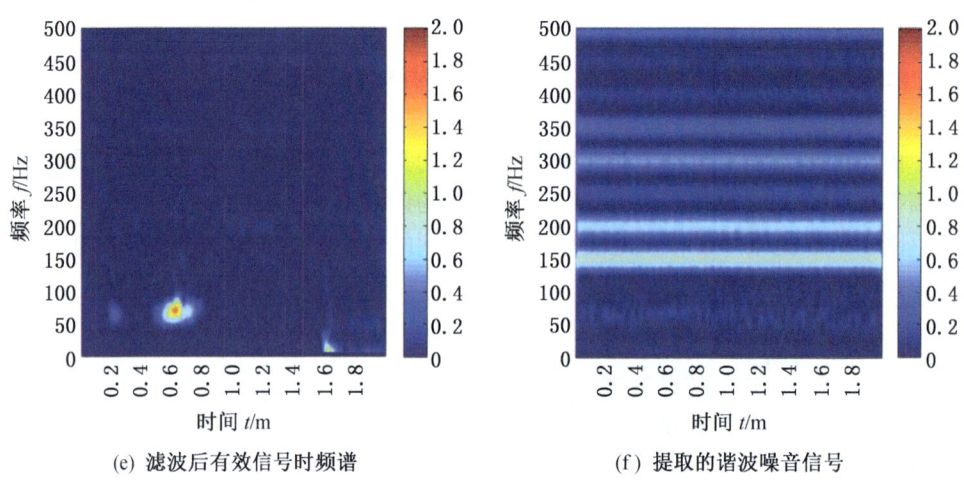

(e) 滤波后有效信号时频谱　　　　　　(f) 提取的谐波噪音信号

图 4-20　实际数据信号测试

内，巷道壁上有通电缆线通过，因此工频干扰异常严重，有效信号几乎被噪声所湮没。谐波信号的频率从 150 Hz 开始，间隔为 50 Hz（图 4-20d）；有效信号主频约为 70 Hz，且在时间轴上集中分布。采用本文方法对该数据进行滤波处理，处理结果如图 4-20 所示。从图 4-20b 可以看出所有道的有效信号得到了恢复，信噪比得到了很好的改善，且在图 4-20e 时频谱上几乎看不到任和谐波分量，有效信号能量团和图 4-20d 原始信号时频谱上的能量团几乎一致。图 4-20c 为剔除的谐波噪声信号，信号中也没有明显的有效信号。

4.6　透射槽波成像方法

4.6.1　槽波速度 CT 成像

CT 成像问题在理论上也就是 Radon 变换的反演问题。图 4-21 中，设 $f(x,y)$ 为平面上给定的函数，$l_{t,\theta}$ 为图中的直线，其方程为

$$\begin{cases} x = t\cos\theta + s\sin\theta \\ y = t\sin\theta - s\cos\theta \end{cases} \quad (4-26)$$

称函数 $f(x,y)$ 沿直线 $l_{t,\theta}$ 之线积分为其 Radon 变换，记为

$$[Rf(t,\theta)] = \int_L f(t\cos\theta + s\sin\theta, t\sin\theta - s\cos\theta)\,\mathrm{d}s \quad (4-27)$$

上述反演公式不太适合实际的数值计算，现实反演计算时大多采用离散图像重建技术。

实际工作时，将反演区域划分为 N 个不重叠的小网格，并假设每个网格内物性是均匀的。设射线 L_j 与某一小网格相交部分之长度为 a_{ji}，由此可得离散图像重建的线性方程组为

$$R_j f = \sum_{i=1}^{N} a_{ji} f_i \quad (j = 1,2,3,\cdots,J)$$

(4-28)

其中 J 为射线总数。

在地震波层析成像情况下，投影数据 $R_j f$ 为地震波走时 τ_j，图像向量 f 为像元内慢度的平均值，则式（4-28）可写成以下矩阵方程：

$$Af = \tau$$

(4-29)

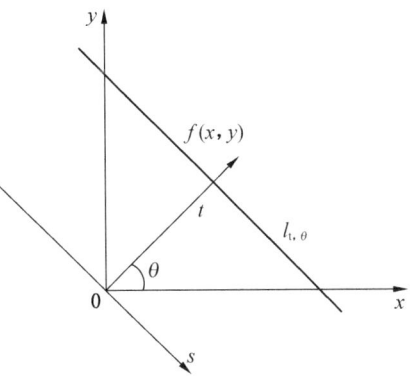

图 4-21 Radon 变换原理图

目前解上述线性矩阵方程的算法有代数重建技术（Algebraic Reconstruction Technique，简称 ART）、联合代数重建技术（Simultaneous Algebraic Reconstruction Technique，简称 SART）、联合迭代重建（Simultaneous Iterative Reconstruction Technique，简称 SIRT）等。ART 是按射线依次修改有关像元的图像向量的一类迭代算法，虽然它的计算速度较快，但是迭代收敛性能较差，并且依赖于初值选择；SART 通过改进 ART 的误差修正计算，能有效抑制代数重建法所带来的模糊性和收敛慢等缺点，与 ART 相比较，其重建精度更高。

1. ART 算法

ART 这种方法是按射线依次修改有关像元的图像向量的一类迭代算法，虽然它的计算速度较快，但是迭代收敛性能较差，并且依赖于初值选择。ART 方法的迭代公式为

$$f_i^{(k+1)} = f_i^{(k)} + \lambda \frac{\tau_j - \sum_{i=1}^{N} a_{ji} f_i^{(k)}}{\sum_{i=1}^{N} a_{ji}^2} a_{ji}$$

(4-30)

式中，k 为迭代次数，i 为第 i 个网格，j 为第 j 条射线，λ 为松弛因子（$0 < \lambda < 1$）。初值 f^0 一般根据现场条件选择合适速度，可以加入约束条件，令函数值在某个范围内。

2. SART 算法

SART 改进了 ART 的误差修正计算，每次迭代对像素的校正值并非只与一个投影数据有关，而是所有投影数据校正值的平均值，一些随机误差被平均掉了，

这也就使得 SART 算法能够更好地抑制带状伪影,得到比 ART 算法更加平滑的重建图像。

SART 方法的迭代公式为

$$\begin{cases} \mu_j = \dfrac{\tau_j - \sum\limits_{i=1}^{N} a_{ji} f_i^{(k)}}{\sum\limits_{i=1}^{N} a_{ji}} \\ f_i^{(k+1)} = f_i^{(k)} + \lambda \dfrac{\sum\limits_{j \in J_\varphi} \mu_j a_{ji}}{\sum\limits_{j \in J_\varphi} a_{ji}} \end{cases} \quad (4-31)$$

式中,J_φ 代表投影角度 φ 下的射线集合,也可以用所有的射线,λ 为松弛因子。

3. SIRT 算法

SIRT 算法是将所有像元上的图像函数的平均值都用前一轮的近似值来修正,而不像 ART 算法按射线逐条进行修正,因此不会出现解的奇异现象,收敛性较好。其主要不足是收敛较慢且占用内存较大,但是对现在计算机来说这些问题在逐渐克服。SIRT 方法的迭代公式为

$$f_i^{k+1} = f_i^k + \frac{\sum\limits_{j=1}^{J} \left[a_{ji} \left(\tau_j - \sum\limits_{i=1}^{N} a_{ji} f_i^{(k)} \right) \Big/ \sum\limits_{i=1}^{N} a_{ji} \right]}{\mu + \sum\limits_{j=1}^{J} a_{ji}} \quad (4-32)$$

式中,μ 为松弛因子。

槽波速度成像的关键是拾取槽波速度,一种方法是以槽波能量团的速度作为槽波速度,以能量团中心位置或首位置作为到达时,从而算出槽波速度;另一种方法是提取每道数据的频散曲线,根据频散曲线量板(图 4-22a)选择一个合适的频率点,然后找出每道数据频散曲线上该频率对应的速度值,对这些速度值再做 CT 成像(王伟等,2012)。

由于槽波波列长,波至时间或 Airy 相较难准确提取,槽波速度成像一般不如槽波衰减系数 CT 成像精度高;有时也用围岩折射波也就是波场初至波进行速度成像。

4.6.2 槽波衰减系数 CT 成像

槽波能量的变化能够判定断层等异常构造的存在,且能量变化适用于衰减系数成像(姬广忠等,2014)。

1. 常规振幅衰减成像

在黏弹性介质中,平面谐波在震源处的振幅 A_0 随传播距离增大而减小,在距离震源 x 的任意点处,平面谐波振幅 A 可以用下式表示:

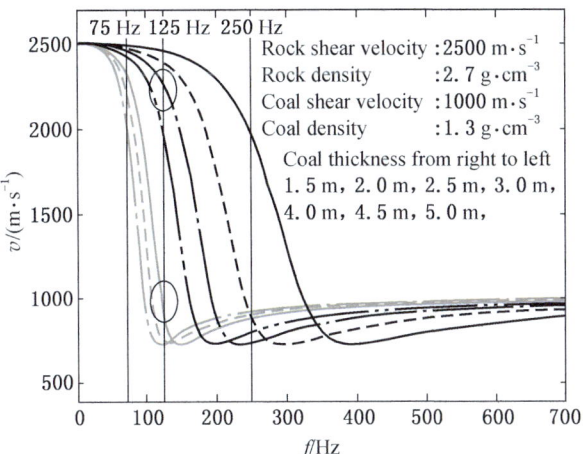

(a) 煤层厚度变化与频散曲线变化关系

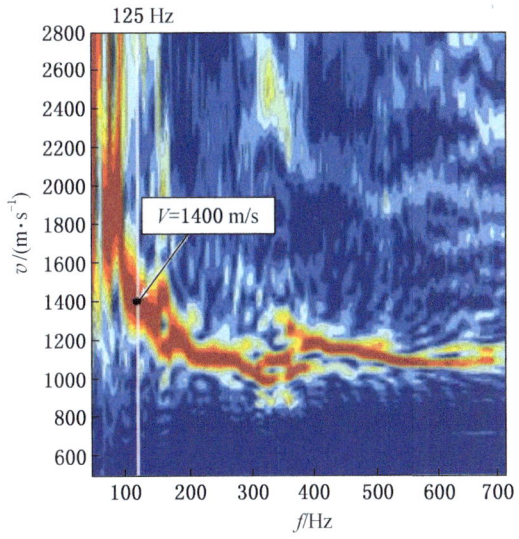

(b) 频散曲线图及 125 Hz 所对应的速度

图 4-22 提取频散曲线槽波速度成像方法(王伟等,2012)

$$\begin{cases} A = A_0 \exp(-\alpha x) \\ \alpha = \dfrac{\pi f}{Qv} \end{cases} \tag{4-33}$$

式中 α——衰减系数;

Q——品质因子;

f——频率;

v——波速。

将目标区划分为小网格,并对式(4-33)两边取对数,则变成下面离散形式:

$$\ln\left(\frac{A_j}{A_{0j}}\right) = \sum \left(\frac{1}{Q_i}\right) \cdot (-\pi f_{ij} t_{ij}) \qquad (4-34)$$

这里 $t_{ij}(=x_{ij}/V_i)$ 是一个给定网格内的走时,下标 i 与 j 分别表示网格与射线。用 CT 方法可解上述方程。对黏弹性介质振幅衰减成像用这种求取方式,而槽波由于断层等构造遮挡造成的衰减显然不能用求取品质因子的方式,需要采用其他方式求取。

2. 槽波衰减系数成像理论

槽波受煤槽的影响有自身的品质因子,槽波品质因子不仅与煤的品质因子和煤厚有关,还与围岩的品质因子有关,不论是 Love 型槽波还是 Rayleigh 型槽波的品质因子,都有自身的理论公式,且形状和群速度频散曲线相似。

设槽波品质因子为 Q_c,平面谐波振幅基于煤槽黏滞衰减的关系为

$$\begin{cases} A = A_0 \exp(-\alpha_c x) \\ \alpha_c = \dfrac{\pi f}{Q_c v_c} \end{cases} \qquad (4-35)$$

式中 v_c——频率 f 对应的槽波相速度。

对透射槽波,槽波能量衰减不仅与介质吸收、煤槽有关,还受构造(断层、陷落柱等)造成的反射、绕射、破碎带等影响,把构造的影响等同于介质吸收作用,令其等效衰减系数为 α_s,则:

$$A = A_0 \exp[-(\alpha_c + \alpha_s)x] \qquad (4-36)$$

对于构造造成的槽波能量变化量,总能找到一个数值 α_s 与之对应。一般来说,断距大于二分之一煤厚的断层、煤厚变化幅度大于二分之一煤厚的变化等,对透射槽波能量的衰减很大,尤其是断层、陷落柱构造存在时振幅变化剧烈,因此槽波也一般用振幅变化判断构造异常。

总衰减系数 α:

$$\alpha = \alpha_c + \alpha_s \qquad (4-37)$$

(1)对煤厚不变的煤层工作面,同一频率 f 下相速度 v_c 和煤槽品质因子 Q_c 是不变的,显然 α_c 是个常数,总衰减系数 α 异常变化反映的是 α_s 构造异常的变化,α_c 作为一个背景值存在,只求总衰减系数 α_s 即可。由于 V_c 是一个常数,不涉及常规衰减成像的速度结构问题,所以求解变得十分简单,不用品质因子和速度,这是槽波衰减成像的极大优势。槽波的优势能量在 Airy 相部分,若煤厚不变,Airy 相频率不变,所以槽波振幅选用接收到的槽波包络最大振幅。求解方

程为

$$\ln \frac{A_j}{A_{0j}} = \sum -\alpha_i x_{i,j} \tag{4-38}$$

式（4-38）是探测断层和陷落柱时经常用到的方程。

(2) 当煤厚变化时，分两种情况：

① 当没有断层等构造影响或构造影响很小时，振幅衰减主要是煤厚变化造成：

$$\alpha = \alpha_c = \frac{\pi f}{Q_c v_c} \tag{4-39}$$

此时，v_c 是煤厚、煤层速度、围岩速度的函数，Q_c 是煤厚、煤层围岩品质因子的函数。同一工作面的煤层，围岩的波速、品质因子基本不变，所以 V_c、Q_c 是煤厚变化的函数。由于 Q_c 曲线类似于群速度曲线，则在小于最大煤厚的 Airy 相频率范围内，Q_c、v_c 为单向递减函数，选定此范围内的频率 f，α_c 可看作煤厚 d 的函数，且单向变化，即 α_c 和 d 一一对应。所以，可先求出 α_c，计算出煤层围岩的波速、品质因子，然后将 Q_c、v_c 和煤厚的关系公式代入式（4-39），从而求出煤厚。当巷道煤厚有出露，根据此处求出的 α_c 和已知煤厚可反推煤层围岩品质因子。

② 当既有煤厚变化又有构造影响时，$\alpha_c \alpha_s$ 耦合在一块分不开，有两种方法解决这种情况，一是对煤厚缓慢变化的工作面，在各段区域可看作煤厚近似不变，此时只求 α_s 即可；二是用某一频率的槽波速度成像反演煤厚，然后求出 α_c，用式（4-38）求出 α，则 $\alpha_s = \alpha - \alpha_c$，但这种方法比较烦琐，精度也较差。

在进行槽波衰减系数成像之前需要进行炮能量、检波器耦合的一致性校正，由于槽波能量遇到构造时变化很大，所以这个精度不用太高就可满足槽波衰减系数成像的要求。有时受几条断层遮挡，槽波不能穿过某些特殊区域，造成这些区域槽波衰减系数很大，解释时要根据实际情况，结合巷道出露综合判定解释，才能避免错误。

3. 槽波衰减系数 CT 成像算法

以第 j 炮第 i 条射线为例，首先对模型进行网格化，射线经过网格介质衰减系数为 α_1、α_2、$\cdots$、α_i、α_n，设震源 j 激发的初始槽波包络振幅为 a_{oj}，检波器 i 接收槽波包络振幅为 a_j，经过网格的射线路径长度为 L_{ij}，则（姬广忠等，2015）

$$a_{oj} e^{-(L_{i1}\alpha_1 + L_{i2}\alpha_2 + \cdots + L_{in}\alpha_n)} = a_j \tag{4-40}$$

两边除以 a_{oj}，并取对数：

$$L_{i1}\alpha_1 + L_{i2}\alpha_2 + \cdots + L_{in}\alpha_n = -\ln \frac{a_j}{a_{oj}} \tag{4-41}$$

令 $b_j = -\ln\dfrac{a_j}{a_{oj}}$，$A_i = [L_{i1} L_{i2} \cdots L_{in}]$，$\alpha_{i\times 1} = [\alpha_{11} \alpha_{21} \cdots \alpha_{i1}]$，则方程矩阵写为

$$A\alpha = b \tag{4-42}$$

这样用接收振幅除以炮点振幅的振幅比值，避免了求取振幅。我们经常不知道炮点激发的振幅值，可以用炮集上最大的道接收振幅值代替。这是在炮集上操作，如果道集的能量一致性好，同样也可以在道集上做类似操作。

显然 $\alpha_i \geq 0$，$b_j \geq 0$。当 $b_j = 0$，所有 $\alpha = 0$；当任意 $\alpha = \infty$，则 $b_j = \infty$。其中 $-\infty \leq b$，$x \leq 0$。

设模型离散网格数为 n，即方程求解数为 n，射线条数为 m，设 A 为射线路径矩阵，形成的求解矩阵为

$$A_{m\times n}\alpha_{n\times 1} = b_{m\times 1} \tag{4-43}$$

约束条件 $\alpha_i \geq 0$，衰减系数矩阵方程解法可采用 ART、SART、SIRT 等算法。所得衰减系数结果反映了构造存在情况，衰减系数大的区域代表构造异常，衰减系数小的区域代表煤层正常。

利用三维断层模型对槽波衰减系数成像进行理论验证（图4-23）。

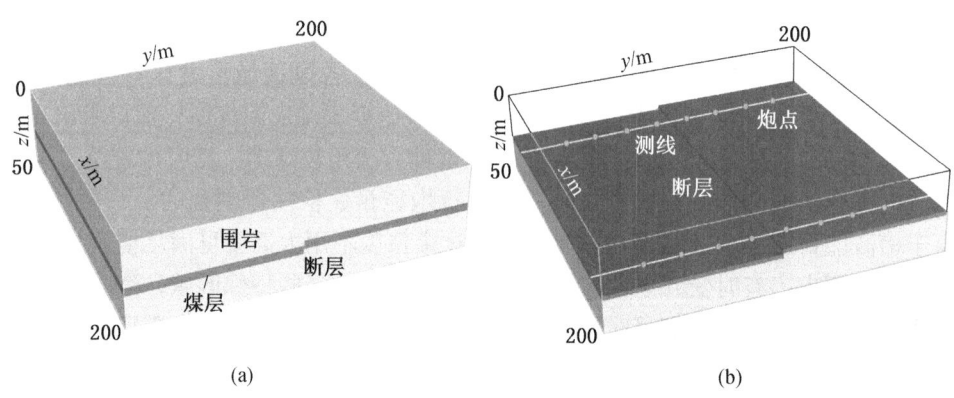

图4-23 含3 m断层煤层模型

将三分量数据合成为SH波，即Love型槽波。图4-24中能量最强的为Love型槽波，在断层处槽波能量减小。由于模型为弹性介质，所以没有介质吸收作用，能量衰减由几何扩散和断层遮挡造成，将槽波进行几何扩散补偿后，对其进行槽波衰减系数成像（图4-25）。图4-25中间衰减系数大的条带状区域就是断层位置，这和理论模型一致。

4 槽波数据分析与处理　119

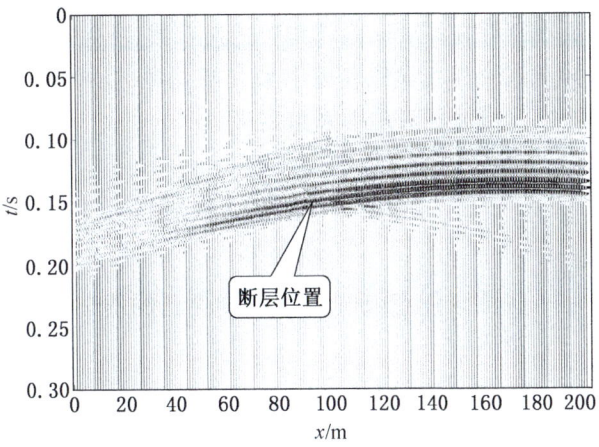

图4-24　SH波合成记录

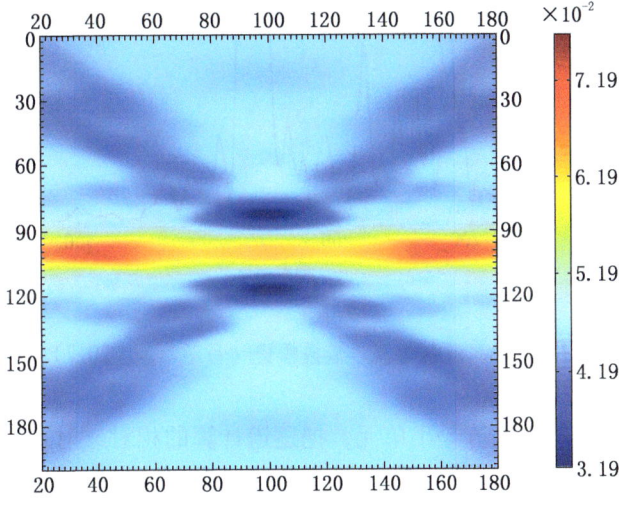

图4-25　断层模型槽波衰减系数成像

4.6.3　槽波相对透射系数成图

在槽波透射法观测系统中，常采用阴影法来圈定地质异常的平面位置。一般情况下，高频与低频震相槽波在煤层中传播的能量比不一样：即使透射区内有异常，低频槽波的能量变化也不大；高频震相则衰减变化快，可较敏感地反映有无异常存在。考虑到激发、接收条件变化对能量绝对值的影响，通过高频震相中相对低频震相能量的透射系数来量化"阴影"的变化幅度或等值线,以此表征异常存在的可能性大小,并在探测区内将相对透射系数直接成图,从而将工作面内可能存在的地质异常体较为直观地表现出来(杨元海,1993)。埃里相具有频率高、群速度低等特征,槽波相对透射系数定义为

$$R_{TF} = \frac{\int_{f_3}^{f_4} S(x,y,f) \mathrm{d}f}{\int_{f_1}^{f_2} S(x,y,f) \mathrm{d}f} \quad (4-44)$$

式中 $S(x,y,f)$——探测区任意点 (x, y) 接收到的透射槽波振幅谱(图4-26);

$[f_1, f_2]$——低频震相的积分区间;

$[f_3, f_4]$——高频震相的积分区间。

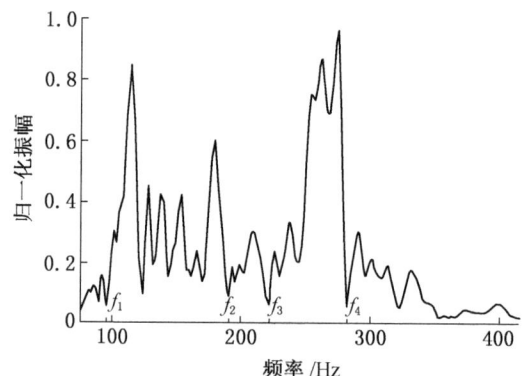

图4-26 透射槽波单道振幅谱(吕新华等,2017)

将整个探测区划分为若干小单元,把逐道计算的相对透射系数值赋予该射线所穿越的所有小单元,对多条射线穿越的单元具有多值时取其大值,最后以色度或等值线对异常体可能位置进行相对透射系数平面成图。相对透射值越大,表示相对透射能量越强;否则,越有可能是存在地质异常。

另外一种相对透射系数成图是直接采用槽波能量进行射线交会成图。首先对数据进行能量校正和补偿,消除能量扩散和各炮能量不均、检波器安置的影响;然后确定槽波持续时间范围,计算此范围内的振幅能量,对每炮能量可以再进行归一化,也可以在道集上归一化;对所有穿过某一网格的射线中,选取能量最大的值。这种方法要求槽波能量一致性好。

此类方法相当于CT成像的简易做法,比较直观,能够突出大的构造异常,

但是精度不如 CT 成像方法。

4.6.4 槽波多属性成像

槽波层析成像算法和常规地震相同，只是采用的属性有区别。采用的地震属性主要有波速（纵横波速、泊松比）和能量（振幅、衰减系数）。

槽波采用的属性有：①初至波速度：顶（底）板折射纵波，适用于陷落柱、大断层解释；②槽波速度：槽波波列速度，适用于陷落柱、大断层、煤厚变化、褶皱等解释；③槽波能量：能量是槽波探测最直观的反应，原始数据反应非常明显，精度最高，适用于断层、陷落柱、煤厚变化等解释。

另外，当槽波信号很差时，还可以利用折射纵波、横波及高阶高速 Rayleigh 槽波的能量进行成像，只是精度相对低些。

4.7 槽波数据处理的特殊性

这里所述的"特殊性"是相对于地面地震勘探数据而言。这些"特殊性"主要源于槽波是一种"特殊"的波，它在煤层中传播时与一般体波有许多不同；同时由于槽波地震勘探所服务的对象与一般地面地震勘探有较大差别，因而在数据处理的方法、技术及设备配置上均有其自身的特点，在研究有关槽波数据处理方法和进行软件设计时必须要加以考虑。总结起来主要有以下几点（刘天放等，1994）：

（1）槽波是频散的，波至时间不能精确估计，有关地面地震勘探数据分析中的同相轴对比、初至时间拾取在此均不适用，由此而带来的一些地面地震处理方法如水平叠加技术、速度分析、偏移等都要作相应的变化。

（2）由于槽波地震数据采集的空间十分有限同时又比较特殊，一般都是在采面（工作面）和巷道之间进行，煤层中激发的地震波震相十分复杂，各种各样的波被同时记录下来，主要有直达 P 波、R 型槽波、巷道波等，它们互相叠加、干涉，给分析处理带来了很大困难。

（3）与地面地震勘探相比，槽波地震勘探所涉及的反射界面不多，但它们与巷道（排列）之间的夹角是随意的，即界面倾角从 0°到 +90°都有可能遇到；同时，反射界面的倾角也是变化不定的，而反射界面一般都很难形成一个明显规则的面，而是一个渐变的"带"，因而反射系数难以确定。

（4）宏观上可将煤层视为二维均匀各向同性介质。

（5）可同时记录两个水平分量甚至三分量的数据用于分析和处理。

（6）在数据处理上，槽波数据反褶积的目的不再是压缩子波，而是消除频散效应，亦称为"再压缩"。由于槽波频率高，而且有频散效应，适用于地面地震勘探的 CDP 叠加方法在这里难以适应，必须对数据加以改造（先进行包络运算，然后才能进行叠加）。另外，偏移的目的虽然与地面地震勘探相同，但由于频散、反射振型变化及介质局部非均匀性、断层走向的随意性等诸多因素的影响，槽波偏移难度更大。

4.8 透射槽波一般处理流程

透射槽波数据处理没有固定的流程，一般包括以下几步。

1. 数据预编辑

（1）剔除空炮、坏道、不正常道。异常道会影响后续的处理效果，特别是能量较强的异常道，对滤波、透射槽波能量成像等多道处理有着极其不良的影响。

（2）建立观测系统，编制槽波测量的几何数据表及安装道头字。观测系统是指震源激发点与接收点之间几何位置的关系。在槽波地震探测中，由于受开采技术条件的限制，测线布置位置可能只有一条巷道、两条巷道或三条巷道等，那么接收点布置就不可能布置成面积状的观测系统，只能是沿巷道呈线状布置排列。观测系统的准确性会对数据处理产生直接影响，因此必须保证准确建立观测系统。

（3）两分量记录旋转。若井下施工采用两分量检波器接收，则利用 Love 槽波探测。在安装检波器时，y 分量检波器的轴线平行于煤层、垂直于煤壁而且置于煤层中心；使 x 分量检波器的轴线平行于煤层并且平行于煤壁置于煤层中心。在透射法测量时，炮点并不总在 y 分量检波器的轴线上，且各炮点到检波器的连线与检波器的夹角各异。所以，必须用矢量合成方法算出炮点与检波点连线方向相应垂直方向上的分量值，这种处理称为"两分量记录旋转"。

（4）延迟校正。使用的雷管一般不是瞬发雷管，雷管从激发到实际爆炸存在一定的时差，然而各个雷管之间的时差又不尽相同。这个差异影响槽波的初至时间，进而在槽波速度成像时影响成像质量，因此需要校正延迟时间。另外，分布式地震仪炮点触发时也可能存在一定延迟，节点式地震仪存在走时误差，这些都需要进行校正。

2. 数据分析

从实测透射槽波记录、尤其从两分量记录中可以提取有关频散、速度、极化等信息。借助于这些参数，理解槽波地震记录的结构并认识其传播的物理过程，选取合适的处理参数。

（1）波形分析。识别不同波形，如 P 波、S 波、基阶或高阶 Rayleigh 或 Love 槽波等。

（2）频谱分析。频率域分析数据。

(3) 频散分析。从透射记录中提取群速度或相速度，供后续处理和解释用。

(4) 速度分析。用多道透射槽波记录，经过窄带滤波分析、求取埃里（震）相群速度，或者用速度扫描分析求得各波速度，以供动校正、定量解释及成像使用。

(5) 质点振动轨迹分析。对两分量或三分量槽波记录，分时窗对质点运动轨迹进行分析，以识别不同波型。

3. 槽波能量校正

(1) 几何扩散补偿。针对地面地震而言，以炮点为起始点的地震波伴随传播距离的不断扩增，其能量持续降低，频率也相应减小。然而，槽波表现为二维板状扩散，通过能量扩散补偿的方式进行处理，能够较好地解决此类问题。槽波在煤层中随传播距离 x 增大，槽波振幅不断减小，振幅几何扩散按 $x^{-1/2}$ 衰减。由于频散，对埃里（震）相频率按 $x^{-1/3}$ 衰减。综合这两种衰减因素（波前扩散和频散衰减），槽波埃里（震）相按 $x^{-5/6}$ 衰减，对槽波埃里（震）相能量除以 $x^{-5/6}$ 即完成几何扩散校正。原始单炮在通过补偿和校正之后，反射槽波所蕴含的能量显著提升，剖面层次的清晰度也会有效增加。

(2) 槽波能量一致性校正。

(3) 介质吸收衰减补偿。煤层品质因子较小，对地震波吸收衰减较大，所以需要补偿介质的吸收衰减作用。方法是计算得到煤槽品质因子 Q_R 值，设计一个反 Q 滤波器，对槽波的吸收衰减进行 Q_R 值补偿，即反 Q 滤波。

4. 滤波

槽波记录的特点就是槽波埃里相频率远高于初至的折射纵波、续至区的折射横波。槽波埃里相频率主要取决于煤层厚度、横波速度，薄煤层埃里相频率高，厚煤层频率低。通过带通滤波，可以明显压制纵波和横波，提高槽波的信噪比。具体滤波参数可通过前面频散分析得出。抽取槽波 Airy 相频段时可采用窄带滤波，精度更高。

5. 包络计算

计算槽波能量时可采用包络计算，也可直接求取槽波能量，将槽波时窗内所有点振幅的平方相加。

6. 拾取槽波波至时间

一般以槽波能量团的速度作为槽波速度，以能量团中心位置或首位置作为到达时。

7. 成像

对处理校正后的槽波数据进行成像，成像方法见 4.6。

4.9 反射槽波数据处理技术

煤矿井下反射槽波数据通常信噪比低，需要压制噪声，包括工频噪声压制、声波噪声压制、随机噪声衰减等；由于槽波波列长，需要研究反射槽波特征函数，对槽波波列进行压缩；槽波波场含有纵波、直达槽波、反射槽波等多种波，采用 $\tau-p$ 滤波、极化滤波等方法，对槽波波场进行分离；反射槽波能量较弱，需要消除几何扩散能量衰减影响，增强反射槽波。

4.9.1 $\tau-p$ 滤波

$\tau-p$ 变换是来源于图像摄影理论中的 Randon 变换。1978 年，Claerbout 经过长期的研究之后发表了斯奈尔波的观点，成功地将 Rodon 变换应用于地震勘探中，构建了 $\tau-p$ 变换计算域。$\tau-p$ 变换从客观角度来讲属于线性变换。$\tau-p$ 滤波的波场分离技术是把地震记录变换至特定的 $\tau-p$ 域；在 $\tau-p$ 域当中分离出有效波能量，然后将其反变换回来。$\tau-p$ 滤波以地震波在时间域中存在的视速度差异为基础，对于某些存在速度差异的同相轴，利用时间截距 τ 和同相轴斜率 p 之间存在的差异，实现波场分离，并对其中的有效波进行提取。

在 $x-t$ 域，多种线性干扰如面波、直达波及浅层折射波等，是影响地震数据质量的重要因素，它们的频率成分、速度和有效波存在差异。对于单炮记录而言，某些波所对应的时距曲线是直线，其斜率远远超出了有效波所对应的斜率。所以，在经过 $\tau-p$ 变换之后，这一部分线性波在 $\tau-p$ 域当中体现为能量非常高的点，并且大部分都处于 p 值高、τ 值低的区域。假如在进行反变换前消除这一部分值，之后返回 $x-t$ 域，这些线性波被有效地压抑。针对某些视速度、频率区别不大的干扰波，往往不能在叠前进行去除，经过 $\tau-p$ 变换能简单地把它们和有效波分离，进而对其消除。$\tau-p$ 变换对分离直达槽波效果较好。

$\tau-p$ 变换有两个环节：

（1）利用坐标变换把线性时差校正值添加到获得的数据上：

$$\tau = t - p \cdot x \tag{4-45}$$

式中　τ——截距时间；

　　　p——慢度；

　　　x——炮检距；

　　　t——双程旅行的总时长。

（2）对炮检距轴线上的 $d(x,t)$ 进行求和运算，从而获得

$$s(p,\tau) = \sum_x d(x, t = \tau + p \cdot x) \tag{4-46}$$

图 4-27a 是单炮反射槽波数据，直达槽波很强，包括基阶和一阶两种直达

槽波，同时存在来自围岩折射纵波、横波，右边部分反射波被直达槽波湮没，需要将直达槽波去除。将数据进行 $\tau-p$ 变换（图 4-27b），将 τ 值在 0~0.2 之间、p 在 1/650~1/3500 之间的所有数据置零，去除直达槽波、折射纵波横波，再从 $\tau-p$ 域转到 $x-t$ 域。

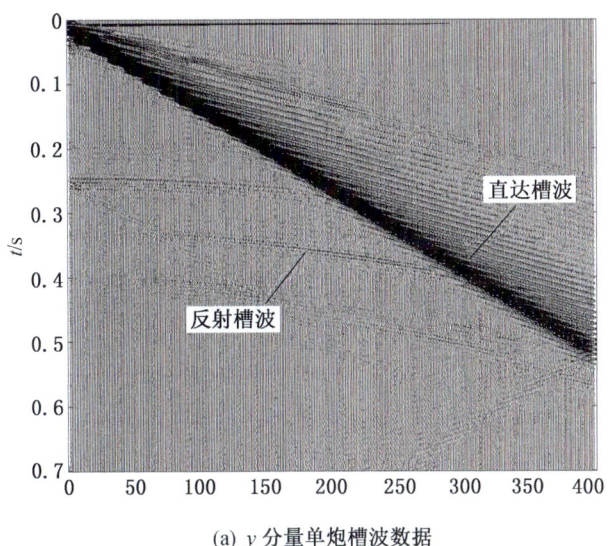

(a) y 分量单炮槽波数据

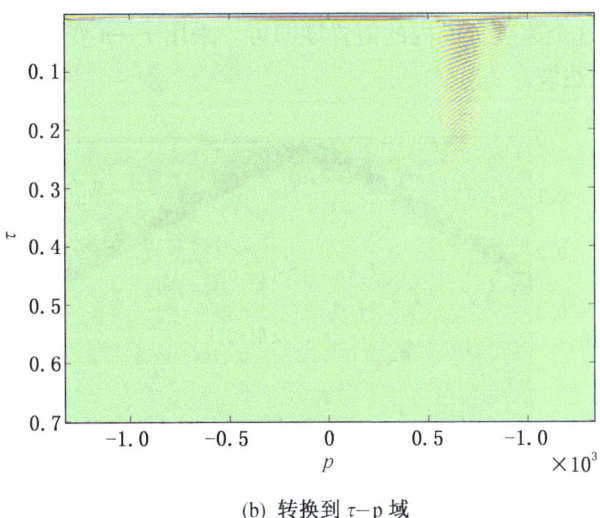

(b) 转换到 $\tau-p$ 域

图 4-27　槽波数据 $\tau-p$ 变换

去除直达槽波后，反射槽波能突出显示出来，原来和直达槽波混合的部分得到保留（图 4-28）。

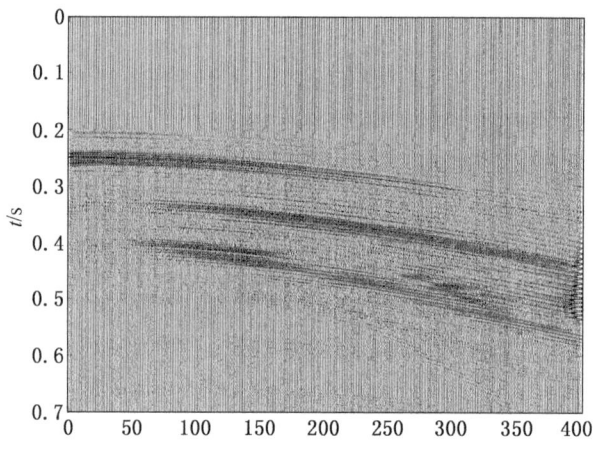

图 4-28　去除直达槽波后记录

直达槽波遇到巷道头产生的绕射槽波，绕射槽波经常穿过反射槽波，对反射槽波干扰较为严重，同样可以采用 τ—p 变换去除绕射槽波。由图 4-29 可以看出，绕射槽波为一个群速度，巷道两头产生两个绕射槽波，两个呈反向视速度，在 τ—p 域，将这个速度范围内的值置零即可。采用 τ—p 变换，将 y 分量第 7 炮槽波数据去除直达波。

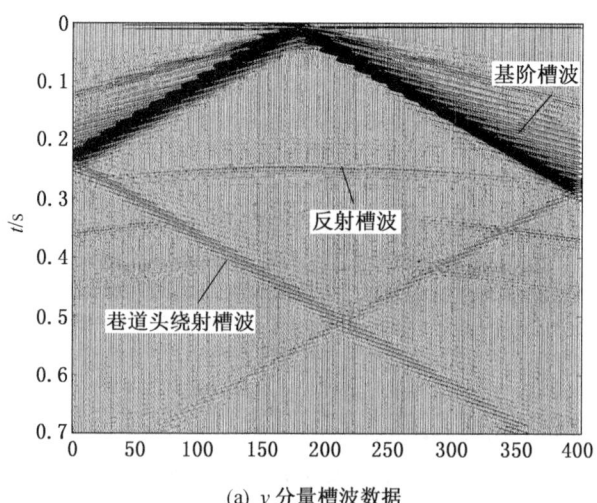

(a) y 分量槽波数据

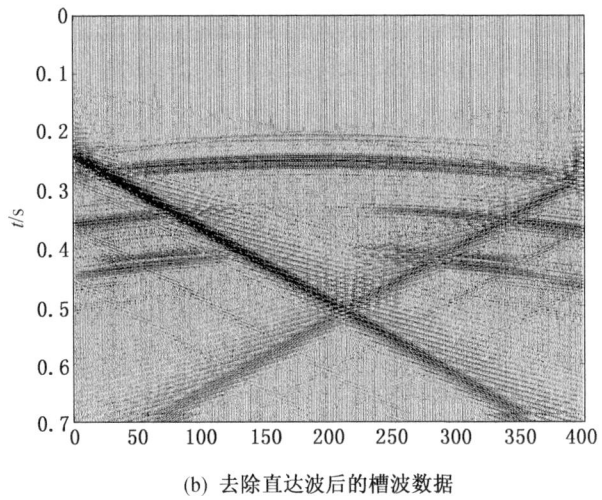

(b) 去除直达波后的槽波数据

图 4-29 槽波数据 τ—p 变换去除直达波

去除直达波后,巷道头绕射槽波比反射槽波还强,仍然采用 τ—p 变换去除绕射槽波。从图 4-30 可以看到:绕射槽波去除后,反射槽波显现出来。在 0.3 s 之后的两组槽波中间有缺失,这是由于槽波在 y 分量方向投影造成的,并不是 τ—p 变换滤掉的。

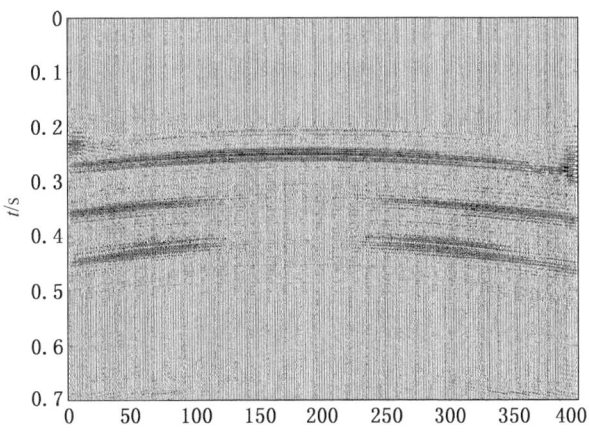

图 4-30 去除绕射槽波后的 y 分量第 7 炮槽波数据

另外，FK 二维视速度滤波不能去除直达槽波，由于槽波频散，频谱图（图 4-31）上直达槽波并不是来自原点的直线，用 $V_c = f/k$ 是错误的。同样，不能用此方法去除巷道绕射槽波，但是可以用此方法去除折射纵波或横波。

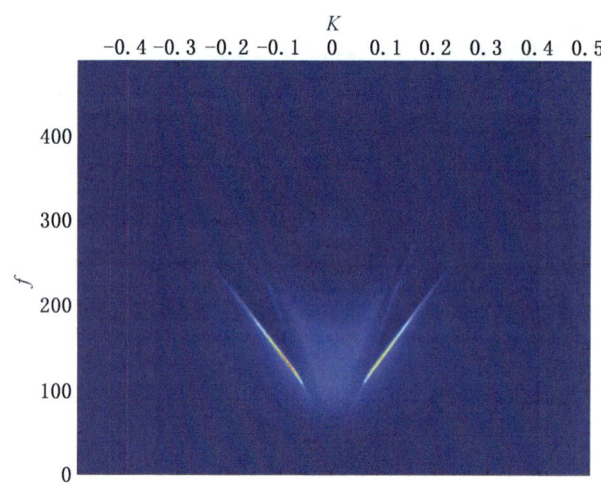

图 4-31　槽波记录 FK 变换

4.9.2　径向道变换

地面地震和 TSP 隧道超前探测过程中对波场进行分离，通常是采用 FK 滤波，或者是使其转至 $\tau-p$ 域或相应的 FK 域。由于直达波和反射波在视速度中不一致，因此可通过该特性将直达波切除，在这之后转至 $t-x$ 域。由于纵波不包含频散，其频率通常较低，因此存在显著的同相轴，结合 $\tau-p$ 滤波方法或 FK 能够有效地消除直达 P 波。然而在井下得到的地震信息内，直达槽波一般为能量团，其同相轴不统一，如果选用 $\tau-p$ 滤波法不能实现良好的效果。另外，因为震源是在巷道中进行激发，震源形成的声波能量很强。所以，需选用一种方法同时抑制直达槽波和声波的能量，从而突出表现反射槽波。

在 $\tau-p$ 滤波法效果不好的情况下，通过径向道变换的方式对直达槽波进行有效的抑制。径向道变换是将地震数据由偏移距—双程旅行时 $x-t$ 域转变至视速度—双程旅行时 $v-t$ 域。在 $v-t$ 域，径向道进行变换后，速度偏低的声波其频率相对较大，速度偏高的直达槽波频率相对较小，速度在这两者之间的反射槽波频率变化较弱。因此，在 $v-t$ 域带通滤波以后，使其转至 $x-t$ 域就可以较好地发挥压制作用（王季，2015）。

图 4-32 是利用径向道变换方法压制直达槽波的结果。其中，图 4-32a 是

实际接收到的原始数据，图 4-32b 是将图 4-32a 数据采用径向道变换方法由 t—x 域变换到 v—x 域，选择合适参数进行带通滤波后，再变换到 t—x 域，得到的数据如图 4-32c 所示。可以看出图 4-32c 直达槽波得到了有效的压制。

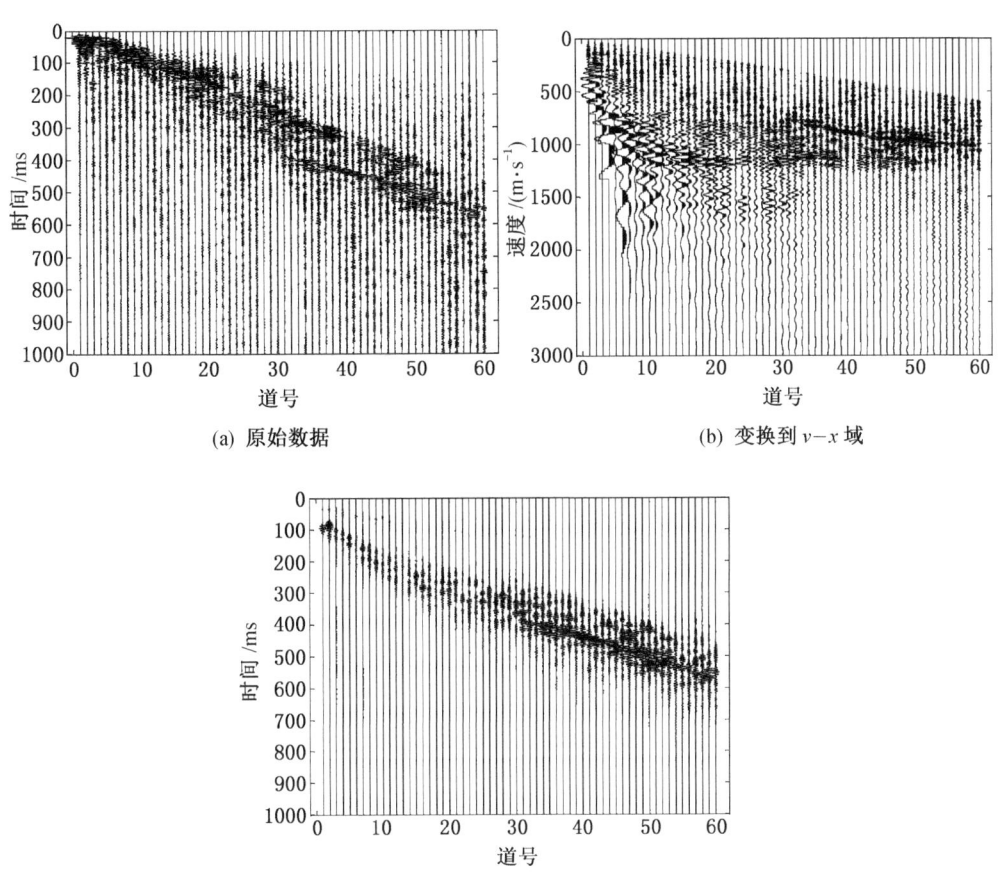

(a) 原始数据

(b) 变换到 v–x 域

(c) 滤波后数据

图 4-32　径向道变换滤波

4.9.3　基于反褶积的反射槽波增强

因为频散造成槽波波列不断变长，提升槽波能量大多数是通过减少频散达到目的，其核心思想是求解槽波相速度频散曲线，用纯相位滤波器滤波削弱槽波的频散，让长波列转变为短脉冲。然而实际情况中，受随机噪声和带线滤波的影响，提取的槽波频散曲线和理论曲线存在差距，一般不能从实际数据中得到符合要求的相速度频散曲线。另外，纯相位滤波器对数据质量和频散曲线的精准水平有十分严格的限制。通过理论频散曲线设计纯相位滤波器,这种方法不适用于采集环境比较差的井下数据。

为了让算法具有优秀的鲁棒性,从而满足工程探测的客观要求,利用最小平方反褶积对槽波展开压缩处理,以增强反射槽波。假如得到的信息为 $d(t)$,可将其看作是 $s(t)$ 通过传播时延之后和 $f(\tau)$ 褶积,然后和噪声 $e(t)$ 进行混杂所得到的最终结果(王季,2015)。

$$s'(t) = s\left(t + \frac{x}{v_g}\right) \qquad (4-47)$$

$$d(t) = s'(t) \cdot f(\tau) + e(t) \qquad (4-48)$$

式中　　x——传播距离;

v_g——槽波群速度;

$s(t)$——震源信号。

反褶积的目的就是获取所需的反滤波器 $g(\tau)$,让 $d(t)$ 通过 $g(\tau)$ 滤波之后,最大化的减少频散,最终使其值接近 $s'(t)$。在 L_2 范式下,让 $d(t)$ 和 $g(\tau)$ 产生的褶积结果与 $s'(t)$ 的误差平方和达到最小值,则

$$\min \sum_t \left[d(t) \cdot g(\tau) - s'\left(t - \frac{x}{v_g}\right) \right]^2 \qquad (4-49)$$

由上式可得

$$\sum_{k=0}^{N} r_{dd}(k-n)g(n) = r_{ds}(n) \quad (n = 0,1,\cdots,N) \qquad (4-50)$$

式中　　r_{dd}——$d(t)$ 的自相关;

N——反滤波器 $g(\tau)$ 的长度;

r_{ds}——$d(t)$ 和 $s(t)$ 的互相关。

将式(4-50)写成矩阵形式:

$$\boldsymbol{Ag} = \boldsymbol{b} \qquad (4-51)$$

其中,矩阵 $\boldsymbol{A}$ 是通过 $r_{dd}(n)$ 获得的自相关矩阵,具有 Toeplitz 矩阵形式,则

$$\boldsymbol{A} = \begin{bmatrix} r_{dd}(0) & r_{dd}(1) & \cdots & r_{dd}(N) \\ r_{dd}(1) & r_{dd}(0) & \cdots & r_{dd}(N-1) \\ \vdots & \vdots & \vdots & \vdots \\ r_{dd}(N) & r_{dd}(N-1) & \cdots & r_{dd}(0) \end{bmatrix} \qquad (4-52)$$

向量 $\boldsymbol{b}$ 是信号 $s'(t)$ 和 $d(t)$ 的互相关,向量 $\boldsymbol{g}$ 是反滤波器 $g(\tau)$ 的向量形式,则

$$\boldsymbol{b} = [r_{ds}(0) \quad r_{ds}(1) \quad \cdots \quad r_{ds}(N)]^T \qquad (4-53)$$

求解方程(4-51)后得到 $\boldsymbol{g}$,用它对信号 $\boldsymbol{d}$ 进行滤波处理,得到反褶积后

的信号 $\tilde{d}$。

$$\tilde{d} = (A^{-1}b)^T d \tag{4-54}$$

在数据处理时，逐道选择接收信号 $d(t)$，求得自相关矩阵 A。震源信号 $s(t)$ 用最小偏移距数据代替，添加相位时延后获得与 $d(t)$ 的互相关函数 b，之后通过式（4-54）计算反褶积后的信号。

图 4-33 是采用反褶积方法增强实际反射槽波数据的实例。可以看出：反射槽波和直达槽波能量更为聚焦，波列变短，更加利于偏移成像。

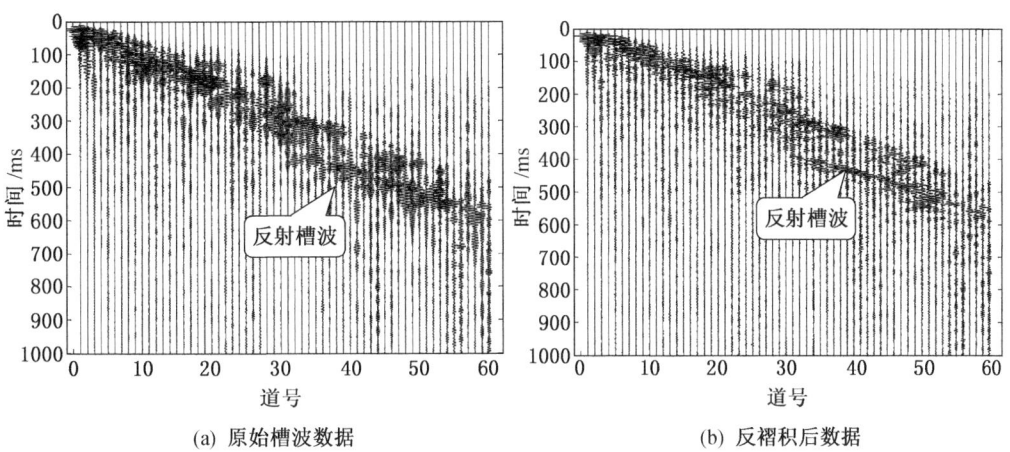

(a) 原始槽波数据　　　　(b) 反褶积后数据

图 4-33　反射槽波反褶积法增强

除了上述处理方法外，反射槽波还可以采用长短时窗能量比（金丹，2019）、多分量极化滤波（胡泽安等，2015）等方法提高信噪比，采用槽波能量一致性校正、几何扩散补偿等方法进行能量校正。

4.9.4　基于包络的多次叠加法

该方法是地面地震常用的多次叠加法，不同之处是多一步包络计算。由于槽波是高频数据，非常小的时移也可能造成"脱相"和叠加中的相消干涉，因此多采用包络叠加处理数据。具体步骤为：

（1）抽道集。根据用户需求组成不同的道集，道集类型有共炮点（CSP）、共接收点（CGP）、共中心点（CDP 或 CMP）道集。

（2）再压缩（或反滤波）。消除槽波频散效应，以提高槽波的分辨率。

（3）包络计算和包络叠加。包络计算是利用希尔伯特变换，将高频埃里相变为低频包络，以强化相间地震道的相干性。包络叠加是将同一 CDP 道集内的地震包络道经过动校正进行叠加，以提高信噪比、突出反射震相（图4-34）。

（4）动态道集（DTG）叠加。它是针对断层走向与测线夹角较大时设计的一种改进的叠加方法（Buchanan，1979）。

（5）时深转换。根据槽波速度，将时间剖面转换为深度剖面。

该方法的优点是提高信噪比，不足是包络过长、分辨率低。

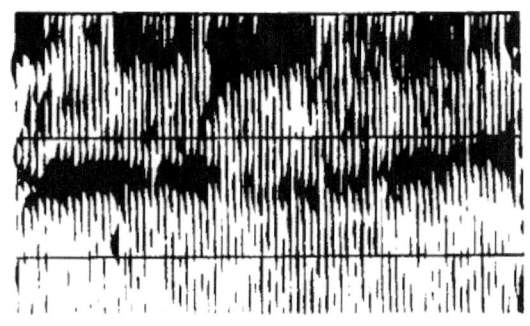

图4-34 包络叠加剖面

4.10 z分量槽波探测理论基础及应用

Rayleigh型槽波有多个Airy相，基阶和高阶同时并存，波场更加复杂，增加了应用难度。实际应用中没有用到Rayleigh型槽波进行探测，由于Love型槽波相对简单，所以目前槽波勘探利用的都是Love型槽波（Krey等，1982），接收的是x、y两个水平分量。但是，x、y双分量的接收增加了工作量，浪费了道数。针对这些缺点，我们研究了利用单一的垂向z分量的槽波探测技术，通过数值模拟从理论上研究它的可行性，总结实际接收的Rayleigh型槽波的波场特点，发现槽波的z分量能量强、透距大，道数多数据量大，在煤矿工作面探测中取得了很好的效果（He等，2017）。

4.10.1 Rayleigh型槽波频散特性和振幅分布

1. Rayleigh型槽波频散特性

完全弹性水平层状地质模型（图4-35），上下弹性半空间为围岩，其剪切模量、密度、横波速度、纵波速度分别为$\mu_1 \rho_1 v_{S1} v_{P1}$；中间低速夹层为煤层，其相应参数为$\mu_2 \rho_2 v_{S2} v_{P2}$，$v_{P1} > v_{P2}$，煤层厚度为$2d$。坐标原点位于煤层中心，$z$轴垂直向下，$x$轴平行于煤层顶界面。

令地震波位移场和应力场在介质分界面（$z=-d$，$z=d$）上满足边界条件，

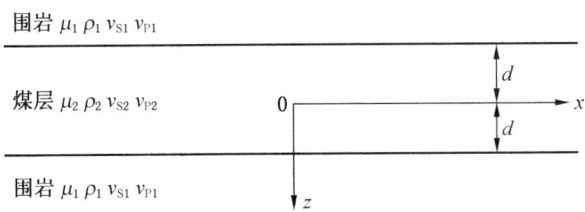

图 4-35 三层对称煤层模型

得到该地层模型的 Rayleigh 槽波频散方程（Yang X. H. 等，2014）。假设地层参数已知，可得出频率 f 和对应的相速度 c，绘制出频散曲线。

Rayleigh 型槽波根据能量泄漏可分为漏能振型和简正振型，简正振型槽波能量不向外扩散，为实际探测所利用。当 $v_{P2} > v_{S1}$，SV 波产生全反射形成简正振型槽波；当 $v_{S1} > v_{P2}$，P-P、P-SV 及 SV-SV 波产生全反射形成简正振型槽波，此速度条件是一种更为有效的波导条件。所以，Rayleigh 型简正振型槽波在煤层中始终存在。有一种观点认为 Rayleigh 型简正振型槽波只在 $v_{S1} > v_{P2}$（围岩横波速度大于煤层纵波速度）条件下存在，$v_{S1} \leq v_{P2}$ 时不存在，这是不对的。

建立三层对称煤层模型，即顶（底）板围岩相同，物性参数见表 4-2，其中围岩横波速度小于煤层纵波速度，求得其 Rayleigh 型槽波频散曲线（图 4-36）。

表 4-2 三层对称煤层模型 1 物性参数

模型	$v_P/(m \cdot s^{-1})$	$v_S/(m \cdot s^{-1})$	密度/$(g \cdot cm^{-3})$	厚度/m
围岩	3400	2000	2.4	∞
煤层	2200	1300	1.3	5

由图 4-36 可以看出，Rayleigh 型槽波相速度位于煤层横波和围岩横波之间，Airy 相不止一个，其中一个 Airy 相速度最小，小于煤层横波速度。由于 Rayleigh 型槽波品质因子 Q_R 曲线与群速度曲线随频率的变化趋势相一致（Dresen 和 Rüter，1994），最小速度 Airy 相槽波吸收衰减最小，能量最强，最适合用于槽波探测。

2. Rayleigh 型槽波振幅分布

Rayleigh 型槽波基阶振幅深度分布如图 4-37 所示，z 分量在煤层中央位置振幅最大，z 分量振幅即是 Rayleigh 型槽波的最大振幅，而 x 分量在煤层中央位

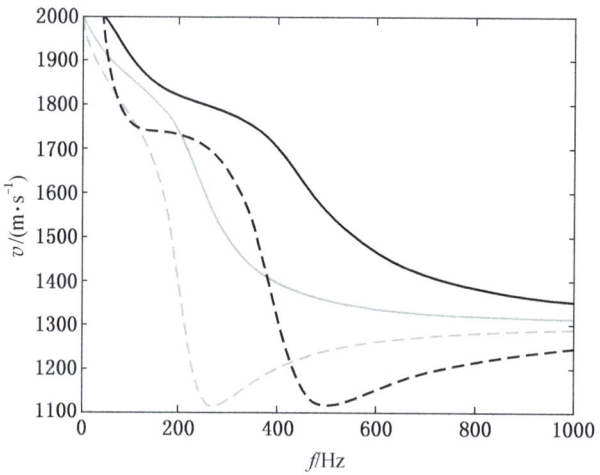

图 4-36 Rayleigh 型槽波频散曲线

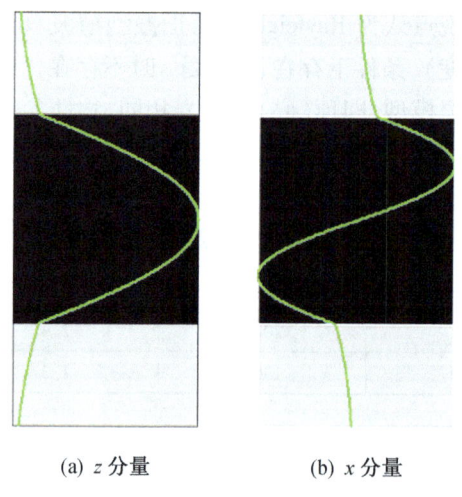

(a) z 分量　　　(b) x 分量

图 4-37 Rayleigh 型槽波基阶振幅深度分布

置最小为 0，在距顶（底）板 1/4 煤厚位置最大，呈奇对称。对 Rayleigh 型槽波一阶振幅深度分布，x 分量和基阶 z 分量振幅分布相同，z 分量和基阶 x 分量振幅分布相同。显然，如果接收基阶 z 分量槽波应将检波器置于煤层中央，接收基阶 x 分量应将检波器置于煤层 1/4 煤厚处。

以往没有用 Rayleigh 型槽波探测，原因有三点：①接收需三分量；②理论复杂，Airy 相位不止一个；③部分观点错误认识 Rayleigh 型槽波形成条件苛刻，需围岩横波速度大于煤层纵波速度。

4.10.2 Rayleigh 型槽波数值模拟

1. Rayleigh 型槽波二维数值模拟及波场分析

三维模型夹杂 Love 型槽波，二维模型可模拟纯粹的 Rayleigh 型槽波，便于分析。用于槽波震源激发的炸药量一般为 200~300 g，激发主要频带为 100~300 Hz，数值模拟采用的子波主频可选择 200 Hz。

建立表 4-2 和表 4-3 中 5 m 煤厚的二维模型，模型 x、z 方向大小为 200 m × 50 m，空间剖分网格间距为 0.2 m × 0.1 m，时间采样间隔 0.01 ms；震源位于 10 m，15 m 处（图 4-38 中圆圈所示）；采用纵波震源或纵横波震源，主频 200 Hz。测线 1 位于煤层中央 z = 15 m 处，测线 2 位于 x = 190 m 处。炮点旁边的矩形为设置的巷道，长宽为 4 m，x 方向范围为 4~9 m。采用表 4-2 的物性参数。

表 4-3 三种计算模型

模 型	震 源 类 型	巷 道
1	纵波震源	无
2	纵波震源	有
3	纵横波震源	无

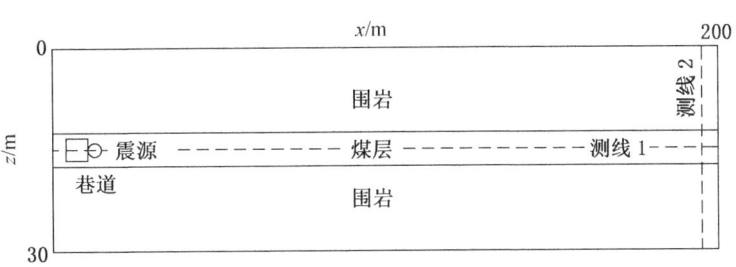

图 4-38 煤厚 5 m 地质模型

根据震源模型不同和巷道有无设置三种模型（表 4-3），第一种模型：纵波震源、不含巷道；第二种模型：纵波震源、含巷道；第三种模型：纵横波震源、不含巷道，且横波能量约是纵波能量的 2 倍。测线 1 道间距为 1 m，道数 200 个，测线 2 道间距为 0.2 m，道数 150 个。采用交错网格有限差分法计算（Berenger

J P., 1994; Collino, F., and Tsogka, C., 2001), 巷道空间设为真空, 巷道壁为自由界面, 采用镜像法计算 (姬广忠等, 2012), 纵波震源为震源荷载加载在正应力上, 只产生 P 波, 纵横波震源为震源荷载加载在正应力和剪应力上, 产生 P 波和 S 波, S 波能量约是 P 波能量的 2 倍, 得到槽波记录 (图 4-39)。采用 FK 方法提取测线 1 槽波记录的相速度频散曲线, 为避免震源处信号的影响, 选取 $x = 40 \sim 200$ 范围数据提取频散曲线 (图 4-40)。

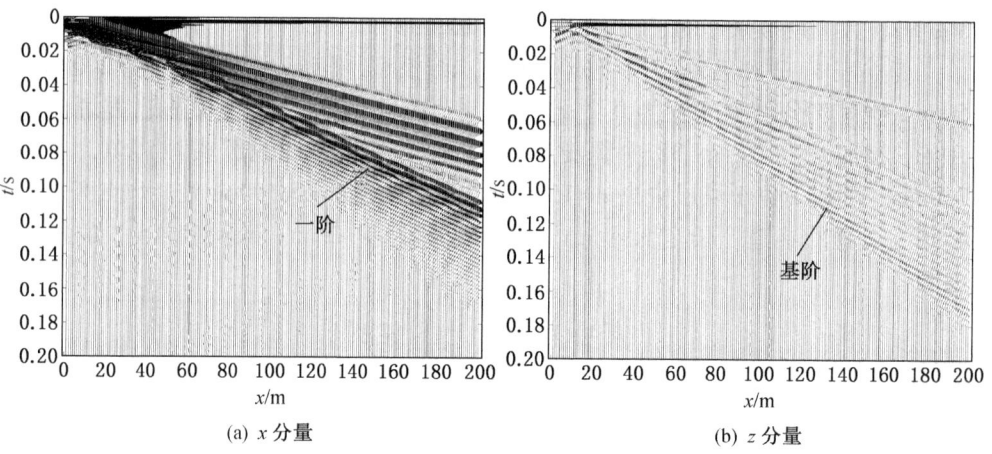

图 4-39 模型 1 测线 1 槽波记录

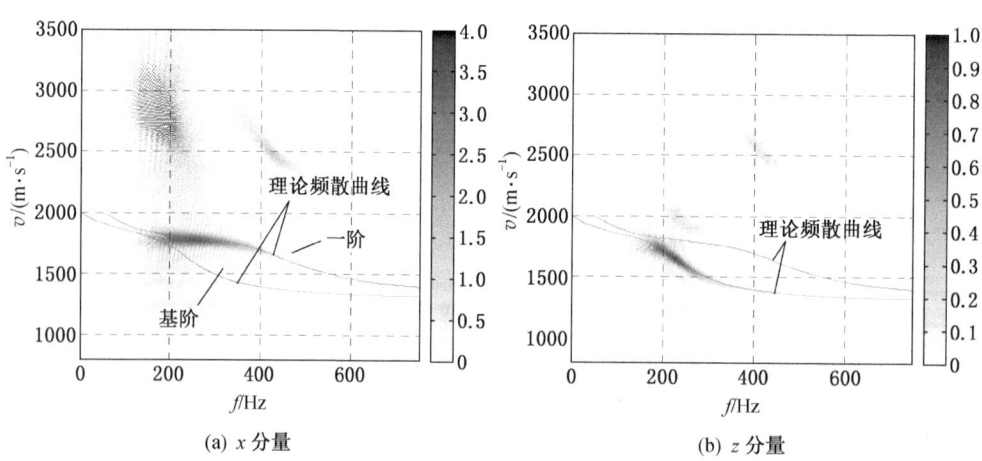

图 4-40 模型 1 测线 1 v—f 域功率谱

模型1测线1槽波记录如图4-39所示，x横向分量一阶Rayleigh槽波能量强，基阶很弱，几乎看不到，垂向分量z相反基阶能量强，一阶弱，和图4-38振幅分布相符，总体能量x比z分量大。提取的相速度频散曲线（图4-40）和理论一致，x分量频散曲线除了波速较低的简正振型，还有速度高的漏能振型，槽波能量主要集中在150~350 Hz。测线2垂向槽波记录（图4-41）能清晰地看到槽波振幅分布，一阶槽波x分量振幅煤层中间大，两边小，z分量1/4煤厚处能量最大，在煤层中间位置很弱，值得注意的是中间弱的范围很窄，约有0.4 m，不到煤层厚度的1/10，也就是说接收到槽波的范围较宽，对布置检波器接收一阶槽波有利。基阶槽波z分量和一阶x分量振幅分布相同。测线2主要为一阶槽波，z分量有少部分基阶槽波。

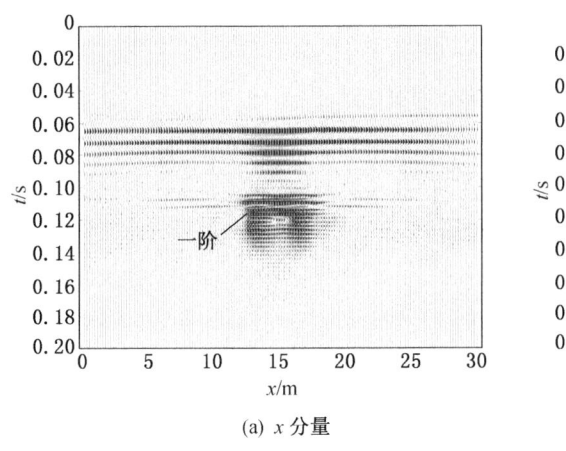
(a) x分量

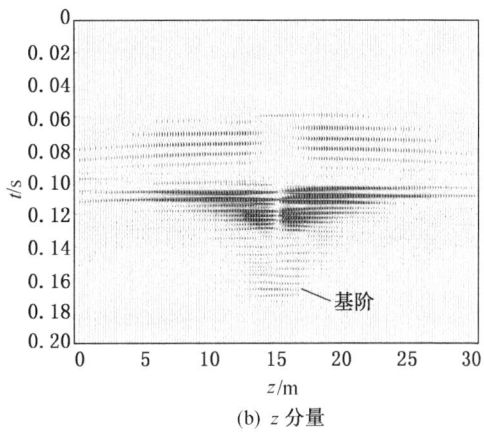
(b) z分量

图4-41 模型1测线2槽波记录

模型2在模型1基础上加了巷道（图4-42），震源紧挨巷道，其他和模型1一样。得到的槽波振幅比模型1大，为了显示方便，槽波记录波形图（图4-43、图4-44）刻度是模型1的1/2。测线1槽波和模型1相似，以一阶槽波为主，功率谱上的能量是模型1的2倍，由巷道反射造成，巷道的存在增强了向工作面传播的能量，所不同的是1100 m/s左右低速槽波比模型1发育（图4-44），仍属于一阶槽波，频率较高在400~600 Hz。

模型3和模型1不同的是震源为纵横波震源，其他相同，不含巷道。得到的槽波振幅比模型1更大，为了显示方便，槽波记录波形图（图4-45~图4-47），x分量刻度是模型1的1/2，z分量是模型1刻度的1/7.5，也就是说z分量能量很强。测线1 x分量主要是一阶槽波，含少部分基阶槽波，z分量主要是一阶

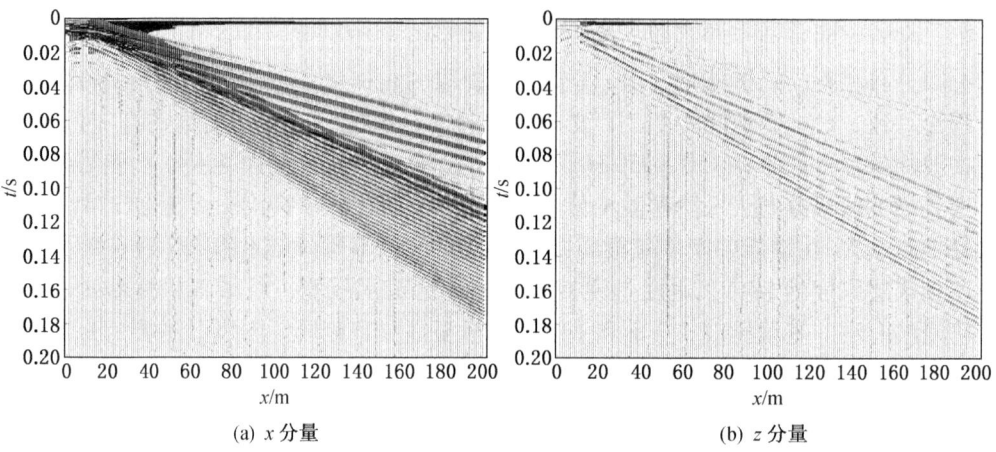

(a) x 分量　　　　　　　　　　　(b) z 分量

图 4-42　模型 2 测线 1 槽波记录

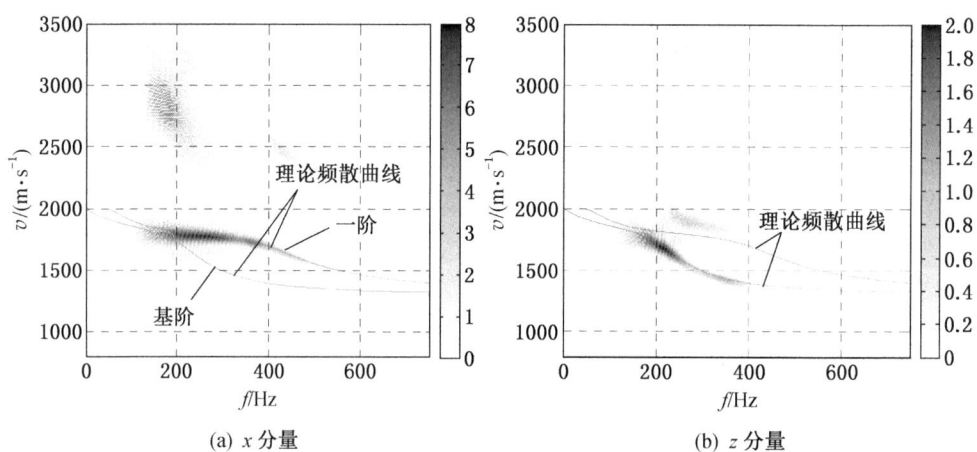

(a) x 分量　　　　　　　　　　　(b) z 分量

图 4-43　模型 2 测线 1 v—f 域功率谱

槽波，能量远大于 x 分量，震源含 S 波能量约是 P 波的 2 倍，但产生的基阶槽波能量是一阶槽波的 10 倍多，基阶槽波显然是震源的 S 波干涉产生的，速度低，模型 1 和模型 2 的一阶槽波主要为 P-SV 波干涉产生，所以速度高。可能是低速的 SV 槽波几何扩散衰减小，漏能少，煤层中间位置 SV 波的 z 分量最大，使 z 分量的基阶槽波能量很强。测线 2 垂向槽波记录以基阶为主，基阶 x 分量能量最大值在煤厚的 1/4 处。

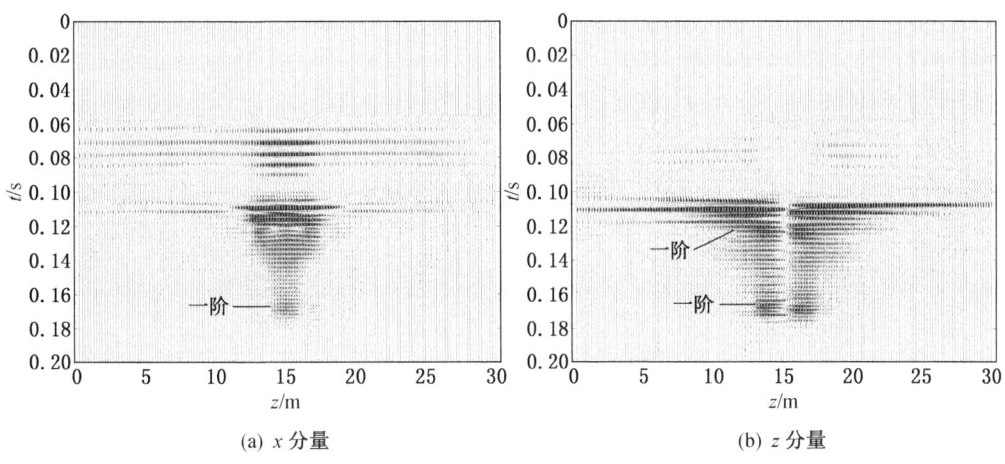

(a) x 分量　　　　　　　　　　　(b) z 分量

图 4-44　模型 2 测线 2 槽波记录

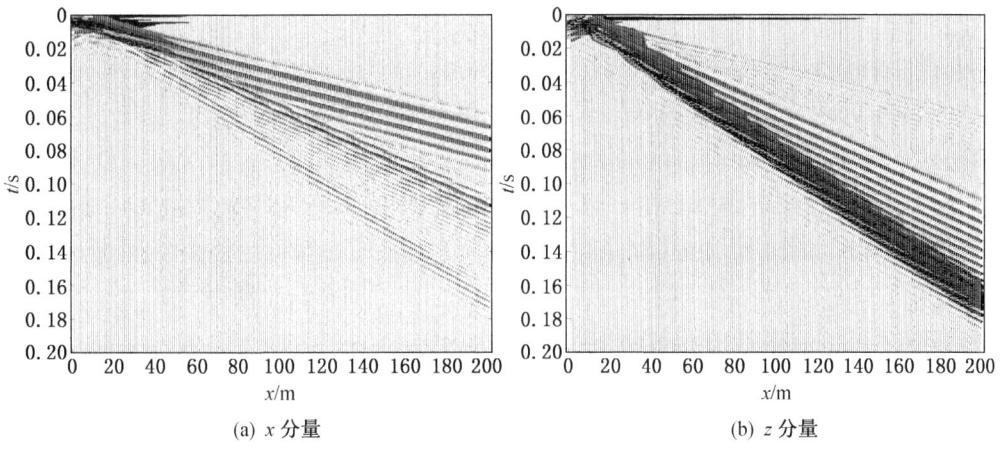

(a) x 分量　　　　　　　　　　　(b) z 分量

图 4-45　模型 3 测线 1 槽波记录

2. 实际 z 分量槽波记录

煤厚 4.5 m 的煤层，在距煤层底板 1.7~1.8 m 位置处放置检波器，大概在煤层的 1/4 和 1/2 位置之间，接收垂向 z 分量分量透射槽波（图 4-48），即一条巷道爆破另一条巷道接收，采用炸药震源。基阶槽波能量很强，一阶稍弱，总体能量都较强。采用多次滤波法提取群速度频散曲线（图 4-49），由于实际数据有一些干扰，提取的曲线形态并不完整，基阶的能量团强于一阶的能量团。

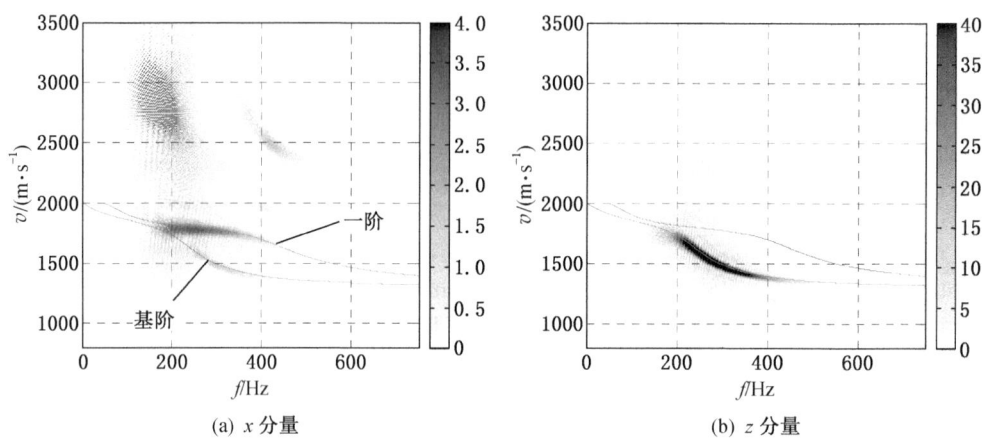

图4-46 模型3测线1 v—f域功率谱（蓝线为理论频散曲线）

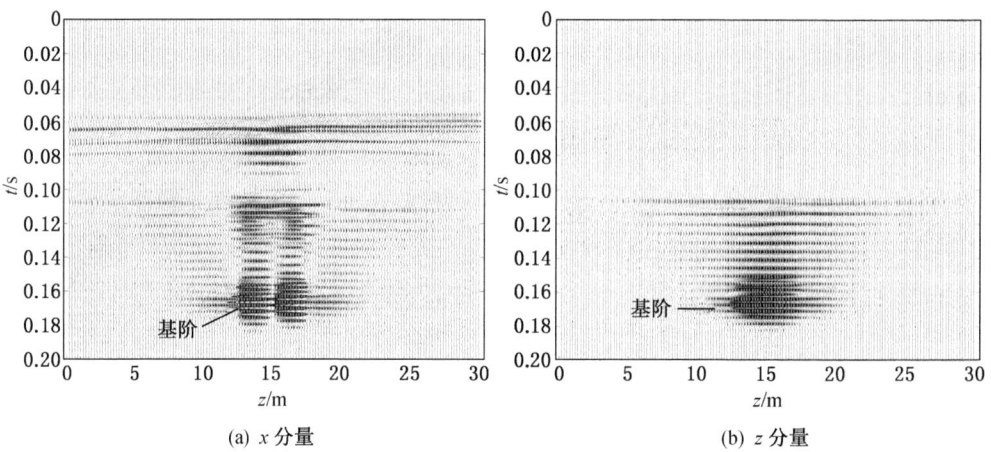

图4-47 模型3测线2槽波记录

这和模型1纯P波震源的结果不同，基阶的槽波能量大于一阶槽波，但也不如模型3中能量差距那么大，所以我们判断实际中虽然用的炸药震源，由于煤层介质的不均匀性、炸药本身的影响等原因，震源内产生少部分S波成分，在非弹性介质中，低速Airy相处槽波品质因子最小，也就是SV波干涉形成的基阶槽波吸收衰减最小，所以造成了这种情况。

我们通过20多个工作面的实际应用发现，在此位置接收的z分量槽波对较

4 槽波数据分析与处理

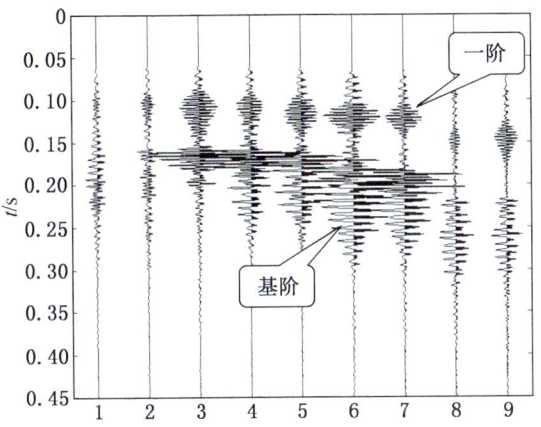

图 4-48 实际接收 z 分量槽波记录

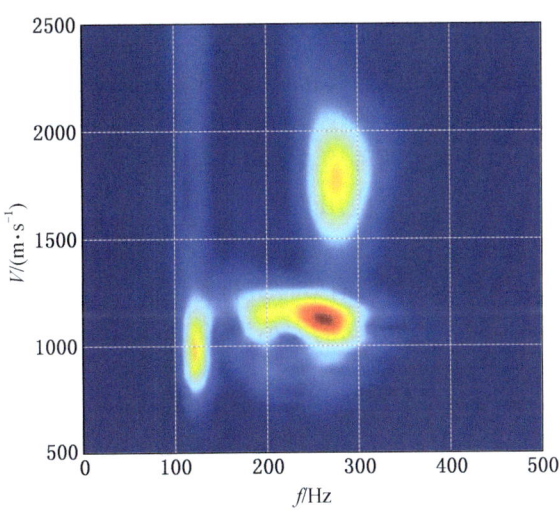

图 4-49 群速度频散曲线

稳定、煤质不太硬的煤层，低速的基阶槽波发育较好，一般能量大于一阶槽波，对煤质较硬、松散破碎或构造复杂的煤层，一般一阶槽波大于基阶槽波，但通过滤波能够突出基阶槽波，基阶槽波仍然能够收到，极少数不稳定、构造十分复杂的煤层接收不到基阶槽波，一阶槽波能量也较弱，绝大部分煤层能收到基阶槽波。

3. 槽波 z 分量的优点

实际三维空间探测中,可以选择接收 x、y 或 z 分量。经过以上分析,我们发现采用 Rayleigh 槽波 z 分量在煤层工作面构造探测方面有优势:

(1) Rayleigh 槽波完整接收需要三分量,但在煤层中央槽波能量集中在一个方向分量,对于基阶槽波,能量集中在 z 分量,只需接收 z 分量即可。如果利用一阶槽波的横向分量,由于横向 x、y 两分量同时含有 Love 型槽波,需要 x、y 两分量才能分离出 Rayleigh 槽波的横向部分,这样就需要多接收一个分量,增加了一倍工作量。

(2) 速度最低的槽波 z 分量,在槽波记录的底部,能量团较一阶收敛,受其他波的干扰小,速度高的 z 分量,在折射波和低速槽波之间,能量团略发散,且受其他波的干扰。基阶槽波在煤层中央处能量集中在 z 分量,如果低速的基阶 z 分量槽波能量强(图 4-45b、图 4-48),则在煤层中央的基阶 z 分量是槽波应用的理想分量。

(3) 一阶槽波由纵波震源产生,始终存在且能量较强(图 4-41b、图 4-44b),我们仍然可以利用一阶槽波进行探测,特别是在基阶槽波能不强的情况下。仍然选择 z 单分量,接收位置在煤厚的 1/4 处。有时我们不知道基阶槽波发育情况,为了兼顾两种槽波,接收位置可以在煤厚的 1/4 和 1/2 之间,此处基阶槽波振幅较大,一阶也较强,两种槽波都可以接收到。

4. 三维断层模型槽波 z 分量应用效果

采用交错网格高阶有限差分法对含有断层的三维煤层地质模型进行弹性波数值模拟,利用模拟结果对 z 分量的有效性进行验证。

三维模型(图 4-50)xyz 方向的大小为 200 m×200 m×50 m,z 方向高度为

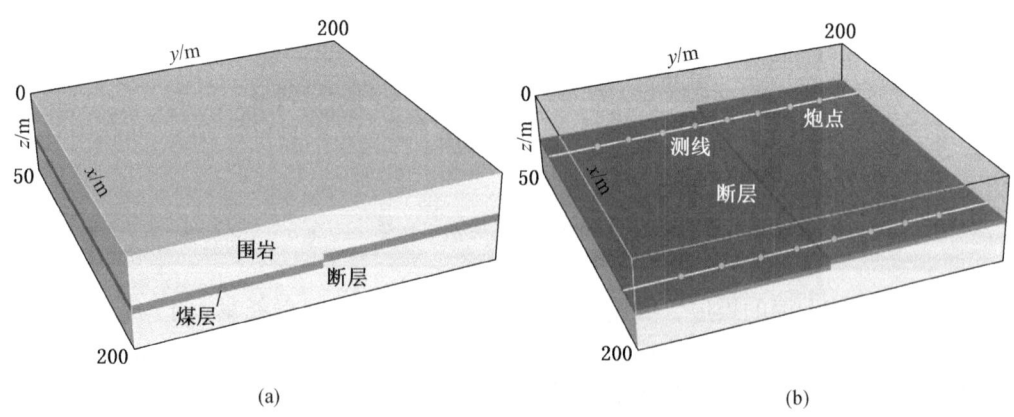

图 4-50 含 3 m 断层煤层模型

50 m，中间为煤层，煤厚 5 m，两边是岩性相同的围岩，xyz 方向网格大小 1 m × 1 m × 0.5 m，时间采样间隔 $dt = 0.1$ ms。震源为纵横波震源，同时激发纵波和横波。模型介质为各向同性弹性介质，采用表 4-2 的物性参数。

在 $y = 100$ m 平面处，$y \leqslant 100$ 半边模型煤层垂直向下错动 3 m，即此处存在一条 3 m 断层，在煤层中间平面处 $x = 20$ m 和 $x = 180$ m 测线上布置炮点和检波点（图 4-50b）。

炮点（$x = 20$ m，$y = 170$ m，$z = 25$ m）在对面测线接收的 z 分量槽波记录如图 4-51 所示。

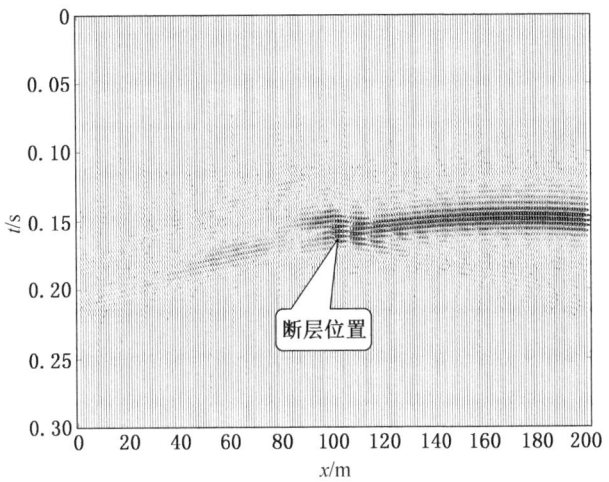

图 4-51　z 分量合成记录

应用 Love 型 SH 槽波和 z 分量 Rayleigh 型槽波进行衰减系数 CT 成像（图 4-52）。

图 4-52 中间衰减系数大的条带即是断层位置，和理论模型一致，两种波成像结果基本一致，在断层两头和中间稍有差异。该实例证明了 z 分量探测方法的有效性。

4.10.3　z 分量应用效果

某矿工作面（图 4-53）平均走向长度为 1150 m，倾向宽度为 145 m，煤厚 4.5 m，应用槽波探测工作内断层。沿工作面周围巷道侧帮布置炮点和检波器，接收点距 10 m，激发炮点距 30 m 或 20 m。共设计激发物理点 100 个，检波点 234 道。射线高密度覆盖整个工作面，所得信息量很大，能够提高探测精度。

应用透射槽波衰减系数 CT 成像，得到成像结果（图 4-54）。从图 4-54 中

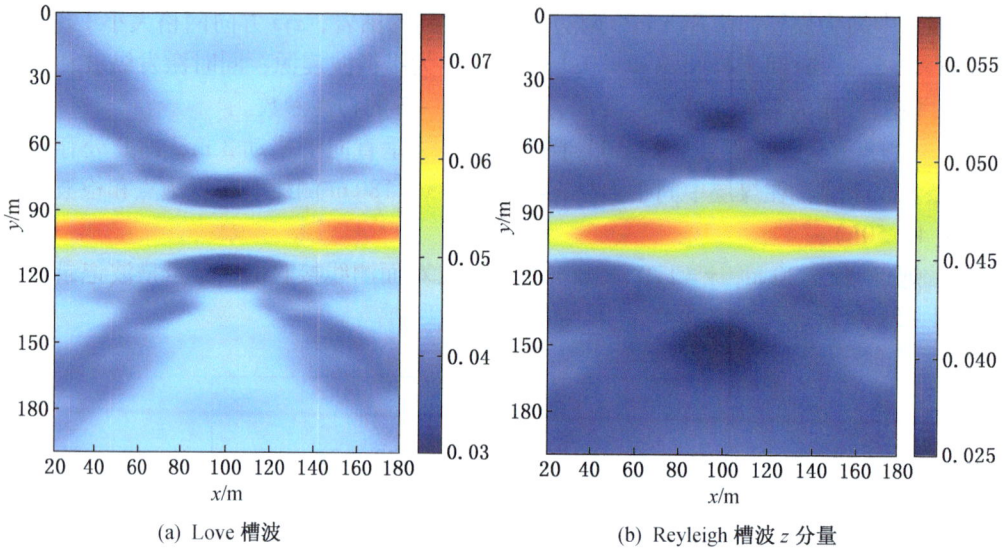

(a) Love 槽波　　　　　　　　(b) Reyleigh 槽波 z 分量

图 4-52　断层模型槽波衰减系数成像

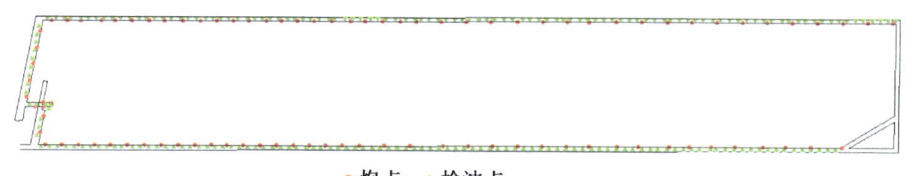

● 炮点；▲ 检波点

图 4-53　某矿工作面测点布置图

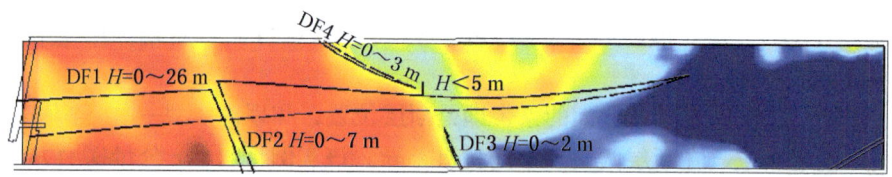

图 4-54　槽波衰减系数成像图

来看，工作面内部靠近切眼处槽波穿透性不好，推测工作面内部有较大隐伏断层存在，但是透射槽波方法无法确定隐伏断层的位置。另外，颜色急剧变化处代表可能存在断层。

由于采用 U 型全包围采集，可以同时应用槽波反射方法，这是以前槽波采集所不能达到的。应用绕射波偏移方法（详见第5章），得到反射结果（图4-55、图4-56）。

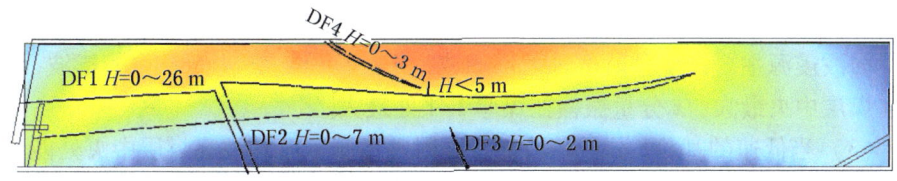

图4-55　工作面进风巷反射槽波成像图

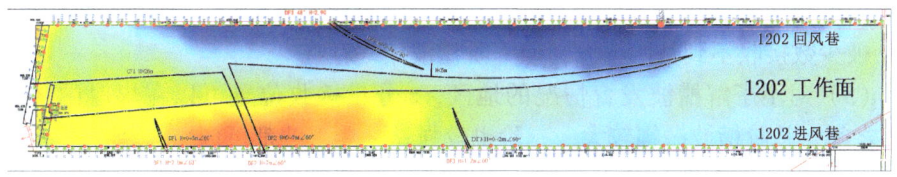

图4-56　工作面回风巷反射槽波成像图

图中深色能量团区域为强反射槽波能量，颜色急剧变化边界为断层反射面，从能量团形态可分析出断层的延伸方向。图4-55为断层上盘反射面，图4-56为断层下盘反射面，两个反射面可定出断层形态，此大断层CF1在切眼处揭露落差26 m，为逆断层。DF2断层巷道揭露7 m，在透射图（图4-54）上有微弱反应，可能此断层错断CF1断层，使得此处煤层落差变小，微弱槽波能量能够传播过去。DF3断层、DF4断层根据透射图推测落差分别为2 m、3 m，位置如图4-54所示。

反射图中靠近切眼部分反射能量较弱，原因是覆盖次数较少，图4-56中右边反射能量团较弱，没有图4-55强，原因是该区域可能存在小构造异常，在透射图（图4-54）偏右上面部分有一块半圆形异常带，此区域可能存在小异常影响了反射槽波接收。

本节详细介绍了Rayleigh槽波的波场特征，论证了应用z分量进行槽波探测的理论基础，指出了z分量的优势，从理论模型和实际应用两方面证实了z分量槽波的探测效果。得出以下结论：

（1）煤层中Rayleigh简正振型槽波是始终存在的，这是保证z分量应用的基础，Rayleigh槽波有多个Airy相，其速度不同。对Rayleigh槽波，垂向方向只接

收一个 z 分量即可，若利用横向方向需 x、y 两分量才行，z 分量在基阶槽波中占优势。

（2）纵波震源主要产生一阶 Rayleigh 槽波，主要成分是高速的 Airy 相槽波，x 分量在煤层中央最大，z 分量振幅在煤厚 1/4 处最大，z 分量含有较弱的基阶槽波。横波震源主要产生基阶 Rayleigh 槽波，主要成分是低速的 Airy 相槽波，z 分量在煤层中央最大，x 分量振幅在煤厚 1/4 处最大。

（3）当低速的基阶 z 分量槽波能量强时，由于基阶槽波在煤层中央处能量集中在 z 分量，且受其他波干扰小，所以煤层中央的基阶 z 分量是槽波应用的理想分量。

（4）实际煤层接收到的 Rayleigh 槽波中，绝大多数都能接收到基阶和一阶槽波，部分地区基阶能量大于一阶，有些一阶能量大于基阶，和煤层具体环境有关，极少数接收不到基阶槽波，但一阶槽波始终存在。

（5）对不了解槽波发育情况的地区，z 分量接收位置可以在煤厚的 1/4 和 1/2 之间，基阶槽波振幅较大，一阶也较强，两种槽波都可以接收到。

（6）对工作面进行 U 型包围，能够同时应用槽波透射法和反射法，可以探测出工作面内的隐伏大断层，克服了槽波透射法对隐伏断层的缺陷。

5 反射槽波偏移成像方法

目前，地面地震数据偏移的方法主要有绕射波偏移、克希霍夫偏移、散射波偏移、极化滤波偏移及逆时偏移等，其中克希霍夫偏移应用较多，散射波偏移、极化滤波偏移及逆时偏移方法属于较为先进的方法，但逆时偏移计算量太大。通过对反射槽波进行压缩或包络处理，使之可以应用常规偏移方法，同时对比分析各种方法效果。

反射槽波一般能量较弱，记录的信噪比较低。常规反射槽波的处理较多采用类似地面地震勘探的水平叠加法，即将反射数据进行 Hilbert 变换后进行包络叠加，由于这种计算方法的前提是断层与接收巷道之间近似平行，但实际中断层和巷道夹角较大导致其适应性不足；另外，由于反射槽波频率高、包络宽，包络叠加很难实现共反射叠加。其他偏移方法也需要将槽波包络处理后偏移叠加，因此包络叠加方法效果不甚理想。

槽波数据量小，速度稳定，十分适合叠前深度偏移，以下讨论叠前深度偏移方法。

5.1 槽波绕射偏移

煤巷反射波数据偏移成像技术从整体上讲可以划分为两类，分别是波动方程偏移法和射线偏移法。在实际应用中，应用较多的是绕射扫描偏移方法，它以射线偏移为前提，可以让反射波快速归位到既定位置。结合惠更斯原理，地下所有的反射点可视为子波震源，在展开绕射扫描偏移的过程中，把所有网格点视为反射点，那么它所对应的绕射波旅行时为

$$t_{ij} = \frac{1}{v}\left[\sqrt{(x_i - x)^2 + (y_i - y)^2} + \sqrt{(x_j - x)^2 + (y_j - y)^2}\right] \quad (5-1)$$

式中　(x_i, y_i)——第 i 个震源点位置；
　　　(x_j, y_j)——第 j 个接收点位置；
　　　(x, y)——扫描点位置；
　　　v——地震波的速度。

槽波绕射偏移方法原理和传统的椭圆延迟求和方法类似。槽波只是在煤层内传播，所以绕射偏移成像通常在煤层平面中计算。对点 (x, y) 的叠加振幅为

$$P(x,y) = \sum_{i=1}^{N}\sum_{j=1}^{M} A(t_{ij}) = \sum_{i=1}^{N}\sum_{j=1}^{M} A\left(\frac{r_{ij}}{v_g}\right) \tag{5-2}$$

$$r_{ij} = [(x_i - x)^2 + (y_i - y)^2]^{\frac{1}{2}} + [(x_j - x)^2 + (y_j - y)^2]^{\frac{1}{2}} \tag{5-3}$$

式中　　N——总炮数；

　　　　M——检波器数；

　　$A(t_{ij})$——第 i 炮第 j 道 t_{ij} 时刻所对应的瞬时振幅；

　　　　v_g——槽波群速度；

　　　r_{ij}——$P(x,y)$ 点到第 j 个接收点和第 i 个震源点的距离之和。

瞬时振幅可通过 Hilbert 变换之后求解获得。针对数据 $d(t)$，相应的瞬时振幅 $A(t)$ 是

$$A(t) = (d^2(t) + c^2(t))^{\frac{1}{2}}$$

$$c(t) = \frac{1}{\pi}\int_{-\infty}^{\infty}\frac{d(t)}{t-\tau}\mathrm{d}\tau \tag{5-4}$$

对于绕射波偏移方法，槽波相对地面地震有独特的优势：①煤层槽波速度基本恒定，可以直接求出来，而地面地震需要每个地层的速度；②槽波在煤层中传播，近似二维平面，无须三维模型，计算简单。

5.2　克希霍夫偏移

20 世纪 70 年代中期，French 等学者结合绕射偏移和 Kirchhoff 积分公式，提出了一类全新的地震偏移波动方程积分法，优化了偏移剖面质量。根据惠更斯－菲涅尔原理，假如围绕震源所处的闭合曲面已获知其位移和相应的导数，同时不存在奇点，因此可计算该曲面之外所有点通过震源形成的位移解。假定地下介质由很多散射点组建而成，炮点激发通过散射点的所有散射波可被检波点接收到，而地震波场为全部散射信号叠加结果，克希霍夫偏移从本质上讲是收集全部散射点的散射能量，然后把它们归位。

通常假定震源点到散射点的射线路径为直线，总旅行时等于震源到散射点所对应的旅行时和它到接收点所对应的旅行时之和。假定速率是常数，旅行时的双平方根方程为

$$t = \left[\left(\frac{t_0}{2}\right)^2 + \left(\frac{x+h}{v}\right)^2\right]^{1/2} + \left[\left(\frac{t_0}{2}\right)^2 + \left(\frac{x-h}{v}\right)^2\right]^{1/2} \tag{5-5}$$

式中　　v——t_0 处均方根速度；

　　　　t_0——零偏移距双程旅行时；

　　　　x——中点位置；

　　　　h——半炮检距。

利用 Kirchhoff 积分公式进行叠前偏移：

$$u(x,y,z,t) = -\frac{1}{2\pi}\iint_A \frac{\cos\theta}{Rv}\left\{\frac{v}{R}u\left(x_0,y_0,0,t+\frac{R}{v}\right) + \frac{\partial u\left(x_0,y_0,0,t+\frac{R}{v}\right)}{\partial t}\right\}dxdy$$

$$\cos\theta = \frac{z}{R} = \frac{z}{\sqrt{(x-x_0)^2+(y-y_0)^2+z^2}} \quad (5-6)$$

式中　$\cos\theta$——倾斜因子，表示振幅随入射角的变化；

$1/R$——振幅随距离衰减的因子，这些因子类似振幅的加权系数。

由于槽波是叠加干涉的波列，与 Kirchhoff 积分公式的假设并不相同，所以不能直接应用 Kirchhoff 偏移方法，可以更改一些加权系数使之适应槽波偏移。具体方法为：采用槽波绕射偏移方法，求振幅叠加时乘以加权因子，保留 $\cos\theta$ 为倾斜因子，振幅随距离衰减的因子改为槽波的衰减系数 $R^{-5/6}$，这样相当于对槽波振幅进行了保幅处理。

5.3 基于等效偏移距的散射波成像

5.3.1 地震散射波的主要特征

地震波散射涵盖的范围非常广，几乎所有的地震波都可以用散射波来解释，通常只分析狭义的地震波散射。传统上把能用射线理论处理的大尺度非均匀性引起的走时和振幅变化摒弃于散射领域之外。散射理论可由惠更斯-菲涅尔定理说明，各个时刻波前面的点可视为全新的点源，通过它形成二次扰动，产生元波前，通过波前面各点产生的实际扰动，在观测点中彼此进行叠加，最终的结果是在这个位置观测到总扰动，因此即使地面不能获取反射波的时候，依然有一部分能量传回，这是由地下介质的不均匀性引起的。

散射波的特点包括：

（1）散射波符合惠更斯-菲涅尔定理；

（2）散射波走时极小值的位置往往是处于散射点的上方，和激发炮点没有关系；

（3）地质体倾角超过45°，其散射波顶点位置沿散射体边界分布，在地质体顶点位置具有最大值；

（4）散射波能量传播具有方向性，不同方向能量不同。地表激发时，主要能量在散射体正上方；

（5）散射波的能量与散射体形状有关，点散射波所含有的能量通常比水平界面形成的能量要低 20~40 dB；

（6）当散射体分布十分密集时，各散射体形成的交叉干涉情况十分突出。

5.3.2 散射波与反射波的区别

从本质上讲,散射波是由介质非均匀性形成的地震波变化。散射波表现为多种形式,其中比较典型的包括绕射波、反射波、直达波等,而单点散射波是最基本的形式。反射波从某个角度来说是由点散射波干涉和叠加形成的,反射波可视为散射波的特例。两类波在波场特征、运动学等都具有显著差异,从而使它们在数据采集、处理等方面也明显不同。

从方法适用性的角度来说,反射波法通常适合处理层状介质的地震勘探问题;散射波法则往往用于处理非均匀介质的各种勘探问题。在地表不能获取复杂地质体的反射波时,常规反射波不能实现有效的成像;然而在地表能够获取源于复杂地质体的散射波,可用散射波实现成像。

5.3.3 散射波地震方法

在最近几年中,地震波散射的相关理论广泛应用于非均匀性介质研究,其中比较典型的包括地震前兆研究、金属矿产资源勘探、台站场地效应研究等。各个尺度的非均匀地质体共生,会产生十分复杂的、多种波彼此影响的地震波场,只通过一种波分析则不能准确地解释地震波场,这就需要利用地震波散射理论去进行分析。

Bancroft 等学者于 1994 年首次提出了等效偏移距的定义,通过等效偏移距产生的共散射点道集实现有效的偏移成像。在国内,王勇(2000)研究了共散射点成像在低信噪比三维地震数据处理中的应用;尹军杰等研究了地震波散射理论;王伟(2007)等提出了基于等效偏移距的叠前偏移方法;勾丽敏(2007)研究了散射波成像在金属矿中的应用;沈鸿雁(2010)研究了散射波直接成像算法。

5.3.4 散射波成像原理

以散射理论为基础,将地下每一点看成散射点,对地震散射波所对应的双平方根旅行时公式采用等效偏移距进行转换,获得相应的单平方根公式,将地震数据重排形成共散射点道集(简称 CSP),在 CSP 道集做速度分析得到速度信息,通过叠前克希霍夫积分公式实现偏移成像。

等效偏移距把双平方根方程转化为双曲线方程,并且录入的数据不出现时移。Fowler(1997)研究了 DSR 方程是否能够转变为多种双曲线形式,并证明等效偏移距是其中唯一能够把全部数据进行有效映射,并且在映射的过程中不出现时移的转换方式。下面介绍散射波成像的具体实现方式。

首先,产生共散射点(CSP)道集。假定地下介质由很多个散射点组成,并且都是各向同性介质,在这种情况下,散射波总旅行时 t 等于炮点到指定的散射点旅行时 t_s 与这个散射点到既定接收点的旅行时 t_r 之和(图 5-1):

$$t = t_s + t_r \tag{5-7}$$

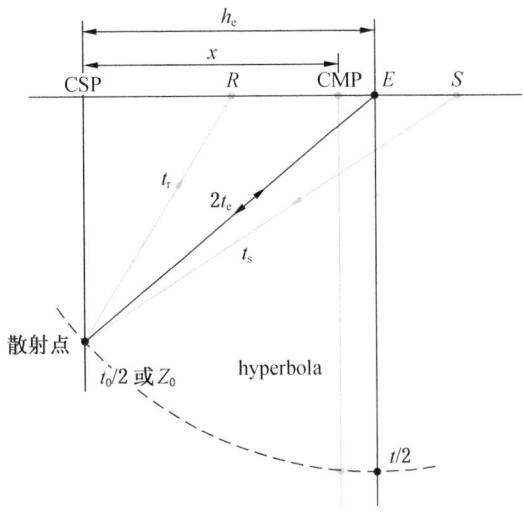

图 5-1 形成共散射点（CSP）道集

假定速率为常值，式（5-7）可写为关于速度和距离的双平方根方程（DSR）：

$$t = \left[\left(\frac{t_0}{2}\right)^2 + \left(\frac{x+h}{v_{mig}}\right)^2\right]^{1/2} + \left[\left(\frac{t_0}{2}\right)^2 + \left(\frac{x-h}{v_{mig}}\right)^2\right]^{1/2} \qquad (5-8)$$

式中　x——散射点在地表的投影和共中心点的距离；

　　　t_0——零偏移距双程旅行时；

　　　v——均方根速度；

　　　h——炮检距的 1/2。

等效偏移距的含义是：假设地面上的某点 E 点，把炮点和检波点重合置于 E 点的时候，地震波从炮点到散射点，再由该点到接收点，其对应的旅行时间与散射波经过炮点 - 散射点 - 检波点路径的旅行时间一样，把散射点地表投影和 E 点的距离界定为等效偏移距（简称 h_e）。则

$$\begin{cases} t = 2\left[\left(\dfrac{t_0}{2}\right)^2 + \left(\dfrac{h_e}{v_{mig}}\right)^2\right]^{1/2} \\ t_i = \dfrac{2xh}{v_{mig}(x^2 + h^2 - h_{e,i}^2)^{1/2}} \end{cases} \qquad (5-9)$$

$$h_e^2 = x^2 + h^2 - \left[\frac{2xh}{tv_{rms}}\right]^2 \qquad (5-10)$$

针对某一输入道来说，x 和 h 是已知的，该道以首个有效样点为起始点，各点按顺序逐步映射至 CSP 道集，这些数据点分布在等效偏移距 $h_{\min} \sim h_{\max}$ 范围内。$h_{\min}$、$h_{\max}$ 指的是等效偏移距的两个端点极值，其中：

$$h_{\min} = x \tag{5-11}$$

$$h_{ew} = (x^2 + h^2)^{1/2} \tag{5-12}$$

散射点道集形成过程中，理论上需要计算所有输入数据每个采样点所对应的等效偏移距。由于实现过程中等效偏移距按等间隔采样（δh），所以只需计算出与各等效偏移距节点 $h_{e,i}$ 所对应的时间节点 t_i 即可，而介于 t_{i-1} 和 t_i 之间的样点映射到 $h_{e,i-1}$，将所有道循环计算即可得到共散射点（CSP）道集（图 5-2）。

$$t_i = \frac{2xh}{v_{\mathrm{mig}}(x^2 + h^2 - h_{e,i}^2)^{1/2}} \tag{5-13}$$

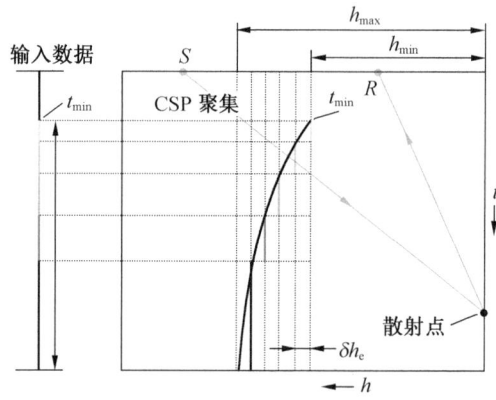

图 5-2　一个输入道快速映射到道集的示意图

基于等效偏移距的 CSP 道集相当于等效的零偏移距自激自收剖面。

其次，形成共散射点（CSP）道集后，对 CSP 道集进行 Kirchhoff 积分偏移。基于等效偏移距的 CSP 道集中，散射波的时距关系为双曲线，对 CSP 道集沿散射波双曲线进行 Kirchhoff 移成像，即可实现散射波成像。

由于槽波的速度基本恒定，所以不用再进行速度谱拾取，计算比较简单。

5.3.5　二维两层水平层状介质 CSP 道集

建立简单的两层水平层状介质模型进行模拟，用于查看 CSP 道集特点。模型大小为 200 m×400 m，上层介质速度为 3000 m/s，界面深度为 90 m。采用炮间距 10 m，道间距 2 m，模拟波场记录。图 5-3a 为地表接收到的 z 分量反射记录，有一层反射波。将其映射到 CSP 道集（图 5-3b），CSP 道集上有两组波，在 CSP 道集双曲线上部有一条和双曲线顶点相切的水平同相轴，此同相轴是非 CSP 点下方界面散射点形成的、散射双曲线顶点的包络线，为界面上所有散射点能量叠加的结果，对水平地形和界面形态一致。地面接收数据总共 10 炮，每炮 101 道数据，形成的 CSP 道集炮间距为 2 m，总炮数为 101 炮，每炮道数 101 道，比原数据多了 10 倍，所以散射波成像方法能够在很大程度上提高信噪比。反射槽波一般信噪比很低，用散射波成像可以提高槽波信噪比。

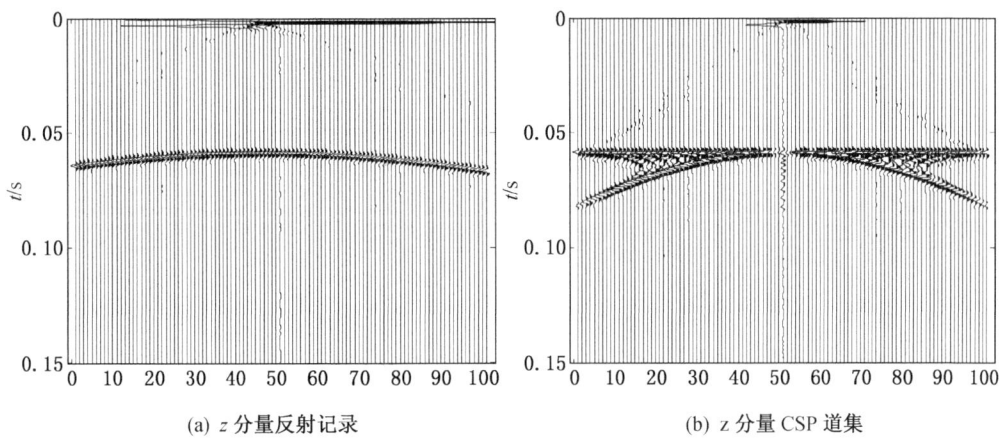

图 5-3　二维两层水平层状介质 z 分量 CSP 道集

5.4　槽波三分量极化偏移成像

5.4.1　槽波极化偏移原理

按物理构成及极化特征，槽波分为 Rayleigh 槽波和 Love 槽波。Rayleigh 槽波是由 P 波与 SV 波形成的干涉波，质点在与煤层面相互垂直、与传播方向平行的平面内振动。由于既有水平分量又有垂直分量，所以质点振动的轨迹一般呈椭圆状（图 5-4）。Love 槽波由 SH 波在煤层中干涉形成的，质点在水平平面内垂直于波传播方向上振动。

以 Love 槽波为例，Love 槽波遇到断层反射回来被接收到（图 5-5），单道接收水平双分量数据，水平双分量可以合成 Love 槽波，对 Love 槽波采用绕射波偏移（图 5-5a），成像图为一椭圆，显然不能反映真实的断层反射位置。为此，引入极化条件，根据水平双分量可以确定 Love 槽波的极化方向，显然垂直于极化方向的射线方向是反射波出射方向，图 5-5a 椭圆上留下该方向的值即是真实的反射点（图 5-5b）。以上就是槽波极化偏移的原理。由于槽波有这样的极化特征，在绕射偏移时根据极化特征将振幅值赋予特定方向的反射点，而不赋予椭圆路径上其他非真实反射点（图5-5b），减少了赋值误差，提高了成像精度。

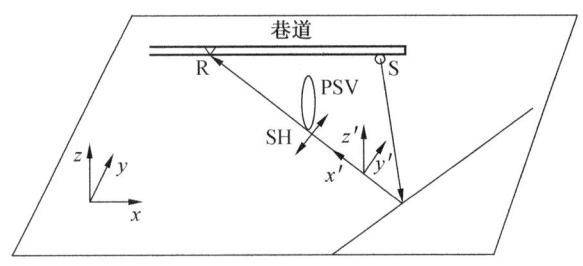

图5-4　槽波超前探测原理及质点振动

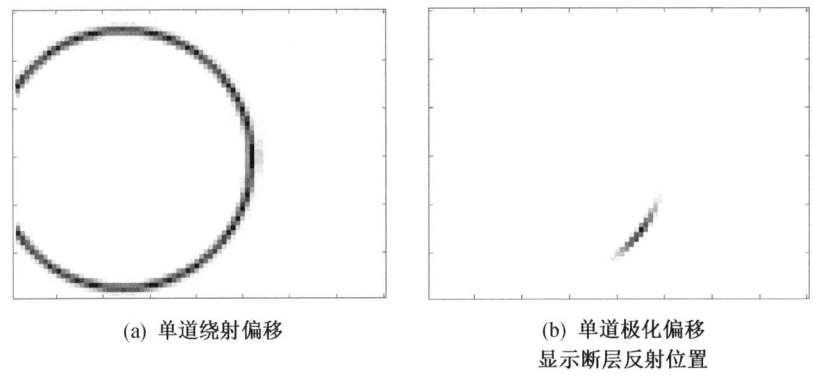

(a) 单道绕射偏移　　　　　　　(b) 单道极化偏移
　　　　　　　　　　　　　　　　显示断层反射位置

图5-5　单道数据绕射偏移和极化偏移差异

槽波极化偏移是在绕射偏移基础上做的。在振幅叠加时，对任意一网格点和任意一道数据，槽波由炮点经网格点散射到接收点，根据给定的槽波速度和波列长度，可计算出此射线路径对应的该道数据中槽波时间段，对这段槽波，由于知道出射方向（散射点和检波点射线方向），可根据 Love 或 Rayleigh 槽波的偏振特性，利用极化滤波将 Love 或 Rayleigh 槽波分离出来，然后对所有道数据循环，将每道的能量值叠加到该网格点，得到该网格点的总能量值，再对所有的网格点循环计算，就实现了 Love 或 Rayleigh 槽波的极化偏移成像，得到两个偏移结果。

槽波极化偏移的关键是在偏移过程中对 Love 或 Rayleigh 槽波的极化滤波。Love 槽波为 SH 波线型极化；Rayleigh 槽波一般为三维坐标下的平面椭圆极化，但处于煤层不同位置的极化情况并不相同，比如在煤层中心处基阶槽波只有 z 分量，水平分量为零，为 z 方向线型极化，Rayleigh 槽波极化稍显复杂。这是 Love 或 Rayleigh 槽波独立存在的情况，但如果两者混在一起，则偏振方向将不是线性或椭圆极化，由于 Rayleigh 和 Love 槽波基阶 Airy 相速度较为接近，波列较长，两种波很可能混在一起，这种情况更为复杂，需要做特殊的分析处理。

5.4.2 Rayleigh 型槽波极化特征

Rayleigh 槽波包含垂直分量（z 分量）和水平分量（x 分量）。对三层介质、上下围岩物性相同的煤层模型，Rayleigh 槽波基阶振幅深度分布（图 5-6）中，z 分量在煤层中央位置振幅最大，z 分量振幅即是 Rayleigh 槽波的最大振幅，而 x 分量在煤层中央位置最小为 0，在距顶（底）板 1/4 煤厚位置最大，呈奇对称。对 Rayleigh 槽波一阶振幅深度分布，x 分量和基阶 z 分量振幅分布相同，z 分量和基阶 x 分量振幅分布相同。显然，如果接收基阶 z 分量槽波，应将检波器放置于煤层中央，接收基阶 x 分量应将检波器放置于煤层 1/4 煤厚处。

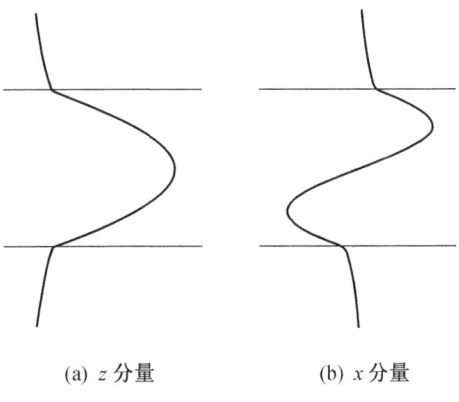

(a) z 分量 (b) x 分量

图 5-6　Rayleigh 槽波基阶振幅深度分布

由 Rayleigh 槽波基阶振幅深度分布可以得出 Rayleigh 槽波的极化特征，在煤层中间为垂向方向的线性极化（图 5-7a），其他位置为椭圆极化，椭圆率各不相同，在煤层的四分之一处椭圆率最大（图 5-7b）。实际探测中，一般将三分量检波器安置在煤层中央，x、y 分量含有 Love 槽波，不含 Rayleigh 槽波，z 分量为 Rayleigh 槽波，极化滤波时如果认为 Rayleigh 槽波都是椭圆极化而进行椭圆滤波，得出的结果显然是错误的。煤层不同位置 Rayleigh 槽波极化方向和椭圆极化率都不相同，也就是说同一位置 Rayleigh 槽波的极化方向和极化率固定，可以根据这一点将 Rayleigh 槽波分离出来。不同煤层条件 Rayleigh 槽波极化参数并不相同，可根据直达槽波极化参数间接判断反射槽波极化参数，虽然两者不是完全相同但基本相近。

5.4.3 槽波极化滤波

槽波极化有多种情况，按波场类型分为 Love 槽波和 Rayleigh 槽波，按 Love 槽波和 Rayleigh 槽波是否混合又分为独立槽波和混合槽波。组合形式较多，整体比较复杂，需要综合考虑。

槽波极化问题可归纳为：对任一散射点，某段槽波在三维坐标下按散射点和

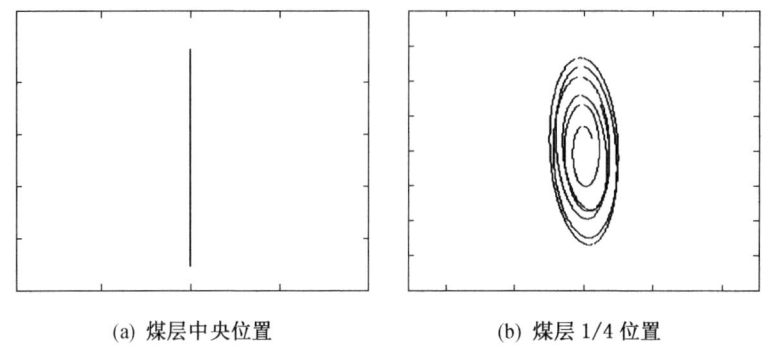

(a) 煤层中央位置　　　　　(b) 煤层 1/4 位置

图 5-7　不同位置 Rayleigh 槽波极化图

接收点射线方向把波分离为 SH 波和 PSV 波（图 5-4），SH 波是水平线性极化，振动方向垂直于出射射线方向，PSV 波是椭圆或煤层中央线性极化，所在平面为出射射线和垂向方向组成的平面。槽波相对该散射点的振动特征如果符合 SH 波和 PSV 波的振动特征，该点则是正确的反射点，槽波能量值应赋予该点；如果振动特征不符合则应滤掉，正确的反射点严格来说具有唯一性，这就是槽波的极化滤波。对于纯粹的 SH 波或 PSV 波，只有一种偏振；对于 SH 波、PSV 波混合的情况，满足在射线与 z 轴平面为 PSV 波极化、在射线垂直方向 SH 波极化的波留下，将其他波滤掉。在判断波是否存在混合时，可用射线距离除以各波的速度，计算出各波到达时的差值，如果差值大于槽波波列长度则没有混合，否则混合。但是槽波的波列长度有 30~70 ms，有时同一槽波波列既有混合波也有独立波，较为复杂，需要做一定取舍。总体上对射线路径较大或较小的情况，可以用此方法判断两种波是否混合，进而选择相应的滤波方法。

根据以上分析，可以把槽波极化总体分为以下 6 种情况：

（1）对 Love 槽波（原直角坐标系 xyz，按出射射线方向旋转坐标建立另一直角坐标系 $x'y'z$，出射射线方向为 x' 轴）（图 5-4）：

① 纯粹 Love 槽波：三维线性极化，SH 振动方向在 xy 平面内和出射射线垂直，为 y' 轴方向，做 y' 方向三维线性极化滤波。

② 混合 Rayleigh 槽波的 Love 槽波分两种情况。

（a）检波点在煤层中央时，Rayleigh 槽波只有 z 分量为线性极化，此时在 $x'z$ 平面，z 方向 Rayleigh 槽波线性极化，xy 平面内 SH 波线性极化，极化方向为 y' 轴方向，据此计算出 Rayleigh 槽波和 Love 槽波的调制滤波函数，两者相乘即是总的调制滤波函数，调制滤波函数乘以槽波在 y' 轴方向的投影值即是要得到的结果。

(b) 检波点在其他位置时，Rayleigh 槽波只在 $x'z$ 平面椭圆极化，为三维椭圆极化，而不是椭球极化。由于两种槽波混合，两水平分量既有 Rayleigh 槽波又有 Love 槽波，显然不再是 SH 波线性极化，质点振动比较复杂，Love 槽波不能再用 SH 波线性极化滤波，这给极化滤波造成了很大困难。我们发现：在 $x'z$ 平面 Rayleigh 槽波椭圆极化，而且椭圆率固定，如果满足这个条件，则是真实的反射方向，不符合的则滤掉，因此可以借用 Rayleigh 槽波极化特性对 Love 槽波滤波，这是一种十分特殊的情况。Rayleigh 槽波椭圆极化滤波采用极化方向滤波和椭圆率矩形窗滤波，椭圆率在一定范围内权系数为 1，其他为 0，乘以主极化方向与滤波方向空间夹角的余弦，为 Rayleigh 槽波的调制滤波函数，调制滤波函数乘以槽波在 y' 轴方向的投影值即是要得到的结果。

（2）对 Rayleigh 槽波：

① 检波点在煤层中央：分两种情况。

(a) 纯粹 Rayleigh 槽波：Rayleigh 槽波只有 z 分量，为三维线性极化，做 z 方向三维线性极化滤波，但是单个 z 分量是没有方向滤波的，成像结果仍然是镜像的。

(b) 混合 Love 槽波的 Rayleigh 槽波：Rayleigh 槽波只有 z 分量，同混合 Rayleigh 槽波的 Love 槽波情况，两者调制滤波函数相同，调制滤波函数乘以槽波 z 分量是要得到的值。值得注意的是：总调制滤波函数是 Rayleigh 槽波线性调制滤波函数和 Love 槽波线性调制滤波函数的乘积，Rayleigh 槽波借用 Love 槽波实现了方向滤波，消除了镜像假象，而单纯 Rayleigh 槽波 z 分量没有方向滤波。

② 检波点在其他位置：同混合 Rayleigh 槽波的 Love 槽波情况，两者调制滤波函数相同，但是调制滤波函数乘以 $x'z$ 平面的槽波分量投影值才是要得到的值。

不同极化滤波函数如下：

（1）三维线性极化滤波：应用 Poline 极化滤波方法（Kanasewich.，1981），三分量信号形成协方差矩阵，对应的特征值为 λ_1、λ_2、$\lambda 3$，$\lambda_1 > \lambda_2 > \lambda_3$，三维线性极化的调制滤波函数为

$$F(t) = T^p(t)\cos^q\theta(t) \qquad (5-14)$$

$$T = \frac{(1-e_{21}^2)^2 + (1-e_{31}^2)^2 + (e_{21}^2 - e_{31}^2)^2}{2(1+e_{21}^2+e_{31}^2)^2} \qquad (5-15)$$

其中，$\cos\theta(t)$ 为主极化方向与滤波方向空间夹角的余弦，T 为偏振系数，$e_{21} = \sqrt{\lambda_2/\lambda_1}$ 为主椭球率，$e_{31} = \sqrt{\lambda_3/\lambda_1}$ 为次椭球率。

（2）二维线性极化滤波：仍然以公式（5-14）作为调制滤波函数，但偏振系数 T 改为

$$T = (1 - e_{21}^2)^2 \qquad (5-16)$$

(3) 二维椭圆极化滤波：用椭圆率 e_{21} 定义偏振程度，e_{21} 等于 1 为圆极化，等于 0 为线性极化，0 和 1 之间为椭圆极化，可自定义椭圆率在一定范围内为椭圆极化，结合主极化方向与滤波方向夹角的余弦 $\cos(t)$ 做椭圆极化滤波。有时椭圆率不固定变化幅度大，也可只做方向滤波。

根据槽波不同极化情况，可以选择相应滤波函数或者相互组合。

具体实施步骤：

根据以上分析，三分量槽波极化偏移的具体执行步骤如下：

(1) 首先计算 Rayleigh 槽波和 Love 槽波的 Airy 相群速度。槽波速度比巷道直达槽波略高，根据巷道直达槽波可大致计算出槽波速度，可选多个速度进行尝试，选出其中最好的结果。

(2) 将计算区域网格剖分，确定槽波时窗长度，进行绕射偏移叠加。输入任一道三分量数据，把任一网格作为散射点，计算出射线路径，根据路径和速度计算出槽波的到达时，从而确定数据中槽波对应的时间段。

(3) 根据以上分析的槽波极化情况，判断这段槽波数据应采用何种极化滤波。根据 Rayleigh 槽波和 Love 槽波的到达时差，判断槽波是否混合，再根据接收位置选择相应的极化情况，计算出调制滤波函数。分别用含 Rayleigh 槽波和 Love 槽波的分量乘以调制滤波函数，完成极化滤波。极化滤波后的值再乘以槽波绕射加权系数即是赋予网格的值。

(4) 对所有网格所有道数据进行循环，最后可得到 Rayleigh 槽波和 Love 槽波两种极化偏移结果。

槽波极化情况较为复杂，编程较为烦琐，三维极化滤波计算慢，总结以上分析，提出了一种简单快速而又效果好的方法，即把接收位置放在煤层中央，接收 xy 两分量，采用 Love 槽波进行两分量极化偏移。因为 xy 分量只有 Love 槽波，不含 Rayleigh 槽波，Rayleigh 槽波只在 z 分量上，这样不用判断两种波是否混合，用二维极化滤波计算快。这是对超前探测情况而言，但是对煤巷的侧帮反射槽波探测，最好的接收方式应该是只接收中央位置的 z 分量，Rayleigh 槽波都在 z 分量上，成像结果虽然是镜像的，但是因为只探测巷道一侧的区域，可以排除对面镜像的结果。当然实际条件经常不允许将检波器布置在煤层中央，只能采用其他方法。

5.4.4 数值模拟测试

采用交错网格高阶有限差分法对含有断层的三维地质模型进行弹性波数值模拟（Ji, G. Z, 2012），利用模拟结果检验槽波极化偏移方法的效果。

三维模型（图 5-8）xyz 方向的大小为 400 m × 300 m × 30 m，中间为煤层，

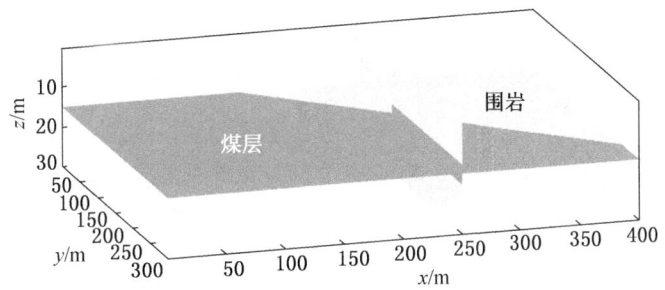

(a) 三维切片

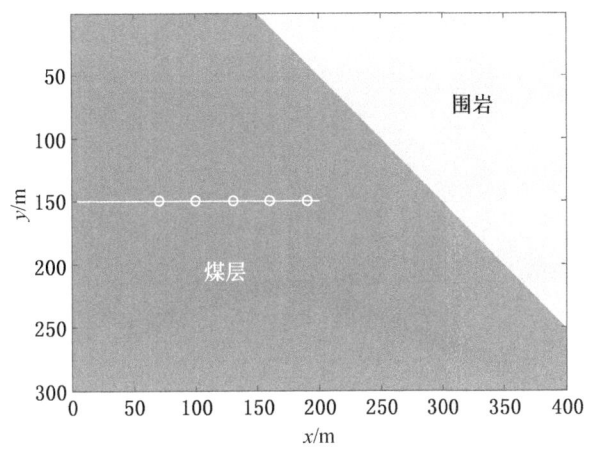

(b) 煤层中央横向切片 $z=15$ m
(白色圆圈表示炮点,白色表示测线)

图 5-8 含 5 m 断层煤层模型

煤厚 5 m,两边是岩性相同的围岩,xyz 方向网格大小为 1 m×1 m×0.5 m,时间采样间隔 $dt=0.1$ ms。取煤层纵波速度 2000 m/s,横波速度 1150 m/s,密度 1300 kg/m³;顶(底)板围岩纵波速度 3500 m/s,横波速度 2100 m/s,密度 2400 kg/m³。测线有两条,煤层中央 $z=15$ m 和近似四分之一处 $z=13.5$ m 各有一条,水平坐标为 $y=150$ m、$x=0\sim200$ m。炮点位置在煤层中央,水平坐标为 $y=150$ m、$x=70\sim190$ m,炮间距 30 m,共 5 炮,震源为主频 120 Hz 雷克子波,同时激发纵波和横波。测线前方 100 m 处有 5 m 断层,向下错断,走向 45°,倾向 90°。模型介质为各向同性弹性介质。

图 5-9 是煤层中央测线接收炮点($x=130$ m,$y=150$ m,$z=15$ m)的槽波记

录，反射槽波以基阶槽波为主。根据直达槽波计算，基阶 Love 槽波 Airy 相群速度为 1000 m/s，基阶 Rayleigh 槽波 Airy 相群速度为 950 m/s，显然两者速度十分接近，近距离的反射槽波容易混合，不能忽视这种情况。煤层中央位置 Rayleigh 槽波只在 z 分量上，xy 分量只含 Love 槽波。

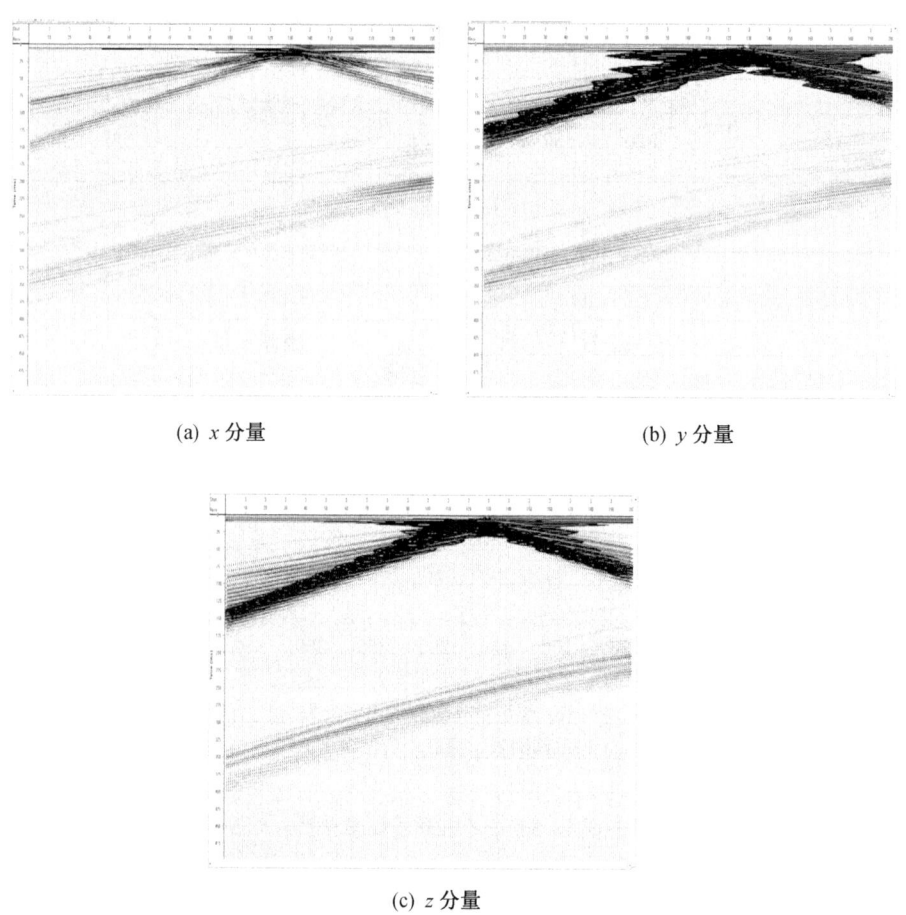

(a) x 分量 (b) y 分量

(c) z 分量

图 5-9 煤层中央测线接收炮点的槽波三分量记录（x = 130 m，y = 150 m，z = 15 m）

先对各单个分量进行槽波绕射偏移（图 5-10），然后对 Love 槽波和 Rayleigh 槽波进行极化偏移成像（图 5-11）。单分量成像结果有两条断层，相对测线对称，而且尾端有"画弧"现象，这是绕射偏移的弊端。槽波极化偏移成像只有一条断层，消灭了镜像假象，而且尾端基本没有"画弧"现象，成像效果好。Rayleigh 槽波在煤层中央为 z 分量线性极化，如果只用 Rayleigh 槽波成像，而不借用 Love 槽波的极化滤波函数，成像结果（图 5-11c）类似 z 分量绕射成像，不能消除镜像假象,根据反射槽波时差采用混合 Love 槽波的极化偏移方法,则可利用 Love 槽波的方向性实现方向滤波、消除假象(图 5-11b),这是本方法的优势。

图 5-12 是煤层 1/4 处测线接收炮点（$x = 130$ m, $y = 150$ m, $z = 15$ m）的槽波记录。

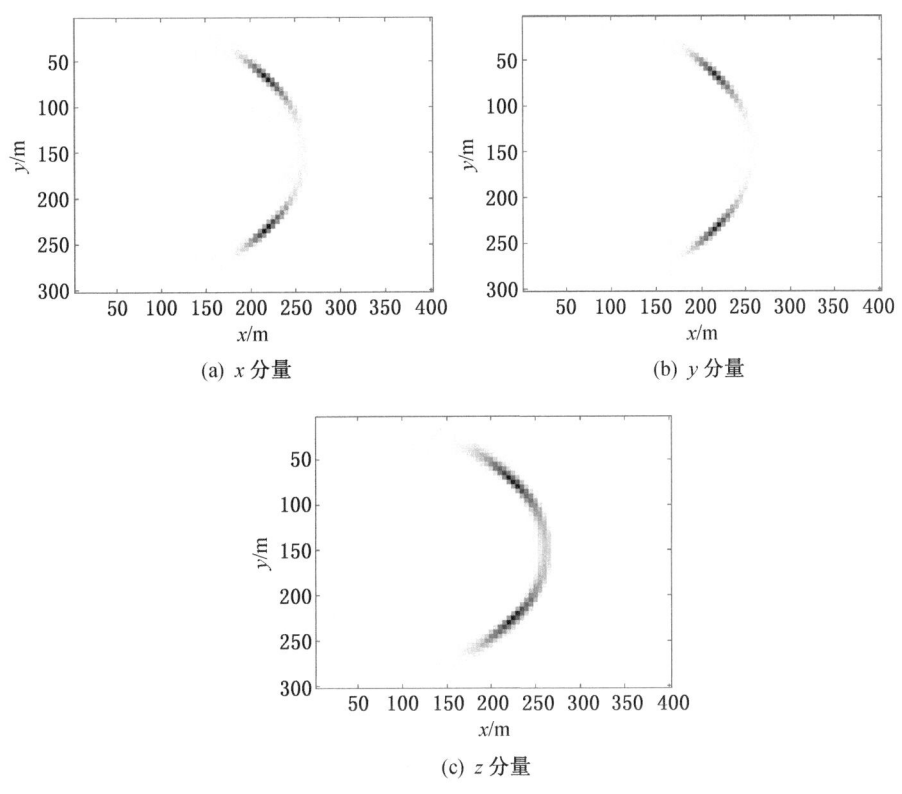

图 5-10　煤层中央测线槽波单分量绕射偏移成像

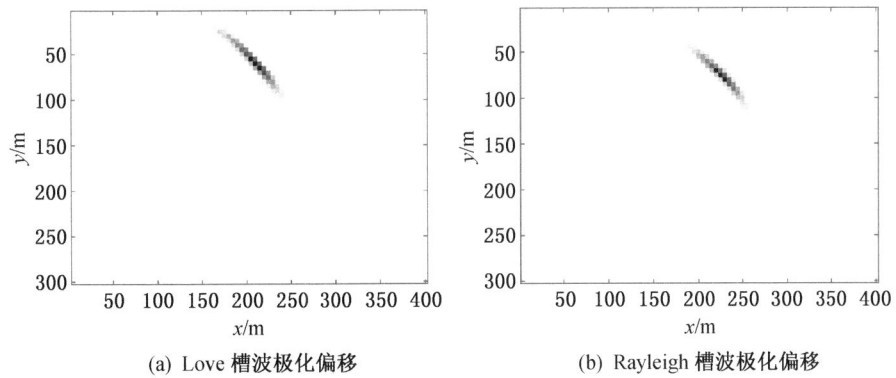

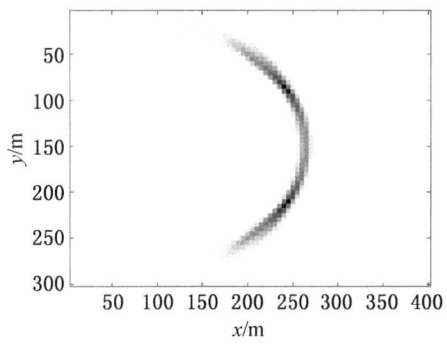

(c) 纯粹 Rayleigh 槽波极化偏移

图 5-11 煤层中央测线槽波极化偏移成像

(a) x 分量

(b) y 分量

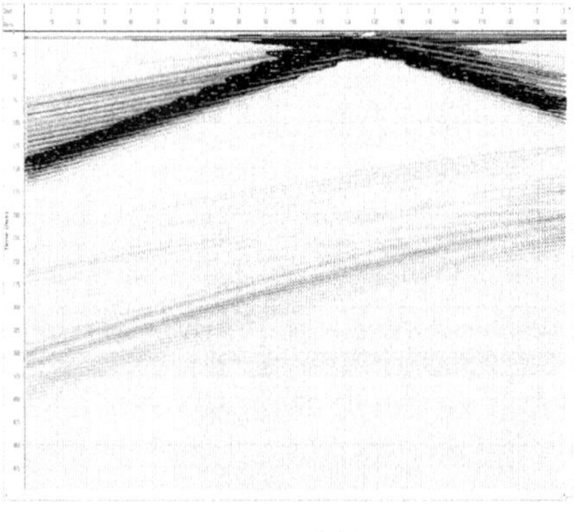

(c) z 分量

图 5-12 煤层 1/4 处测线接收炮点的槽波三分量记录（$x=130$ m, $y=150$ m, $z=15$ m）

单分量绕射偏移（图 5-13）和煤层中央结果相似，仍然存在镜像假象，槽波极化偏移成像（图 5-14）效果好，尤其是 Love 槽波。根据反射槽波时差，部

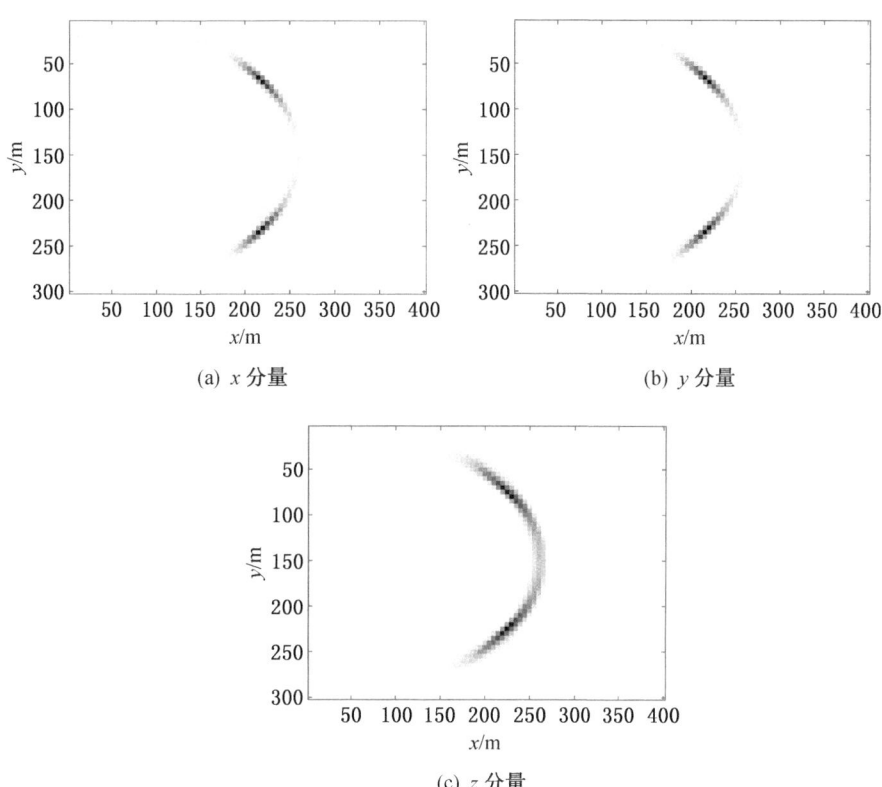

图 5-13 煤层 1/4 处单分量绕射偏移成像

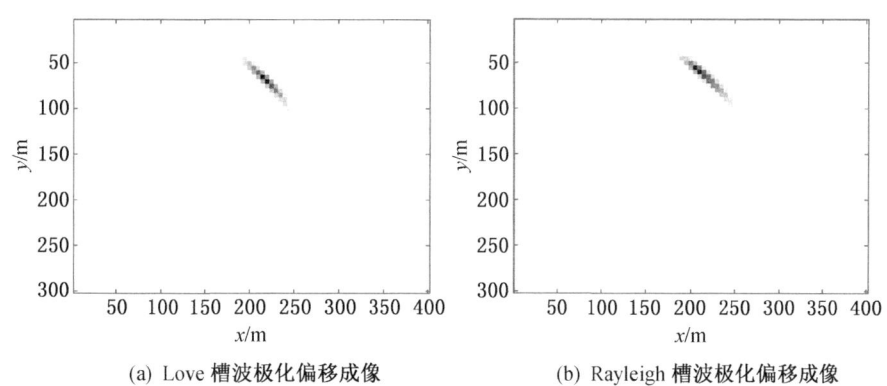

图 5-14 煤层 1/4 处测线槽波极化偏移成像

分 Love 和 Rayleigh 反射槽波相互混合，Love 槽波滤波函数采用的是 Rayleigh 槽波椭圆极化滤波函数，这是和传统方法不同的地方。数值模拟只设有一个断层，如果巷道两边都存在断层，极化偏移效果会比绕射偏移更好。

为了验证槽波极化偏移方法的抗噪性，对煤层中央测线槽波数据加 25 dB 的高斯白噪声（图 5-15），噪声相对反射槽波很强。对加噪声数据进行极化偏移成像，成像结果（图 5-16）仍然很好，说明该方法具有较强的抗噪能力。

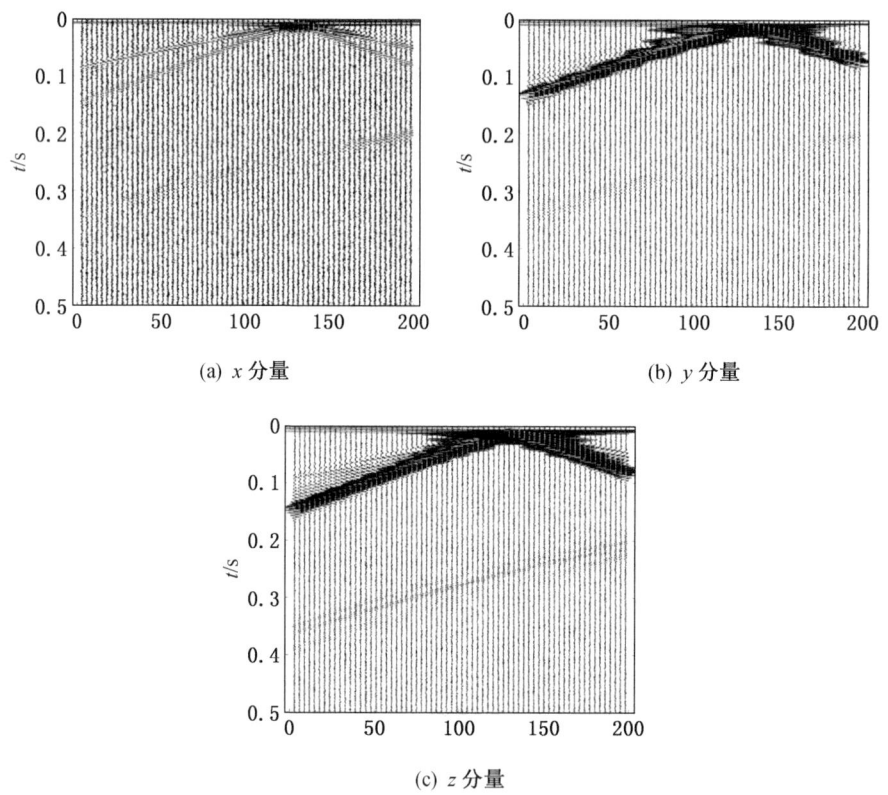

图 5-15 煤层中央测线加噪声槽波三分量记录

槽波的极化方式较多，以前接收两分量利用 Love 槽波做极化偏移，以 SH 极化方向判断真实反射点，但是对较近的断层，反射 Love 和 Rayleigh 槽波容易混合，xy 分量不止含有 Love 槽波也有 Rayleigh 槽波，显然不是线性极化，这种方法就会出现错误。对于三分量槽波极化偏移，三分量极化滤波比二分量精度高，能同时获得 Love 槽波和 Rayleigh 槽波两种极化偏移结果；两种槽波混合时，一种槽波可利用另一种槽波的滤波函数增强成像效果；有时 Love 槽波很弱而

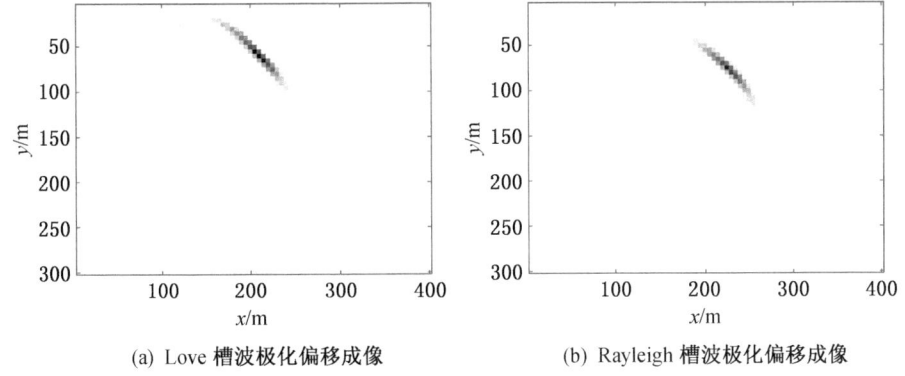

(a) Love 槽波极化偏移成像　　　　(b) Rayleigh 槽波极化偏移成像

图 5-16　煤层中央测线加噪声槽波极化偏移成像

Rayleigh 槽波较强，可利用 Rayleigh 槽波进行极化偏移，充分利用槽波信息提高探测准确度，这是三分量槽波极化偏移的优势。本节对三维槽波所有极化情况做了清晰的分析和完整的归纳，特别指出 Rayleigh 槽波在煤层中央位置独特的极化特征，以及 Rayleigh 槽波和 Love 槽波混合的极化特征，避免了对槽波极化滤波的一些误区，如果单纯按 Love 槽波线性振动、Rayleigh 槽波椭圆振动进行滤波，则在极化滤波时会出现错误。

极化滤波对数据纯度和信噪比要求高，因而偏移前数据的预处理十分重要，需要将直达体波、直达槽波等干扰波去除。由于实际接收的波以基阶槽波为主，以上对槽波的分析主要针对基阶槽波，这一点需要注意。实际三分量槽波数据较难获得，本节没有将本方法应用于实际数据，以后还需获取实际数据进行试验。

本节在分析槽波极化特性的基础上，提出了槽波三分量极化偏移技术，并用数值模拟数据进行验证，得到以下结论：

（1）槽波极化偏移能够消除绕射偏移存在的镜像假象，具有方向选择性，在偏移过程中滤掉了其他干扰波，因而比其他方法成像精度更高。

（2）Rayleigh 槽波极化较为特殊，在煤层中心处基阶 Rayleigh 槽波为垂直极化，只有 z 分量，其他位置椭圆极化，实际施工时检波器经常布置在煤层中央，如果按椭圆极化滤波会得到错误结果。

（3）Rayleigh 槽波和 Love 槽波基阶群速度较为接近，加之槽波波列长，两者容易混合，混合后极化特性是两种波的合成，需要做特殊的极化滤波。

（4）槽波的极化情况较为复杂，分别按波的类型、接收位置、是否混合三种因素相互组合，归结为 6 种情况，每种情况对应不同的极化滤波方式。

（5）推荐应用两分量 Love 槽波极化偏移方法，把接收位置放在煤层中央，接收两水平分量，不含 Rayleigh 槽波，计算快，施工简单。对单侧的侧帮反射槽波探测,最好的接收方式是接收中央位置的 z 分量 Rayleigh 槽波,可排除镜像假象。

5.5 反射槽波模拟数据偏移成像

第 3 章分别模拟了含平行巷道断层、含 30°倾斜断层、含 30 m 陷落柱和巷道两侧含断层反射槽波模型,对这 4 个模型纵横波震源的模拟结果分别用不同的方法进行成像。

在成像前,先进行预处理,采用带通滤波、τ—p 变换等方法去除直达槽波等干扰波,再进行成像。由于检波器放在煤层中央,所以对于基阶 Rayleigh 型槽波,能量全部分布在 z 分量上,x 和 y 分量都是 Love 型槽波,所以不用再根据极化滤波分离波场,这是将检波器放在煤层中央的独特优点。

5.5.1 含平行巷道断层的反射槽波成像

1. 单分量绕射偏移成像(图 5-17)

先对各单个分量进行成像,成像网格大小为 dx = 10 m、dy = 10 m。

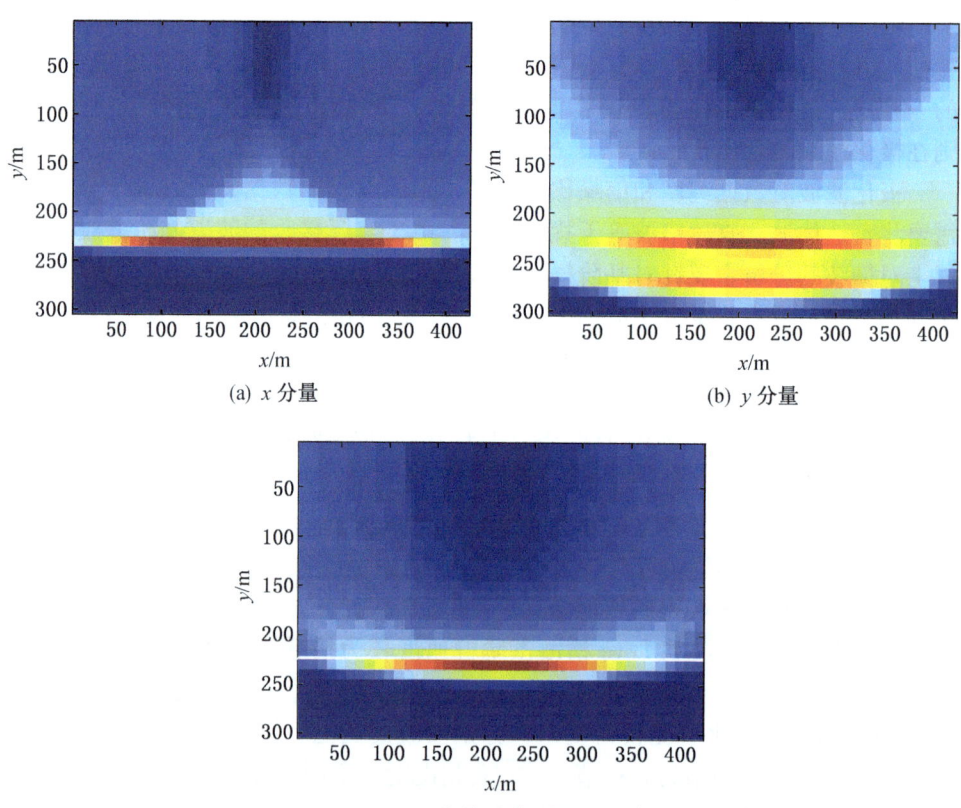

(a) x 分量

(b) y 分量

(c) z 分量(白线-断层)

图 5-17 含平行巷道断层模型单分量绕射偏移成像

单分量成像中，x 分量成像效果最好，能量较为聚焦，断层两边成像较清楚；z 分量次之，断层中间部分成像较好，断层两边部分较差，形成盲区；由于基阶 Rayleigh 型槽波遇到断层时除了产生基阶 Rayleigh 型槽波还产生转换的一阶 Rayleigh 型槽波，一阶 Rayleigh 型槽波的水平分量主要分布在模型的 y 轴方向上，y 分量接收到的一阶 Rayleigh 型槽波的大部分，x 分量接收到的少，主要是基阶 Love 型槽波，一阶 Rayleigh 型槽波在煤层中央位置 z 分量值为零。

断层位置在 $y=225$ m 处，浅色条带靠近巷道一侧的边缘为断层位置，所以画断层时位置应选在此处。

z 分量含 Rayleigh 型槽波，x 和 y 分量含 Love 型槽波，从成像图上看 Love 型槽波成像质量更好一些。

2. 散射波成像（图 5-18）和极化偏移成像（图 5-19）

由于 z 分量包含全部的 Rayleigh 型槽波，而 x 分量只包含 Love 型槽波的一部分，所以对 z 分量进行散射波成像更有典型性。

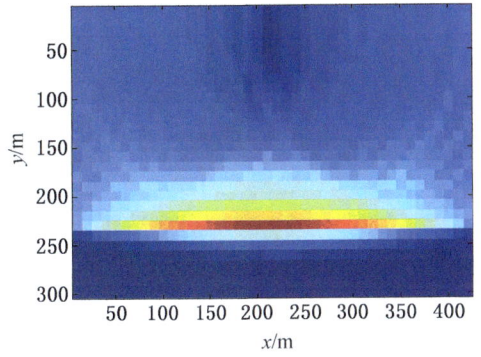 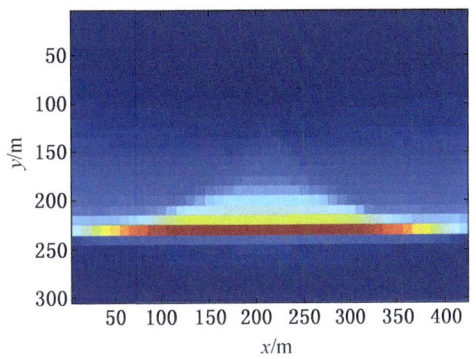

图 5-18　含平行巷道断层模型
z 分量散射波成像

图 5-19　含平行巷道断层模型
Love 型槽波极化偏移成像

x、y 分量包含 Love 型槽波，对这两分量进行极化偏移成像。

z 分量散射成像结果比 z 分量的绕射成像效果好，断层两边更清晰，能量分布较均匀。Love 槽波极化偏移成像和 x 分量的绕射成像效果近似，因为对于平行巷道断层 x 分量占 Love 型槽波的大部分，y 分量占比小，所以两者相近。

总的来说，对于这种理想的平行巷道断层模型，各个方法都能取得不错的效果。

5.5.2　含 30°倾斜断层的反射槽波成像

1. 单分量绕射偏移成像（图 5-20）

先对各单个分量进行成像,由于倾斜断层比平行巷道断层稍微复杂些,将成像网格化大小改为 dx = 5 m、dy = 5 m。

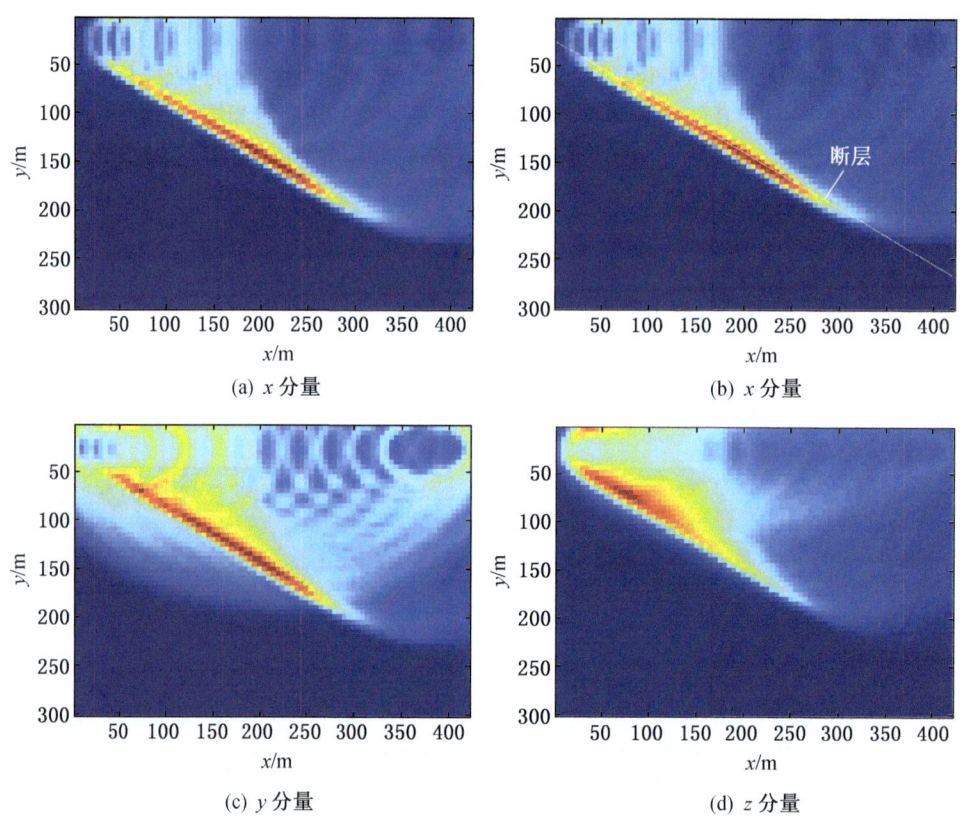

图 5 - 20 含倾斜断层模型单分量绕射偏移成像

各分量绕射波成像基本和断层位置一致,断层区域条带较平行巷道断层成像稍差,能量聚焦性稍差,覆盖次数对成像结果影响较大,断层远端覆盖次数少,形状不清晰。

x 分量成像质量很好,断层中间段能量强,和 z 分量成像很不一样;y 分量效果次之,巷道附近的噪声稍大;z 分量效果一般,聚焦性稍差,断层远端能量弱。x 分量中含 Love 型槽波多,能量更为聚焦,由于 x 分量在断层距炮点最近的地方接收能量弱(图 5 - 21),稍远位置能量强,造成靠近巷道的断层部分能量稍弱,而断层中央能量强,z 分量与之相反。总体上,x、y 分量的 Love 型槽波要比 z 分量的 Rayleigh 型槽波成像效果好。

z 分量左上角有一小片区域，x、y 分量在此区域干扰也较大，由于巷道在 $y=21\sim25$ m 之间，成像时此区域和断层与巷道成镜像分布，同样会成为异常区域，这是绕射法自身不能分辨方向的缺点。由于检波器布置在巷道一侧，接收的反射波来自同一侧的断层，所以绕射波的这一缺点对槽波巷道侧帮反射法不存在影响。

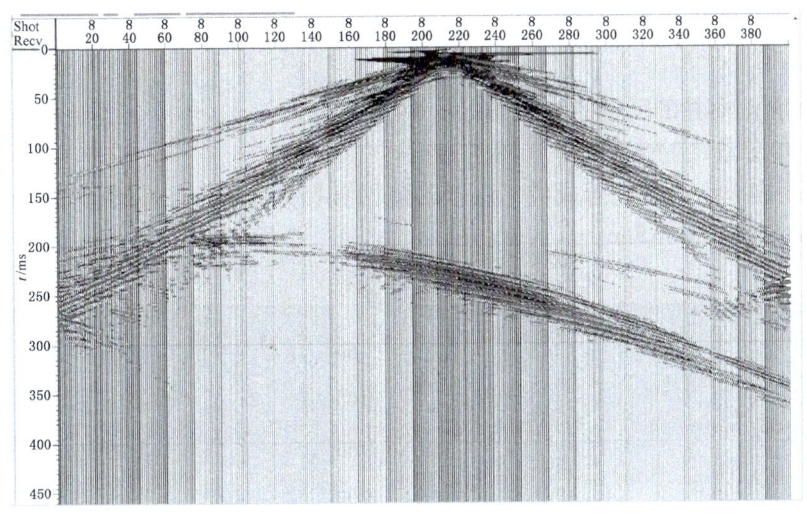

图 5-21　含倾斜断层模型 x 分量单炮记录

2. 散射波成像（图 5-22）和极化偏移成像（图 5-23）

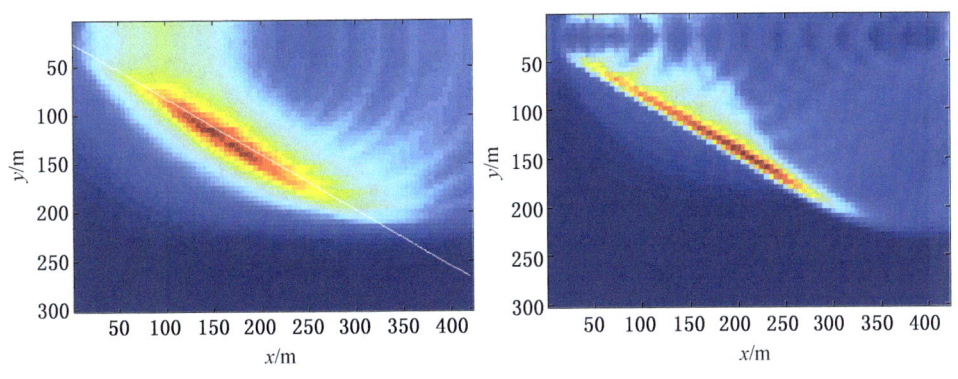

图 5-22　含倾斜断层模型 z 分量　　　图 5-23　含倾斜断层模型 Love 型
　　　　　散射波成像　　　　　　　　　　　　　槽波极化偏移成像

由于 z 分量包含全部的 Rayleigh 型槽波，而 x 分量只包含 Love 型槽波的一部分，所以对 z 分量进行散射波成像更有典型性。

x、y 分量包含 Love 型槽波，对这两分量进行极化偏移成像。

z 分量散射波成像比 z 分量的绕射成像效果更好，能量分布较均匀，绕射波成像只是在覆盖次数多的地方能量强，主要分布在断层巷道头一端，但是散射波成像断层范围宽，精度稍低。

Love 波极化偏移成像效果较好，和 x 分量绕射成像效果相近，且噪声相比更少。

5.5.3 含陷落柱的反射槽波成像

1. 单分量绕射偏移成像（图 5-24）

先对各单个分量进行成像，由于陷落柱直径只有 30 m，将成像网格化大小改为 $dx = 5$ m、$dy = 5$ m。

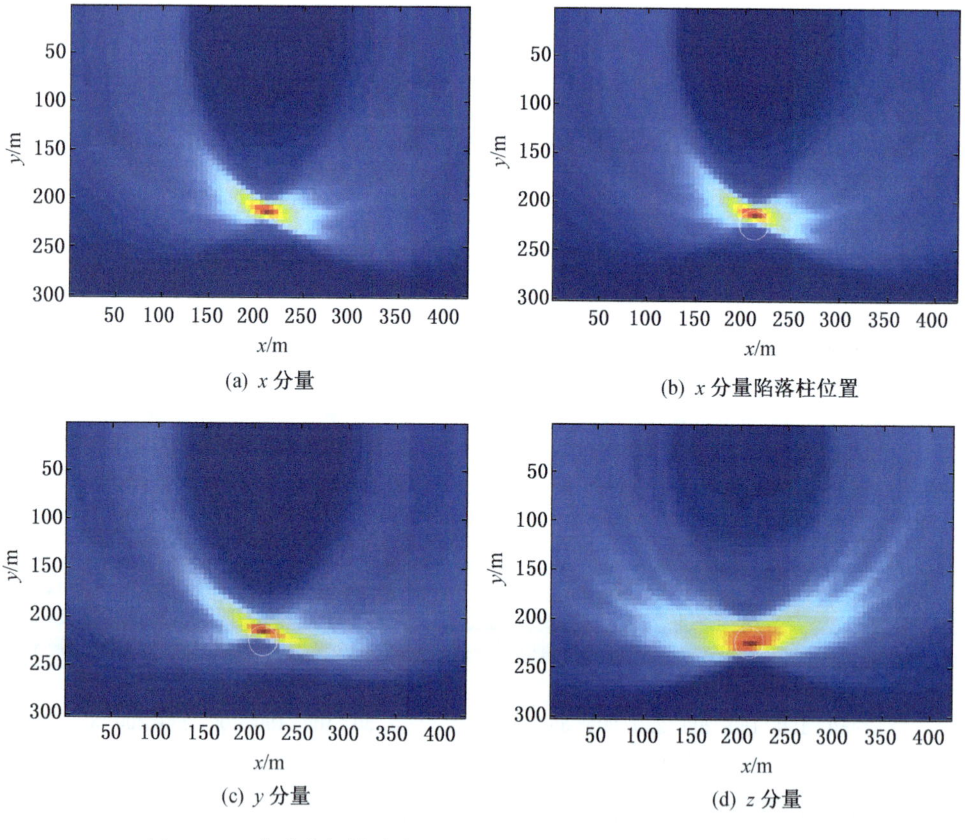

图 5-24 含陷落柱模型单分量绕射偏移成像（白圈表示陷落柱）

各个分量都能将陷落柱成像出来，位置基本正确，但是由于陷落柱反射槽波能量弱，整体噪声太大，成像图都有拖曳尾巴存在。x 分量效果较好，能量较为集中；y 分量能量集中，但是噪声大，有效能量弱；z 分量聚焦性稍差，这和槽波记录一致。槽波记录中 x 分量最强，z 分量次之，y 分量最弱。由于反射位置在陷落柱边界，所以确定陷落柱位置时需定在区域边缘。另外，成像图中异常范围比真实陷落柱稍大，解释时需注意。

2. 散射波成像（图 5-25）和极化偏移成像（图 5-26）

对 z 分量进行散射波成像，对 x、y 分量进行 Love 型槽波极化偏移成像。

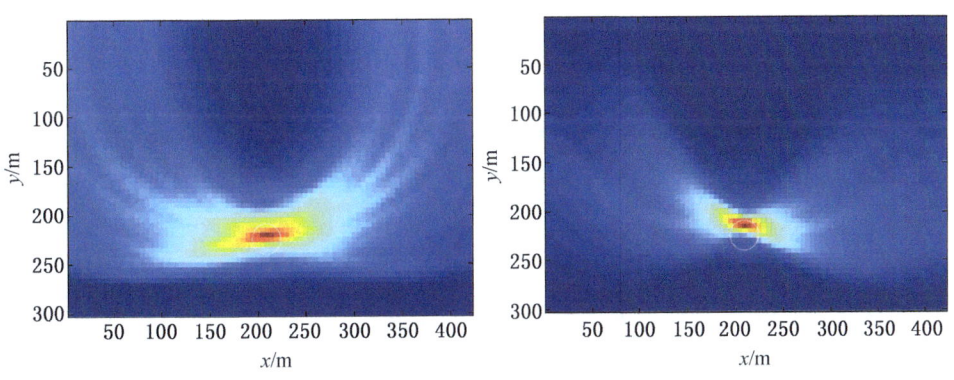

图 5-25　含陷落柱模型 z 分量　　　　图 5-26　含陷落柱模型 Love 型
　　　　　散射波成像　　　　　　　　　　　　　槽波极化偏移成像

z 分量散射波成像比 z 分量的绕射波成像效果好，能量更为聚焦，Love 槽波极化偏移成像效果和 x 分量相似，但是比 x 分量噪声小，是所有成像中效果最好的。

虽然上述方法都将陷落柱成像出来，但是理论数据的反射槽波能量尚且如此弱，实际煤层吸收衰减更大，反射槽波很可能接收不到，所以并不能认为一定能将陷落柱用反射方法探测到，只能说存在这种可能性。

5.5.4　巷道两侧含断层的反射槽波成像

1. 单分量绕射偏移成像（图 5-27）

先对各单个分量进行成像，将成像网格化大小改为 $dx = 10\ m$、$dy = 5\ m$。

各个分量基本都能将断层 1 成像出来，位置正确，但是断层 2 没有反应，说明另一边的断层对成像影响很小，反射槽波探测的主要是测线这一侧的构造。在 $y = 275\ m$ 处，成像图上呈现另一断层异常，这是断层 1 相对巷道测线的镜像，

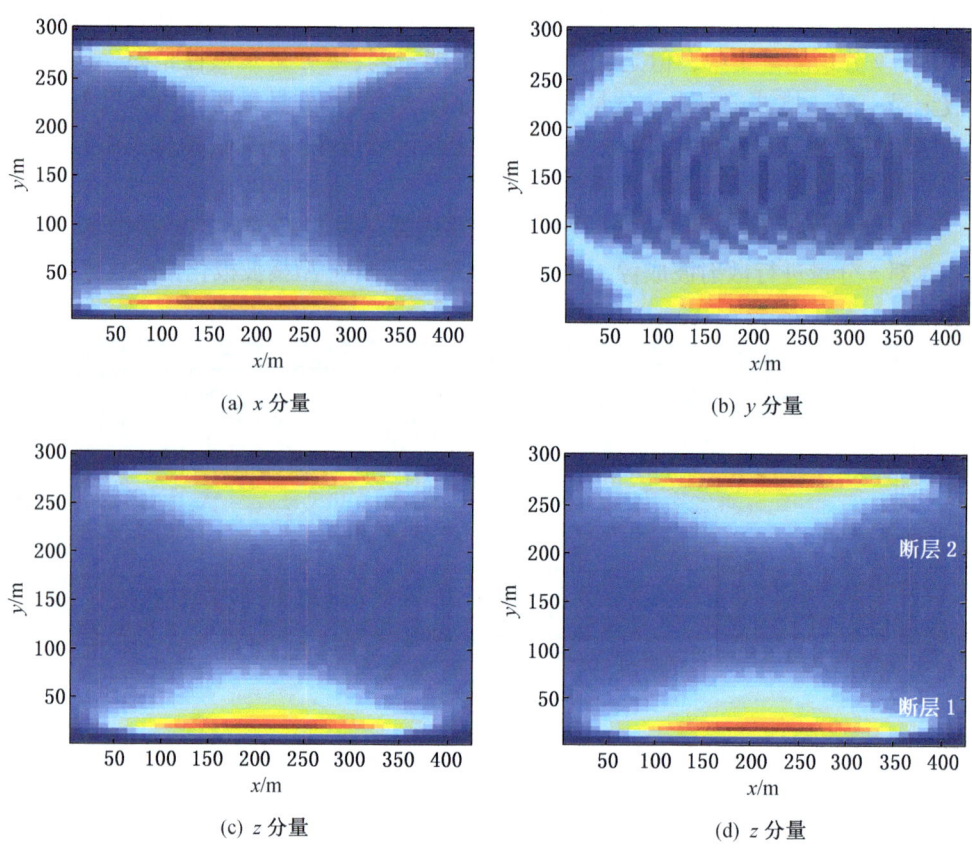

图 5-27 巷道两侧含断层模型单分量绕射偏移成像

绕射偏移方法用的是速度和空间距离计算，此位置能量叠加效果和 $y = 25$ m 处能量叠加等效，所以和断层 1 相对于测线呈镜像对称。x 分量效果最好，能量较为集中，断层边缘处盲区短；z 分量相对 x 分量断层边缘盲区稍长；y 分量成像断层长度较短，而且噪声大，成像效果最差，接收的反射槽波能量较弱。

2. 散射波成像（图 5-28）和极化偏移成像（图 5-29）

对 z 分量进行散射波成像，对 x、y 分量进行 Love 型槽波极化偏移成像。

z 分量散射波成像和 z 分量的绕射波成像效果基本差不多，Love 型槽波极化偏移成像效果和 x 分量相似，但是比 x 分量噪声小，是所有成像中最好的。

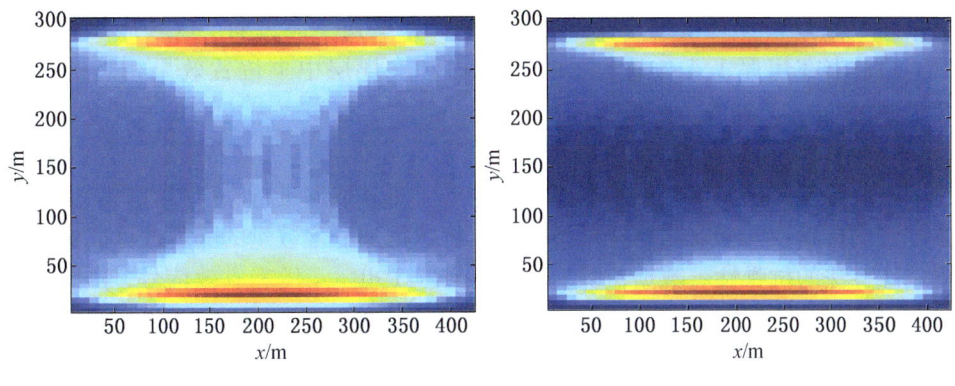

图 5-28　巷道两侧含断层模型　　　　图 5-29　巷道两侧含断层模型
　　　　 z 分量散射波成像　　　　　　　　　　　　　Love 型槽波极化偏移成像

5.5.5　煤厚四分之一位置槽波极化偏移成像

检波器安装在煤层中央位置最好处，Rayleigh 型槽波全部分布在 z 分量上，但是实际工作中，很多地区的煤层较厚，比如 10 m、20 m，巷道不是岩煤层中央掘进，很多沿煤层底部掘进，检波器只能就近安放，这样波场就较为复杂，Rayleigh 型槽波分布在三个分量上。以检波器在煤厚 1/4 位置作为一典型实例，研究此时的 Rayleigh 型槽波极化偏移成像。

以含 30°倾斜断层模型的反射槽波记录为例，取极化率（即短轴比长轴）范围为 0.3~0.4 进行偏移成像。成像结果为（图 5-30）：与 5.5.2 中测线在煤层中央的结果对比，此成像结果更好，能量聚焦，远端能量弱、近端能量强，能量

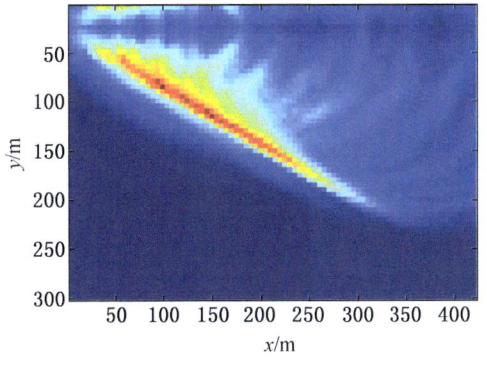

图 5-30　煤厚四分之一位置 Rayleigh 槽波极化偏移成像

分布与覆盖次数成正比，符合实际情况，说明 Rayleigh 型槽波受波传播角度影响小，而不像 Love 型槽波的某些角度能量强，某些角度能量弱。取合适的极化参数，检波器在煤厚 1/4 位置也一样能取得和在煤层中央位置效果相近的成像结果。

5.5.6　噪声对成像方法的影响

由于陷落柱模型接收到的反射槽波很弱，用其数据进行噪声测试更能反映成像方法的抗噪性。选取陷落柱模型数据，将数据加一定数量的噪声进行成像，分析成像方法的抗噪性。数据信噪比定为 $SNR = 1$ dB，s 代表有效信号，n 代表噪声，$SNR = 10 * \log 10(s/n)$，即 $s/n = 0.79$，整体噪声较大（图 5 – 31）。

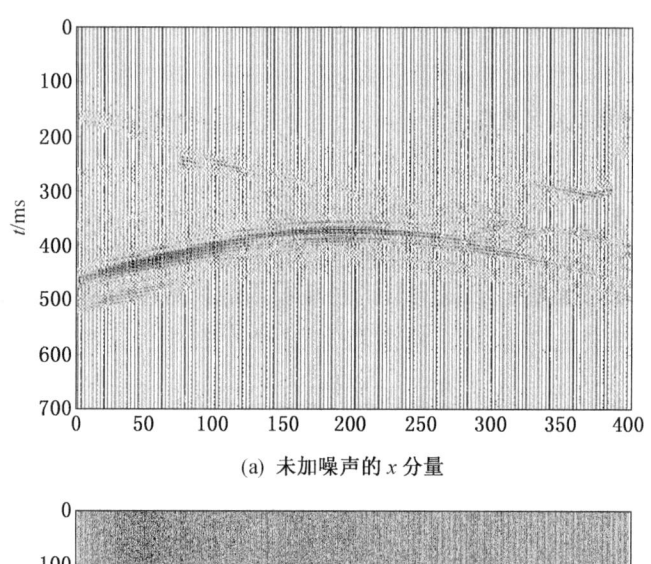

(a) 未加噪声的 x 分量

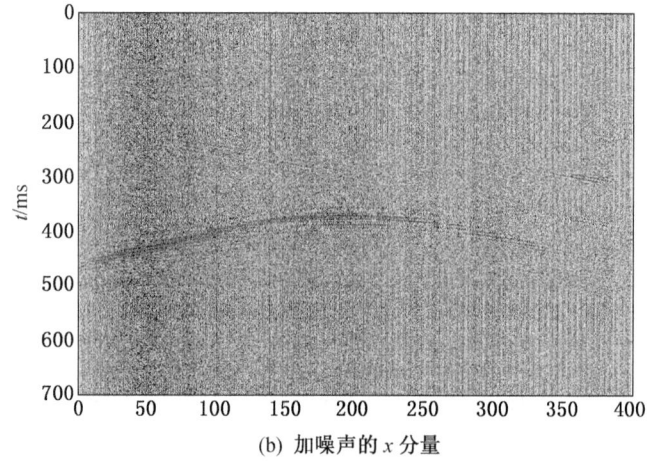

(b) 加噪声的 x 分量

图 5 – 31　加噪声的 x 分量单炮记录

对加噪声的数据应用各种方法进行成像（图 5-32）。

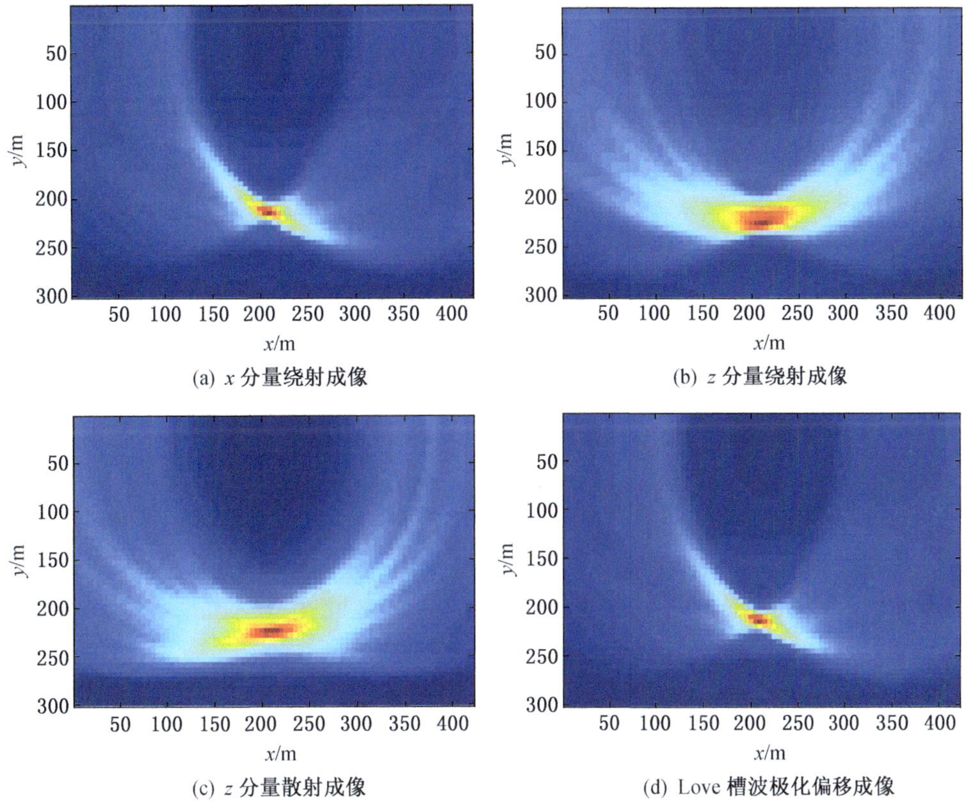

(a) x 分量绕射成像

(b) z 分量绕射成像

(c) z 分量散射成像

(d) Love 槽波极化偏移成像

图 5-32 含陷落柱模型加噪声成像

加噪声数据成像图整体上和原来成像结果类似，图上噪声稍微大一点，但是不明显。所以，各成像方法对噪声的抗干扰能力还是较强的，对噪声比较大的实际数据有较好的适用性。

5.5.7 P 波与 S 波偏移成像讨论

目前，一些文献研究了采用来自围岩的折射 P 波、折射 S 波及煤层的直达 P 波、直达 S 波进行成像，并用二维模型数值模拟的数据进行成像，或者对实际数据进行了成像尝试。二维平面模型上，煤层直达 P 波、直达 S 波很清晰，由于不是三维模型，没有折射 P 波、折射 S 波和槽波，对其成像可以得到较好的偏移结果。

图 5-33 是上述平行巷道断层三维煤层模型模拟的 y 分量单炮记录，可以看

到不同阶的槽波和来自煤层的直达 P 波，但是其能量比槽波小很多，x 分量基本上看不清，记录上基本看不到折射 P 波、折射 S 波和煤层直达 S 波，直达 S 波由于速度和槽波接近，可能被槽波湮没。显然只能用煤层直达 P 波进行成像，其他波不能被利用。但是，直达 P 波能量弱，效果当然不如槽波，成像时需要将其他波分离，可以用极化滤波进行波场分离，但是实现起来比较复杂，性价比不高。

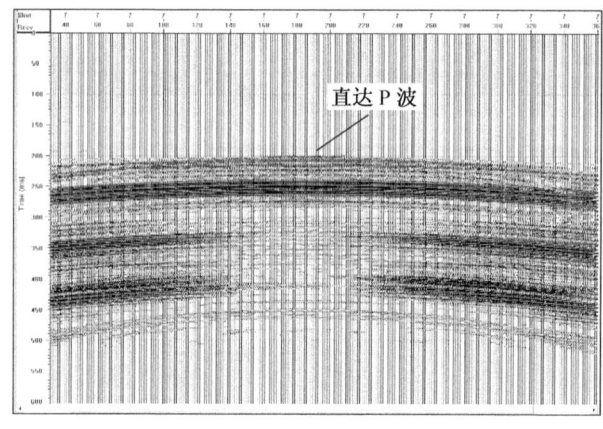

(a) y 分量单炮记录

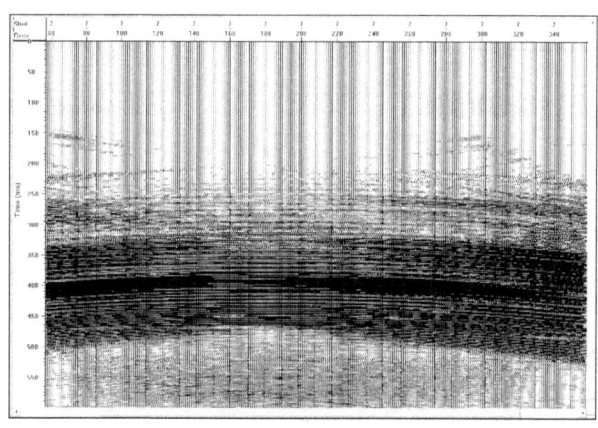

(b) x 分量单炮记录

图 5-33　平行巷道断层模型 x、y 分量单炮记录（去除直达波）

本章研究了各种偏移方法，指出了它们对槽波的适用性，并做部分改进使之适于槽波偏移。对第 4 章模拟的含平行巷道断层、含 30°倾斜断层、含 30 m 陷落柱和巷道两侧含断层模型模拟记录，分别用不同的方法进行成像，分析比较不同的方法效果，得到以下结论：

（1）槽波绕射波偏移方法，相对地面地震绕射波偏移法有独特的优势。煤层槽波只有一个速度，速度基本恒定，没有地面地震复杂；槽波在煤层中传播，近似二维平面，不需要三维模型，计算简单。

（2）槽波是叠加干涉波，与 Kirchhoff 积分公式的假设不符，不能直接应用 Kirchhoff 偏移方法，可以更改一些加权系数使之适应槽波偏移。在槽波绕射叠加时，设置槽波振幅加权因子，保留 $\cos\theta$ 为倾斜因子，振幅随距离衰减的因子改为槽波的衰减系数 $R^{-5/6}$，相当于对槽波振幅进行了保幅处理。

（3）基于等效偏移距的散射波成像方法能够提高信噪比，对初始速度敏感度低，比较适用于信噪比低的实际槽波数据，但有时效果也可能不太好。

（4）槽波极化偏移是应用极化滤波将波场分离为 Love 型槽波和 Rayleigh 型槽波两个波场，对分离出 Love 型槽波和 Rayleigh 型槽波，再分别应用绕射波偏移成像。对 Rayleigh 型槽波，处于煤层不同位置的极化情况并不相同，在煤层中心处基阶槽波只有 z 分量，水平分量为零，为垂直方向的线性极化，在其他位置为不同程度的椭圆极化，在煤层四分之一处椭圆率最大。实际槽波探测中，将检波器安置在煤层中央，Rayleigh 型槽波全部分布在 z 分量，Love 型槽波全部分布在 x、y 分量，不用单独再做波场分离，是最适宜的安装位置。只应用 Rayleigh 型槽波时，可在煤层中央只采集 z 分量，单分量即可而不用三分量，节省工作量。

（5）由于 Rayleigh 型槽波和 Love 型槽波基阶 Airy 相速度很接近，很可能混在一起。当 Rayleigh 型槽波和 Love 型槽波混在一起时，质点振动将不是线性或椭圆极化，不能直接根据偏振特性进行波场分离，需要根据一些槽波特征来分开两者。同一位置某一阶的 Rayleigh 型槽波的椭圆极化率固定，根据这一点可求出波的传播方向，进而分离出两种槽波，再进行绕射偏移。

（6）对于含平行巷道断层反射槽波模型，单分量绕射波成像时 x 分量成像效果最好，能量较为聚焦，z 分量次之，断层中间部分成像较好，断层两边部分较差。Love 型槽波比 Rayleigh 型槽波成像质量好，z 分量散射成像比 z 分量的绕射成像效果好。Love 型槽波极化偏移成像和 x 分量的绕射成像效果近似，因为对于平行巷道断层 x 分量占 Love 型槽波的大部分。总之，对于简单的平行巷道断层模型，各个方法都能取得不错的效果。

（7）对于含 30°倾斜断层的反射槽波模型，x 分量成像质量很好，y 分量效果次之，巷道附近的噪声稍大，z 分量效果一般，聚焦性稍差，断层远端能量弱。Love 型槽波要比 Rayleigh 型槽波成像效果好。z 分量散射波成像比 z 分量的绕射成像效果好，但是散射波成像范围宽，精度稍低。Love 型槽波极化偏移成像效果最好。检波器在煤厚四分之一位置时，取极化率范围 0.3~0.4 成像效果好。

（8）对于含 30 m 陷落柱的反射槽波模型，陷落柱反射槽波能量弱，整体噪声大，成像图有拖曳尾巴存在。x 分量效果较好，y 分量噪声大，z 分量聚焦性稍差。成像结果中异常范围比真实陷落柱稍大。z 分量散射波成像比 z 分量的绕射波成像效果好，Love 型槽波极化偏移成像效果最好。实际煤层吸收衰减更大，反射槽波探测陷落柱的难度更大。

（9）对于巷道两侧含断层模型，测线另一边的断层对成像影响很小，反射槽波探测的主要是测线这一侧的构造，但是测线一侧的断层在测线另一侧会出现一个镜像断层，这是由绕射偏移法方法本身造成的。

（10）各成像方法对噪声的抗干扰能力较强，对噪声比较大的实际数据有较好的适用性。

（11）对三维煤层模型模拟记录，含有不同阶的槽波和来自煤层的直达 P 波，但是能量比槽波小很多，基本上看不到来自折射 P 波、折射 S 波和煤层直达 S 波的反射波，所以利用反射槽波开展煤层探测最可行，其他波太弱或接收不到。

（12）本章偏移成像方法皆可用于独头巷道超前探测中。

第二部分
非弹性各向同性介质槽波特征

6 VTI 煤层介质的槽波波场与频散特征

6.1 VTI 介质的理论基础

横向各向同性介质（TI – Transversely Isotropy）具有柱对称轴，将具有垂直对称轴称为 VTI（Vertical Transversely Isotropy，简称 VTI）介质。VTI 介质一般认为是周期性薄互层（Periodic Thin Layer – PTL）形成的（图 6 – 1），是地学研究最早的一类各向异性，在地壳中特别是在沉积盆地中，细微的层状岩石将导致 PTL 各向异性。

原生结构煤可认为是 VTI 介质，VTI 介质弹性矩阵有 5 个独立弹性常数（Li 等，2011），如下：

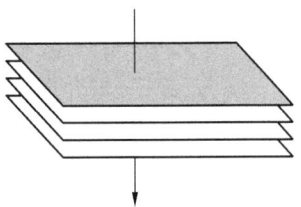

图 6 – 1 VTI 介质模型

$$\mathbf{C} = \begin{pmatrix} C_{11} & C_{12} & C_{13} & 0 & 0 & 0 \\ C_{12} & C_{11} & C_{13} & 0 & 0 & 0 \\ C_{13} & C_{13} & C_{33} & 0 & 0 & 0 \\ 0 & 0 & 0 & C_{44} & 0 & 0 \\ 0 & 0 & 0 & 0 & C_{44} & 0 \\ 0 & 0 & 0 & 0 & 0 & C_{66} \end{pmatrix} \quad (6-1)$$

$$C_{66} = \frac{C_{11} - C_{12}}{2}$$

弹性矩阵 **C** 确定了应力与应变之间的关系，但它的物理意义很不直观，由此导致波传播的相速度公式的物理意义不明确，且过于复杂。为方便理论研究和实际应用，围绕波传播的相速度公式，展现公式的物理意义，Thomsen（1986）提出了一套表征 TI 介质、弱各向异性介质弹性性质的参数，VTI 介质弹性参数与 Thomsen 参数的关系为

$$\begin{cases} v_P = \sqrt{\dfrac{C_{33}}{\rho}} \\[4pt] v_S = \sqrt{\dfrac{C_{44}}{\rho}} \\[4pt] \varepsilon = \dfrac{C_{11} - C_{33}}{2C_{33}} \\[4pt] \gamma = \dfrac{C_{66} - C_{44}}{2C_{44}} \\[4pt] \delta = \dfrac{(C_{13} + C_{44})^2 - (C_{33} - C_{44})^2}{2C_{33}(C_{33} - C_{44})} \end{cases} \quad (6-2)$$

式中　　ρ——介质密度；

v_P——qP 波（准纵波）垂直方向传播速度；

v_S——qSV 波和纯 SH 波垂直方向传播速度；

ε、γ、δ——与介质各向异性有关的 Thomsen 系数，对于各向同性介质，ε、γ、δ 为 0。ε 为纵波各向异性，是度量准纵波各向异性强度的参数，ε 越大，介质的纵波各向异性越大；δ 为纵波变异系数，表示纵波在垂直方向各向异性变化的快慢程度；γ 为横波各向异性，是度量准横波各向异性或横波分裂强度参数，SH 波的特征可用横波垂直方向速度 V_S 和参数 γ 来描述。

6.2　VTI 三层水平介质 Love 型槽波频散曲线

实际槽波探测中 Love 槽波应用较多，我们重点研究 VTI 介质 Love 槽波频散方程，以常用的三层水平介质为模型。VTI 介质具有垂直对称轴，因此水平平面为各向同性，垂直面为各向异性，而且各个方向的竖直面具有相同的各向异性性质，我们以 xoz 面为例求解 VTI 介质 Love 槽波频散曲线。

6.2.1　VTI 介质 Love 型槽波频散方程

SH 波波动方程为

$$\begin{cases} \rho \dfrac{\partial^2 v}{\partial t^2} = \dfrac{\partial \sigma_{xy}}{\partial x} + \dfrac{\partial \sigma_{yz}}{\partial z} = C_{66}\dfrac{\partial^2 v}{\partial x^2} + C_{44}\dfrac{\partial^2 v}{\partial z^2} \\[4pt] \sigma_{yz} = C_{44}\dfrac{\partial v}{\partial z} \\[4pt] \sigma_{xy} = C_{66}\dfrac{\partial v}{\partial x} \end{cases} \quad (6-3)$$

方程的平面波解为：　　$v = v_0 e^{\beta z} e^{i\omega(t - x/c_L)}$

图 6-2 是三层水平层状 VTI 介质煤层模型，上下弹性半空间为围岩。上围岩的密度、垂向横波速度、弹性参数分别为 ρ_1、v_{S1}、C_{441}、C_{661}，下围岩为 ρ_3、v_{S3}、C_{443}、C_{663}；中间低速夹层为煤层，其相应参数为 ρ_2、v_{S2}、C_{442}、C_{662}，煤层厚度为 $2d$。坐标原点位于煤层中心，z 轴垂直向下，x 轴平行于煤层顶界面。

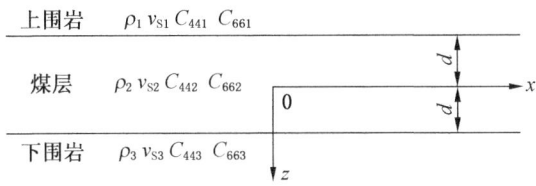

图 6-2　VTI 介质三层非对称水平层状煤层模型

VTI 三层水平介质 SH 波的位移为

$$\begin{cases} v_1 = a_3 e^{\beta_1(z+d)} e^{i\omega(t-x/c_L)} & (z < -d) \\ v_2 = (a_1 \cos\beta_2 z + a_2 \sin\beta_2 z) e^{i\omega(t-x/c_L)} & (-d \leqslant z \leqslant d) \\ v_3 = a_4 e^{-\beta_3(z-d)} e^{i\omega(t-x/c_L)} & (z > d) \end{cases} \quad (6-4)$$

式中　$e^{i\omega(t-x/c_L)}$——谐波因子，谐波因子左边部分是位移振幅；

a_1、a_2、a_3、a_4——振幅系数；

β_1、β_2、β_3——振幅随深度指数衰减的系数。

代入波动方程 (6-3)，可求得 β：

$$\begin{cases} \beta_1 = \dfrac{\omega}{\sqrt{C_{441}}}\sqrt{-\rho_1 + \dfrac{C_{661}}{c_L^2}} \\ \beta_2 = \dfrac{\omega}{\sqrt{C_{442}}}\sqrt{\rho_2 - \dfrac{C_{662}}{c_L^2}} \\ \beta_3 = \dfrac{\omega}{\sqrt{C_{443}}}\sqrt{-\rho_3 + \dfrac{C_{663}}{c_L^2}} \end{cases} \quad (6-5)$$

式中，c_L 为槽波相速度，β 为正实数，所以 $\sqrt{\dfrac{C_{662}}{\rho_2}} \leqslant c_L \leqslant \min\left(\sqrt{\dfrac{C_{661}}{\rho_1}}, \sqrt{\dfrac{C_{663}}{\rho_3}}\right)$。结合式 (6-2)，可得 $v_2\sqrt{1+2\gamma_2} \leqslant c_L \leqslant \min(v_1\sqrt{1+2\gamma_1}, v_3\sqrt{1+2\gamma_3})$。

根据边界条件，位移和应力在界面上连续：

$$\begin{cases} v_1 \big|_{z=-d} = v_2 \big|_{z=-d} \\ v_2 \big|_{z=d} = v_3 \big|_{z=d} \\ (\sigma_{yz})_1 \big|_{z=-d} = (\sigma_{yz})_2 \big|_{z=-d} \\ (\sigma_{yz})_2 \big|_{z=d} = (\sigma_{yz})_3 \big|_{z=d} \end{cases} \tag{6-6}$$

由广义胡克定律：$\sigma_{yz} = C_{44}\varepsilon_{yz} = C_{44}\dfrac{\partial v}{\partial z}$，代入式（6-6）得到振幅系数方程式：

$$\begin{cases} -\cos(\beta_2 d)a_1 + \sin(\beta_2 d)a_2 + a_3 = 0 \\ -C_{442}\beta_2\sin(\beta_2 d)a_1 + C_{442}\beta_2\cos(\beta_2 d)a_2 + C_{443}\beta_3 a_4 = 0 \\ -C_{442}\beta_2\sin(\beta_2 d)a_1 - C_{442}\beta_2\cos(\beta_2 d)a_2 + C_{441}\beta_1 a_3 = 0 \\ \cos(\beta_2 d)a_1 + \sin(\beta_2 d)a_2 - a_4 = 0 \end{cases} \tag{6-7}$$

若使方程式中 a_1、a_2、a_3、a_4 不同时为 0，则需系数行列式为 0：

$$\begin{bmatrix} -\cos(\beta_2 d) & \sin(\beta_2 d) & 1 & 0 \\ -C_{442}\beta_2\sin(\beta_2 d) & C_{442}\beta_2\cos(\beta_2 d) & 0 & C_{443}\beta_3 \\ -C_{442}\beta_2\sin(\beta_2 d) & -C_{442}\beta_2\cos(\beta_2 d) & C_{441}\beta_1 & 0 \\ \cos(\beta_2 d) & \sin(\beta_2 d) & 0 & -1 \end{bmatrix} = 0 \tag{6-8}$$

得到两个解：

$$\tan(\beta_2 d) = \dfrac{C_{443}\beta_3 C_{441}\beta_1 - C_{442}^2\beta_2^2 + \sqrt{(C_{442}^2\beta_2^2 + C_{443}^2\beta_3^2)(C_{442}^2\beta_2^2 + C_{441}^2\beta_1^2)}}{C_{442}\beta_2(C_{441}\beta_1 + C_{443}\beta_3)} \tag{6-9}$$

$$\tan(\beta_2 d) = \dfrac{C_{443}\beta_3 C_{441}\beta_1 - C_{442}^2\beta_2^2 - \sqrt{(C_{442}^2\beta_2^2 + C_{443}^2\beta_3^2)(C_{442}^2\beta_2^2 + C_{441}^2\beta_1^2)}}{C_{442}\beta_2(C_{441}\beta_1 + C_{443}\beta_3)} \tag{6-10}$$

若上、下围岩相同，三层对称模型 Love 槽波的解为

$$\tan(\beta_2 d) = \dfrac{C_{441}\beta_1}{C_{442}\beta_2} \tag{6-11}$$

$$\tan(\beta_2 d) = -\dfrac{C_{442}\beta_1}{C_{441}\beta_2} \tag{6-12}$$

式（6-12）可变为

$$\tan\left(\beta_2 d - \dfrac{\pi}{2}\right) = \dfrac{C_{441}\beta_1}{C_{442}\beta_2} \tag{6-13}$$

显然式（6-11）、式（6-13）取反正切函数后可统一为一个公式：

$$\beta_2 d = \arctan\dfrac{C_{441}\beta_1}{C_{442}\beta_2} + \dfrac{n\pi}{2} \quad (n = 0, 1, 2, \cdots) \tag{6-14}$$

当 $n=0$ 时称为基阶频散曲线，当 $n=1$ 时称为一阶频散曲线，依次类推。

更进一步，可以求出 Love 槽波的振幅深度分布，将频散曲线上的点代入方程 (6-7)，并令系数 $a_1=1$，可求出其他 3 个系数 a_2、a_3、a_4，将系数代入式 (6-4) 即是 VTI 介质 Love 槽波的振幅深度分布公式。

6.2.2　VTI 介质 Love 型槽波频散分析

群速度可由相速度推导出来（Dresen 和 Rüter，1994）。以表 6-1 中的参数为例，计算 VTI 介质和各向同性介质的 0~2 阶理论频散曲线（图 6-3），可以看到两者最大的差异是速度，各向同性介质最小速度为煤层速度 1100 m/s，VTI 介质最小速度为 1250 m/s，比各向同性介质高了约 14%。两者基阶 Airy 相中心频率相近约 150 Hz，但是高阶 Airy 相频率差异变大，VTI 介质二阶 Airy 相频率段为 440~500 Hz，而各向同性介质二阶 Airy 相频率段为 400~450 Hz。

探测煤厚时需要反演出槽波某一频率的速度在工作面内的分布，然后根据不

表 6-1　三层对称介质参数

参数	$v_S/(\mathrm{m \cdot s^{-1}})$	$\rho/(\mathrm{kg \cdot m^{-3}})$	γ
煤层	1100	1300	0.15
围岩	2000	2400	0

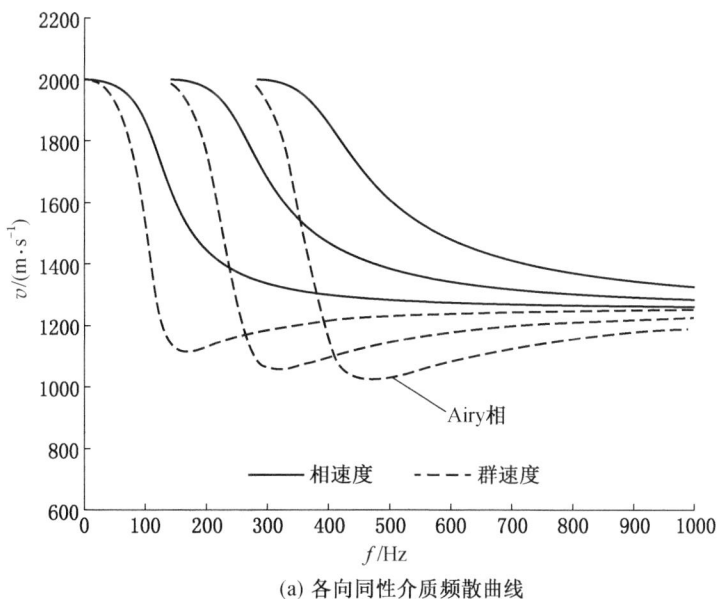

(a) 各向同性介质频散曲线

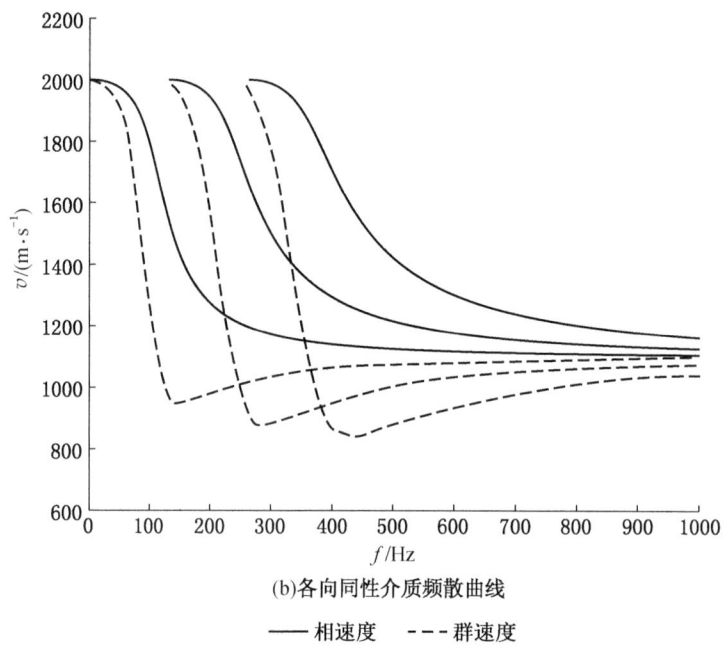

(b) 各向同性介质频散曲线

—— 相速度　--- 群速度

图6-3　VTI和各向同性介质0~2阶理论频散曲线

同煤厚的Love槽波频散曲线找出对应的煤厚（王伟等，2012；Hu等，2018）。目前所用的是各向同性介质的频散曲线，而VTI介质和各向同性介质在速度上差别较大，所以目前探测煤厚的方法存在较大误差，应采用VTI介质的频散曲线。

对于各向同性介质的Love槽波频散曲线，煤厚、煤层横波速度对频散影响最大，其他因素影响小。对VTI介质，频散公式（6-14）形式和各向同性介质基本相同，所以VTI参数影响类似各向同性介质，煤厚、煤层v_S、煤层γ对频散影响最大。由于围岩γ相对较小，影响不大。以表6-1的参数为基础，保持单一参数变化、其他参数固定来分析频散性质（表6-2），比如煤厚选择2 m、3 m、5 m和8 m 4个值，其他参数选择三维数值模拟的数值，计算出4个频散曲线（图6-4a）。因为基阶群速度Airy相对实际探测最为重要，所以主要分析基阶群速度频散曲线。

表6-2　VTI介质单一参数变化对比频散曲线

参数变化	1	2	3	4
煤厚/m	2	3	5	8
$v_S/(m \cdot s^{-1})$	800	950	1100	1250
γ	0.05	0.10	0.15	0.20

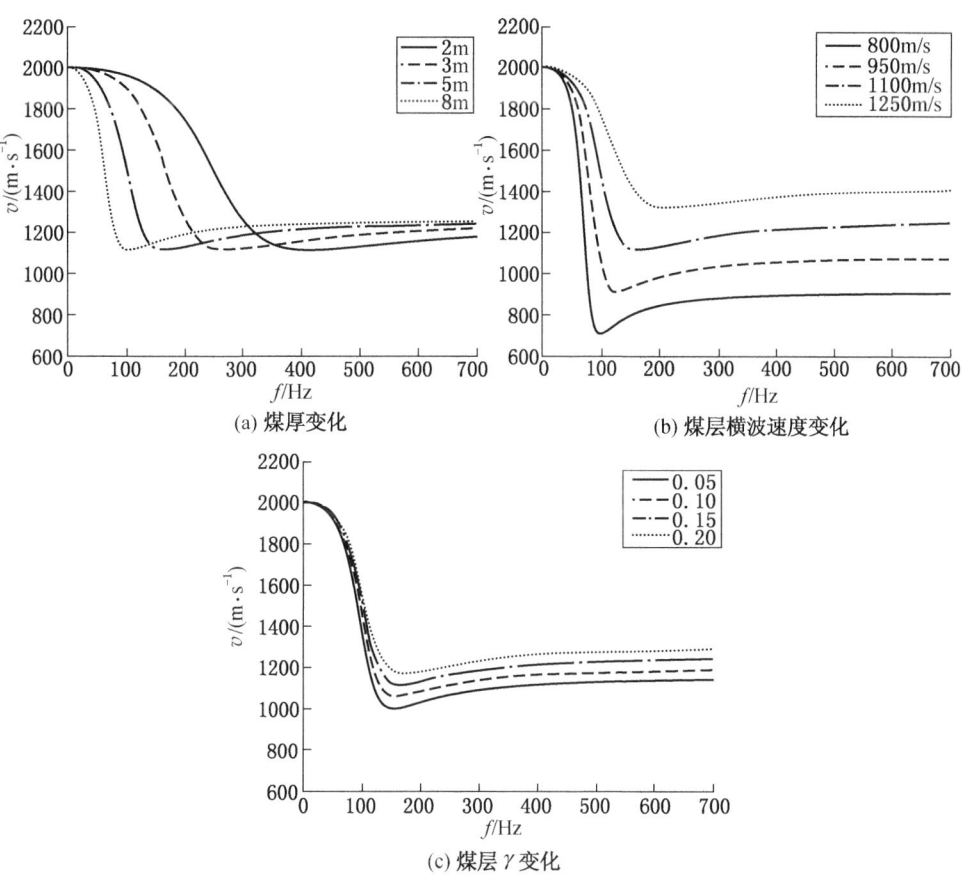

图 6-4 不同参数基阶群速度频散曲线对比

煤厚参数变化（图 6-4a）主要影响 Airy 相频率，而 Airy 相速度不变，煤厚越大 Airy 相频率越低，煤厚越小 Airy 相频率越高。8 m 煤厚 Airy 相频率约为 100 Hz，2 m 煤厚 Airy 相频率约为 400 Hz，而且频段较宽，Airy 相频率与煤厚成非线性变化。煤层 v_S 参数（图 6-4b）对 Airy 相速度影响很大，Airy 相速度从 700 m/s 变到 1300 m/s；煤层 v_S 参数对 Airy 相频率有一定影响，Airy 相频率从 100 Hz 变到 200 Hz，相比煤厚影响较小。煤层 γ（图 6-4c）主要影响 Airy 相速度，Airy 相速度从 1000 m/s 变到 1170 m/s，但没有煤层 v_S 对 Airy 相速度的影响大，煤层 γ 对 Airy 相频率的影响很小。

6.2.3 VTI 介质槽波偏振特性和振幅分布

VTI 介质 P 波偏振方向不再与波的传播方向平行而是呈一定夹角，SV 波偏振方向不再与波的传播方向垂直也是呈一定夹角,但是水平面内 SH 波的偏振方向仍然与传播方向垂直。对槽波来说,VTI 介质中的 Rayleigh 槽波偏振特性与各向同性介质有较大不同,不容易将 Rayleigh 槽波从波场中分离出来。但是,VTI 介质中的 Love 槽波偏振特性与各向同性介质相同,容易将 Love 槽波从波场中分离出来,而且同一水平面内各方向的 SH 波速度相同。所以同一高度的水平测线上 Love 槽波速度相同,从而给槽波数据处理带来很大方便,这是 Rayleigh 槽波所不具备的,推荐采用 Love 槽波进行实际探测。

根据 Love 槽波振幅求解方法,以表 6-1 作为介质参数,取相速度点 1700 m/s,频散曲线上该相速度对应的基阶频率为 112 Hz、一阶频率为 293.34 Hz、二阶频率为 456.29 Hz,计算此条件下的槽波振幅深度分布(图 6-5)。

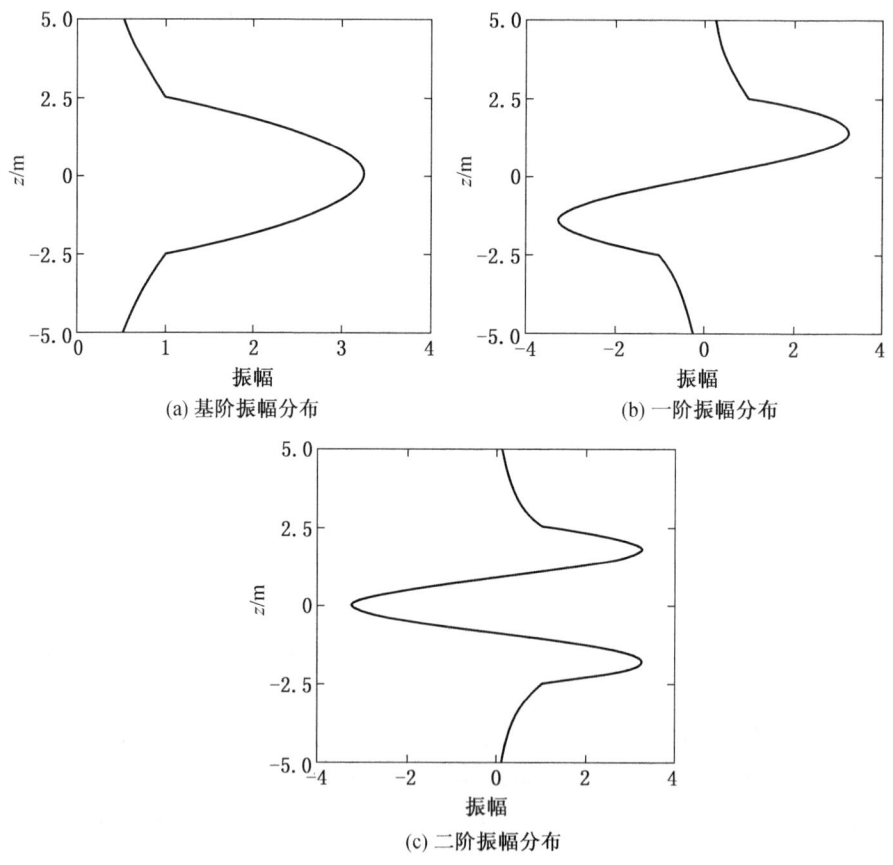

(a) 基阶振幅分布

(b) 一阶振幅分布

(c) 二阶振幅分布

图 6-5　VTI 介质 Love 槽波振幅深度分布

从图 6-5 可以看出：VTI 介质 Love 槽波具有和各向同性介质相似的振幅分布形状，即基阶和二阶槽波振幅在煤层中央位置最大，呈偶对称，而一阶槽波振幅在煤层中央位置为 0，在距顶（底）板 1/4 煤厚位置最大，呈奇对称。

6.3 VTI 介质三维槽波数值模拟

6.3.1 VTI 介质一阶速度—应力弹性波方程

为了防止对位移计算二阶导数，引进质点振动速度 V_x、V_y、V_z 变量，即位移的一阶导数，使计算简化。在没有受到外力影响或外力消失之后，可获得一阶速度—应力弹性波方程：

$$\begin{cases}
\dfrac{\partial \sigma_{xx}}{\partial t} = C_{11}\dfrac{\partial V_x}{\partial x} + (C_{11} - 2C_{66})\dfrac{\partial V_y}{\partial y} + C_{13}\dfrac{\partial V_z}{\partial z} \\[4pt]
\dfrac{\partial \sigma_{yy}}{\partial t} = C_{11}\dfrac{\partial V_y}{\partial y} + (C_{11} - 2C_{66})\dfrac{\partial V_x}{\partial x} + C_{13}\dfrac{\partial V_z}{\partial z} \\[4pt]
\dfrac{\partial \sigma_{zz}}{\partial t} = C_{33}\dfrac{\partial V_z}{\partial z} + C_{13}\dfrac{\partial V_x}{\partial x} + C_{13}\dfrac{\partial V_y}{\partial y} \\[4pt]
\dfrac{\partial \tau_{yz}}{\partial t} = C_{44}\left(\dfrac{\partial V_y}{\partial z} + \dfrac{\partial V_z}{\partial y}\right) \\[4pt]
\dfrac{\partial \tau_{xz}}{\partial t} = C_{44}\left(\dfrac{\partial V_x}{\partial z} + \dfrac{\partial V_z}{\partial x}\right) \\[4pt]
\dfrac{\partial \tau_{xy}}{\partial t} = C_{66}\left(\dfrac{\partial V_x}{\partial y} + \dfrac{\partial V_y}{\partial x}\right)
\end{cases} \quad (6-15)$$

应用交错网格高阶有限差分方法，对三维 VTI 介质一阶速度—应力弹性波方程实现离散化，从而实现波场数值模拟。本文采用交错网格高阶有限差分法来模拟三维煤层槽波，对巷道自由界面采用镜像法处理（姬广忠等，2012），边界吸收采用完全匹配层方法。

6.3.2 VTI 介质三维槽波数值模拟

三维槽波地震数值模拟的模型（图 6-6）在 xyz 方向的大小为 200 m × 200 m × 25 m，中间为煤层，煤厚 5 m，两边是岩性相同的围岩，xyz 方向的网格大小为 1 m × 1 m × 0.25 m，时间采样间隔 dt = 0.05 ms。取煤层纵波速度 1900 m/s，横波速度 1100 m/s，密度 1300 kg/m³，ε、δ、γ 分别为 0.1、-0.1、0.15；顶（底）板围岩纵波速度 3500 m/s，横波速度 2000 m/s，密度 2400 kg/m³，ε、γ、δ 都为 0，为各向同性介质。巷道有两条，一条在 x = 11 ~ 15 m、y = 10 ~ 190 m、z = 11 ~ 14 m 处，另一条在 x = 186 ~ 190 m、y = 10 ~ 190 m、z = 11 ~ 14 m 处，巷道

断面 4 m×3 m，巷道的介质设为真空。测线 1（$x=185$ m，$z=12.5$ m）在右边的巷道壁上，测线 2（$y=100$ m，$z=12.5$ m）过炮点（图 6-6b 中黑线）。炮点位置在煤层中央，水平坐标为 $x=16$ m、$y=100$ m，如图 6-6b 中圆圈所示，震源采用主频 150 Hz 雷克子波，纵波激发。

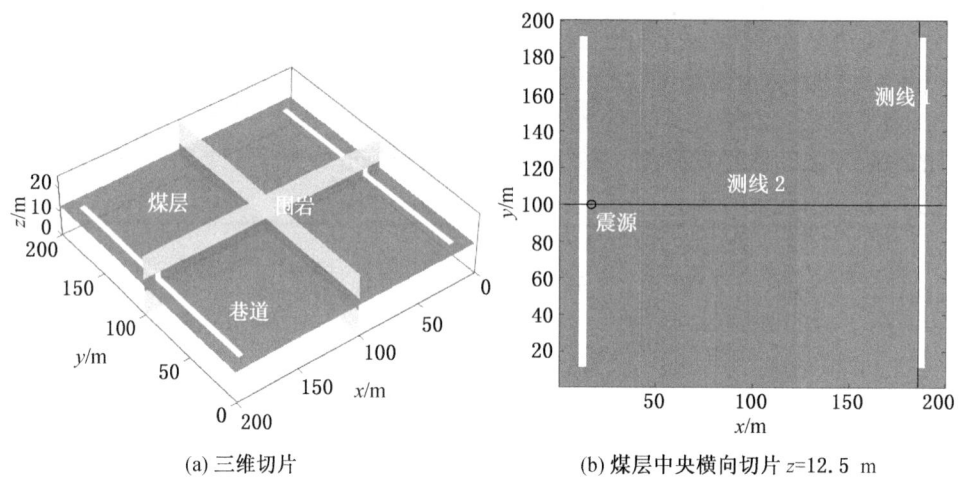

(a) 三维切片　　　　　　　　　　(b) 煤层中央横向切片 $z=12.5$ m

图 6-6　含巷道煤层工作面模型

图 6-7 是 60 ms 时的波场快照，传播在最前面的是折射纵波，后面能量次强的是高阶 Rayleigh 型槽波，速度最慢、能量最强的是基阶槽波。在巷道壁上产生巷道型槽波，比常规槽波慢。z 分量槽波比 xy 分量慢。

图 6-8 是测线 1 的槽波记录，接收的是穿过工作面的透射波。可以看出：基

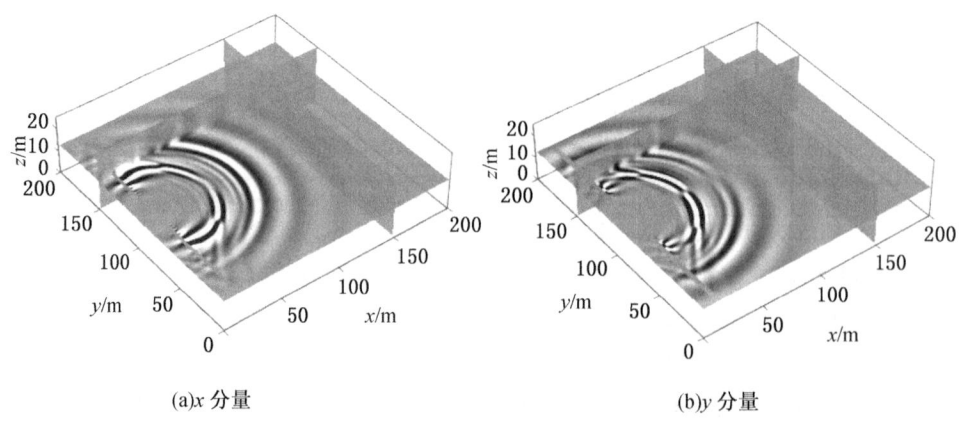

(a) x 分量　　　　　　　　　　　(b) y 分量

6　VTI 煤层介质的槽波波场与频散特征

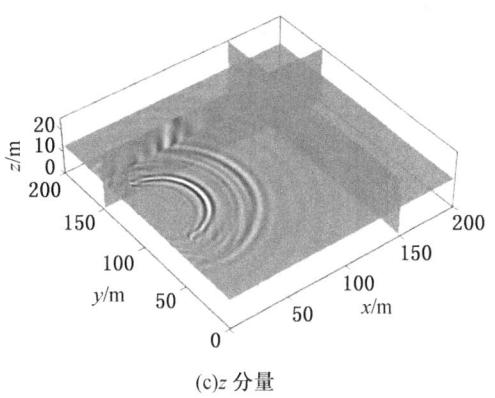

(c)z 分量

图 6-7　60 ms 波场快照

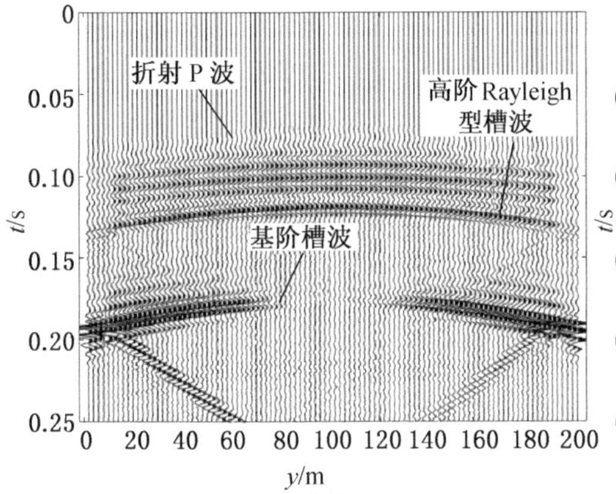

(a)x 分量 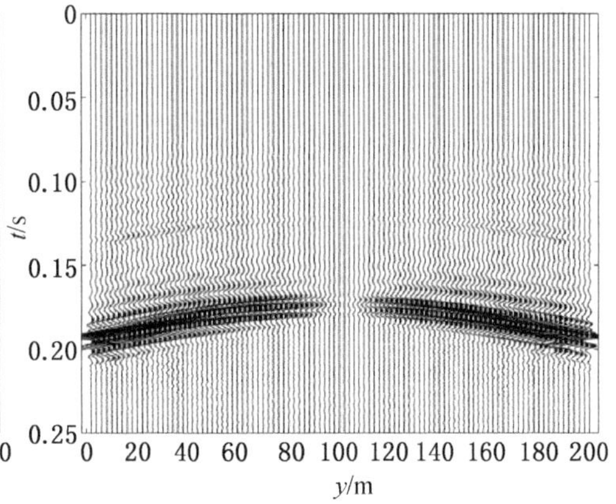　　　(b)y 分量

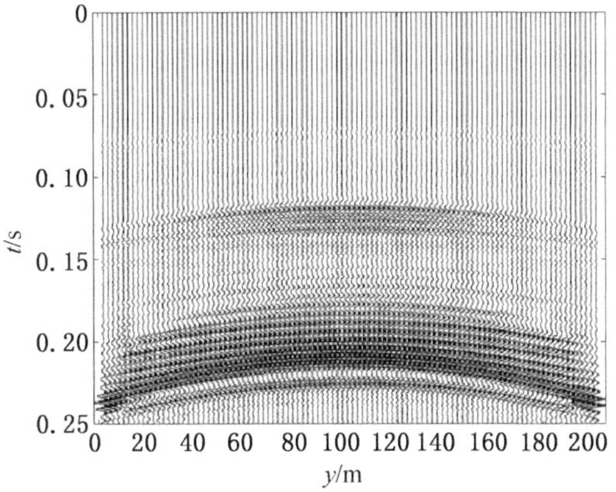

(c)z 分量

图 6-8　VTI 介质测线 1 的槽波记录

阶槽波能量最强，速度最慢；次强的是高阶 Rayleigh 型槽波，x、y 分量基阶槽波速度比 z 分量快，群速度约为 1100 m/s，包含 Love 槽波和 Rayleigh 槽波，能量较为集中。z 分量基阶槽波能量较为分散，为 Rayleigh 槽波，不包含 Love 槽波。xy 分量在测线中间部分能量小、两侧大，这是由于震源激发时受到了巷道的影响，影响了各方向的能量分布。

取测线 2 的分量槽波记录进行频散分析。由于测线 2 穿过震源，测线 2 的 y 分量显然只含有 Love 型槽波，不包含 Rayleigh 槽波。采用二维傅里叶变换，将槽波转化到 V–f 域，提取槽波频散图（图 6–9b）。图 6–9b 中主要是基阶 Love 槽波相速度频散曲线，能量集中在 150~250 Hz，速度范围在 1250~2000 m/s；若是各向同性介质，最小速度应为煤层速度 1100 m/s，差别较大。

将煤层 VTI 介质换为各向同性介质。各向同性介质测线 1 的槽波记录（图 6–10）和 VTI 介质整体波场相似，但是速度差异较大，各向同性介质速度比 VTI 介质慢，xy 分量基阶槽波群速度为 950 m/s，而 VTI 介质为 1100 m/s。另外，各向同性介质高阶 Rayleigh 槽波能量比 VTI 介质强。测线 2 的频散图（图 6–11b）上能够清晰地反映各向同性介质和 VTI 介质的速度差异，VTI 介质最小相速度为 1250 m/s，而各向同性介质是 1100 m/s，差异较大。从频散图的能量谱来看，两者的能量相近，各向同性介质能量略高，这说明 VTI 介质对槽波能量改变很小。

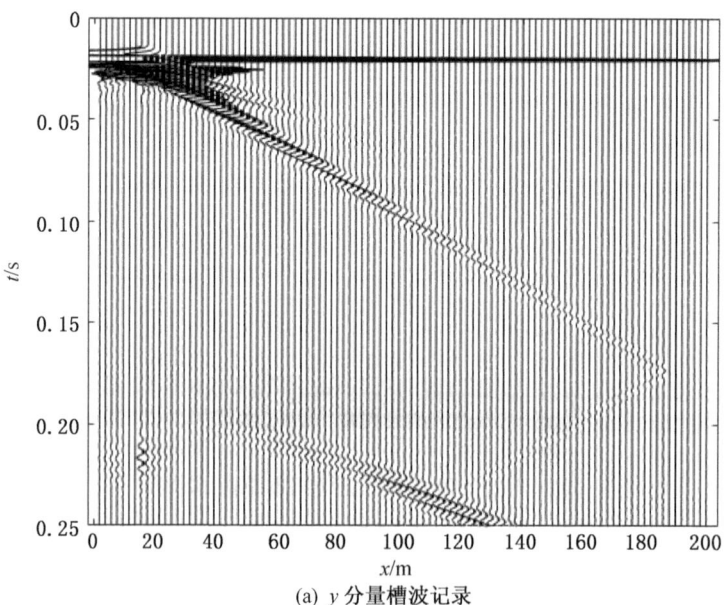

(a) y 分量槽波记录

6 VTI 煤层介质的槽波波场与频散特征

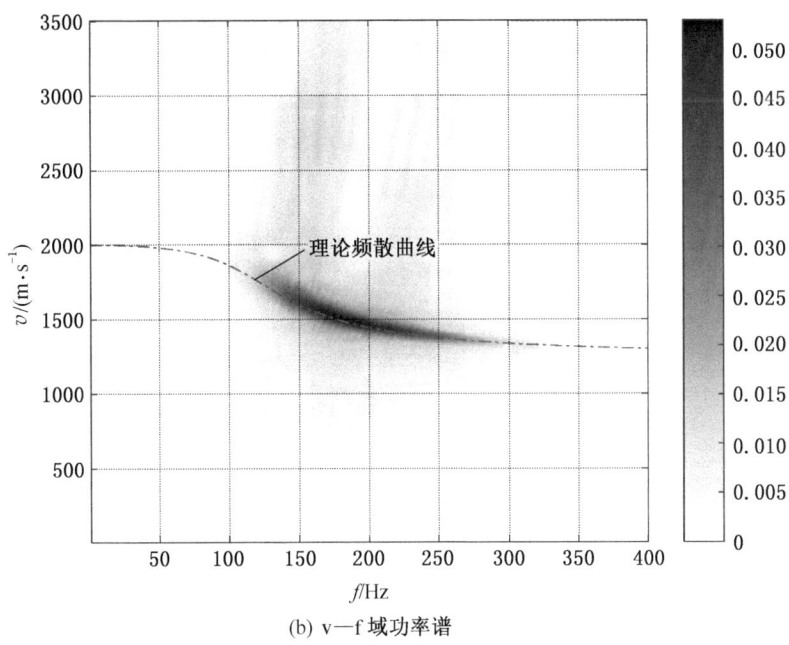

(b) v—f 域功率谱

图 6-9 VTI 介质测线 2 上 y 分量槽波记录及其 v—f 域功率谱

通过模拟三维 VTI 煤层介质中的槽波波场，分析 VTI 煤层介质的 Love 型槽波频散性质，得出以下结论：

(1) VTI 介质中 qP 波、qSV 波偏振方向不再平行或垂直波传播方向，因而 Rayleigh 槽波偏振特性发生较大变化，但 VTI 介质中水平平面仍是各向同性，SH 波偏振方向仍然垂直波传播方向，容易提取 Love 槽波，因此 Love 槽波利于实际探测。

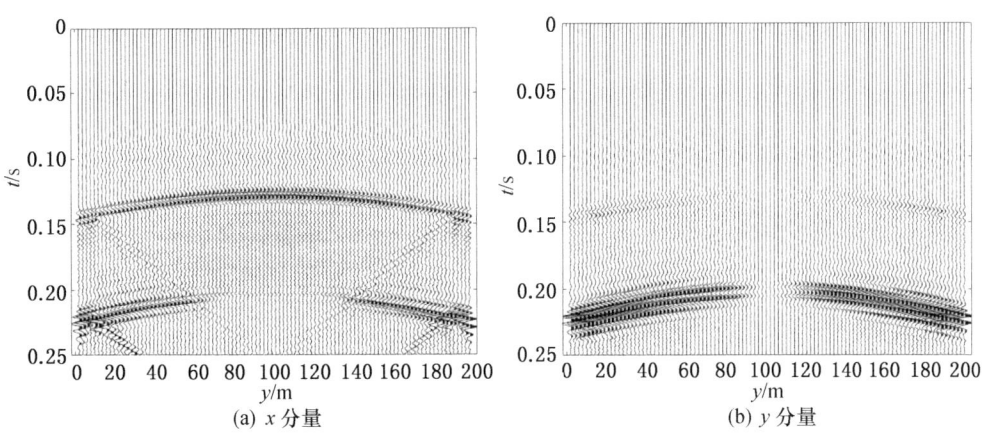

(a) x 分量 (b) y 分量

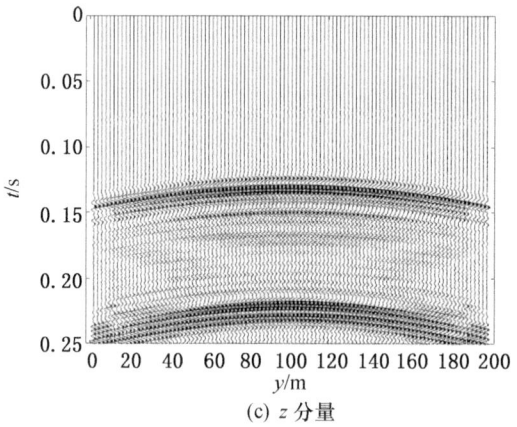

(c) z 分量

图 6-10　各向同性介质测线 1 槽波记录

（2）VTI 介质与各向同性介质 Love 槽波频散曲线差别较大。VTI 介质 Love 槽波比各向同性介质速度大，但两者基阶 Airy 相频率相近。煤厚主要影响 Airy 相频率，而 Airy 相速度不变；煤层 v_S 对 Airy 相速度影响很大；煤层 γ 主要影响 Airy 相速度，对 Airy 相频率的影响很小。在振幅深度分布上，VTI 介质 Love 槽波具有和各向同性介质相似的振幅分布形状。

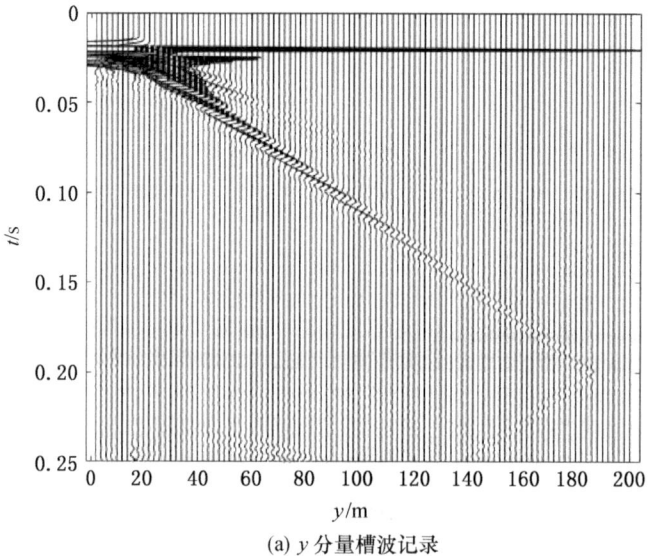

(a) y 分量槽波记录

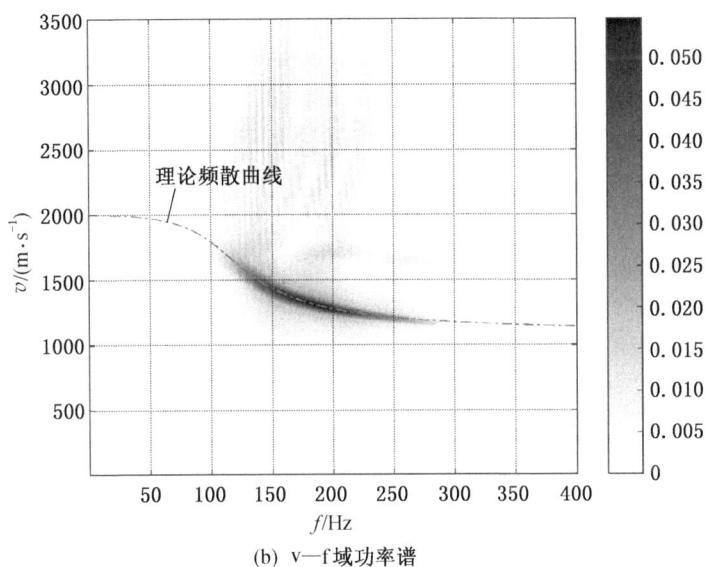

(b) v—f 域功率谱

图 6-11　各向同性介质测线 2y 分量槽波记录及其 v—f 域功率谱

（3）当前主要利用各向同性 Love 槽波频散曲线反演煤厚，而 VTI 介质和各向同性介质 Love 槽波频散曲线差别较大，因而现有的计算结果存在较大误差，应采用 VTI 介质槽波频散曲线。

煤层各向异性比较复杂，煤层中存在近垂直的裂隙（陈同俊等，2010）时，可用 HTI（Horizontal Transverse Isotropy，简称 HTI）介质等效，当煤层中既有层理又含裂隙时，可用正交各向异性介质等效，难以用单一的理论模型来概括煤层性质。

目前，对各向异性煤层介质中的槽波性质所知甚少，从基本 VTI 介质弱各向异性的煤层开始研究，避免模型过度复杂造成分析困难，对各向异性煤层中的槽波形成初步的认识，以后还需更一步研究更复杂的模型。另外，以后还需研究各向异性介质多层 Love 槽波频散、Rayleigh 槽波频散、含构造煤层槽波波场等其他性质，并和实际数据相对比。

7 HTI 煤层介质的槽波波场与频散特征

7.1 HTI 介质的理论基础

横向各向同性介质（TI – Transversely Isotropy）有轴对称性，具有垂直对称轴称为 VTI 介质（Vertical Transverse Isotropy，简称 VTI）（Thomsen，1986），具有水平对称轴称为 HTI（Horizontal Transverse Isotropy，简称 HTI）介质（图 7 - 1），裂隙近垂直方向发育的煤层属于 HTI 介质，煤的各向异性大小和方向可反映煤的裂缝密度和方位。

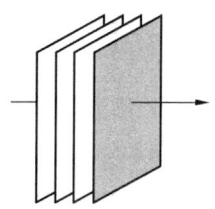

图 7 - 1 HTI 介质模型

HTI 介质弹性矩阵有 5 个独立弹性常数，如下：

$$\mathbf{C} = \begin{pmatrix} C_{11} & C_{13} & C_{13} & 0 & 0 & 0 \\ C_{13} & C_{33} & C_{23} & 0 & 0 & 0 \\ C_{13} & C_{13} & C_{33} & 0 & 0 & 0 \\ 0 & 0 & 0 & C_{44} & 0 & 0 \\ 0 & 0 & 0 & 0 & C_{66} & 0 \\ 0 & 0 & 0 & 0 & 0 & C_{66} \end{pmatrix} \quad (7-1)$$

$$C_{23} = C_{33} - 2C_{44}$$

弹性矩阵 **C** 确定了应力与应变之间的关系，但它的物理意义很不直观，由此导致波传播的相速度公式的物理意义不明确。为此，Thomsen（1986）提出了一套表征 TI 介质、弱各向异性介质弹性性质的参数，HTI 介质弹性参数与 Thomsen 参数的关系为（Tsvankin，1997）

$$\begin{cases} V_P = \sqrt{\dfrac{C_{11}}{\rho}} \\ V_S = \sqrt{\dfrac{C_{66}}{\rho}} \\ \varepsilon = \dfrac{C_{33} - C_{11}}{2C_{11}} \\ \gamma = \dfrac{C_{44} - C_{66}}{2C_{66}} \\ \delta = \dfrac{(C_{13} + C_{66})^2 - (C_{11} - C_{66})^2}{2C_{11}(C_{11} - C_{66})} \end{cases} \quad (7-2)$$

式中　　ρ——介质密度；

V_P——qP 波垂直方向传播速度；

V_S——qSV 波和 SH 波垂直方向传播速度；

ε、γ、δ——与介质各向异性有关的 Thomsen 系数，对于各向同性介质，ε、γ、δ 为 0。

7.2　HTI 三层水平介质 Love 型槽波频散曲线

实际槽波探测中应用 Love 槽波较多，这里重点研究 HTI 介质 Love 槽波频散方程。在图 7-1 中，HTI 介质对称轴的方向设为 x 轴，垂直方向为 z 轴，则 xoz 面体现了 HTI 介质典型性质，而且此平面内 SH 波和 qP 波、qSV 波解耦，求解相对容易，其他方向竖直平面这些波耦合在一起，求解比较复杂。以常用的三层水平介质为模型，求 xoz 面内的 Love 槽波频散方程。

7.2.1　HTI 介质 Love 型槽波理论频散方程

在 xoz 平面，SH 波波动方程为

$$\rho \dfrac{\partial^2 v}{\partial t^2} = \dfrac{\partial \sigma_{xy}}{\partial x} + \dfrac{\partial \sigma_{yz}}{\partial z} = C_{66} \dfrac{\partial^2 v}{\partial x^2} + C_{44} \dfrac{\partial^2 v}{\partial z^2} \quad (7-3)$$

方程的平面波通解为：$v = v_0 e^{\beta z} e^{i\omega(t - x/c_L)}$。

图 7-2 是三层水平层状 HTI 介质的槽波模型，上、下弹性介质为围岩。上围岩的密度、垂向横波速度、弹性参数分别为 ρ_1、v_{S1}、C_{441}、C_{661}（C_{441} 表示上围岩的 C_{44} 弹性参数，其他弹性参数表示类似含义），下围岩为 ρ_3、v_{S3}、C_{443}、C_{663}；中间低速夹层为煤层，其相应参数为 ρ_2、v_{S2}、C_{442}、C_{662}，煤层厚度为 $2d$。坐标原点位于煤层中心，z 轴垂直向下，x 轴平行于煤层顶界面。

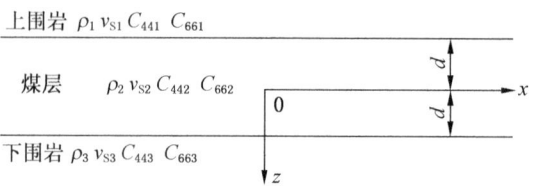

图 7-2 HTI 介质三层非对称水平层状煤层模型

HTI 三层水平介质 SH 波的位移为

$$\begin{cases} v_1 = a_3 e^{\beta_1(z+d)} e^{i\omega(t-x/c_L)} & (z < -d) \\ v_2 = (a_1 \cos\beta_2 z + a_2 \sin\beta_2 z) e^{i\omega(t-x/c_L)} & (-d \leq z \leq d) \\ v_3 = a_4 e^{-\beta_3(z-d)} e^{i\omega(t-x/c_L)} & (z > d) \end{cases} \quad (7-4)$$

式中 $e^{i\omega(t-x/c_L)}$——谐波因子,谐波因子左边部分是位移振幅;

a_1、a_2、a_3、a_4——振幅系数;

β_1、β_2、β_3——振幅随深度指数衰减的系数。

代入波动方程(7-3),可得

$$\begin{cases} \beta_1 = \dfrac{\omega}{\sqrt{C_{441}}} \sqrt{-\rho_1 + \dfrac{C_{661}}{c_L^2}} \\ \beta_2 = \dfrac{\omega}{\sqrt{C_{442}}} \sqrt{\rho_2 - \dfrac{C_{662}}{c_L^2}} \\ \beta_3 = \dfrac{\omega}{\sqrt{C_{443}}} \sqrt{-\rho_3 + \dfrac{C_{663}}{c_L^2}} \end{cases} \quad (7-5)$$

式中,c_L 为槽波相速度,β 为正实数,所以 $\min\left(\sqrt{\dfrac{C_{661}}{\rho_1}}, \sqrt{\dfrac{C_{663}}{\rho_3}}\right)$。结合式(7-2),可得 $v_2 \leq c_L \leq \min(v_1, v_3)$。

根据边界条件,位移和应力在界面上连续:

$$\begin{cases} v_1 |_{z=-d} = v_2 |_{z=-d} \\ v_2 |_{z=d} = v_3 |_{z=d} \\ (\sigma_{yz})_1 |_{z=-d} = (\sigma_{yz})_2 |_{z=-d} \\ (\sigma_{yz})_2 |_{z=d} = (\sigma_{yz})_3 |_{z=d} \end{cases} \quad (7-6)$$

由广义胡克定律:$\sigma_{yz} = C_{44} \varepsilon_{yz} = C_{44} \dfrac{\partial v}{\partial z}$,代入式(7-6)得到振幅系数方程式:

7 HTI 煤层介质的槽波波场与频散特征

$$\begin{cases} -\cos(\beta_2 d)a_1 + \sin(\beta_2 d)a_2 + a_3 = 0 \\ -C_{442}\beta_2\sin(\beta_2 d)a_1 + C_{442}\beta_2\cos(\beta_2 d)a_2 + C_{443}\beta_3 a_4 = 0 \\ -C_{442}\beta_2\sin(\beta_2 d)a_1 - C_{442}\beta_2\cos(\beta_2 d)a_2 + C_{441}\beta_1 a_3 = 0 \\ \cos(\beta_2 d)a_1 + \sin(\beta_2 d)a_2 - a_4 = 0 \end{cases} \quad (7-7)$$

若使方程式中 a_1、a_2、a_3、a_4 不同时为 0，则需系数行列式为 0：

$$\begin{bmatrix} -\cos(\beta_2 d) & \sin(\beta_2 d) & 1 & 0 \\ -C_{442}\beta_2\sin(\beta_2 d) & C_{442}\beta_2\cos(\beta_2 d) & 0 & C_{443}\beta_3 \\ -C_{442}\beta_2\sin(\beta_2 d) & -C_{442}\beta_2\cos(\beta_2 d) & C_{441}\beta_1 & 0 \\ \cos(\beta_2 d) & \sin(\beta_2 d) & 0 & -1 \end{bmatrix} = 0 \quad (7-8)$$

得到两个解：

$$\tan(\beta_2 d) = \frac{C_{443}\beta_3 C_{441}\beta_1 - C_{442}^2\beta_2^2 + \sqrt{(C_{442}^2\beta_2^2 + C_{443}^2\beta_3^2)(C_{442}^2\beta_2^2 + C_{441}^2\beta_1^2)}}{C_{442}\beta_2(C_{441}\beta_1 + C_{443}\beta_3)} \quad (7-9)$$

$$\tan(\beta_2 d) = \frac{C_{443}\beta_3 C_{441}\beta_1 - C_{442}^2\beta_2^2 - \sqrt{(C_{442}^2\beta_2^2 + C_{443}^2\beta_3^2)(C_{442}^2\beta_2^2 + C_{441}^2\beta_1^2)}}{C_{442}\beta_2(C_{441}\beta_1 + C_{443}\beta_3)} \quad (7-10)$$

若上、下围岩相同，三层对称模型 Love 槽波解为

$$\tan(\beta_2 d) = \frac{C_{441}\beta_1}{C_{442}\beta_2} \quad (7-11)$$

$$\tan(\beta_2 d) = -\frac{C_{442}\beta_1}{C_{441}\beta_2} \quad (7-12)$$

式 (7-12) 可变为

$$\tan\left(\beta_2 d - \frac{\pi}{2}\right) = \frac{C_{441}\beta_1}{C_{442}\beta_2} \quad (7-13)$$

显然式 (7-11)、式 (7-13) 取反正切函数后可统一为一个公式：

$$\beta_2 d = \arctan\frac{C_{441}\beta_1}{C_{442}\beta_2} + \frac{n\pi}{2} \quad (n = 0, 1, 2, \cdots) \quad (7-14)$$

当 $n=0$ 时称为基阶频散曲线，当 $n=1$ 时称为一阶频散曲线，依次类推。

在 yoz 平面，HTI 介质表现为各向同性，所以 yoz 平面内的 Love 槽波频散方程与各向同性介质相同，即将频散公式中的 C_{44} 换成 C_{66}。显然介于 xoz 平面和 yoz 平面之间其他方向的垂向平面，其频散曲线同样介于两者之间。

更进一步，可以求出 Love 槽波的振幅深度分布，将频散曲线上的点代入方程 (7-7)，并令系数 $a_4=1$，可求出其他 3 个系数 a_1、a_2、a_3，将系数代入式 (7-4) 即是 HTI 介质 Love 槽波的振幅深度分布公式。

7.2.2 HTI 介质 Love 型槽波频散特征分析

群速度可由相速度推导出来（Dresen 和 Rüter，1994）。以表 7-1 中的参数为例，计算 HTI 介质和各向同性介质的 0~2 阶理论频散曲线（图 7-3），煤层

表 7-1 三层对称介质参数

参数	$v_S/(m \cdot s^{-1})$	$\rho/(kg \cdot m^{-3})$	γ
煤层	1100	1300	-0.15
围岩	2000	2400	0

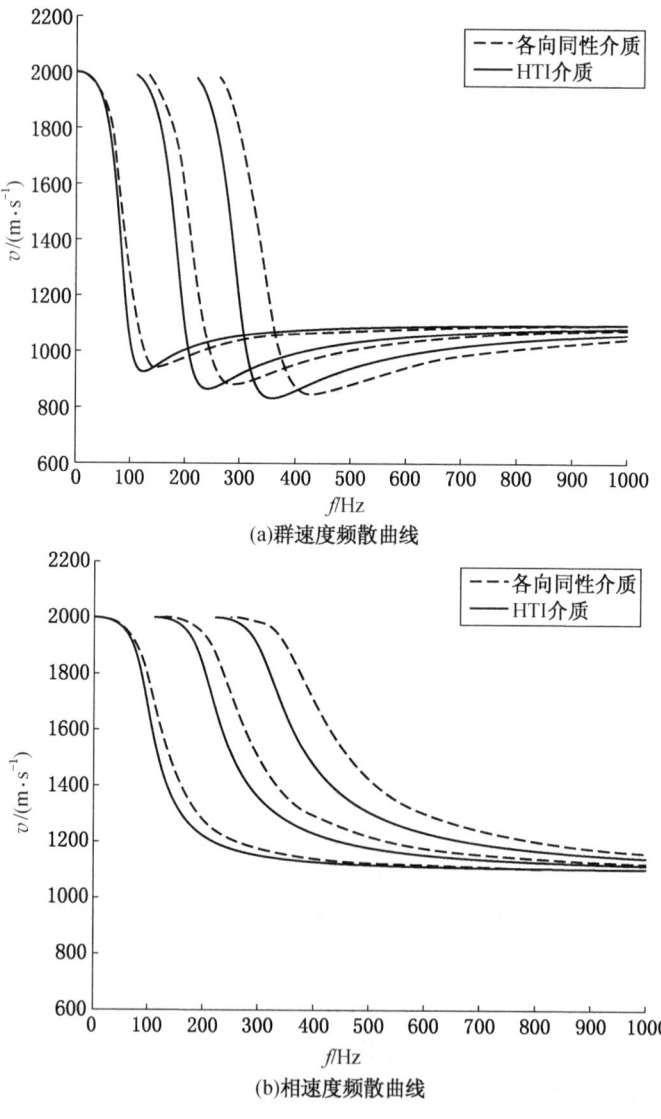

(a) 群速度频散曲线

(b) 相速度频散曲线

图 7-3 HTI 和各向同性介质 0~2 阶理论频散曲线

为 HTI 介质，其上、下围岩是各向同性介质，这样利于研究煤层各向异性。可以看出：两者基阶槽波差异较小，阶数越高差异越大，但是各阶的群速度基本接近，两者截止速度和最大速度相同。因为 $\gamma<0$，各向同性介质相速度大于 HTI 介质。若研究 HTI 介质各向异性，应使用高阶模态的频散曲线。

影响 HTI 介质槽波频散的各向异性参数主要为煤层 v_S 和煤层 γ，煤厚对槽波频率影响很大，以下主要分析煤厚、煤层 v_S、煤层 γ 对 HTI 介质槽波频散的影响。以表 7-1 的参数为基础，将保持单一参数变化、其他参数固定来分析频散性质（表 7-2），比如煤厚选择 2 m、3 m、5 m 和 8 m 4 个值，其他参数选择表 7-1 的数值，计算出 4 个频散曲线（图 7-4a）。群速度曲线（图 7-4a）存在极小值点，对应着槽波波列上的一个特殊震相，称为 Airy 相。因为群速度 Airy 相对实际探测最为重要，所以我们主要分析群速度频散曲线。

表 7-2　HTI 介质 Love 槽波单一参数变化

参数变化	1	2	3	4
煤厚/m	2	3	5	8
$v_S/(\text{m}\cdot\text{s}^{-1})$	800	950	1100	1250
γ	-0.05	-0.10	-0.15	-0.20

煤厚参数变化（图 7-4）主要影响 Airy 相频率，而 Airy 相速度不变，煤厚越大 Airy 相频率越低，煤厚越小 Airy 相频率越高。对基阶槽波，8 m 煤厚 Airy 相频率约为 80 Hz，2 m 煤厚 Airy 相频率约为 300 Hz，而且频段较宽，Airy 相频率与煤厚成非线性变化；同时，阶数越高 Airy 相频率越高。

煤层 v_S 参数变化（图 7-5）对 Airy 相速度影响很大，基阶槽波 Airy 相速度

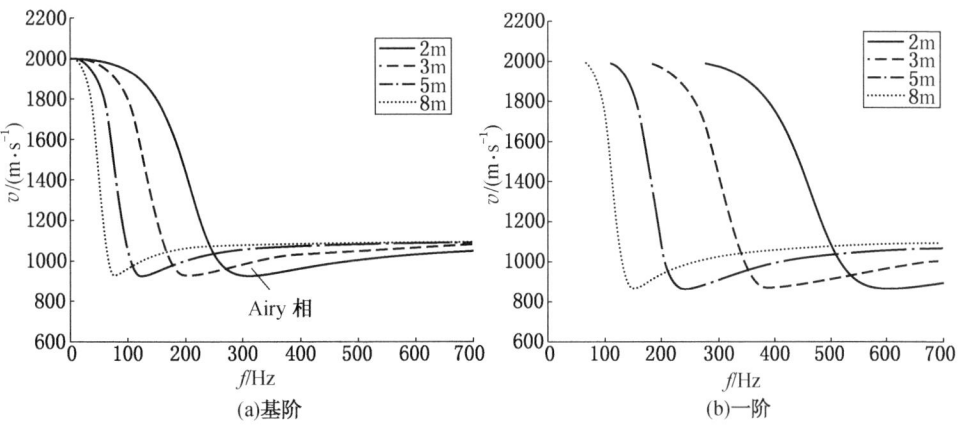

(a) 基阶　　　　　　　　　　　　　　(b) 一阶

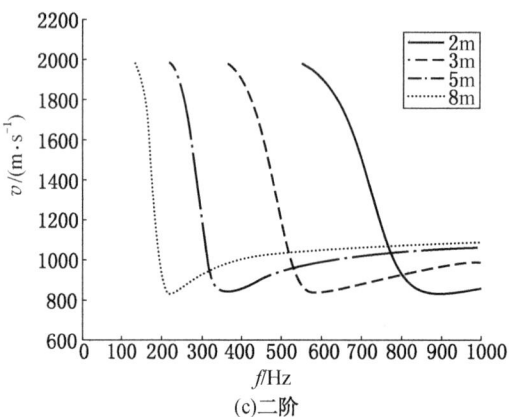

(c)二阶

图7-4 不同煤厚参数各阶群速度频散曲线对比

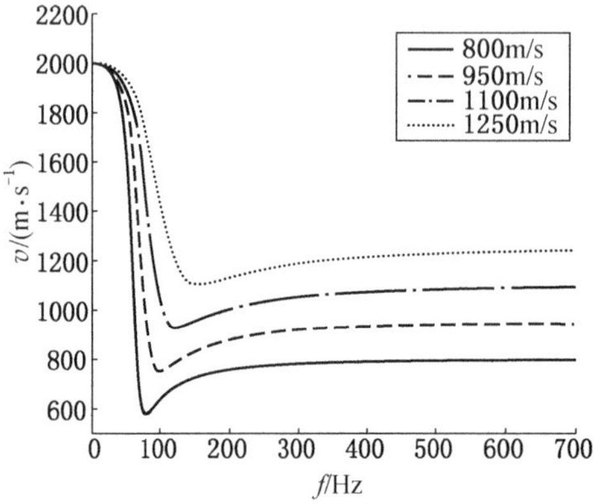

(a)基阶

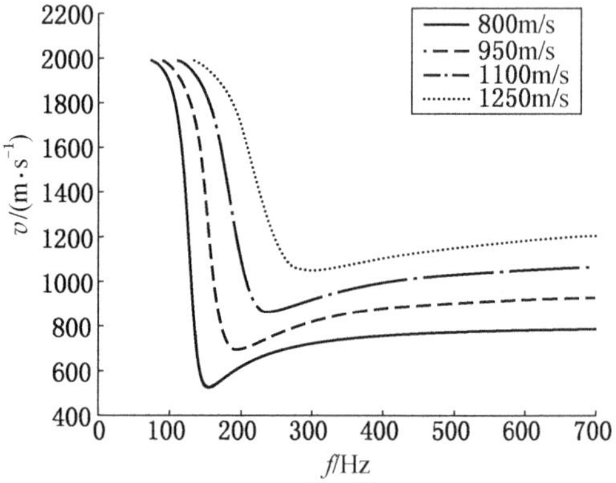

(b)一阶

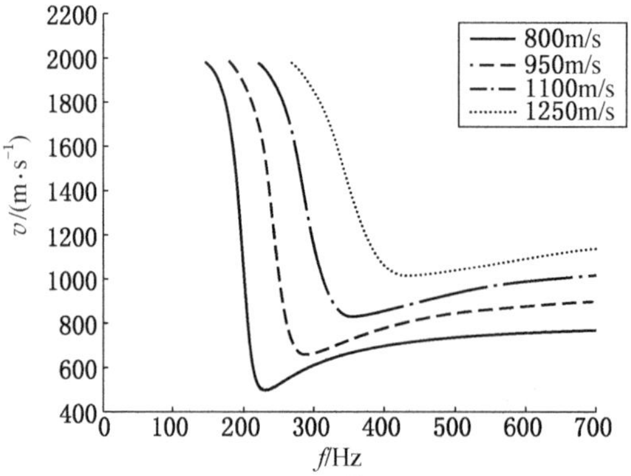

(c)二阶

图7-5 不同煤v_S参数各阶群速度频散曲线对比

从 580 m/s 变到 1100 m/s，一阶 Airy 相速度从 520 m/s 变到 1050 m/s，二阶 Airy 相速度从 500 m/s 变到 1010 m/s；煤层 v_S 参数对基阶 Airy 相频率影响小，对高阶 Airy 相频率影响较大。

煤层 γ 参数变化（图 7-6）对各阶槽波 Airy 相速度基本没有影响，对基阶 Airy 相频率影响很小，对高阶 Airy 相频率有一定影响。所以要研究各向异性参数 γ 和裂隙需要从高阶槽波入手。

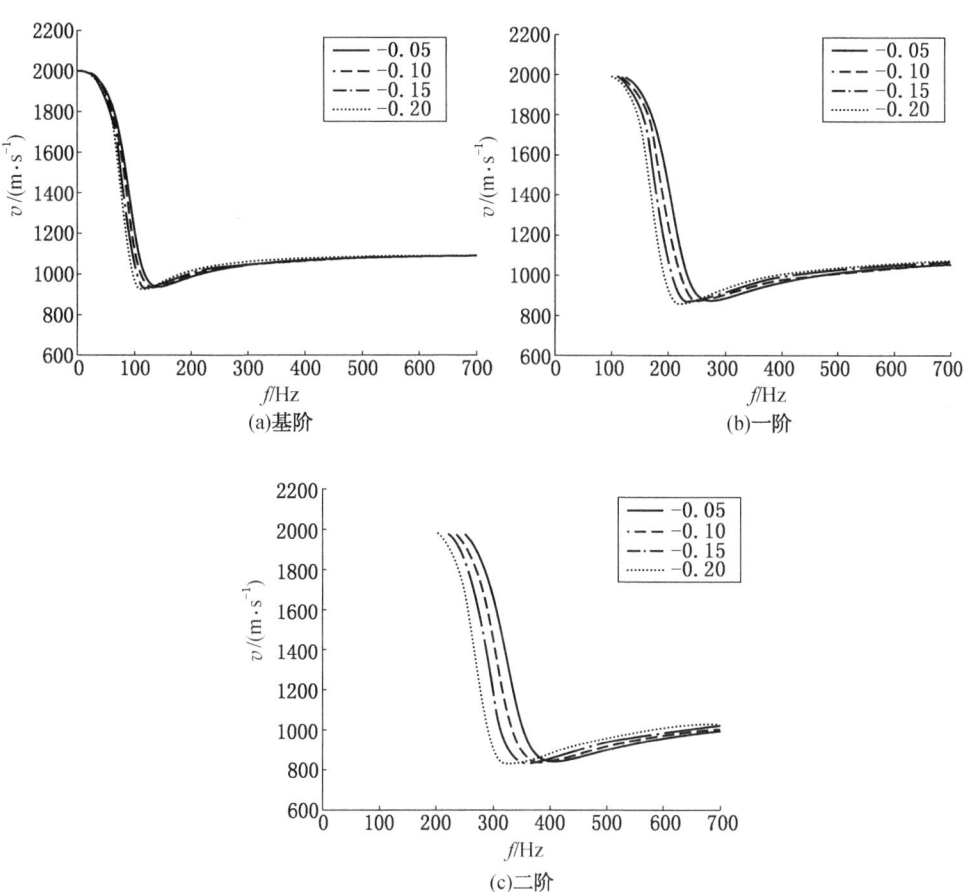

图 7-6 不同煤 γ 参数各阶群速度频散曲线对比

7.2.3 HTI 介质槽波偏振特性和振幅分布

在 yoz 平面，HTI 介质表现为各向同性，各波偏振特性和各向同性介质相同。在其他平面，P 波偏振方向不再与波的传播方向平行而是呈一定夹角，SV

波、SH 波偏振方向不再与波的传播方向垂直也是呈一定夹角，这个夹角由 γ 决定，因此 HTI 介质中的槽波偏振特性与各向同性介质有较大不同。实际槽波探测中，一般接收 Love 槽波两水平分量，通过分量旋转提取 Love 槽波，显然 HTI 介质 Love 槽波不能再按 SH 波垂直传播方向来提取，这样会带来误差。

根据槽波振幅求解方法，以表 7-1 作为介质参数，取相速度点 1700 m/s，频散曲线上该相速度对应的基阶频率为 97.84 Hz、一阶频率为 218.55 Hz、二阶频率为 339.26 Hz，计算此条件下的槽波振幅深度分布（图 7-7）。

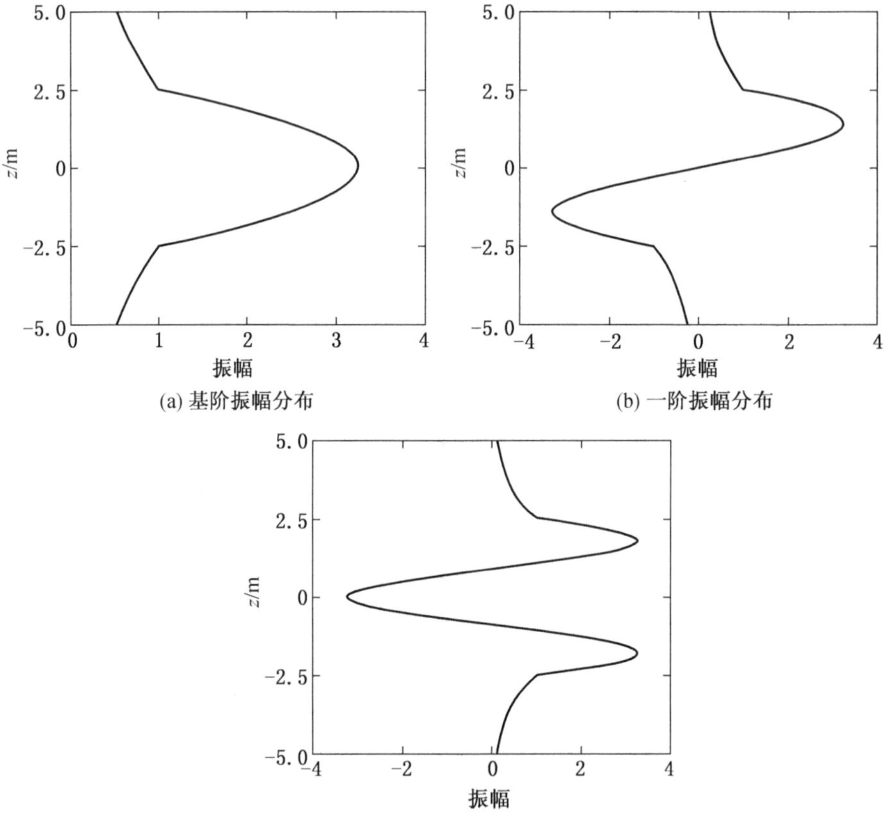

(a) 基阶振幅分布

(b) 一阶振幅分布

(c) 二阶振幅分布

图 7-7 HTI 介质 Love 槽波振幅深度分布

从图 7-7 可以看出：HTI 介质 Love 槽波具有和各向同性介质相似的振幅分布形状，即基阶槽波振幅在煤层中央位置最大，呈偶对称；一阶槽波振幅在煤层中央位置为 0，在距顶（底）板 1/4 煤厚位置最大，呈奇对称；二阶槽波振幅在煤层中央位置最大，呈偶对称。

7.3 HTI 介质三维槽波数值模拟

7.3.1 HTI 介质一阶速度—应力弹性波方程

为了防止对位移计算二阶导数，引进质点振动速度 V_x、V_y、V_z 变量，即位移的一阶导数，使计算简化。在没有受到外力影响或外力消失之后，可获得一阶速度—应力弹性波方程：

$$\begin{cases} \dfrac{\partial \sigma_{xx}}{\partial t} = C_{11}\dfrac{\partial V_x}{\partial x} + C_{13}\dfrac{\partial V_y}{\partial y} + C_{13}\dfrac{\partial V_z}{\partial z} \\ \dfrac{\partial \sigma_{yy}}{\partial t} = C_{13}\dfrac{\partial V_x}{\partial x} + C_{33}\dfrac{\partial V_y}{\partial y} + (C_{33} - 2C_{44})\dfrac{\partial V_z}{\partial z} \\ \dfrac{\partial \sigma_{zz}}{\partial t} = C_{13}\dfrac{\partial V_x}{\partial x} + C_{13}\dfrac{\partial V_y}{\partial y} + C_{33}\dfrac{\partial V_z}{\partial z} \\ \dfrac{\partial \tau_{yz}}{\partial t} = C_{44}\left(\dfrac{\partial V_y}{\partial z} + \dfrac{\partial V_z}{\partial y}\right) \\ \dfrac{\partial \tau_{xz}}{\partial t} = C_{66}\left(\dfrac{\partial V_x}{\partial z} + \dfrac{\partial V_z}{\partial x}\right) \\ \dfrac{\partial \tau_{xy}}{\partial t} = C_{66}\left(\dfrac{\partial V_x}{\partial y} + \dfrac{\partial V_y}{\partial x}\right) \end{cases} \quad (7-15)$$

应用交错网格高阶有限差分方法，对三维 HTI 介质一阶速度—应力弹性波方程实现离散化，从而实现波场数值模拟。采用交错网格高阶有限差分法来模拟三维煤层槽波，对巷道自由界面采用镜像法处理（姬广忠等，2012；李桂花等，2011），边界吸收采用完全匹配层法。

7.3.2 HTI 介质三维数值模拟

三维模型（图 7－8）xyz 方向的大小为 200 m × 200 m × 25 m，中间为煤层，煤厚 5 m，两边是岩性相同的围岩，xyz 方向的网格大小 1 m × 1 m × 0.25 m，时间采样间隔 $dt = 0.05$ ms。取煤层纵波速度 1900 m/s，横波速度 1100 m/s，密度 1300 kg/m³，ε、δ、γ 分别为 -0.1、-0.1、-0.15；顶（底）板围岩纵波速度 3500 m/s，横波速度 2000 m/s，密度 2400 kg/m³，ε、γ、δ 都为 0，为各向同性介质。巷道有两条，一条在 $x = 11 \sim 15$ m、$y = 10 \sim 190$ m、$z = 11 \sim 14$ m 处，另一条在 $x = 186 \sim 190$ m、$y = 10 \sim 190$ m、$z = 11 \sim 14$ m 处，巷道断面 4 m × 4 m，内部设为真空。测线 1（$x = 185$ m，$z = 12.5$ m）在右边巷道壁上，测线 2（$y = 100$ m，$z = 12.5$ m）过炮点（图 7－8b 中黑线）。炮点位置在煤层中央，水平坐标为 $x = 16$ m、$y = 100$ m，如图 7－8b 中圆圈所示，震源采用主频 150 Hz 雷克子波，纵波激发。

图 7－9 是 60 ms 时的波场快照，传播在最前面的是折射纵波，后面能量次

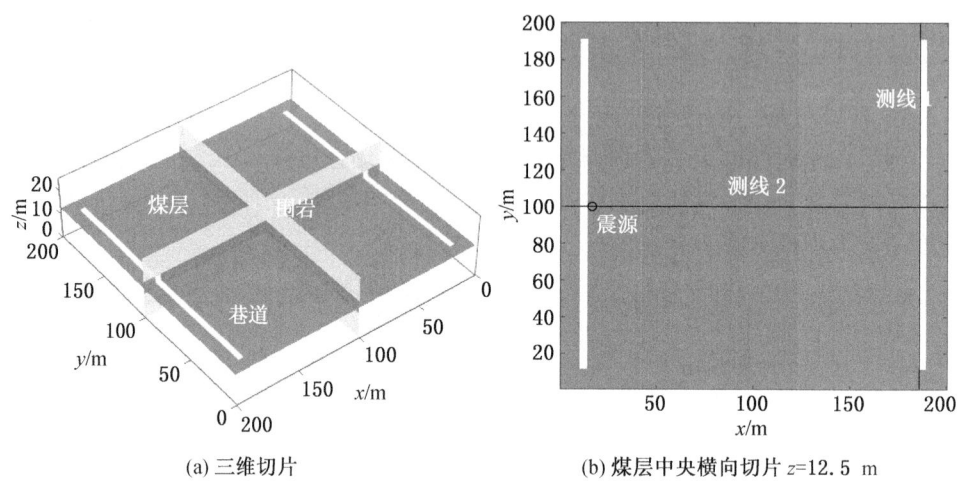

(a) 三维切片　　　　　　　　　　(b) 煤层中央横向切片 $z=12.5$ m

图 7-8　含巷道煤层工作面模型

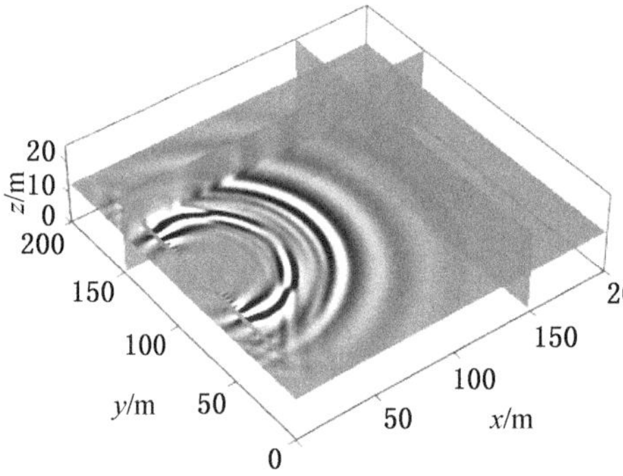

(a) x 分量 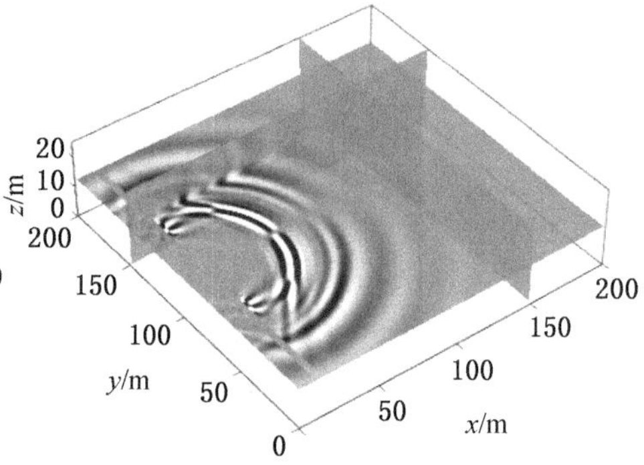　　　　　　　　　　(b) y 分量

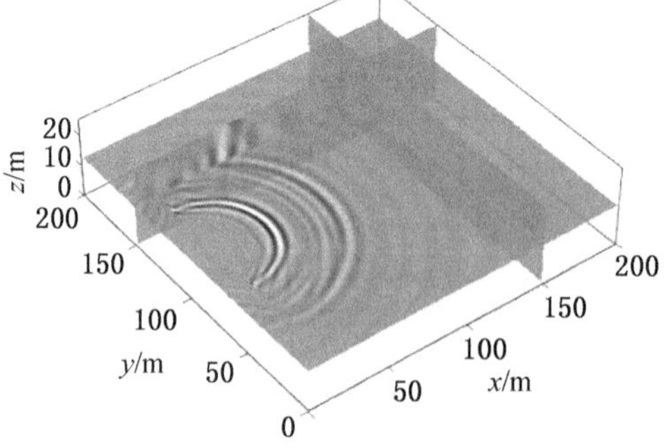

(c) z 分量

图 7-9　60 ms 波场快照

强的是高阶 Rayleigh 型槽波，速度最慢、能量最强的是基阶槽波。在巷道壁上产生巷道型槽波，比常规槽波慢。z 分量含 Rayleigh 槽波，x、y 分量主要含 Love 槽波，显然 Rayleigh 槽波比 Love 槽波慢。

图 7-10 是测线 1 的槽波记录，接收的穿过工作面的透射波。可以看出：基阶槽波能量最强，速度最慢，次强的是高阶 Rayleigh 槽波，x、y 分量基阶槽波速度比 z 分量快，群速度约为 920 m/s，包含 Love 槽波和 Rayleigh 槽波，能量较为集中。z 分量基阶槽波能量较为分散，为 Rayleigh 槽波，不包含 Love 槽波。xy 分量在测线中间部分能量小、两侧大，这是由于震源激发时受到了巷道的影响，影响了各方向的能量分布。

取测线 2 的槽波记录（图 7-11a）分析频散。由于测线 2 穿过震源，测线 2 的

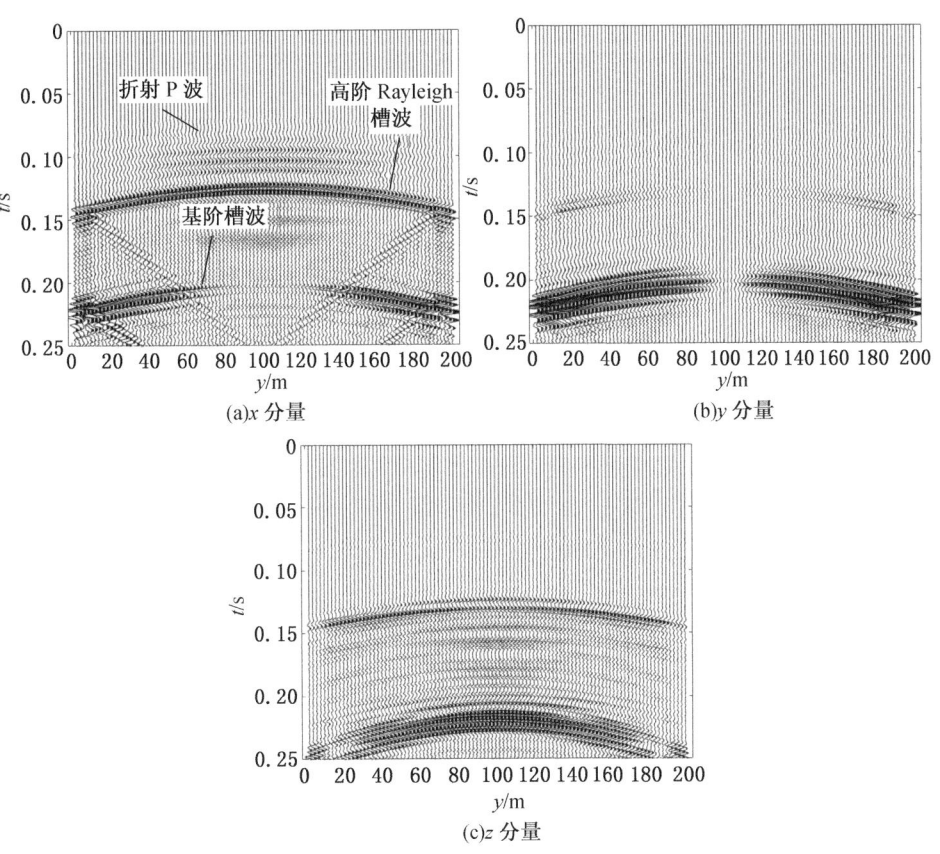

图 7-10　HTI 介质测线 1 的槽波记录

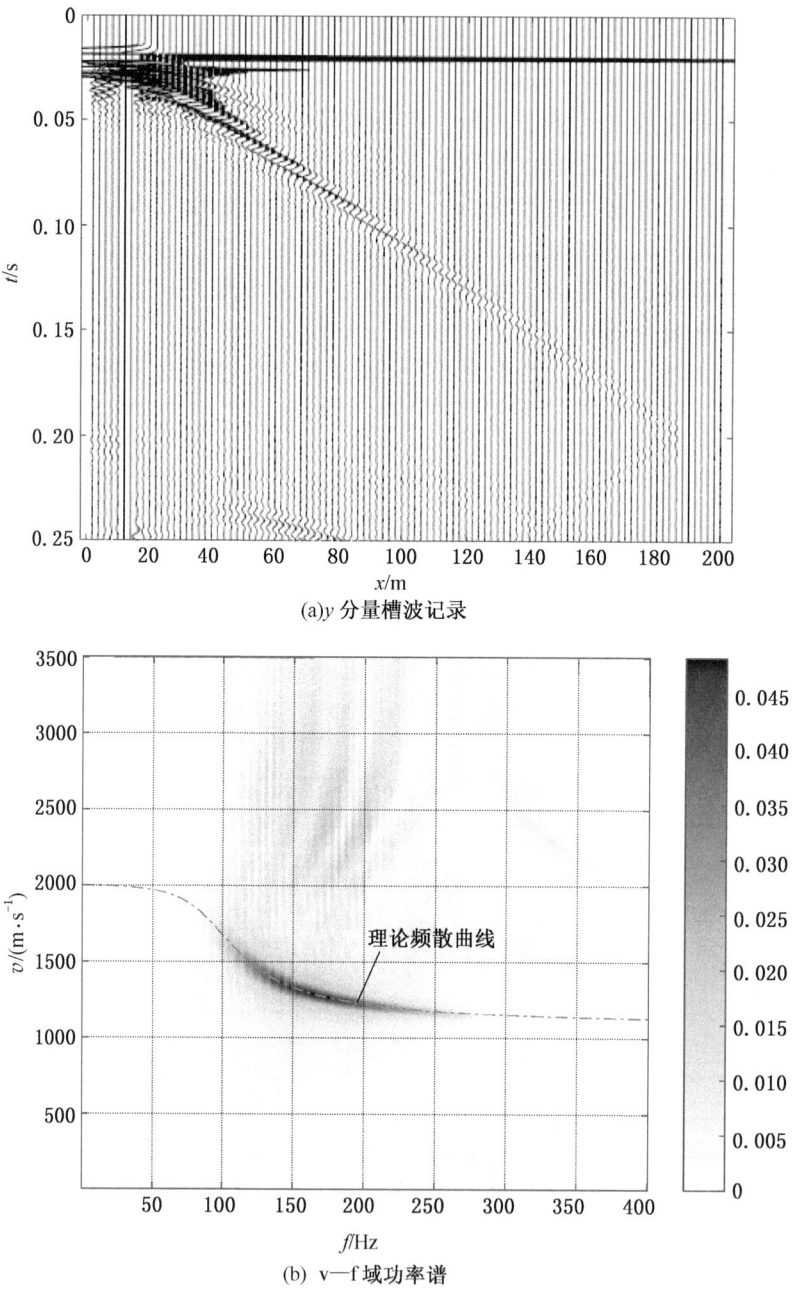

图 7-11 HTI 介质测线 2 上 y 分量槽波记录及其 v—f 域功率谱

y 分量显然只含有 Love 型槽波，不包含 Rayleigh 槽波。采用二维傅里叶变换，将槽波转化到 V – f 域，提取槽波频散图（图 7 – 11b）。图 7 – 11b 中主要是基阶 Love 槽波相速度频散曲线，能量集中在 120 ~ 250 Hz，速度范围在 1100 ~ 2000 m/s，和各向同性介质相同。因为震源频率主要在基阶 Airy 相附近，所以高阶槽波能量很弱。

将煤层 HTI 介质换为各向同性介质。各向同性介质测线 1 的槽波记录（图 7 – 12）和 HTI 介质整体波场相似，速度差异小，x、y 分量基阶槽波群速度为 950 m/s，和 HTI 介质接近。另外，各向同性介质的高阶 Rayleigh 槽波能量比 HTI 介质强。从频散图的能量谱来看（图 7 – 13），两种介质的能量相近，各向同性介质的能量略高，这说明 HTI 介质对槽波能量改变较小。

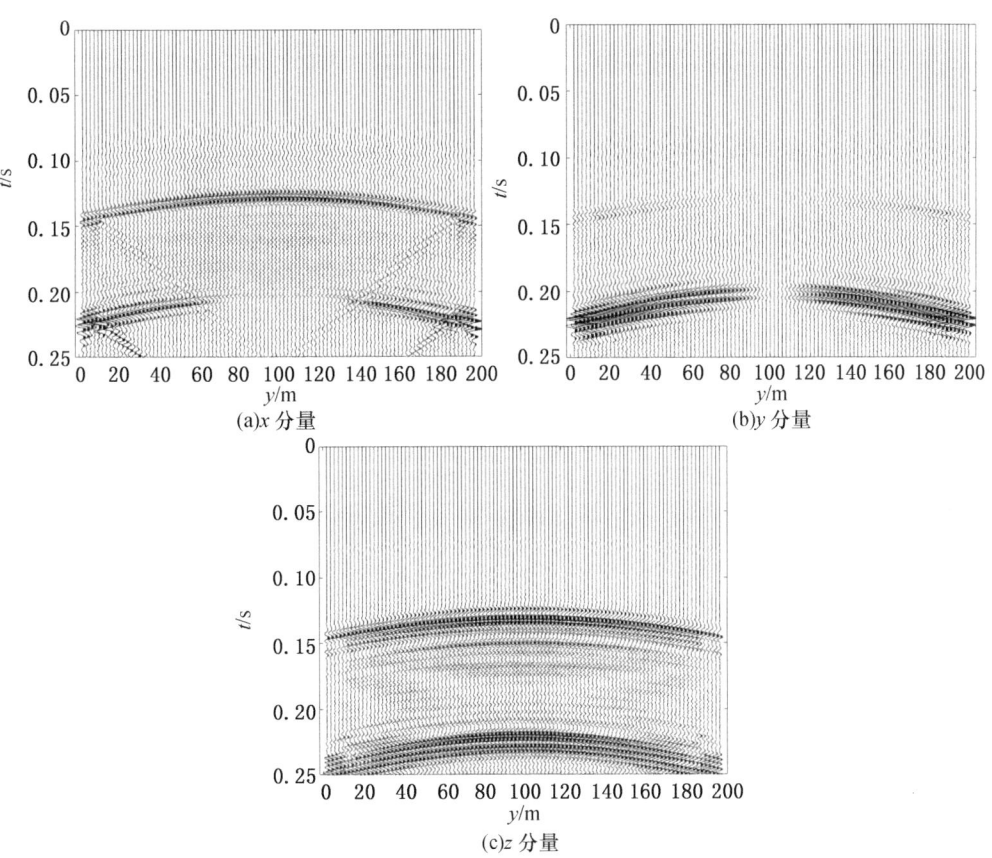

图 7 – 12　各向同性介质测线 1 槽波记录

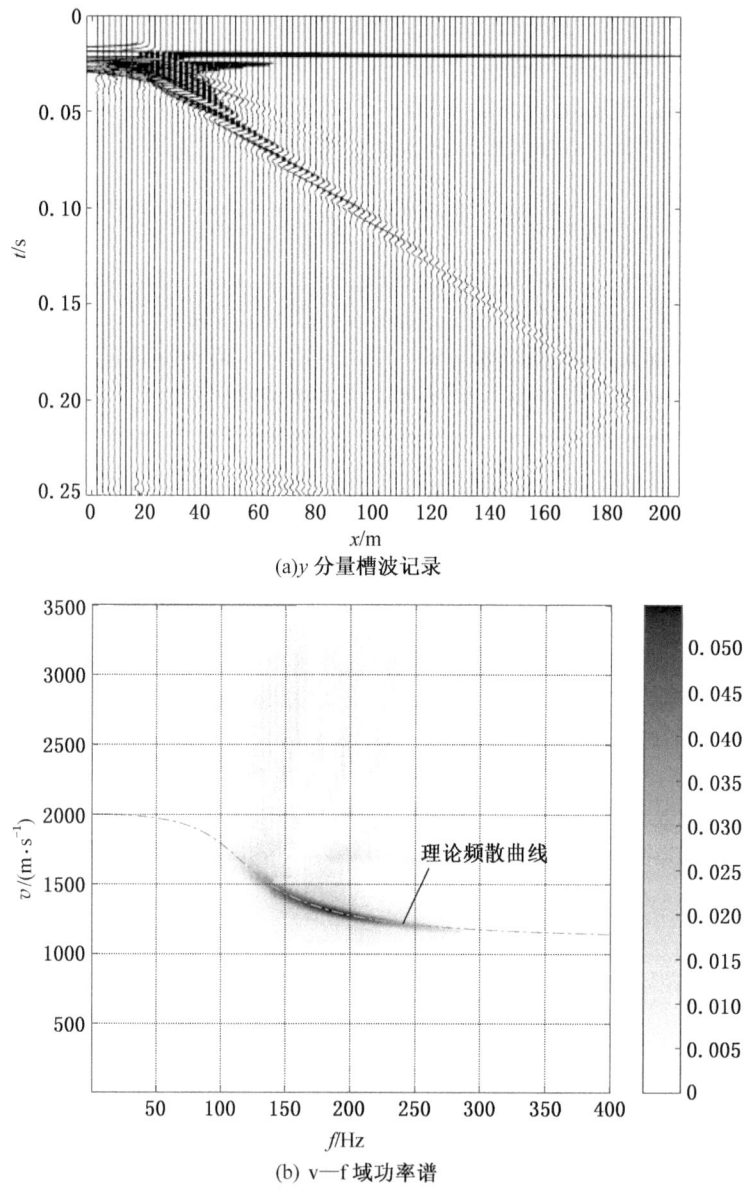

(a) y 分量槽波记录

(b) v—f 域功率谱

图 7-13 各向同性介质测线 2 上 y 分量槽波记录及其 v—f 域功率谱

图 7-14 与图 7-15 是 HTI 介质和各向同性介质情况下测线 2 上 z 分量波场记录和频散特征，反映了 Rayleigh 槽波性质。可以看出：两者频散曲线接近，HTI 介质相速度比各向同性介质略高，两者波场也较为相似。

7 HTI 煤层介质的槽波波场与频散特征

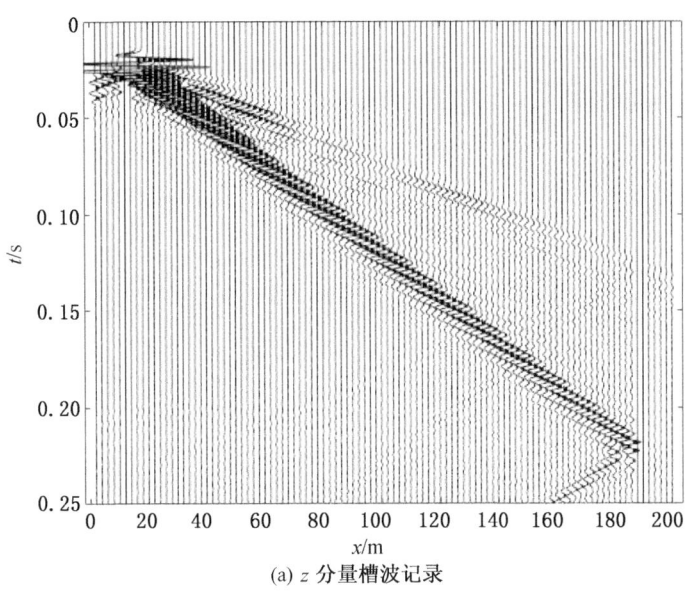

(a) z 分量槽波记录

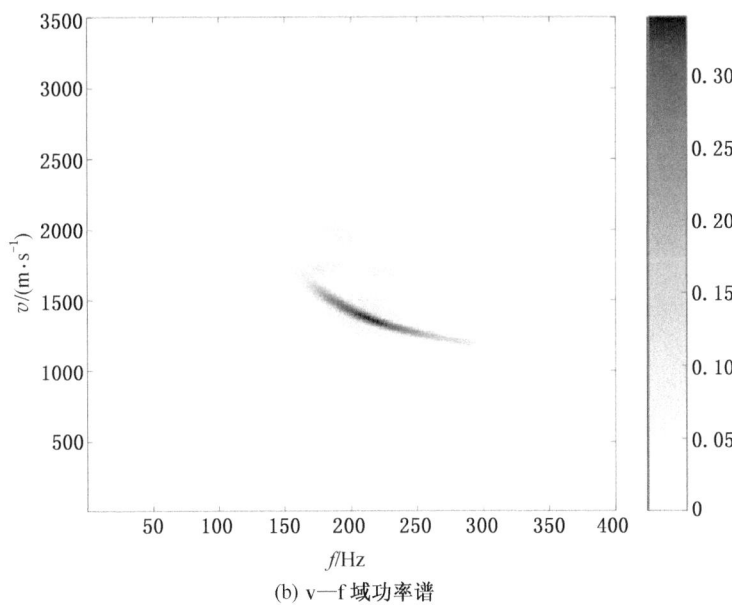

(b) v—f 域功率谱

图 7-14　HTI 介质测线 2 上 z 分量槽波记录及其 v—f 域功率谱

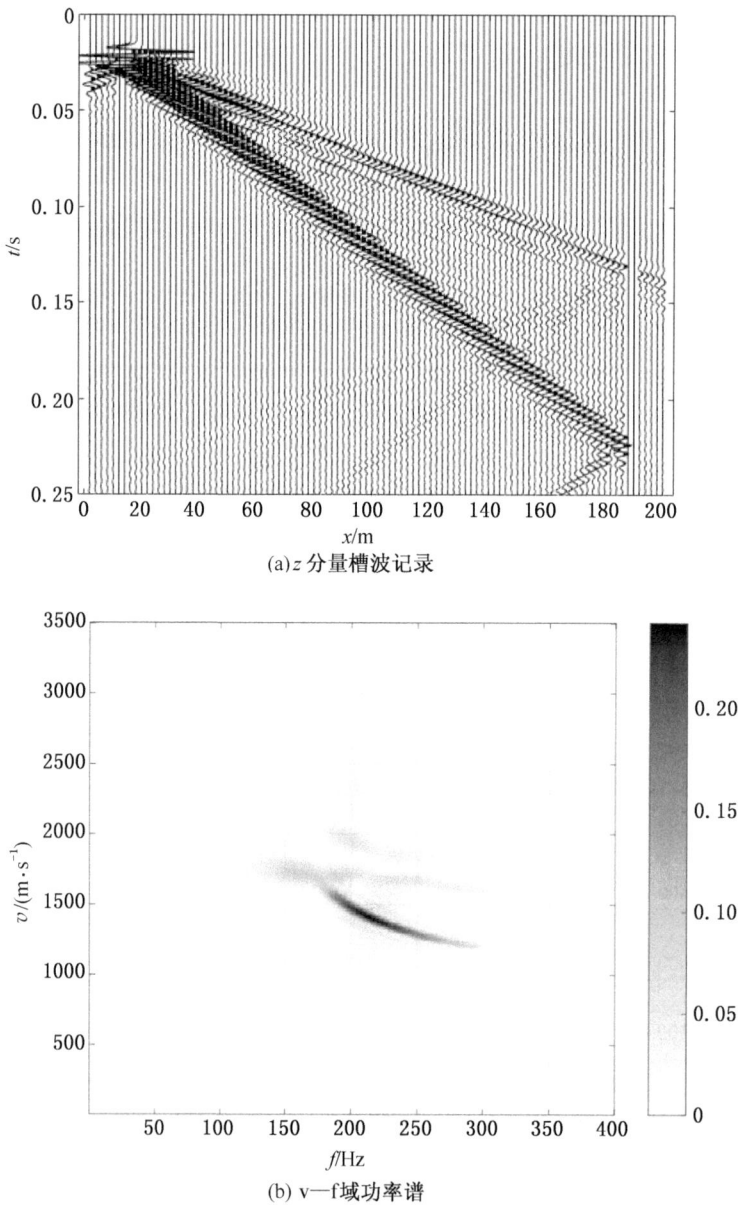

(a) z 分量槽波记录

(b) v—f 域功率谱

图 7-15　各向同性介质测线 2 上 z 分量槽波记录及其 v—f 域功率谱

通过模拟三维 HTI 介质中的槽波波场，推导了 HTI 介质三层水平层状模型的 Love 型槽波频散方程，分析了其频散性质和振幅分布，得出以下结论：

（1）HTI 介质在 yoz 平面表现为各向同性，频散方程和各向同性相同，在 xoz 平面各向异性最为显著。

（2）在 xoz 平面，基阶 Love 槽波频散曲线和各向同性介质差异较小，高阶较大。煤厚主要影响 Airy 相频率，而 Airy 相速度不变；煤层 v_S 对 Airy 相速度影响很大；煤层 γ 对基阶槽波影响很小，高阶稍大。在振幅深度分布上，HTI 介质 Love 槽波具有和各向同性介质相似的振幅分布形状。

（3）各波偏振方向不再与波的传播方向平行或垂直，而是呈一定夹角，不能按各向同性介质中的偏振特性将 Love 槽波或 Rayleigh 槽波从波场中分离出来，γ 决定着 Love 槽波的合成方向。

（4）HTI 介质基阶 Love 槽波频散与各向同性介质差异不大，利用基阶 Love 槽波频散曲线推测裂隙发育较为困难，可利用高阶槽波频散曲线。

8 黏弹 TI 煤层介质的槽波波场特征

8.1 黏弹 TI 介质三维波动方程

VTI 和 HTI 介质各向异性模型仍然应用弱各向异性 Thomsen 等效介质理论，而黏弹性则采用 Kelvin – Voigt 模型。该模型由应变和应变变化率两部分组成，可看作将一个弹簧元件和一个阻尼器并联构成，比其他模型更容易和各向异性弹性矩阵结合，形成简洁的应力与应变本构方程，同时能保证取得很好的效果。

Kelvin – Voigt 黏弹性介质应力向量 $\boldsymbol{\sigma}$ 和应变向量 $\boldsymbol{\varepsilon}$ 的本构关系为

$$\boldsymbol{\sigma} = \mathbf{C}\boldsymbol{\varepsilon} + \boldsymbol{\eta}\frac{\mathrm{d}\boldsymbol{\varepsilon}}{\mathrm{d}t} \tag{8-1}$$

$$\eta_{ij} = \frac{C_{ij}}{\omega Q}$$

式中，$\mathbf{C}$ 为弹性矩阵，表征各向异性，与 Thomsen 参数可相互转化；$\boldsymbol{\eta}$ 为黏滞矩阵，表征黏弹性，是品质因子 Q 和弹性矩阵 $\mathbf{C}$ 的函数。式(8-1)为黏弹各向异性介质本构方程。$\boldsymbol{\eta}$ 与 $\mathbf{C}$ 一一对应，其中 η_{11}、η_{13}、η_{33} 使用纵波品质因子 Q_p，η_{44}、η_{66} 对应横波品质因子 Q_s，ω 一般取子波主频圆频率。由黏弹各向异性本构方程、几何方程和运动平衡微分方程构成了黏弹各向异性介质波动理论的三个基本方程，可推导出波动方程。

为了防止对位移计算二阶导数，引进质点振动速度 V_x、V_y、V_z 变量，即位移的一阶导数，使计算简化。在没有受到外力影响或外力消失之后，可获得一阶速度—应力弹性波方程。

（1）黏弹 VTI 介质一阶速度—应力弹性波方程：

$$\begin{cases} \dfrac{\partial \sigma_{xx}}{\partial t} = C_{11}\dfrac{\partial V_x}{\partial x} + (C_{11} - 2C_{66})\dfrac{\partial V_y}{\partial y} + C_{13}\dfrac{\partial V_z}{\partial z} + \eta_{11}\dfrac{\partial^2 V_x}{\partial x \partial t} + \\ \qquad (\eta_{11} - 2\eta_{66})\dfrac{\partial^2 V_y}{\partial y \partial t} + \eta_{13}\dfrac{\partial^2 V_z}{\partial z \partial t} \\[6pt] \dfrac{\partial \sigma_{yy}}{\partial t} = C_{11}\dfrac{\partial V_y}{\partial y} + (C_{11} - 2C_{66})\dfrac{\partial V_x}{\partial x} + C_{13}\dfrac{\partial V_z}{\partial z} + \eta_{11}\dfrac{\partial^2 V_y}{\partial y \partial t} + \\ \qquad (\eta_{11} - 2\eta_{66})\dfrac{\partial^2 V_x}{\partial x \partial t} + \eta_{13}\dfrac{\partial^2 V_z}{\partial z \partial t} \\[6pt] \dfrac{\partial \sigma_{zz}}{\partial t} = C_{33}\dfrac{\partial V_z}{\partial z} + C_{13}\dfrac{\partial V_x}{\partial x} + C_{13}\dfrac{\partial V_y}{\partial y} + \eta_{33}\dfrac{\partial^2 V_z}{\partial z \partial t} + \eta_{13}\dfrac{\partial^2 V_x}{\partial x \partial t} + \eta_{13}\dfrac{\partial^2 V_y}{\partial y \partial t} \end{cases}$$

$$\begin{cases} \dfrac{\partial \tau_{yz}}{\partial t} = C_{44}\left(\dfrac{\partial V_y}{\partial z} + \dfrac{\partial V_z}{\partial y}\right) + \eta_{44}\left(\dfrac{\partial^2 V_y}{\partial z \partial t} + \dfrac{\partial^2 V_z}{\partial y \partial t}\right) \\ \dfrac{\partial \tau_{xz}}{\partial t} = C_{44}\left(\dfrac{\partial V_x}{\partial z} + \dfrac{\partial V_z}{\partial x}\right) + \eta_{44}\left(\dfrac{\partial^2 V_x}{\partial z \partial t} + \dfrac{\partial^2 V_z}{\partial x \partial t}\right) \\ \dfrac{\partial \tau_{xy}}{\partial t} = C_{66}\left(\dfrac{\partial V_x}{\partial y} + \dfrac{\partial V_y}{\partial x}\right) + \eta_{66}\left(\dfrac{\partial^2 V_x}{\partial y \partial t} + \dfrac{\partial^2 V_y}{\partial x \partial t}\right) \end{cases} \quad (8-2)$$

(2) 黏弹 HTI 介质一阶速度—应力弹性波方程:

$$\begin{cases} \dfrac{\partial \sigma_{xx}}{\partial t} = C_{11}\dfrac{\partial V_x}{\partial x} + C_{13}\dfrac{\partial V_y}{\partial y} + C_{13}\dfrac{\partial V_z}{\partial z} + \eta_{11}\dfrac{\partial^2 V_x}{\partial x \partial t} + \eta_{13}\dfrac{\partial^2 V_y}{\partial y \partial t} + \eta_{13}\dfrac{\partial^2 V_z}{\partial z \partial t} \\ \dfrac{\partial \sigma_{yy}}{\partial t} = C_{13}\dfrac{\partial V_x}{\partial x} + C_{33}\dfrac{\partial V_y}{\partial y} + (C_{33}-2C_{44})\dfrac{\partial V_z}{\partial z} + \eta_{13}\dfrac{\partial^2 V_x}{\partial x \partial t} + \eta_{33}\dfrac{\partial^2 V_y}{\partial y \partial t} + \\ \qquad (\eta_{33}-2\eta_{44})\dfrac{\partial^2 V_z}{\partial z \partial t} \\ \dfrac{\partial \sigma_{zz}}{\partial t} = C_{13}\dfrac{\partial V_x}{\partial x} + C_{13}\dfrac{\partial V_y}{\partial y} + C_{33}\dfrac{\partial V_z}{\partial z} + \eta_{13}\dfrac{\partial^2 V_x}{\partial x \partial t} + \eta_{13}\dfrac{\partial^2 V_y}{\partial y \partial t} + \eta_{33}\dfrac{\partial^2 V_z}{\partial z \partial t} \\ \dfrac{\partial \tau_{yz}}{\partial t} = C_{44}\left(\dfrac{\partial V_y}{\partial z} + \dfrac{\partial V_z}{\partial y}\right) + \eta_{44}\left(\dfrac{\partial^2 V_y}{\partial z \partial t} + \dfrac{\partial^2 V_z}{\partial y \partial t}\right) \\ \dfrac{\partial \tau_{xz}}{\partial t} = C_{66}\left(\dfrac{\partial V_x}{\partial z} + \dfrac{\partial V_z}{\partial x}\right) + \eta_{66}\left(\dfrac{\partial^2 V_x}{\partial z \partial t} + \dfrac{\partial^2 V_z}{\partial x \partial t}\right) \\ \dfrac{\partial \tau_{xy}}{\partial t} = C_{66}\left(\dfrac{\partial V_x}{\partial y} + \dfrac{\partial V_y}{\partial x}\right) + \eta_{66}\left(\dfrac{\partial^2 V_x}{\partial y \partial t} + \dfrac{\partial^2 V_y}{\partial x \partial t}\right) \end{cases} \quad (8-3)$$

采用交错网格高阶有限差分法来模拟三维煤层槽波,对巷道自由界面采用镜像法处理(姬广忠等,2012),边界吸收采用完全匹配层法。

建立正常煤层模型、含断层模型、含陷落柱模型及不同黏弹、TI 参数,进行模拟并分析波场。

8.2 正常煤层模型的数值模拟

煤层中不含构造异常,分别建立黏弹各向同性介质煤层模型、黏弹 VTI 介质煤层模型与黏弹 HTI 介质煤层模型。

8.2.1 黏弹各向同性介质煤层模型

图 8-1 的三维模型与 7.3.2 节相似,xyz 方向的大小为 200 m × 200 m × 25 m,中间为煤层,煤厚 5 m,两边是岩性相同的围岩,xyz 方向的网格大小为 1 m × 1 m × 0.25 m,时间采样间隔 dt = 0.05 ms。取煤层纵波速度 1900 m/s,横波速度 1100 m/s,密度 1300 kg/m³,煤层纵波品质因子 Q_p 为 50,横波品质因子 Q_s 为

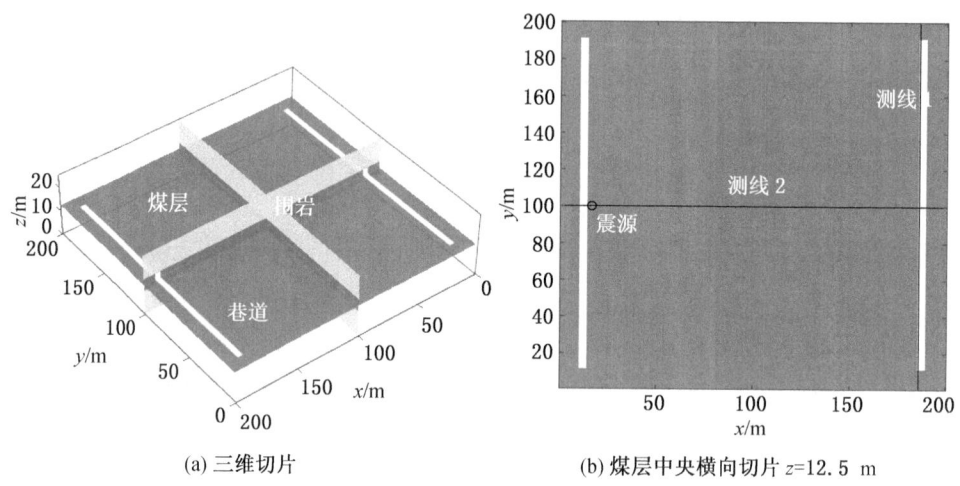

(a) 三维切片 (b) 煤层中央横向切片 z=12.5 m

图 8-1 含巷道煤层工作面模型

30，ε、δ、γ 都为 0，为黏弹各向同性介质；顶（底）板围岩纵波速度 3500 m/s，横波速度 2000 m/s，密度 2400 kg/m³，ε、γ、δ 都为 0，为弹性各向同性介质。巷道有两条，一条在 $x = 11 \sim 15$ m、$y = 10 \sim 190$ m、$z = 11 \sim 14$ m 处，另一条在 $x = 186 \sim 190$ m、$y = 10 \sim 190$ m、$z = 11 \sim 14$ m 处，巷道断面 4 m×3 m，内部设为真空。测线 1（$x = 185$ m，$z = 12.5$ m）在右边的巷道壁上，测线 2（$y = 100$ m，$z = 12.5$ m）过炮点（图 8-1b 中黑线）。炮点位置在煤层中央，水平坐标为 $x = 16$ m、$y = 100$ m，如图 8-1b 中圆圈所示，震源采用主频 150 Hz 雷克子波，纵波激发。

图 8-2、图 8-3 是 60 ms 和 120 ms 时刻的波场快照，与 7.3.2 节弹性 HTI 介质相似，传播在最前面的是折射纵波，后面是高阶 Rayleigh 型槽波，速度最慢的是基阶槽波。与 HTI 介质不同，HTI 介质基阶槽波能量大于高阶槽波，但是黏弹介质基阶槽波能量小于高阶槽波；而且随着时间推移，基阶槽波能量越来越弱，衰减速度快于高阶槽波。

图 8-4 是测线 1 的槽波记录，接收的穿过工作面的透射波。可以看出高阶槽波能量最强，基阶槽波 x、z 分量能量很弱，y 分量基阶槽波能量强，但是波列长，能量不集中。

取测线 2 的分量槽波记录（图 8-5）进行频散分析。由于测线 2 过震源，测线 2 的 y 分量显然只含有 Love 型槽波，不含 Rayleigh 槽波，而 xz 分量只含

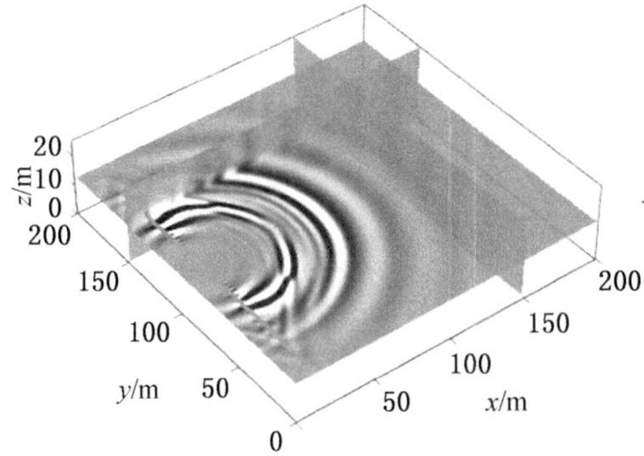

8 黏弹 TI 煤层介质的槽波波场特征

(a)x 分量

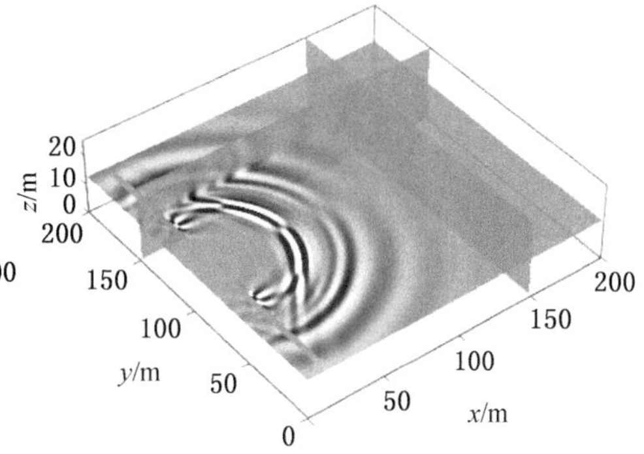

(b)y 分量

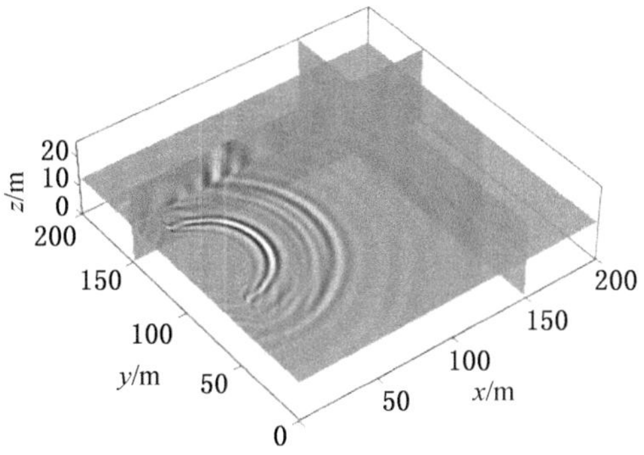

(c)z 分量

图 8-2 60 ms 波场快照

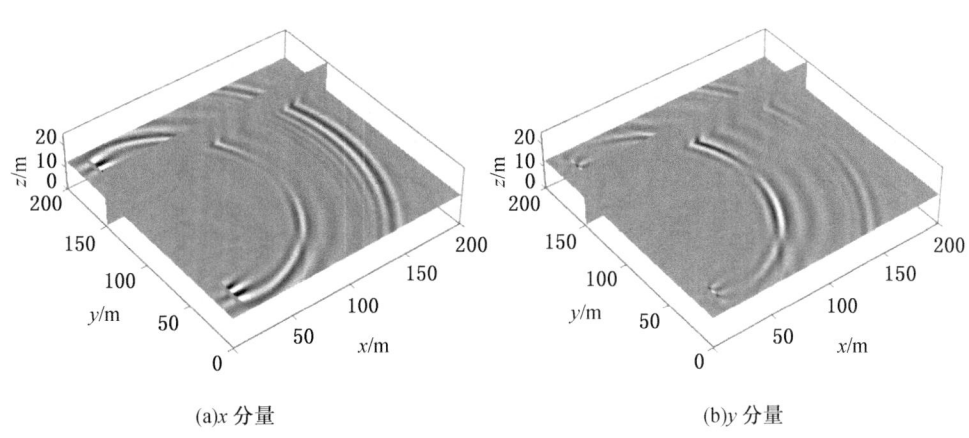

(a)x 分量

(b)y 分量

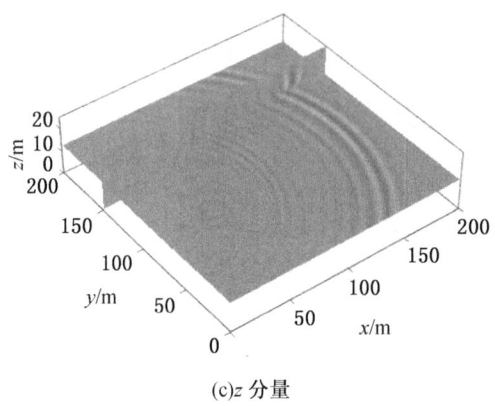

(c)z 分量

图 8-3 120 ms 波场快照

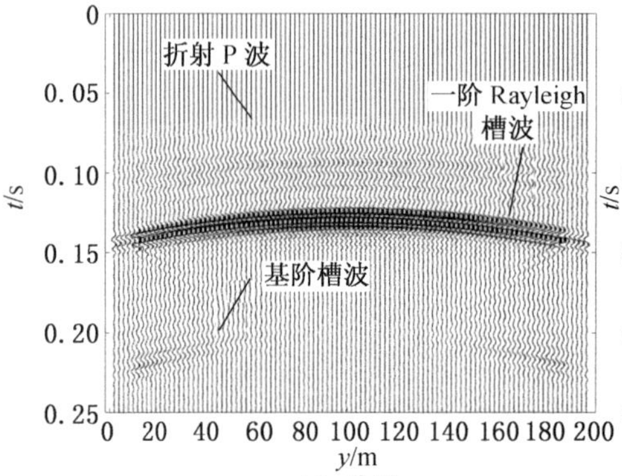

(a)x 分量

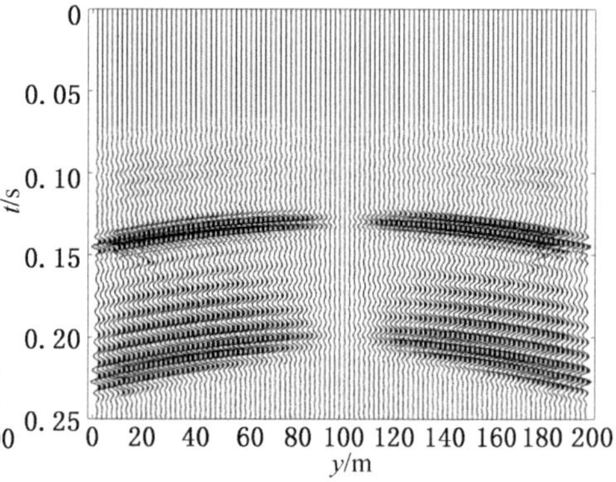

(b)y 分量

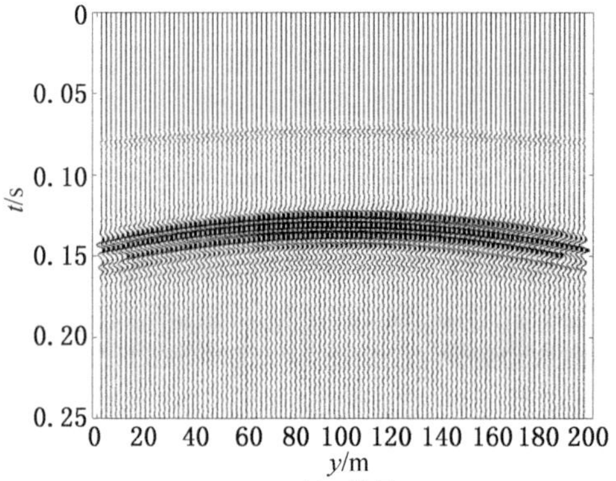

(c)z 分量

图 8-4 测线 1 槽波记录

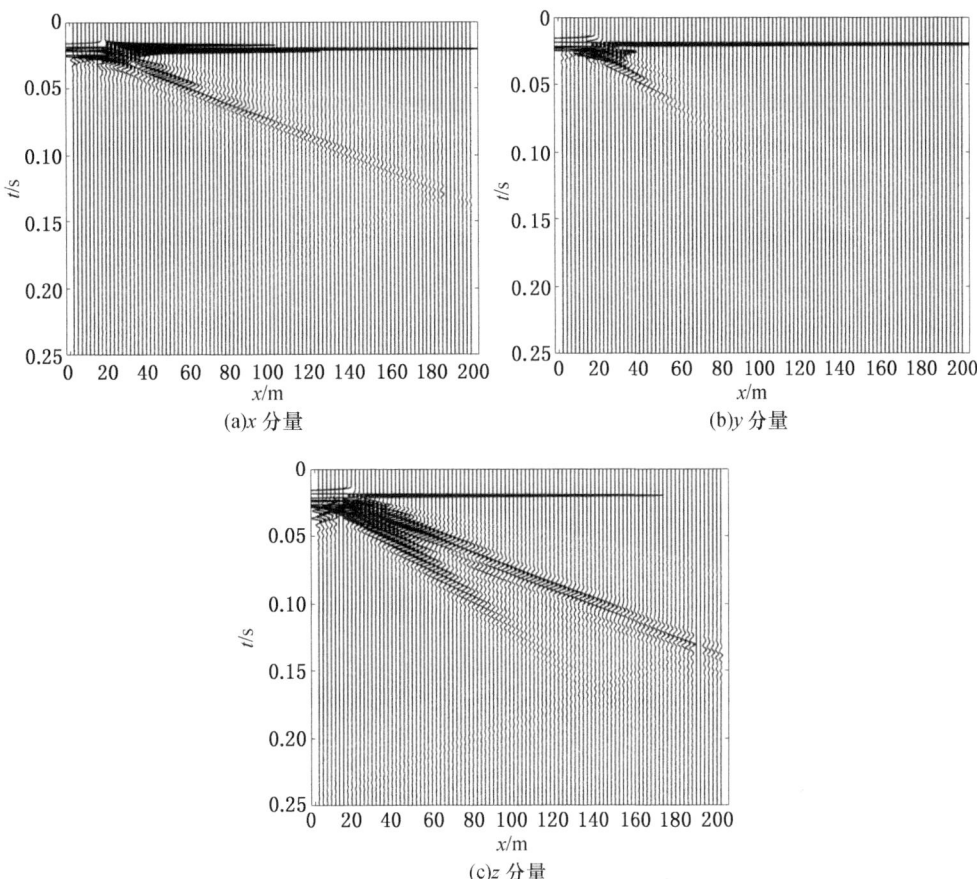

图 8-5 测线 2 槽波记录

Rayleigh 槽波。采用二维傅里叶变换，将槽波转化到 v—f 域，提取槽波频散图（图 8-6）。图 8-6b 中主要是基阶 Love 槽波相速度频散曲线，能量集中在 110～200 Hz，速度范围在 1150～2000 m/s。x 分量基本是一阶 Rayleigh 槽波，z 分量包含一阶和基阶 Rayleigh 槽波。一阶 Rayleigh 槽波能量大于基阶，基阶 Rayleigh 槽波衰减快，造成这种现象的原因可能是一阶 Rayleigh 槽波 Airy 相频率低于基阶，所以衰减慢（注意一阶 Rayleigh 槽波有两个 Airy 相，图 8-5c 中的是低频高速位置的 Airy 相）。

8.2.2 黏弹 VTI 介质煤层模型

以黏弹各向同性介质煤层模型（模型 1）为例，将煤层设为黏弹 VTI 介质，煤层纵波品质因子 Q_p 为 50，横波品质因子 Q_s 为 30，ε、δ、γ 为 0.1、-0.1、

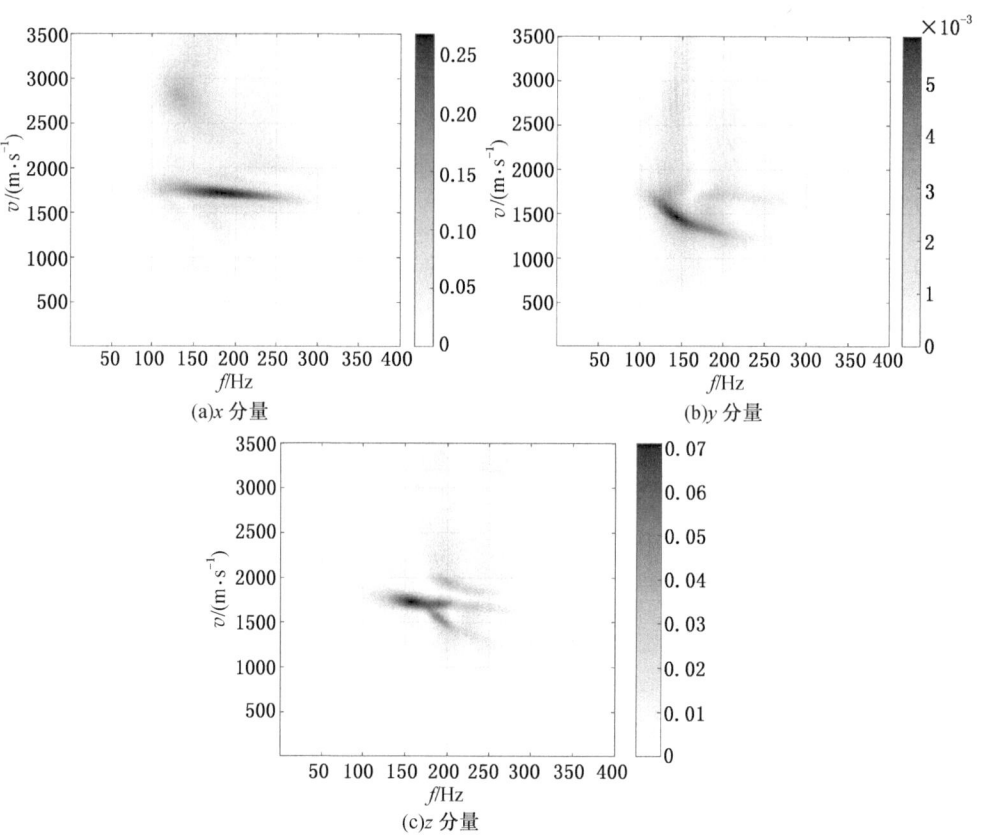

图 8-6 测线 2 槽波记录 v—f 域功率谱

0.15，其他参数和模型 1 相同。

与弹性 VTI 介质相比，黏弹介质基阶槽波能量小于高阶槽波，而且随着时间推移，基阶槽波能量越来越弱，衰减速度快于高阶槽波（图 8-7）。与黏弹各向同性相比，本模型槽波速度大于前者，测线 2 波场基本相似（图 8-9，图 8-10），测线 1 波场有些不同（图 8-8），本模型高阶槽波并没有黏弹各向同性模型强，而且其他波如折射纵波、横波能量较强，z 分量基阶槽波能量较强。

8.2.3 黏弹 HTI 介质煤层模型

同样以黏弹各向同性介质煤层模型为基础，将煤层设为黏弹 HTI 介质（图 8-11），煤层纵波品质因子 Q_p 为 50，横波品质因子 Q_s 为 30，ε、δ、γ 为 -0.1、-0.1、-0.15，其他参数和模型 1 相同。

根据测线 1、测线 2 波场及频散图可以看出（图 8-12 ~ 图 8-14），黏弹

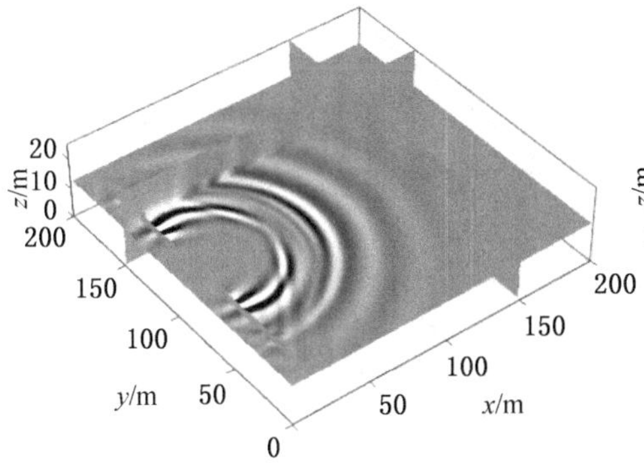

8 黏弹 TI 煤层介质的槽波波场特征

(a)x 分量

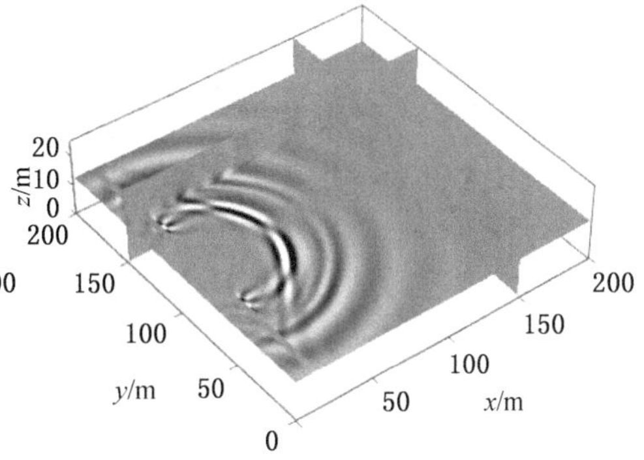

(b)y 分量

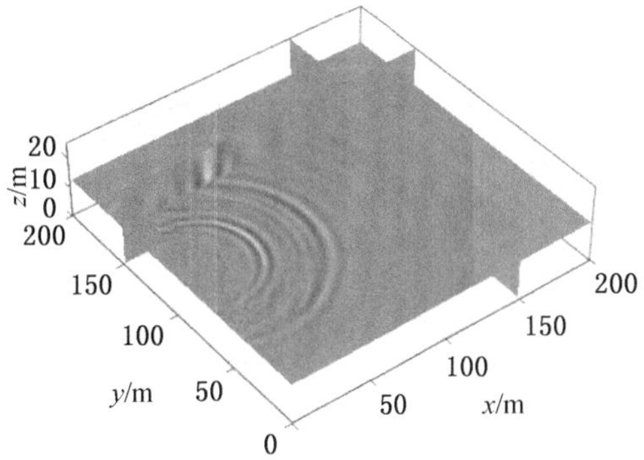

(c)z 分量

图 8-7 60 ms 波场快照

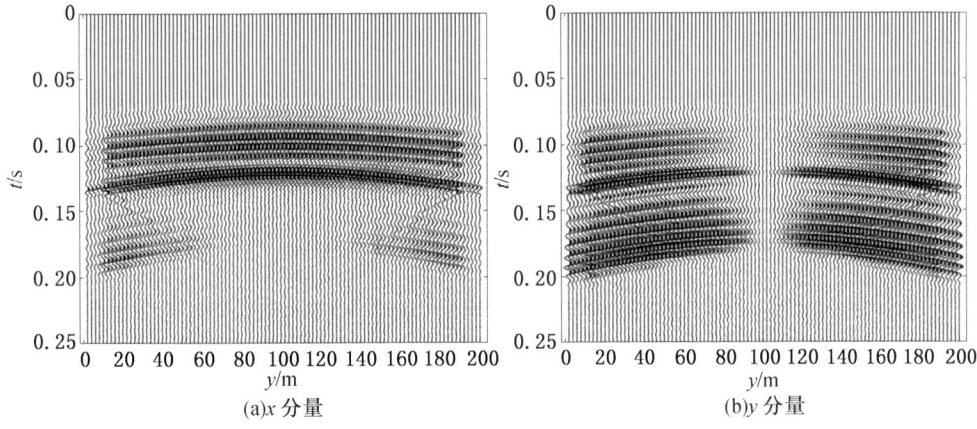

(a)x 分量

(b)y 分量

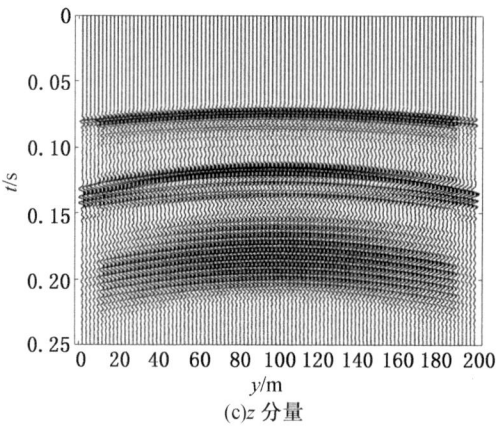

(c)z 分量

图 8-8 测线 1 槽波记录

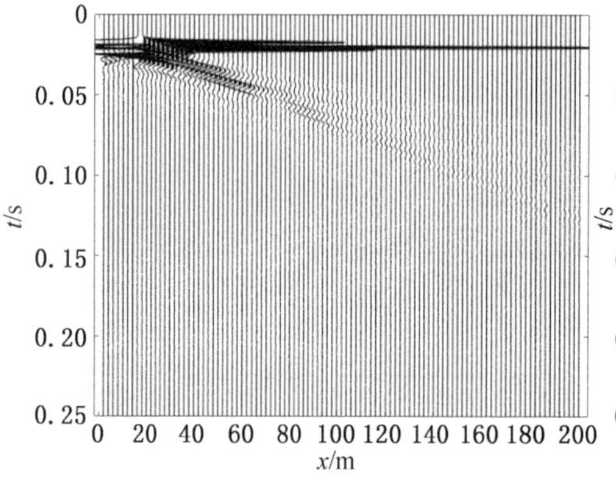

(a)x 分量

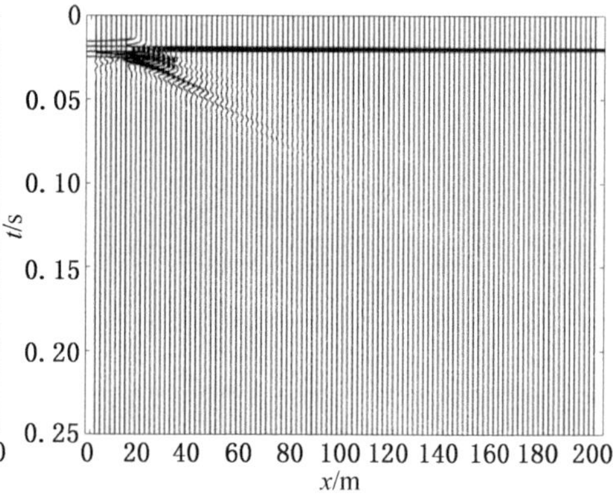

(b)y 分量

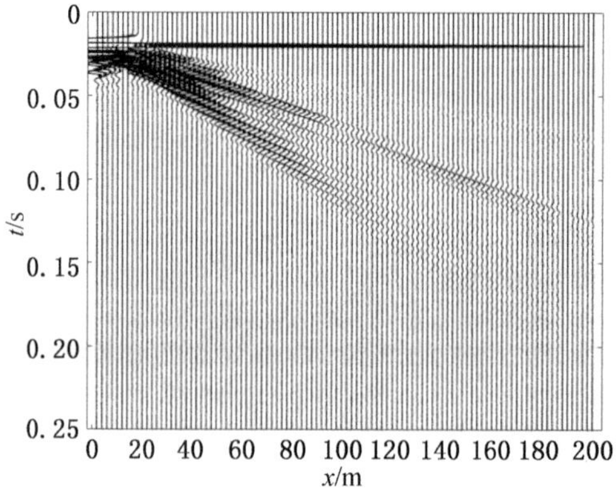

(c)z 分量

图 8-9 测线 2 槽波记录

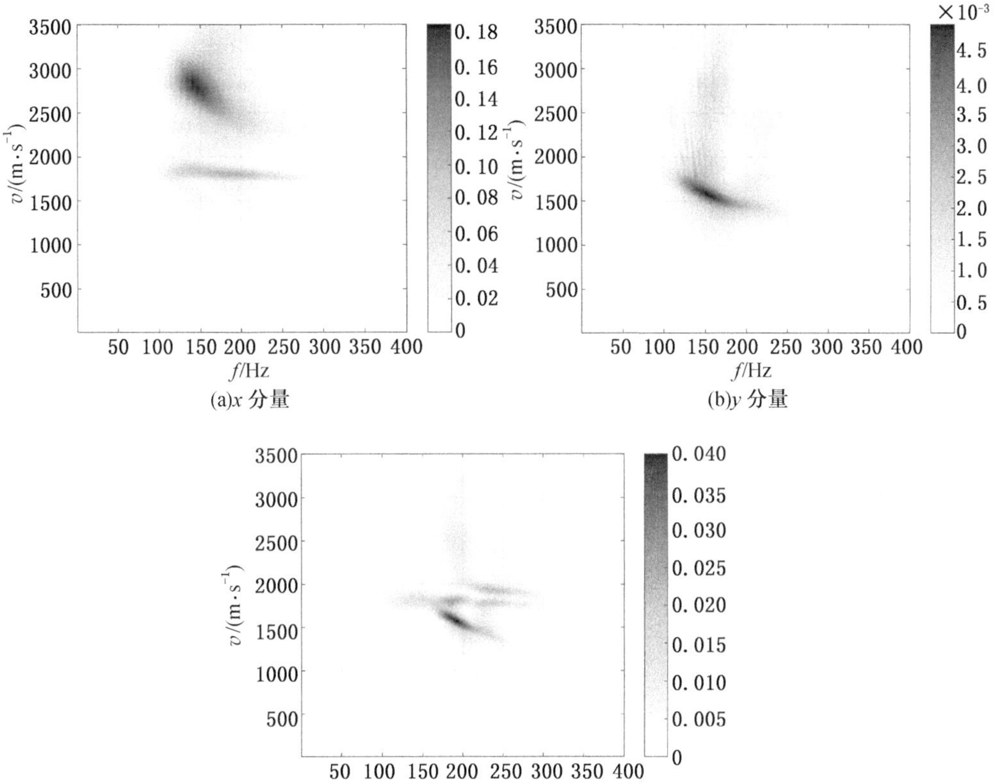

8 黏弹 TI 煤层介质的槽波波场特征

(a)x 分量

(b)y 分量

(c)z 分量

图 8-10 测线 2 槽波记录 v—f 域功率谱

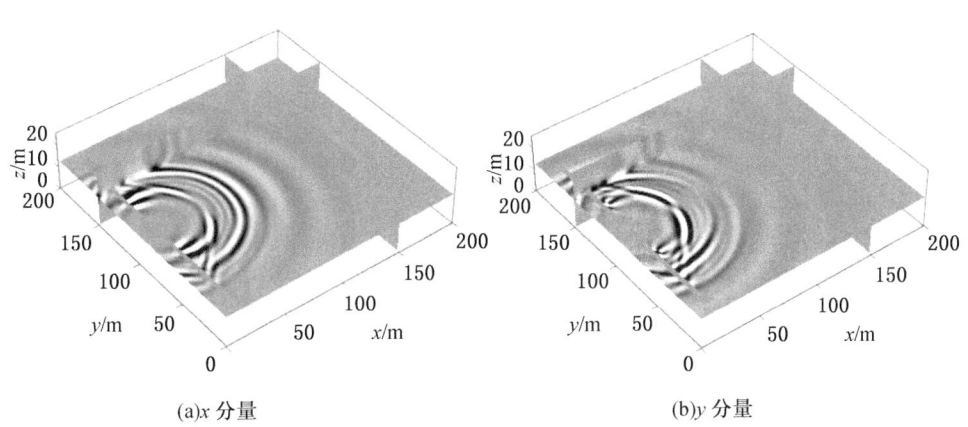

(a)x 分量

(b)y 分量

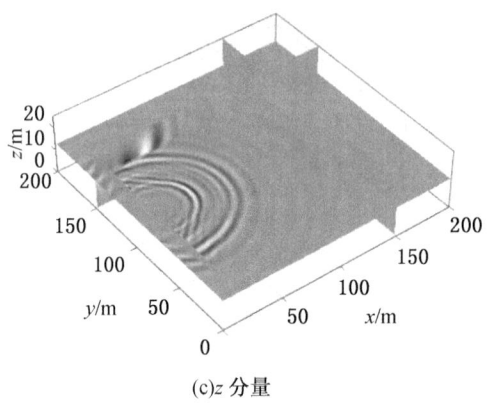

(c)z 分量

图 8-11　60 ms 波场快照

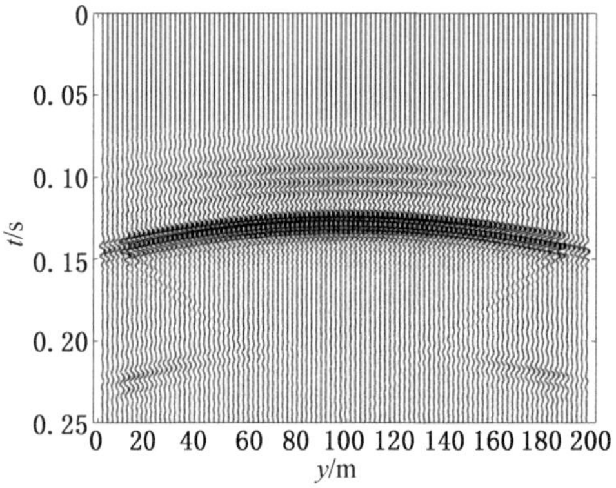

(a)x 分量

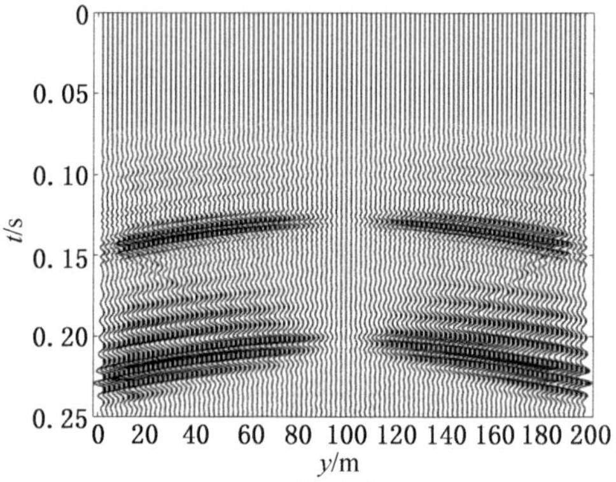

(b)y 分量

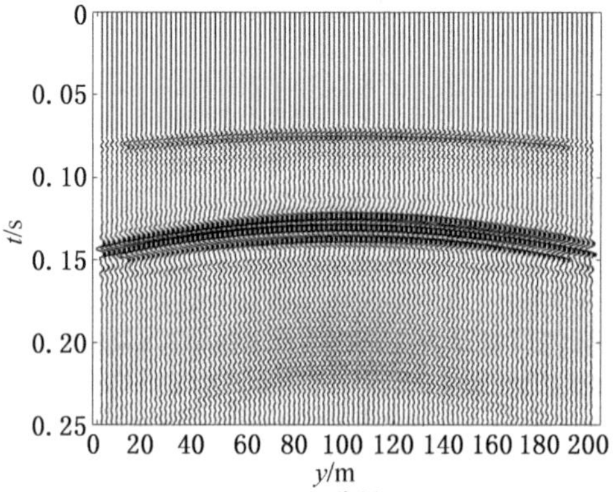

(c)z 分量

图 8-12　测线 1 槽波记录

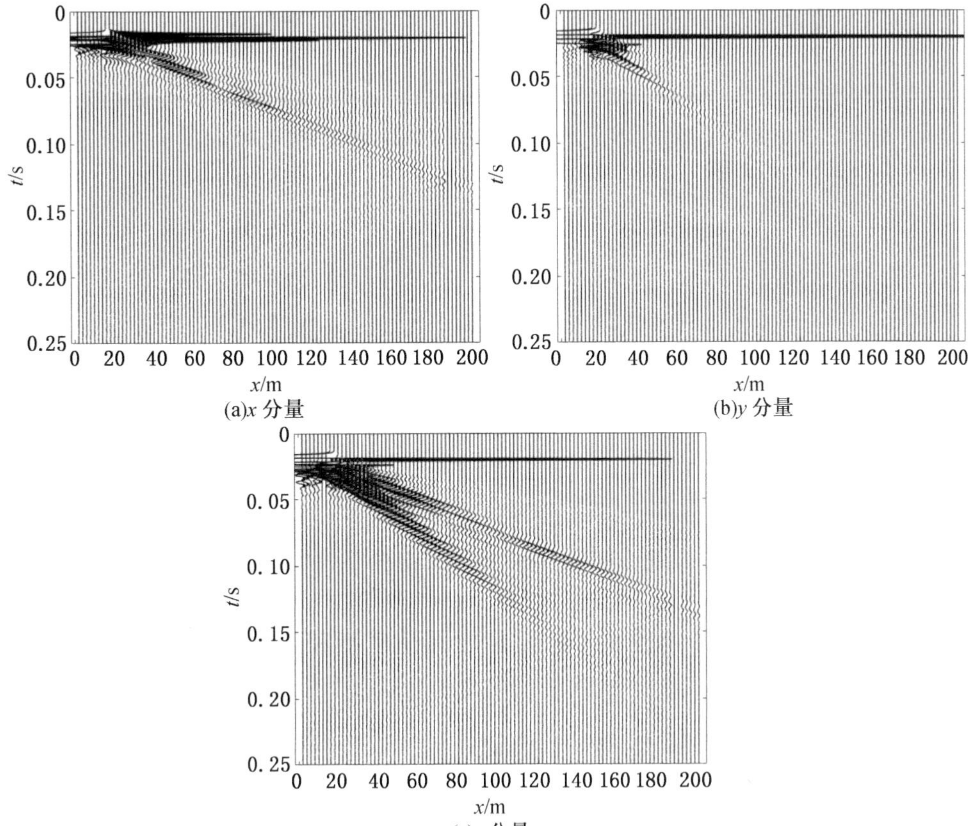

8 黏弹 TI 煤层介质的槽波波场特征

(a) x 分量

(b) y 分量

(c) z 分量

图 8-13 测线 2 槽波记录

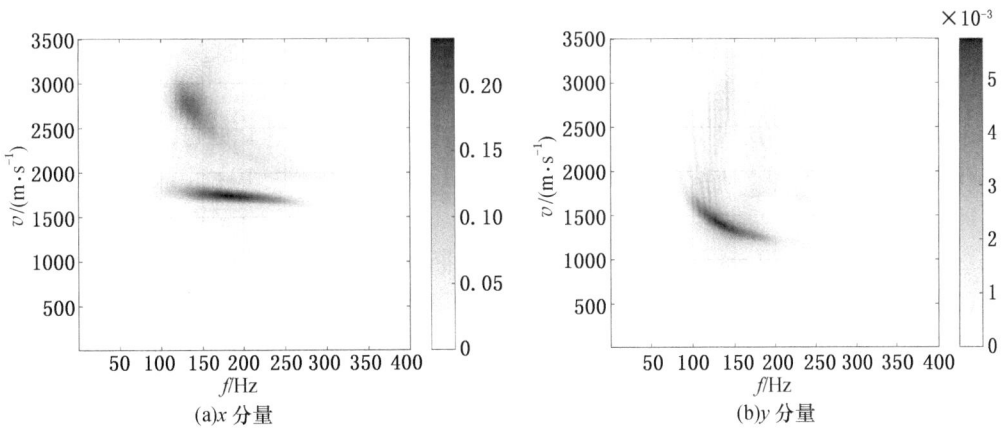

(a) x 分量

(b) y 分量

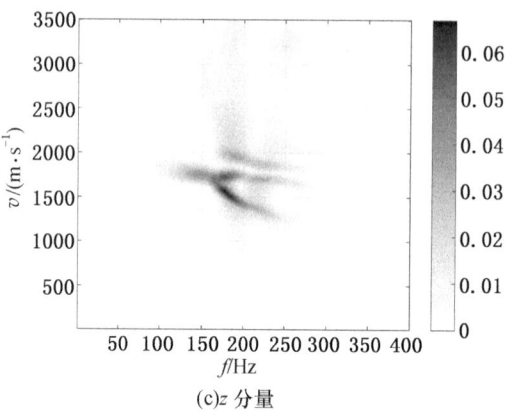

(c)z 分量

图 8-14　测线 2 槽波记录 v—f 域功率谱

HTI 介质煤层槽波和黏弹各向同性介质槽波波场基本相似，一阶 Rayleigh 槽波能量大于基阶，基阶 Rayleigh 槽波衰减快，Love 型槽波基阶能量强，这也说明 HTI 介质参数对槽波波场影响较小。黏弹各向同性模型和此模型的频散曲线稍有差异。

8.3　含断层煤层模型数值模拟

煤层中含断层构造，断层断距为 2.5 m，为煤厚的一半，分别建立黏弹 VTI 介质含断层煤层模型与黏弹 HTI 介质含断层煤层模型。

8.3.1　黏弹 VTI 介质含断层模型

以黏弹各向同性介质煤层模型为基础，将煤层设为黏弹 VTI 介质，煤层纵波品质因子 Q_p 为 50，横波品质因子 Q_s 为 30，ε、δ、γ 为 0.1、-0.1、0.15。在煤层中央加一条断层（图 8-15），平行 y 方向，在 $x=100$ m 处，断距为 2.5 m；在 $0<x\leqslant 100$ m 区域内，煤层界面 $z=10\sim15$ m；在 $x>100$ m 区域内，煤层界面 $z=7.5\sim12.5$ m。测线 1、测线 2 检波点 xy 坐标位置和模型 1 相同，z 坐标仍然在煤层中央，在 $0<x\leqslant 100$ m 区域内，$z=12.5$ m，在 $x>100$ m 区域内，$z=10$ m。

图 8-16 为 90 ms 波场快照，槽波遇到断层产生反射。测线 1 槽波记录中（图 8-17）x、y 分量波形与黏弹 VTI 介质正常煤层模型相似，因为断层为隐伏断层且平行巷道，所以两模型 x、y 分量相似。但是 z 分量有很大不同，本模型的 z 分量波场除了基阶 Rayleigh 槽波外多了几组波，由测线 2 z 分量记录（图 8-18c）可以看出 z 分量一阶 Rayleigh 槽波遇到断层后发生透射和绕射现象，产生

8 黏弹 TI 煤层介质的槽波波场特征

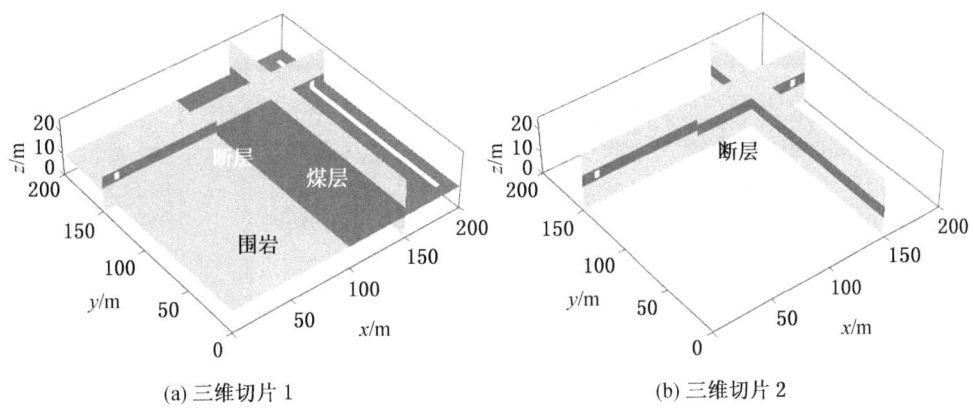

(a) 三维切片 1 (b) 三维切片 2

图 8-15　含断层煤层工作面模型

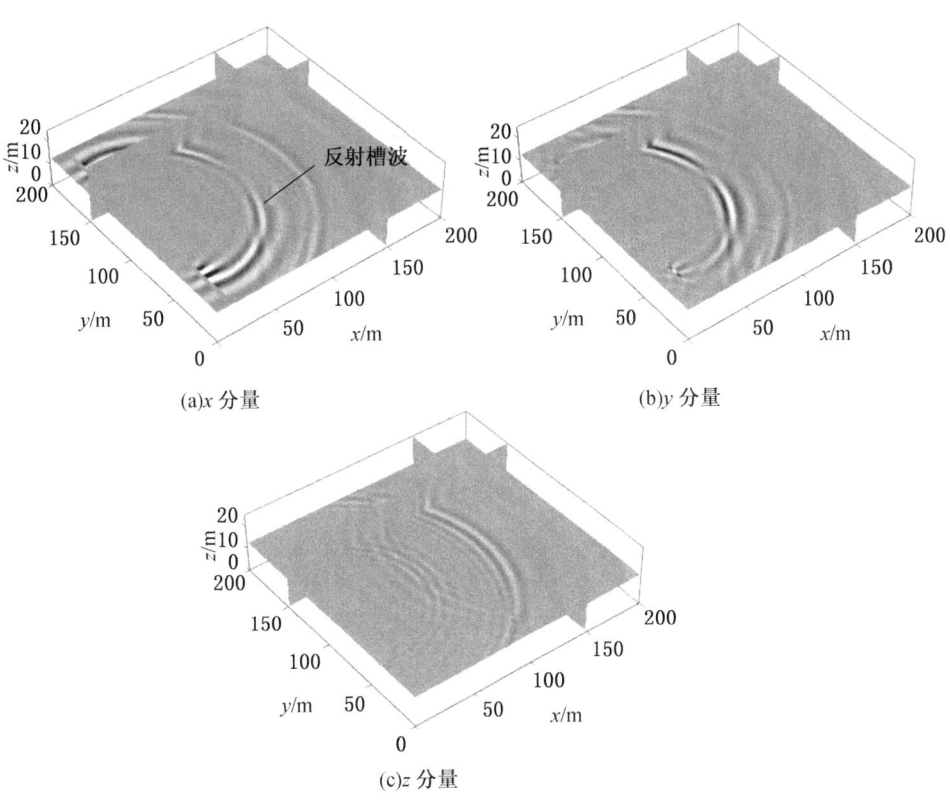

(a) x 分量 (b) y 分量

(c) z 分量

图 8-16　90 ms 波场快照

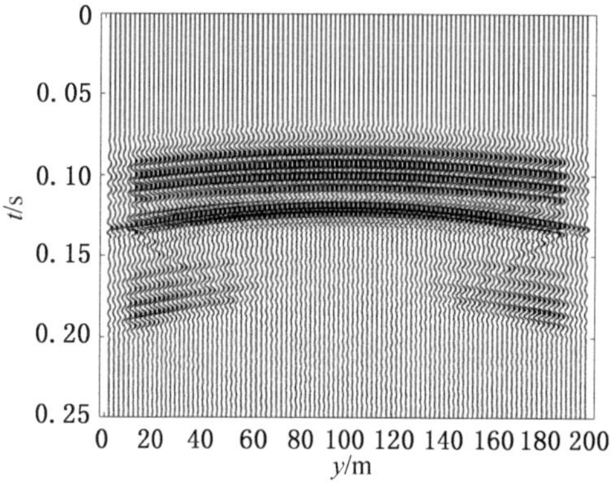

第二部分　非弹性各向同性介质槽波特征

(a)x 分量

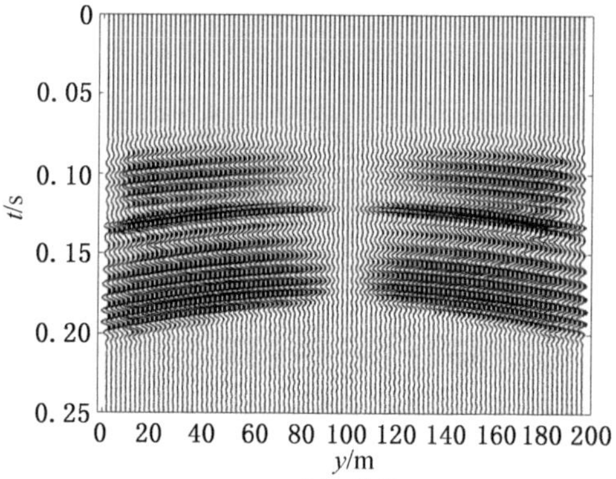

(b)y 分量

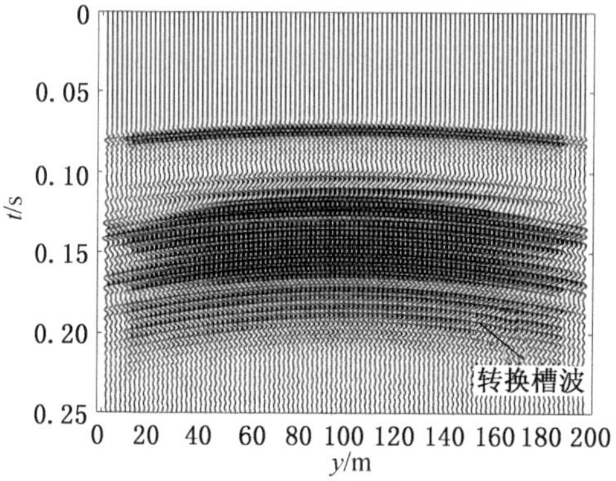

(c)z 分量

转换槽波

图 8-17　测线 1 槽波记录

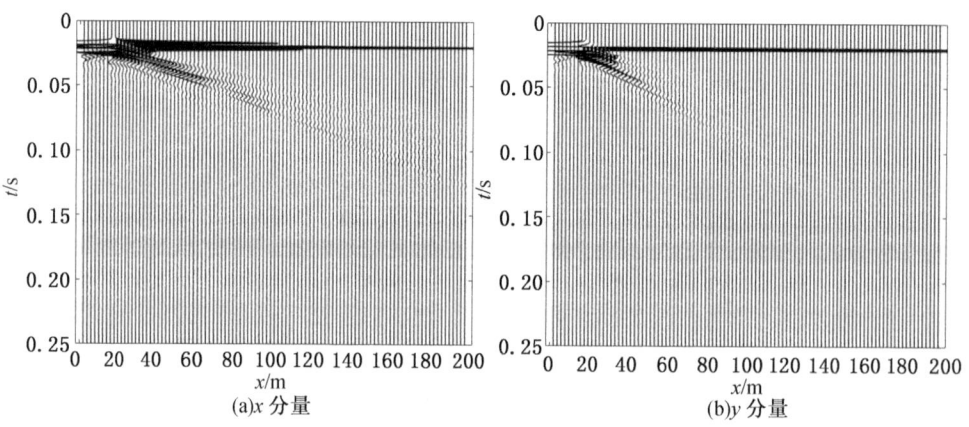

(a)x 分量

(b)y 分量

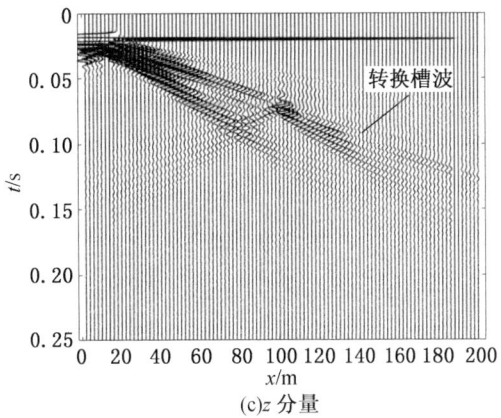

(c)z 分量

图 8-18　测线 2 槽波记录

了新的转换波组基阶与一阶 Rayleigh 槽波，这一现象十分特别。

由于断层并不改变槽波频散，所以本模型不再分析频散特征。

8.3.2　黏弹 HTI 介质含断层模型

该模型与黏弹 VTI 介质含断层模型相同，唯一不同的是将煤层设为黏弹 HTI 介质，取 ε、δ、γ 为 -0.1、-0.1、-0.15。

图 8-19 为 90 ms 波场快照，槽波遇到断层产生反射。类似于黏弹 VTI 介质含断层与不含断层模型的差异，弹性 HTI 测线 1 槽波记录中（图 8-20，图 8-21），x、y 分量波形与黏弹 HTI 介质正常煤层模型相似，两模型 x、y 分量相似，z 分量有很大不同，z 分量一阶 Rayleigh 槽波遇到断层后发生透射和绕射现象，产生了新的转换波组。

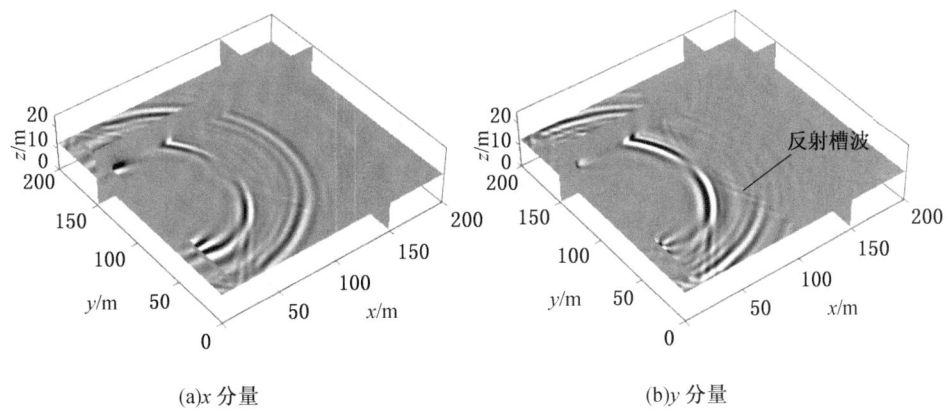

(a)x 分量　　　　　　　　　　　(b)y 分量

第二部分　非弹性各向同性介质槽波特征

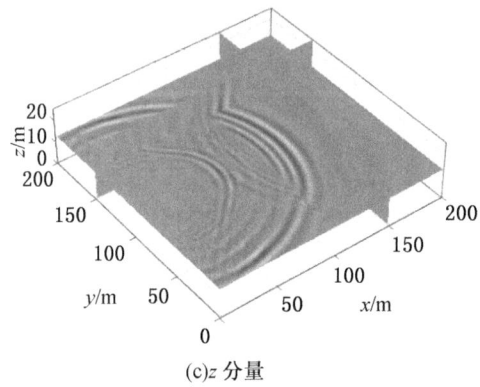

(c)z 分量

图 8-19　90 ms 波场快照

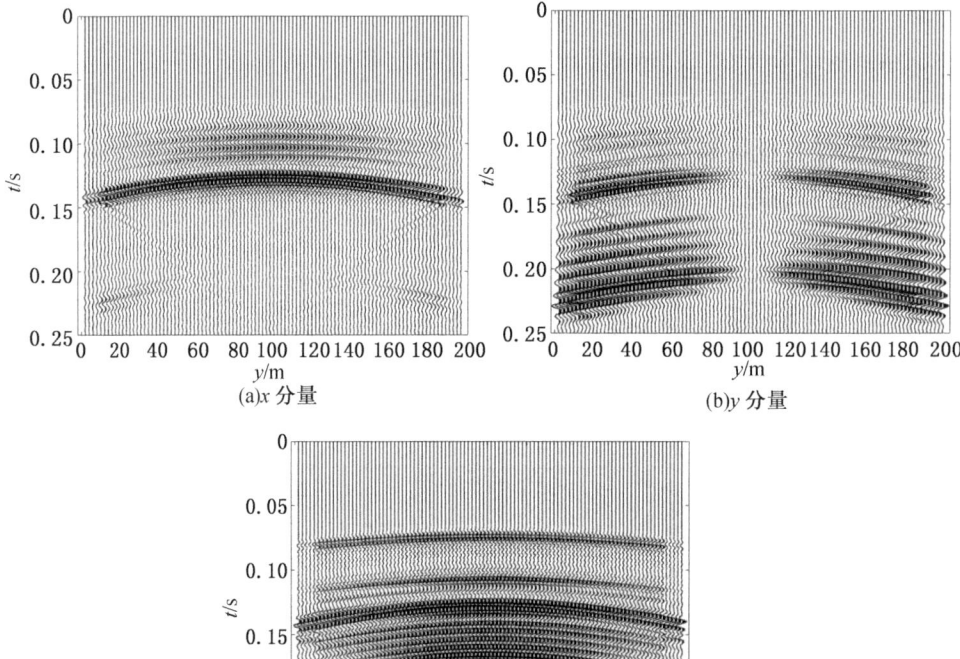

(a)x 分量　　　(b)y 分量

(c)z 分量

图 8-20　测线 1 槽波记录

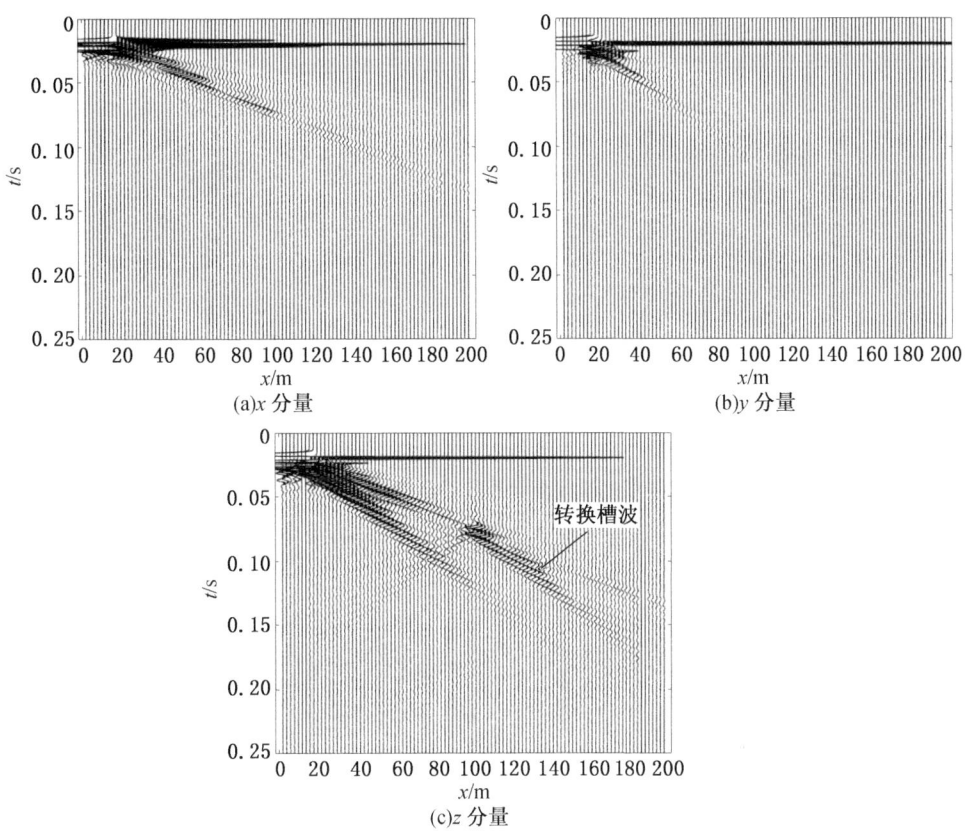

图 8-21 测线 2 槽波记录

8.4 含陷落柱煤层模型数值模拟

煤层中含陷落柱异常。由于 6.3 节、7.3 节、8.2 节和 8.3 节已经比较了各向同性和 TI（VTI 与 HTI）介质的波场差别，本节不再模拟含陷落柱 TI 介质模型，只建立弹性各向同性介质与黏弹各向同性介质含陷落柱模型。

8.4.1 弹性各向同性介质含陷落柱模型

在黏弹各向同性模型设计的基础上，在煤层中央设置一陷落柱（图 8-22），陷落柱整体形状为梯形圆锥体（梯形旋转一周所成图形），倾斜度为 60°，在 z 方向模型中间切面（z = 12.5 m）直径为 20 m。陷落柱的纵波速度为 2400 m/s，横波速度为 1400 m/s，密度为 1800 kg/m³，均大于煤层参数。整体介质都为弹性各向同性介质,其他参数与 8.2.1 相同。

由图 8-23~图 8-25 看出:槽波遇到陷落柱能量减小,同时产生绕射槽波

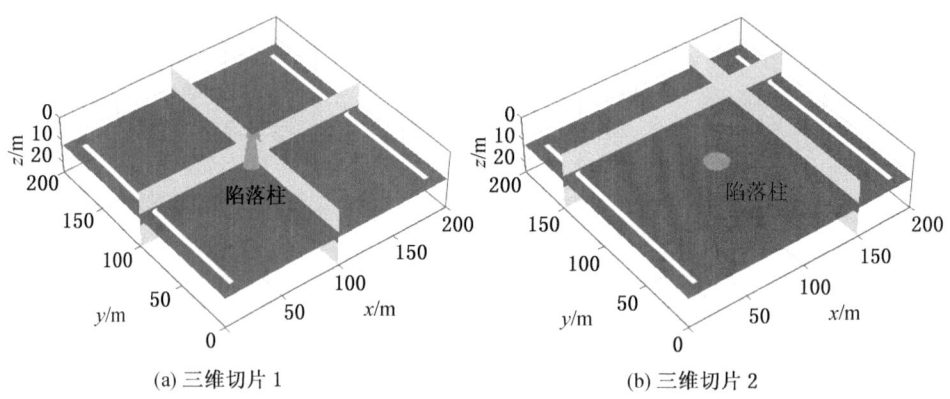

(a) 三维切片 1　　　　　　　　　(b) 三维切片 2

图 8-22　含陷落柱煤层工作面模型

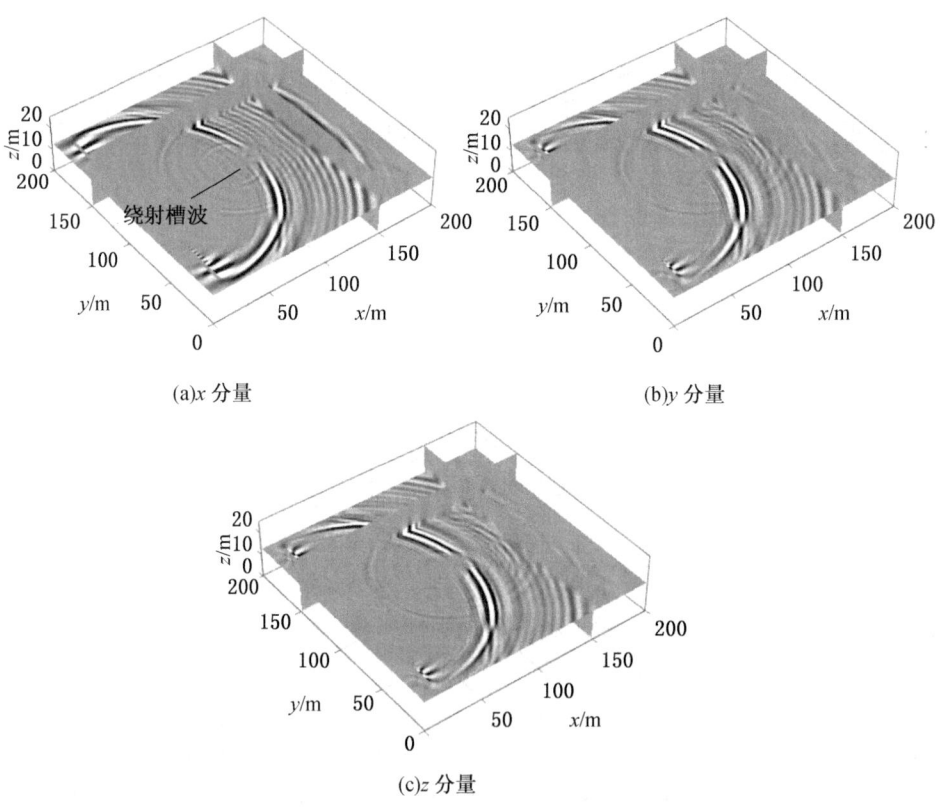

(a) x 分量　　　　　　　　　(b) y 分量

(c) z 分量

图 8-23　120 ms 波场快照

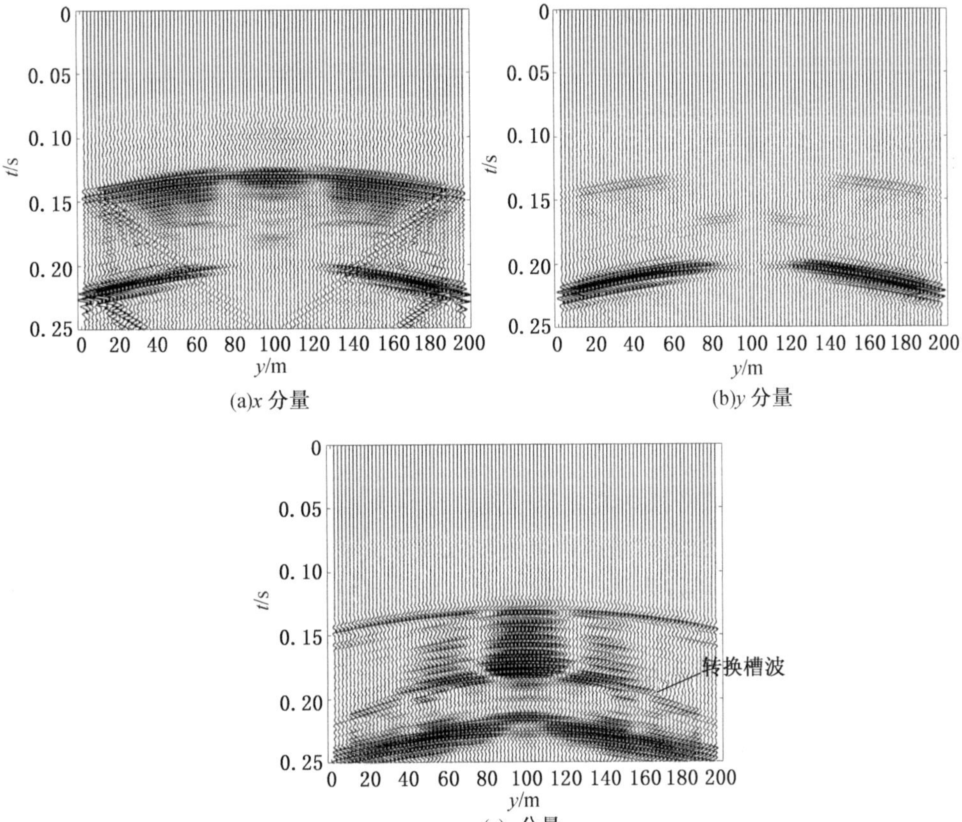

8 黏弹 TI 煤层介质的槽波波场特征

(a)x 分量

(b)y 分量

转换槽波

(c)z 分量

图 8-24 测线 1 槽波记录

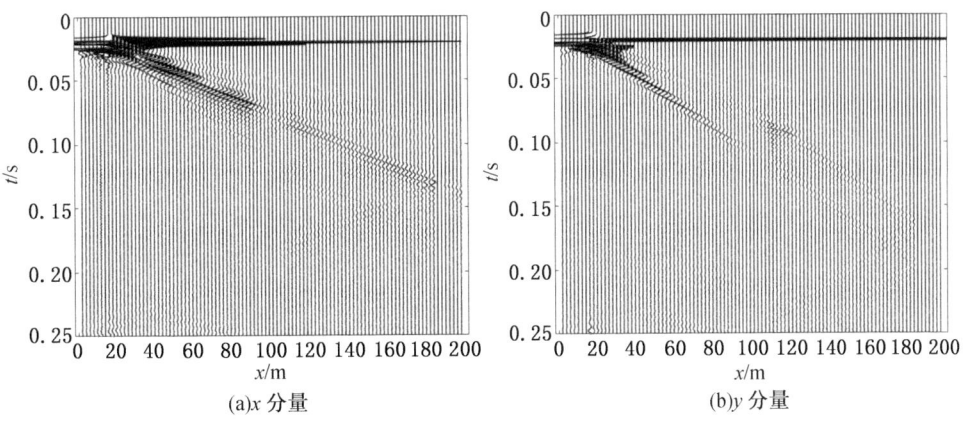

(a)x 分量

(b)y 分量

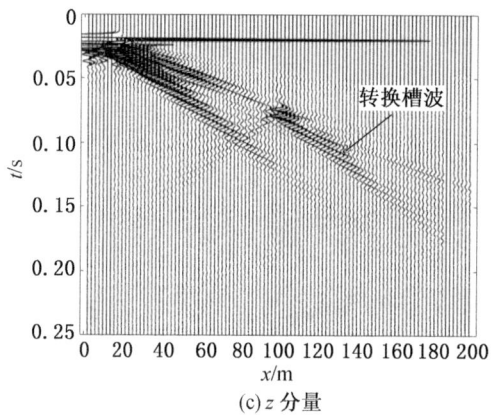

(c) z 分量

图 8-25　测线 2 槽波记录

和转换槽波，z 分量的转换槽波能量较强。与 3.5.3 节正常煤层各向同性介质模型相比，穿过陷落柱的透射槽波部分有较大不同，在经过陷落柱边缘的高阶透射槽波能量弱，穿过陷落柱内部的高阶透射槽波仍然较强，这是因为此陷落柱胶结好，其速度大于煤层，实际工作中存在陷落柱松散、速度比煤层低的情况，这种情况下穿过陷落柱的透射槽波能量会衰减很大。

8.4.2　黏弹各向同性介质含陷落柱模型

在 8.4.1 模型的基础上，将煤层、陷落柱设为黏弹介质（图 8-26），煤层纵波品质因子 Q_p 为 50，横波品质因子 Q_s 为 30，陷落柱纵波品质因子 Q_p 为 150，横波品质因子 Q_s 为 100，其他参数与模型 6 相同。

与 8.4.1 模型各向同性介质相比，黏弹含陷落柱模型基阶槽波能量小，一阶槽波能量仍然较强，与正常煤层各向同性介质和黏弹介质的差异相同，如图 8-27、图 8-28 所示。

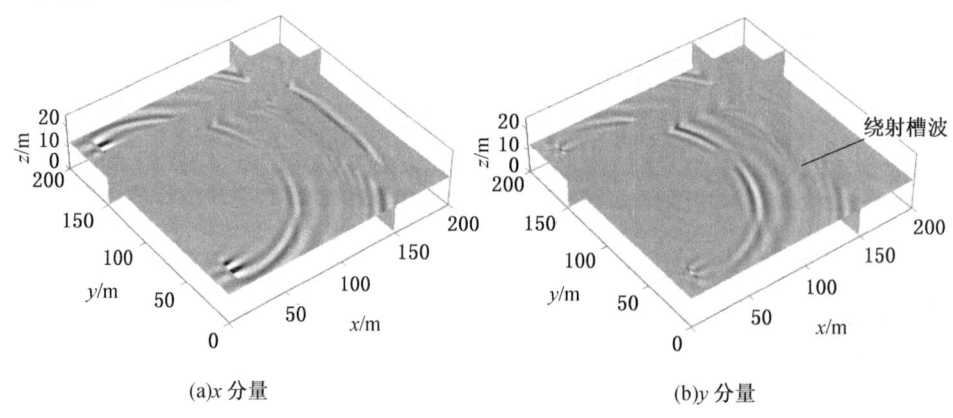

(a) x 分量　　　　　　　　　　　　　　(b) y 分量

8 黏弹 TI 煤层介质的槽波波场特征

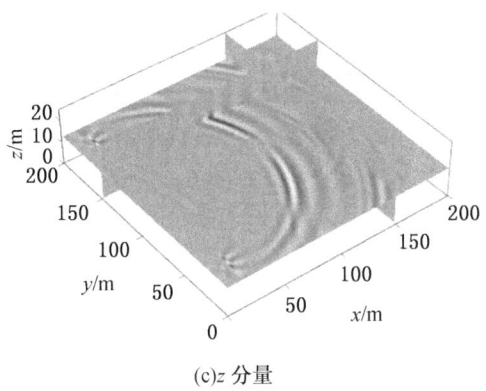

(c)z 分量

图 8-26 120 ms 波场快照

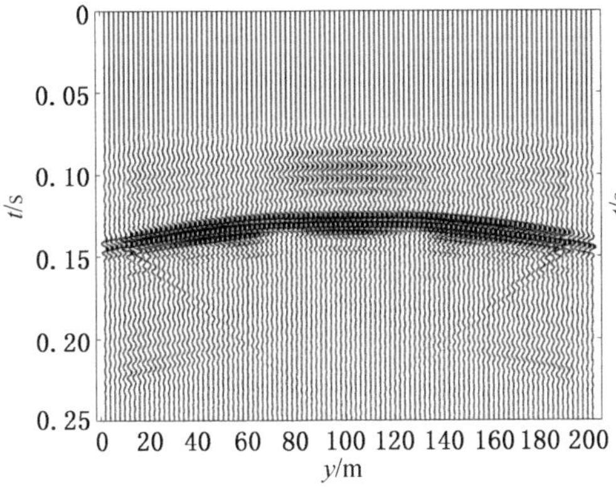

(a)x 分量

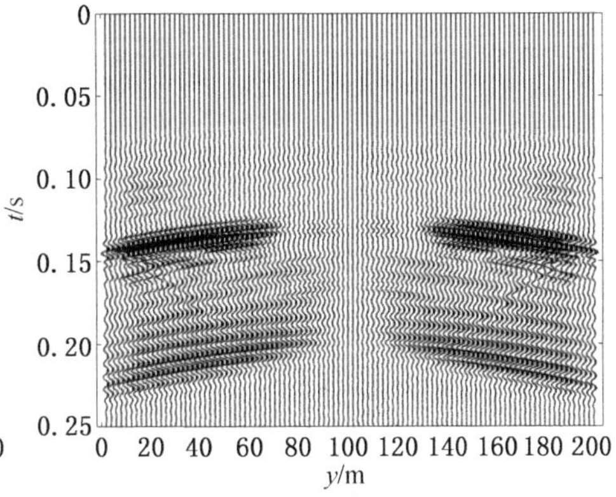

(b)y 分量

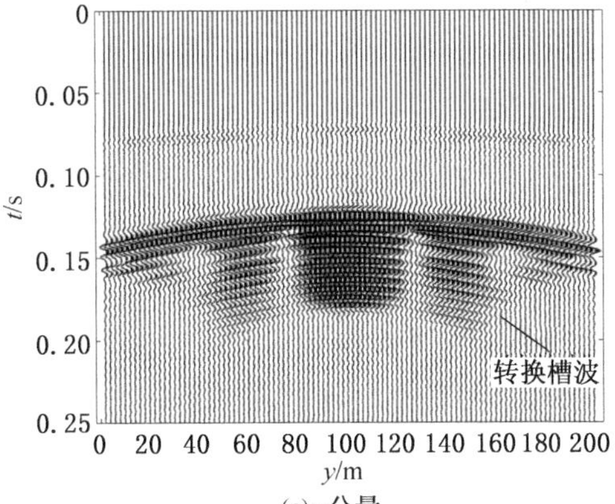

(c)z 分量

转换槽波

图 8-27 测线 1 槽波记录

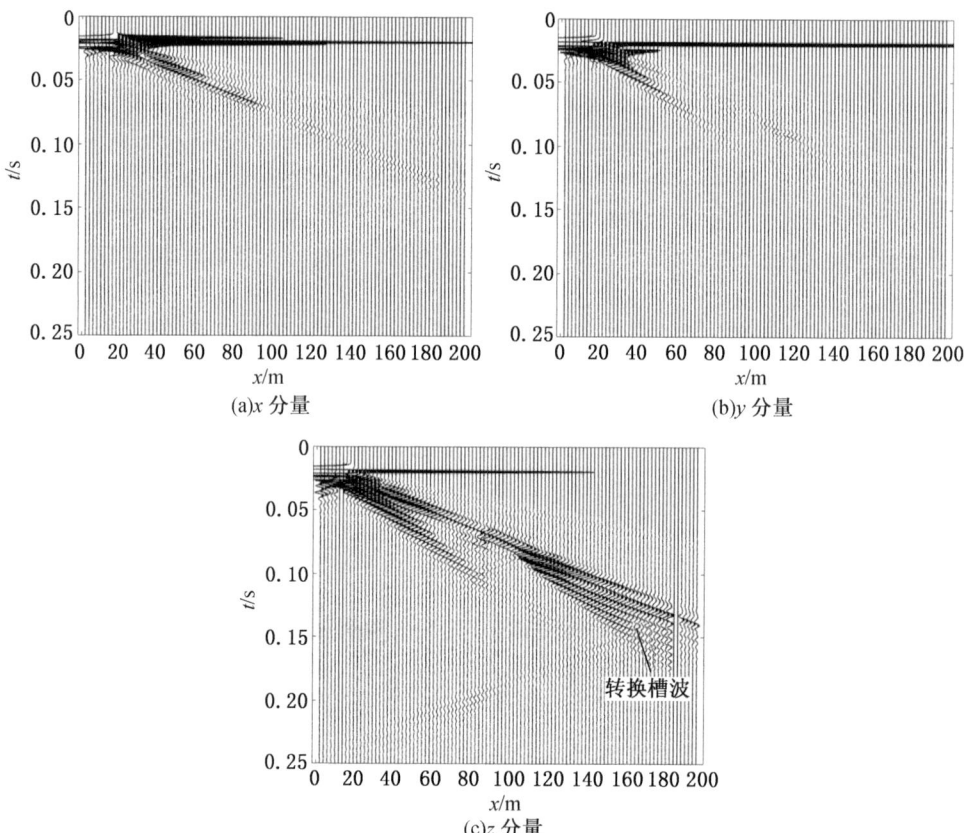

图 8-28 测线 2 槽波记录

(1) 与各向同性介质不同，黏弹介质基阶槽波能量小于高阶槽波，而且随着时间推移，基阶槽波能量越来越弱，衰减速度快于高阶槽波。黏弹介质基阶 Love 槽波衰减稍小，基阶 Rayleigh 槽波衰减大，说明基阶 Love 槽波仍然可用于实际探测，一阶 Rayleigh 槽波可尝试用于探测。

(2) 黏弹 TI 介质中黏弹性影响槽波能量衰减，对槽波速度影响小，TI 性质中 VTI 参数对槽波速度影响大，与黏弹性、TI 性质单独分析结论相似。

(3) z 分量一阶 Rayleigh 槽波遇到断层、陷落柱异常后发生透射和绕射现象，产生了新的转换波组基阶与一阶 Rayleigh 槽波，这一现象值得关注。

9 TI 介质多层水平地层 Love 型槽波频散曲线特性

9.1 TI 介质 Love 型槽波频散曲线求解

以多层水平层状介质为模型（图 9-1），采用广义反射—透射系数法求解 Love 槽波频散曲线数值解。VTI 介质对称轴的方向设为 z 轴，所以每个竖直面性质相同，求解 xoz 平面 Love 槽波方程即可；HTI 介质对称轴的方向设为 x 轴，垂直方向为 z 轴，则 xoz 平面体现了 HTI 介质典型性质，各向异性最大，xoy 平面是各向同性，其他方向的竖直面各向异性大小介于这两个面之间，我们求 xoz 平面内的 HTI 介质 Love 槽波频散方程。

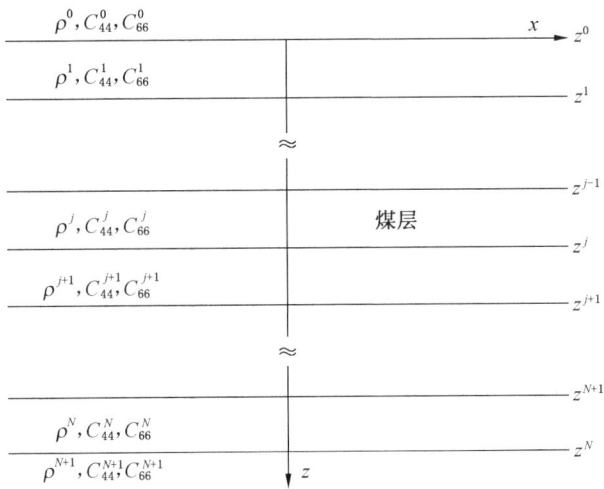

图 9-1 TI 介质多层水平层状煤层模型

9.1.1 基本方程

对于水平层状介质中的平面波，运动方程和本构关系可以重新组合，表示为一阶应力和位移的深度导数形式（Aki 等，1980）：

$$\begin{cases} \dfrac{\mathrm{d}\mathbf{f}}{\mathrm{d}z} = \mathbf{A}\mathbf{f} \\ \mathbf{f}(z)\,\mathrm{e}^{i(kx-\omega t)} = \begin{pmatrix} v \\ \sigma_{yz} \end{pmatrix} \end{cases} \quad (9-1)$$

式中　　**f**——深度方向上和位移、应力相关的列向量；

　　　　A——常数矩阵；

　　　　v——位移；

　　　　σ_{yz}——应力；

　　　　k——波数；

　　　　ω——圆频率。

令

$$\begin{aligned} v &= f1(z)\,\mathrm{e}^{i(kx-\omega t)} \\ \sigma_{yz} &= if2(z)\,\mathrm{e}^{i(kx-\omega t)} \\ \mathbf{f} &= \begin{pmatrix} f1 \\ if2 \end{pmatrix} \end{aligned} \quad (9-2)$$

f 函数为 SH 波位移和应力的函数，对第 j 层介质：

$$\mathbf{f}^j(z) = \begin{pmatrix} v^j \\ \sigma_{yz}^j \end{pmatrix} \quad (9-3)$$

根据 TI 介质 SH 波动方程 [式 (6-3)]，可求得矩阵 **A**：

$$\mathbf{A} = \begin{pmatrix} 0 & 1/C_{44} \\ C_{44}k^2 - \rho\omega^2 & 0 \end{pmatrix} \quad (9-4)$$

对第 j 层介质，根据 Aki 和 Chen 的文献（Aki 等，1980；Chen，1993），**f** 可分解为

$$\begin{cases} \mathbf{f}^j(z) = \mathbf{E}^j \mathbf{\Lambda}^j \mathbf{C}^j \quad (j=1,2,\cdots,N+1) \\ \mathbf{E}^j = \begin{pmatrix} 1 & 1 \\ -C_{44}^j v^j & C_{44}^j v^j \end{pmatrix} \quad \mathbf{\Lambda}^j = \begin{pmatrix} \mathrm{e}^{-v^j z} & 0 \\ 0 & \mathrm{e}^{v^j z} \end{pmatrix} \\ v = \sqrt{\dfrac{C_{66}k^2 - \rho\omega^2}{C_{44}}} = \dfrac{\omega}{\sqrt{C_{44}}}\sqrt{\dfrac{C_{66}}{V^2} - \rho_1} \end{cases} \quad (9-5)$$

式中　　**E**——**A** 的特征向量组成的矩阵；

　　　　Λ——**A** 的特征值组成的对称矩阵；

　　　　C——待定的矩阵；

　　　　V——槽波相速度。

9.1.2 广义反射—透射系数法

令 $\mathbf{C}^j = (C_d^j \ C_u^j)^T$, C_d^j 代表第 j 层的下行波系数, C_u^j 代表第 j 层的上行波系数（图9-2）。下行波遇到界面会产生反射上行波和透射下行波，同样上行波遇到界面会产生反射下行波和透射上行波。

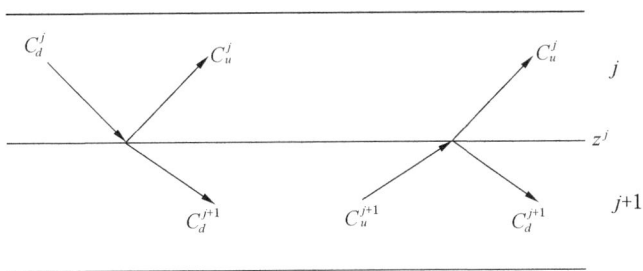

图9-2 上行波、下行波及透射波、反射波

首先定义修正的反射—透射系数 R_{du}^j、T_d^j、R_{ud}^j、T_u^j：

$$\begin{cases} C_d^{j+1} = T_d^j C_d^j + R_{ud}^j C_u^{j+1} \\ C_u^j = R_{du}^j C_d^j + T_u^j C_u^{j+1} \end{cases} \quad (j=1,2,\cdots,N) \qquad (9-6)$$

根据界面上位移—应力连续性条件 $\mathbf{f}^j(z^j) = \mathbf{f}^{j+1}(z^j)$，结合式（9-5），整理可得

$$\begin{pmatrix} T_d^j & R_{ud}^j \\ R_{du}^j & T_u^j \end{pmatrix} = \begin{pmatrix} E_{11}^{j+1} & -E_{12}^j \\ E_{21}^{j+1} & -E_{22}^j \end{pmatrix}^{-1} \begin{pmatrix} E_{11}^j & -E_{12}^{j+1} \\ E_{21}^j & -E_{22}^{j+1} \end{pmatrix} \begin{pmatrix} \Lambda_d^j(z^j) & 0 \\ 0 & \Lambda_u^{j+1}(z^j) \end{pmatrix} \qquad (9-7)$$

其中 $\Lambda_d^j(z^j) = e^{-v^j(z-z^{j-1})}$，$\Lambda_u^j(z^j) = e^{-v^j(z^j-z)}$。

当 $j=N$，只有下行波没有上行波：

$$\begin{pmatrix} T_d^N \\ R_{du}^N \end{pmatrix} = \begin{pmatrix} E_{11}^{N+1} & -E_{12}^N \\ E_{21}^{N+1} & -E_{22}^N \end{pmatrix}^{-1} \begin{pmatrix} E_{11}^N \Lambda_d^N(z^N) \\ E_{21}^N \Lambda_d^N(z^N) \end{pmatrix} \qquad (9-8)$$

当 $j=0$，只有上行波没有下行波：

$$\begin{pmatrix} R_{ud}^0 \\ T_u^0 \end{pmatrix} = \begin{pmatrix} E_{11}^1 & -E_{12}^0 \\ E_{21}^1 & -E_{22}^0 \end{pmatrix}^{-1} \begin{pmatrix} -E_{12}^1 \Lambda_u^1(z^0) \\ -E_{22}^1 \Lambda_u^1(z^0) \end{pmatrix} \qquad (9-9)$$

引入广义反射—透射系数 $\hat{R}_{du}^j$、$\hat{T}_d^j$、$\hat{R}_{ud}^j$、$\hat{T}_u^j$，对下行波：

$$\begin{cases} C_d^{j+1} = \hat{T}_d^j C_d^j \\ C_u^j = \hat{R}_{du}^j C_d^j \end{cases} \qquad (9-10)$$

对上行波（对地表面波，不用上行波，槽波需要计算上行波）：

$$\begin{cases} C_d^{j+1} = \hat{R}_{ud}^j C_u^{j+1} \\ C_u^j = \hat{T}_u^j C_u^{j+1} \end{cases} \quad (9-11)$$

最终获得计算广义反射—透射系数的递推公式，对下行波：

$$\begin{cases} \hat{T}_d^j = [1 - R_{ud}^j \hat{R}_{du}^{j+1}]^{-1} T_d^j \\ \hat{R}_{du}^j = R_{du}^j + T_u^j \hat{R}_{du}^{j+1} \hat{T}_d^j \end{cases} \quad (j = N-1, N-2, \cdots, 2, 1) \quad (9-12)$$

对上行波：

$$\begin{cases} \hat{T}_u^j = [1 - R_{du}^j \hat{R}_{ud}^{j-1}]^{-1} T_u^j \\ \hat{R}_{ud}^j = R_{ud}^j + T_d^j \hat{R}_{ud}^{j-1} \hat{T}_u^j \end{cases} \quad (j = 1, 2, \cdots, N) \quad (9-13)$$

当 $j = 0$，$T_u^0 = T_u^0$，$R_{ud}^0 = R_{ud}^0$；当 $j = N$，$T_u^N = T_u^N$，$R_{du}^N = R_{du}^N$。

第 j 层介质中的波满足：

$$\begin{cases} C_d^j = \hat{R}_{ud}^{j-1} C_u^j \\ C_u^j = \hat{R}_{du}^j C_d^j \end{cases} \quad (9-14)$$

所以 Love 型槽波的频散方程为

$$1 - \hat{R}_{ud}^{j-1} \hat{R}_{du}^j = 0 \quad (9-15)$$

方程（9-15）左端称为久期函数。

9.1.3 频散方程数值求解

对三层煤层模型，中间为低速层，显然可以形成 Love 型槽波，频散曲线有解。计算频散曲线前，首先分析久期函数性质。久期函数是频率和相速度的函数，当频率值固定时，久期函数是相速度的函数，可以求出随相速度变化的久期函数值（图 9-3）。久期函数值是复数，分为实部和虚部。从图 9-3 中可以看出，久期函数实部大于或等于 0，虚部和坐标横轴对称，实部为 0 的点虚部也为 0，所以实部为 0 的点是频散方程的解，这些点对应槽波的不同阶频散解。

图 9-3 中左边第一个点附近曲线很陡，变化很快，数值求解时容易将根漏掉。图 9-4 是速度固定时随频率变化的久期函数实部值，可以看出函数值是周期性变化的曲线，比图 9-3 容易求解。所以在频散方程数值求解中，应将速度固定、求解久期函数为 0 的频率解。

因为久期函数大于等于 0，不能像其他频散解法一样用二分法求解，需要采用求极小值的方法求频散曲线解。另外，广义反射—透射系数法存在瑕疵，对于含煤层这种低速夹层模型数值计算中会"漏掉"一部分低阶根，因此很难利用该单一久期函数获得所有根，何耀锋等（2016）提出了用久期函数族代替该单一久期函数，可以比较容易求出所有的根，解决"漏掉"的问题。

求出了相速度频散曲线，群速度频散曲线可由相速度推导出来（Dresen 和 Rüter，1994）。

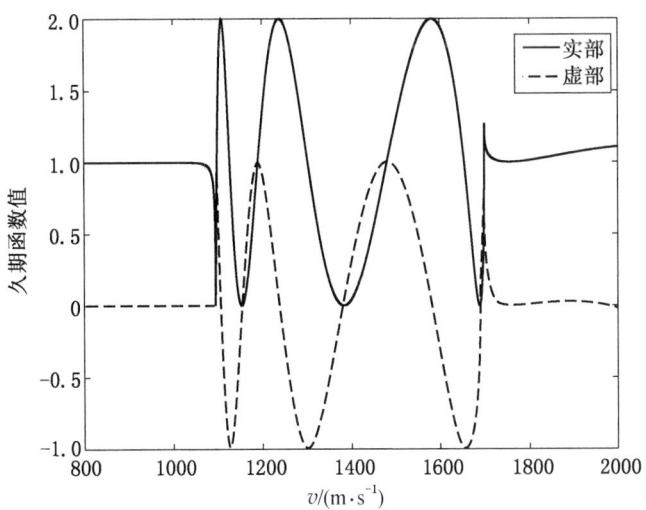

图 9-3 频率固定的久期函数值

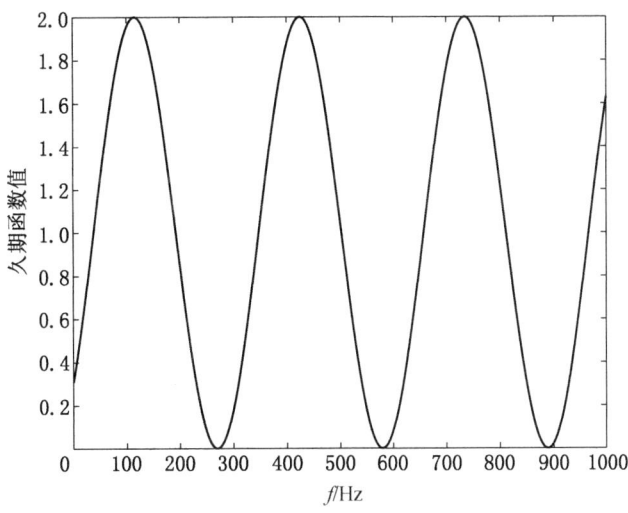

图 9-4 速度固定的久期函数的实部值

9.2 TI 介质 Love 型槽波频散分析

设计三层模型、五层模型和含夹矸模型等三种典型煤层模型，计算其 Love 槽波频散曲线并进行分析。

9.2.1 三层模型

设计三层对称介质模型（表9-1），煤层为 TI 介质，围岩为各向同性介质，便于研究煤层各向异性。根据李东会（2012）的测量数据，VTI 介质 γ 一般大于 0，HTI 介质 γ 一般小于 0，这里设置 VTI 介质 $\gamma = 0.15$ 和 HTI 介质 $\gamma = -0.15$。采用上述算法计算 TI 介质和各向同性介质的理论频散曲线（图9-5）。图9-5 计算结果精度较高，高频部分没有毛刺、跳跃、根丢失的现象，说明广义反射透射系数法效果很好。图9-5a 各向同性介质频散曲线和理论公式计算的结果完全符合，说明了算法的正确性。

表9-1 三层对称模型参数

参数	$v_S/(\mathrm{m \cdot s^{-1}})$	$\rho/(\mathrm{kg \cdot m^{-3}})$	γ(VTI)	γ(HTI)	thick
围岩	2000	2400	0	0	∞
煤层	1100	1300	0.15	-0.15	5 m
围岩	2000	2400	0	0	∞

图9-5a~图9-5c 是各介质的频散曲线，图9-5d 是各介质相速度曲线对比，图9-5e 是各介质群速度曲线对比。分析图9-5 频散曲线特点，可以看出各向同性介质和 VTI 介质频散曲线速度差异较大，各向同性介质最小相速度为煤层速度 1100 m/s，VTI 介质最小相速度约为 1250 m/s，Airy 相速度差异较大，但 Airy 相频率相差不大。各向同性介质和 HTI 介质频散曲线差异不大，尤其是基阶频散曲线差异很小，各阶 Airy 相速度接近，但是高阶频散曲线 Airy 相频率有较大差异。因为 γ 值不同，各向同性介质相速度大于 HTI 介质、小于 VTI 介质。

9.2.2 五层模型

设计五层模型（表9-2），煤层在中间，邻近上下地层为泥岩，最上层和最下层是砂岩，整个模型相对煤层对称，此模型和实际煤层环境更为接近。计算此模型 TI 介质和各向同性介质的 0~2 阶理论频散曲线（图9-6）。和上面三层介质模型相比，两者频散曲线外形大致相似，变化趋势较缓，相速度范围基本相同，Airy 相速度和频率有一定变化。五层模型 Airy 相速度小于三层模型，且五层模型的各阶 Airy 相速度更为接近；五层模型各种介质之间的差异和三层模型

9　TI介质多层水平地层Love型槽波频散曲线特性

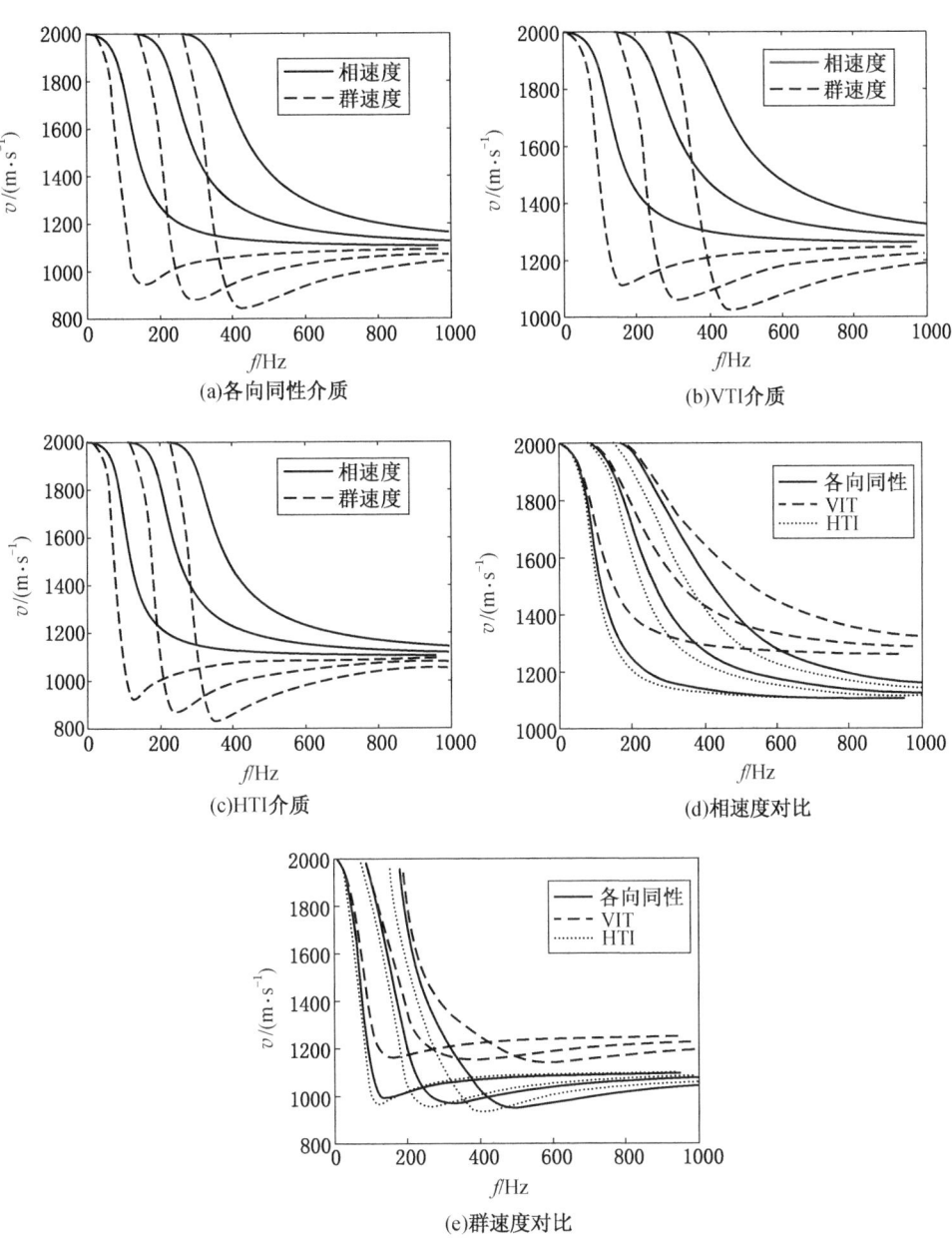

图 9-5　三层模型 0~2 阶频散曲线

各种介质之间的差异基本相似,各向同性介质和VTI介质频散曲线速度差异较大,各向同性介质和HTI介质频散曲线差异相对不大,各向同性介质相速度大于HTI介质、小于VTI介质。HTI介质 xoz 平面各向异性最强,但是 xoz 平面频散曲线和各向同性介质相差不大,说明其他方向的竖直面和各向同性介质同样相差较小。

表9-2 五层模型参数

参数	$v_S/(\text{m} \cdot \text{s}^{-1})$	$\rho/(\text{kg} \cdot \text{m}^{-3})$	$\gamma(\text{VTI})$	$\gamma(\text{HTI})$	thick
砂岩	2000	2400	0	0	∞
泥层	1600	2000	0	0	2 m
煤层	1100	1300	0.15	-0.15	5 m
泥层	1600	2000	0	0	2 m
砂岩	2000	2400	0	0	∞

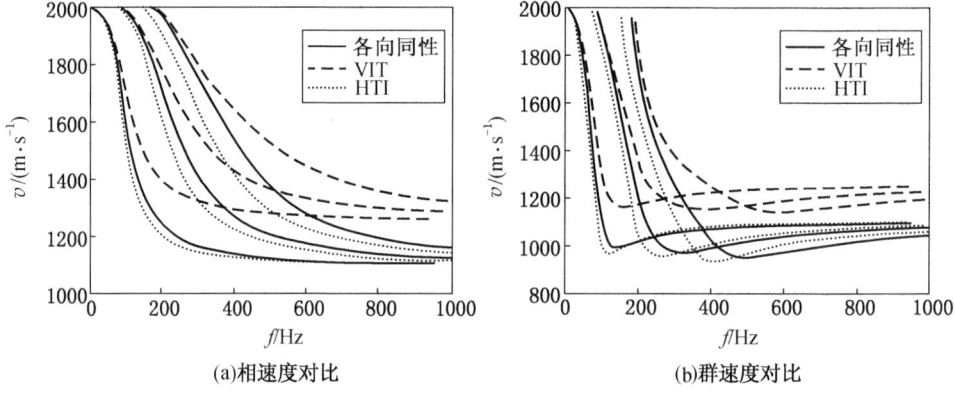

(a)相速度对比　　(b)群速度对比

图9-6 五层模型0~2阶频散曲线

9.2.3 含夹矸模型

煤层常含夹矸,设计含夹矸的煤层模型(表9-3),以上面三层模型为基础,在煤层中间设置一层1 m厚的夹矸层,夹矸物理参数介于煤层和围岩之间,上煤层和下煤层厚度都为2 m。图9-7为计算结果。可以看出:含夹矸模型频散曲线和上面两个模型差异很大,尤其是群速度曲线极不规则,不是逐次变化,跳跃性较大;基阶Airy相不明显,一阶Airy相较为正常,说明含夹矸煤层中槽波基阶发育差、一阶发育好,所以应该选用一阶槽波进行探测。基阶和二阶Airy相速度较大,一阶Airy相速度较小。值得注意的是:一阶相速度高频部分和基阶很快趋于重合，此现象十分特殊。含夹矸模型内部各介质频散曲线外形大致相似，各介质差异和上面两个模型内部差异基本相似，各向同性介质和 VTI 介质频散曲线速度差异较大，和 HTI 介质频散曲线差异很小。

表 9-3 含夹矸煤层模型参数

参数	$v_S/(\mathrm{m \cdot s^{-1}})$	$\rho/(\mathrm{kg \cdot m^{-3}})$	$\gamma(\mathrm{VTI})$	$\gamma(\mathrm{HTI})$	thick
围岩	2000	2400	0	0	∞
煤层	1100	1300	0.15	-0.15	2 m
夹矸	1600	2000	0	0	1 m
煤层	1100	1300	0.15	-0.15	2 m
围岩	2000	2400	0	0	∞

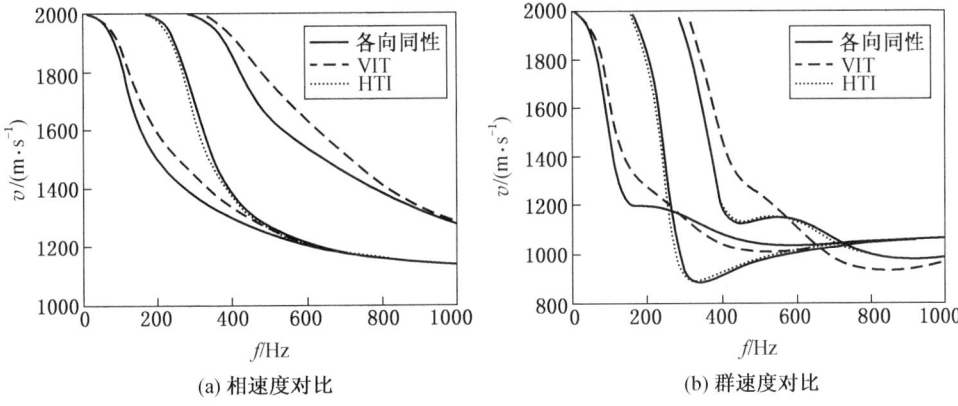

图 9-7 含夹矸模型 0~2 阶频散曲线

本节研究了 TI 介质煤层模型 Love 槽波频散曲线的特征，采用广义反射—透射系数法求解了 Love 槽波频散曲线数值解，得到了质量较高的频散曲线。经分析 TI 介质中不同模型的 Love 槽波频散曲线，得到以下结论：

(1) 各向同性介质和 VTI 介质频散曲线速度差异较大。VTI 介质相速度和 Airy 相速度值均大于各向同性介质，Airy 相频率相差较小；各向同性介质和 HTI 介质频散曲线差异相对不大，各阶 Airy 相速度接近；因为 γ 值不同，各向同性介质相速度大于 HTI 介质、小于 VTI 介质。

(2) 含夹矸煤层的频散曲线和三层模型差异很大，群速度曲线极不规则，基阶 Airy 相不明显，一阶 Airy 相较好，说明一阶槽波发育好，可选用一阶槽波进行探测。

10 TI 介质多层水平地层 Rayleigh 型槽波频散曲线特性

10.1 TI 介质 Rayleigh 型槽波频散曲线求解

以多层水平层状地层为模型（图 10-1），选择广义反射—透射系数法求解 Rayleigh 槽波频散曲线数值解。VTI 介质对称轴的方向设为 z 轴，每个竖直面性质相同，所以求解 xoz 平面 Rayleigh 槽波频散曲线即可代表所有竖直面。HTI 介质对称轴的方向设为 x 轴，垂直方向为 z 轴，则 xoz 平面体现了 HTI 介质典型性质，各向异性最大，xoy 平面是各向同性，其他方向的竖直面各向异性大小介于这两个面之间。本章求 xoz 平面内的 HTI 介质 Rayleigh 槽波频散方程。

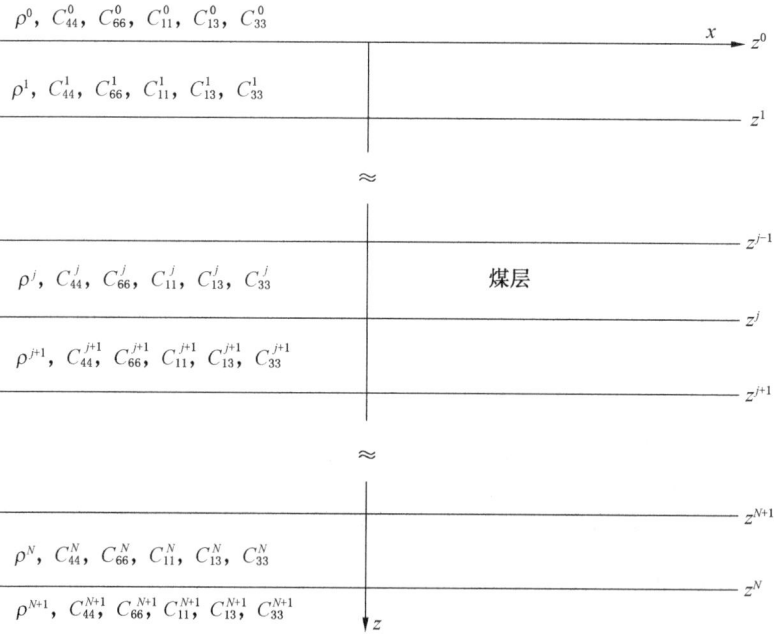

图 10-1 TI 介质多层水平层状煤层模型

10.1.1 基本方程

对于水平层状介质中的平面波，运动方程和本构关系可以重新组合，表示为一阶应力和位移的深度导数形式（Aki 等，1980）：

$$\begin{cases} \dfrac{\mathrm{d}\mathbf{f}}{\mathrm{d}z} = \mathbf{A}\mathbf{f} \\ \mathbf{f}(z)\mathrm{e}^{i(kx-\omega t)} = [u, w, \sigma_{xz}, \sigma_{zz}]^\mathrm{T} \end{cases} \quad (10-1)$$

式中　$\mathbf{f}$——深度方向上和位移、应力相关的列向量；

$\mathbf{A}$——系数矩阵；

k——波数；

ω——圆频率。

令

$$\begin{cases} u = if1(z)\mathrm{e}^{i(kx-\omega t)} \\ w = f2(z)\mathrm{e}^{i(kx-\omega t)} \\ \sigma_{xz} = if3(z)\mathrm{e}^{i(kx-\omega t)} \\ \sigma_{zz} = f4(z)\mathrm{e}^{i(kx-\omega t)} \\ \mathbf{f} = [if1, f2, if3, f4]^\mathrm{T} \end{cases} \quad (10-2)$$

对第 j 层介质：

$$\mathbf{f}^j(z)\mathrm{e}^{i(kx-\omega t)} = [u^j, w^j, \sigma_{xz}^j, \sigma_{zz}^j]^\mathrm{T} \quad (10-3)$$

以 HTI 介质为例（VTI 介质 C_{66} 变为 C_{44}），根据 HTI 介质二维波动方程[式(5-10)]，可求得矩阵 $\mathbf{A}$：

$$\mathbf{A} = \begin{pmatrix} 0 & k & \dfrac{1}{C_{66}} & 0 \\ -\dfrac{kC_{13}}{C_{33}} & 0 & 0 & \dfrac{1}{C_{33}} \\ -\rho\omega^2 + k^2\left(C_{11} - \dfrac{C_{13}^2}{C_{33}}\right) & 0 & 0 & \dfrac{kC_{13}}{C_{33}} \\ 0 & -\rho\omega^2 & -k & 0 \end{pmatrix} \quad (10-4)$$

对第 j 层介质，根据 Aki 和 Chen 的文献（Aki 等，1980；Chen，1993），$\mathbf{f}$ 可分解为

$$\mathbf{f}^j(z) = \mathbf{E}^j \mathbf{\Lambda}^j \mathbf{C}^j \quad (j = 1, 2, \cdots, N+1)$$

$$\mathbf{\Lambda}^j = \begin{pmatrix} \mathrm{e}^{-r^j(z-z^{j-1})} & 0 & 0 & 0 \\ 0 & \mathrm{e}^{-v^j(z-z^{j-1})} & 0 & 0 \\ 0 & 0 & \mathrm{e}^{r^j(z-z^j)} & 0 \\ 0 & 0 & 0 & \mathrm{e}^{v^j(z-z^j)} \end{pmatrix} \quad (10-5)$$

式中　　　　　　E——A 的特征向量组成的矩阵；

　　　　$-r$、$-\nu$、r、ν——A 的特征值，和下行波、上行波、纵波、横波相对应，具有正负对称的特征；

　　　　　　　Λ——由 A 的特征值构成的对称矩阵；

　　　　　　　C——有关位移和应力系数的矩阵。

10.1.2　求解 TI 介质频散方程存在问题

对于各向同性介质，E 和 Λ 可以由 A 求出理论公式，但是 TI 介质中 A 矩阵的特征向量和特征值公式十分复杂，求解十分困难。因为 E 和 Λ 是由 A 的特征向量和特征值构成，虽然直接通过公式推导很难求出 E 和 Λ，但是如果知道 A 中各参数的值，则四阶矩阵 A 的特征向量和特征值的数值解是很容易求解的，从而可以求得 E 和 Λ 的数值解，这样就绕过了公式求解的困难。

但是仍存在问题：A 矩阵的元素需要按 $-r$、$-\nu$、r、ν 的顺序排列，和各种波相对应，然而求解出的 A 的特征值排序通常是随机的，并不是按 $-r$、$-\nu$、r、ν 的顺序排列。我们知道各向同性介质中，r、ν 有具体公式，即 $r^j = \dfrac{\omega}{c}\sqrt{1-\left(\dfrac{c}{\nu_p^j}\right)^2}$，$\nu^j = \dfrac{\omega}{c}\sqrt{1-\left(\dfrac{c}{\nu_s^j}\right)^2}$，TI 介质包含各向同性，可以通过分析各向同性介质 A 矩阵特征值的特点来认识 TI 介质特征值的特点。

根据 r、ν 的公式，r、ν 可能为实数也可能为复数，与 c 有关，而且实数部分和虚数部分数值都为非负数。当 $c<\nu_s$ 时，$r>\nu\geq 0$，r、ν 都为实数；当 $\nu_s<c\leq\nu_p$ 时，$r\geq 0$ 为实数，ν 为复数，只有虚部；当 $c>\nu_p$ 时，r、ν 都为复数，只有虚部，且 $\text{Imag}(\nu)>\text{Imag}(r)$。

由此可以总结出 r、ν 有三种可能情况，即两个实数、一个实数一个复数和两个复数。两个实数时大值为 r、小值为 ν；一个实数一个复数时，实数值为 r、复数值为 ν；两个复数时，虚部值大的为 ν、小的为 r。当求出 A 矩阵的特征值数值解时，可根据这些规律来判断 4 个特征值和 $-r$、$-\nu$、r、ν 的对应关系。由于 TI 介质包含各向同性介质，弱各向异性介质中两者差异并不很大，所以 TI 介质的 r、ν 也有这样的特点。同样，可由此方法确定 A 的特征值和 $-r$、$-\nu$、r、ν 的对应关系，这样就解决了计算出的 A 的特征值随机排列的问题。E 的各列为 A 的特征向量，也同样随特征值重新排序。

10.1.3　广义反射—透射系数法

令 $\mathbf{C}^j = [C_d^j \;\; C_u^j]^T$，$C_d^j = [C_{pd}^j \;\; C_{sd}^j]^T$ 代表第 j 层的下行波系数，$C_u^j = [C_{pu}^j \;\; C_{su}^j]^T$ 代表第 j 层的上行波系数。下行波遇到界面会产生反射上行波和透射下行波，同样上行波遇到界面会产生反射下行波和透射上行波（Chen，1993）。

首先定义修正的反射—透射系数 R_{du}^j、T_d^j、R_{ud}^j、T_u^j：

$$\begin{cases} C_d^{j+1} = T_d^j C_d^j + R_{ud}^j C_u^{j+1} \\ C_u^j = R_{du}^j C_d^j + T_u^j C_u^{j+1} \end{cases} \quad (j=1,2,\cdots,N) \quad (10-6)$$

根据界面上位移-应力连续性条件 $\mathbf{f}^j(z^j) = \mathbf{f}^{j+1}(z^j)$，结合式（10-5），整理可得

$$\begin{pmatrix} T_d^j & R_{ud}^j \\ R_{du}^j & T_u^j \end{pmatrix} = \begin{pmatrix} E_{11}^{j+1} & -E_{12}^j \\ E_{21}^{j+1} & -E_{22}^j \end{pmatrix}^{-1} \begin{pmatrix} E_{11}^j & -E_{12}^{j+1} \\ E_{21}^j & -E_{22}^{j+1} \end{pmatrix} \begin{pmatrix} \Lambda_d^j(z^j) & 0 \\ 0 & \Lambda_u^{j+1}(z^j) \end{pmatrix} \quad (10-7)$$

其中 E_{11}、E_{12}、E_{21}、E_{22} 是 $\mathbf{E}$ 的子矩阵 2×2 矩阵，$[\Lambda_d^j \quad \Lambda_u^j]^T = \Lambda^j$。

当 $j=N$，只有下行波没有上行波：

$$\begin{pmatrix} T_d^N \\ R_{du}^N \end{pmatrix} = \begin{pmatrix} E_{11}^{N+1} & -E_{12}^N \\ E_{21}^{N+1} & -E_{22}^N \end{pmatrix}^{-1} \begin{pmatrix} E_{11}^N \Lambda_d^N(z^N) \\ E_{21}^N \Lambda_d^N(z^N) \end{pmatrix} \quad (10-8)$$

当 $j=0$，只有上行波没有下行波：

$$\begin{pmatrix} R_{ud}^0 \\ T_u^0 \end{pmatrix} = \begin{pmatrix} E_{11}^1 & -E_{12}^0 \\ E_{21}^1 & -E_{22}^0 \end{pmatrix}^{-1} \begin{pmatrix} -E_{12}^1 \Lambda_u^1(z^0) \\ -E_{22}^1 \Lambda_u^1(z^0) \end{pmatrix} \quad (10-9)$$

引入广义反射—透射系数 $\hat{R}_{du}^j$、$\hat{T}_d^j$、$\hat{R}_{ud}^j$、$\hat{T}_u^j$，对下行波：

$$\begin{cases} C_d^{j+1} = \hat{T}_d^j C_d^j \\ C_u^j = \hat{R}_{du}^j C_d^j \end{cases} \quad (10-10)$$

对上行波（对地表面波，不用上行波，槽波需要计算上行波）：

$$\begin{cases} C_d^{j+1} = \hat{R}_{ud}^j C_u^{j+1} \\ C_u^j = \hat{T}_u^j C_u^{j+1} \end{cases} \quad (10-11)$$

最终获得计算广义反射—透射系数的递推公式，对下行波：

$$\begin{cases} \hat{T}_d^j = [I - R_{ud}^j \hat{R}_{du}^{j+1}]^{-1} T_d^j \\ \hat{R}_{du}^j = R_{du}^j + T_u^j \hat{R}_{du}^{j+1} \hat{T}_d^j \end{cases} \quad (j = N-1, N-2, \cdots, 2, 1) \quad (10-12)$$

对上行波（He 等，2006）：

$$\begin{cases} \hat{T}_u^j = [I - R_{du}^j \hat{R}_{ud}^{j-1}]^{-1} T_u^j \\ \hat{R}_{ud}^j = R_{ud}^j + T_d^j \hat{R}_{ud}^{j-1} \hat{T}_u^j \end{cases} \quad (j=1,2,\cdots,N) \quad (10-13)$$

当 $j=0$，$T_u^0 = T_u^0$，$R_{ud}^0 = R_{ud}^0$；当 $j=N$，$T_u^N = T_u^N$，$R_{du}^N = R_{du}^N$。

第 j 层介质中的波满足：

$$\begin{cases} C_d^j = \hat{R}_{ud}^{j-1} C_u^j \\ C_u^j = \hat{R}_{du}^j C_d^j \end{cases}$$

$$(I - \hat{R}_{ud}^{j-1} \hat{R}_{du}^j) C_d^j = 0 \quad (10-14)$$

所以 Rayleigh 型槽波的频散方程为
$$\det(I - \hat{R}_{ud}^{j-1} \hat{R}_{du}^{j}) = 0 \quad (10-15)$$
方程（10-15）左端称为久期函数。

久期函数值是复数，久期函数实部和虚部都等于零的点是频散方程的解，这些点对应槽波的不同阶频散解。采用零点数值解法可求得不同阶的频散方程数值解。求出了相速度频散曲线，群速度频散曲线可由相速度推导出来（Dresen 和 Rüter，1994）。

另外，还存在速度畸点问题。不论频率为何值，某些和介质速度（如表10-1煤层速度为1100或1900 m/s）相等的速度点的久期函数值始终为0，显然这些速度点不是频散解，需要去除这些速度畸点。去除方法是如果一些速度点对应几个相邻的频率点的久期函数值都为零，则这些速度点为畸点，不作为频散解。

10.1.4 算法实现

综合以上分析，TI 介质 Rayleigh 槽波频散曲线算法的具体实现步骤如下：

（1）给出模型参数、频率、速度范围及其步长，将频率作为外循环，速度作为内循环，一个频率点、一个速度点对应一个久期函数值。

（2）计算久期函数值。对任意 j 地层，计算出其 $\mathbf{A}^j$ 矩阵的数值，然后求其特征向量和特征值数值解。根据上述方法判断 $\mathbf{A}^j$ 的特征值和 $-r^j$、$-v^j$、r^j、v^j 的对应关系，从而确定 r^j、v^j、$\mathbf{E}^j$ 矩阵和 $\mathbf{\Lambda}^j$ 矩阵的值。接着求出各反射—透射系数，最后代入频散方程求出久期函数值。

（3）确定久期函数零点解所在速度区间。将一频率点固定，久期函数是一系列速度的函数，根据久期函数导数正负变化可求得这些久期函数零点所在的速度区间。需要几阶频散曲线计算几个零点。

（4）采用二分法求极小值，如果极小值趋于0，其对应的速度则是频散解。

（5）去除速度畸点。如果此速度对应几个相邻的频率点的久期函数值都为零，则这些速度点为畸点，不作为频散解。

（6）重复上述步骤，计算出所有频率对应的各阶速度解，即是 Rayleigh 槽波频散曲线解。

（7）某些频散曲线存在交叉现象（图10-2f），这是由于低阶值大于高阶值造成的，上面所求各阶值是按由小到大顺序依次赋予各阶，这样就造成了交叉部分各阶值的混淆，需要将混淆的部分进行互换。解决方法是选取两端交叉点，在交叉范围内的频散点进行互换。

10.2　TI 介质 Rayleigh 型槽波频散分析

设计三层系列模型、五层模型和含夹矸模型三种典型煤层模型，计算其 Rayleigh 槽波频散曲线并进行分析。

10.2.1 三层模型

各向同性介质各物性参数对 Rayleigh 槽波频散曲线的影响已经分析清楚（Dresen 和 Rüter，1994），本节主要分析各向异性参数 ε 和 δ 对频散曲线的影响。设计三层对称介质模型（表 10-1），煤层为 TI 介质，围岩为各向同性介质，便于研究煤层各向异性。以表 10-1 的参数为基础，将保持单一参数变化、其他参数不变来分析频散性质（表 10-2 ~ 表 10-5），比如 VTI 介质 ε 选择 0、0.05、0.1、0.15 四个值，δ 为 0 保持不变（表 10-2）。当 ε 和 δ 都为 0 时是各向同性介质，所得 0~2 阶频散曲线（图 10-2a）和通过理论公式计算的结果一致，说明了算法的正确性。

表 10-1 三层对称介质参数

参数	v_P/(m·s^{-1})	v_S/(m·s^{-1})	ρ/(kg·m^{-3})	thick
围岩	3500	2000	2400	∞
煤层	1900	1100	1300	5 m
围岩	3500	2000	2400	∞

表 10-2 VTI 介质 ε 变化

参数变化	1	2	3	4
ε	0	0.05	0.1	0.15
δ	0	0	0	0

表 10-3 VTI 介质 δ 变化

参数变化	1	2	3
ε	0.1	0.1	0.1
δ	-0.1	0	0.1

表 10-4 HTI 介质 ε^V 变化

参数变化	1	2	3	4
ε^V	0	-0.05	-0.1	-0.15
δ^V	0	0	0	0

表 10-5 HTI 介质 δ^V 变化

参数变化	1	2	3
ε^V	-0.1	-0.1	-0.1
δ^V	-0.1	0	0.1

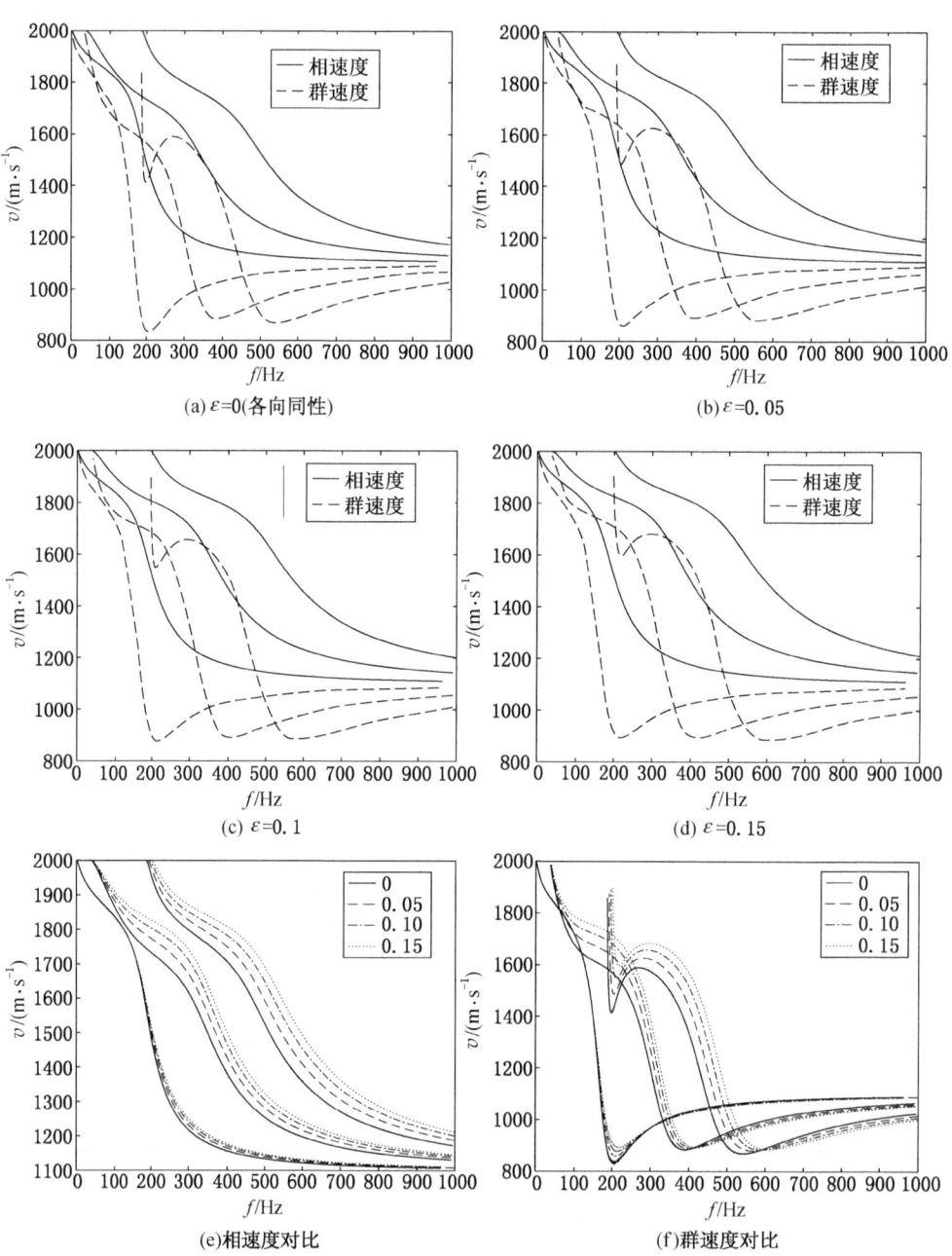

图 10-2　VTI 介质 ε 变化 0~2 阶频散曲线（$\delta=0$）

图 10 – 2a ~ 图 10 – 2d 是 VTI 介质 ε 变化的频散曲线，为了方便对比，将相速度和群速度单独放在一张图上（图 10 – 2e、图 10 – 2f）。VTI 介质相速度大于各向同性介质，这是由于 ε 大于 0。VTI 介质基阶频散曲线与各向同性差别较小，尤其是首端和尾端部分几乎重叠，基阶 Airy 相速度稍有差别。两者高阶频散曲线比基阶差别大，二阶曲线有两个 Airy 相，速度高的 Airy 相速度差异大，但速度低的 Airy 相速度差异小。各向同性相速度基阶和一阶曲线在首端有相遇趋势，但 VTI 介质 ε 越大一阶越偏离基阶曲线。

将 ε 固定为 0.1，δ 值变化（表 10 – 3），VTI 介质频散曲线如图 10 – 3 所示。δ 值越小相速度越大，和 ε 变化对频散曲线的影响相似，δ 变化对基阶曲线的影响较小，高阶较大，基阶 Airy 相速度稍有差别，高阶 Airy 相速度差异小，但是 Airy 相频率差异变大，二阶曲线速度高的 Airy 相速度差异大。各向同性基阶和一阶曲线在首端随着 δ 越大越接近。

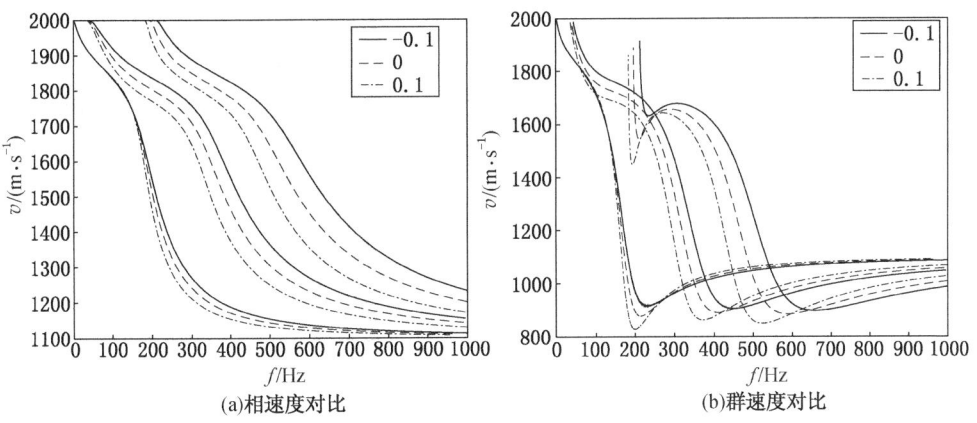

图 10 – 3　VTI 介质 δ 变化 0 ~ 2 阶频散曲线（ε = 0.1）

对于 HTI 介质，同样先将 $δ^V$ 设为 0（表 10 – 4），分析 $ε^V$ 对频散曲线的影响（图 10 – 4）。由于 $ε^V$ 为负值，HTI 介质相速度小于各向同性介质，随 $ε^V$ 绝对值的增大，两种介质差异越大。$ε^V$ 对 Airy 相的影响较大，$ε^V$ 为 – 0.15 时各阶 Airy 相速度比各向同性约小 100 m/s，而且阶数越高 Airy 相频率差别越大。总体而言，$ε^V$ 对 HTI 介质频散曲线的影响比 ε 对 VTI 介质的影响大。

将 $ε^V$ 固定为 – 0.1，$δ^V$ 值变化（表 10 – 5），HTI 介质频散曲线如图 10 – 5 所示。$δ^V$ 值越小相速度越大，阶数越高频散曲线差别越大，在相速度基阶和一阶曲线首端随着 $δ^V$ 越大越接近甚至交叉，这是前面频散曲线没有的现象，意味

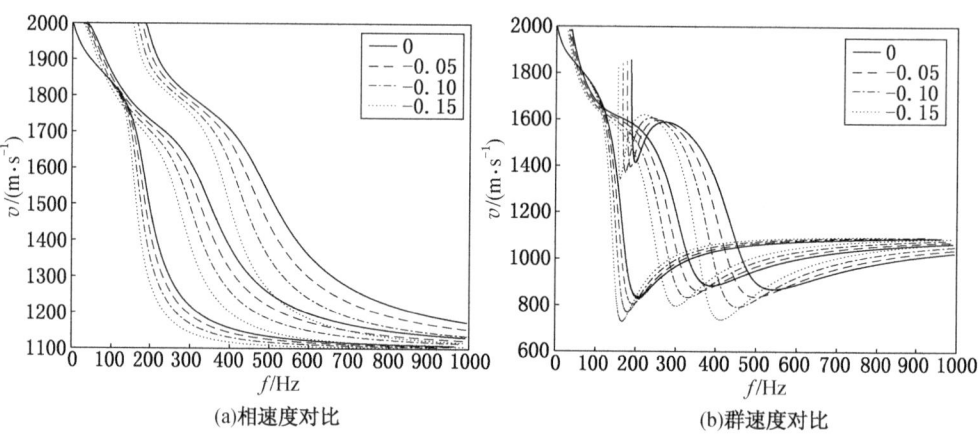

图 10-4　HTI 介质 ε^V 变化 0~2 阶频散曲线（$\delta^V = 0$）

着交叉部分一阶曲线速度小于基阶曲线，十分特殊。δ^V 对 Airy 相速度的影响较大，δ^V 为 0.1 时基阶 Airy 相速度比各向同性约小 100 m/s，阶数越高 Airy 相频率差别越大，二阶速度大的 Airy 相随 δ^V 不同速度值变化剧烈。

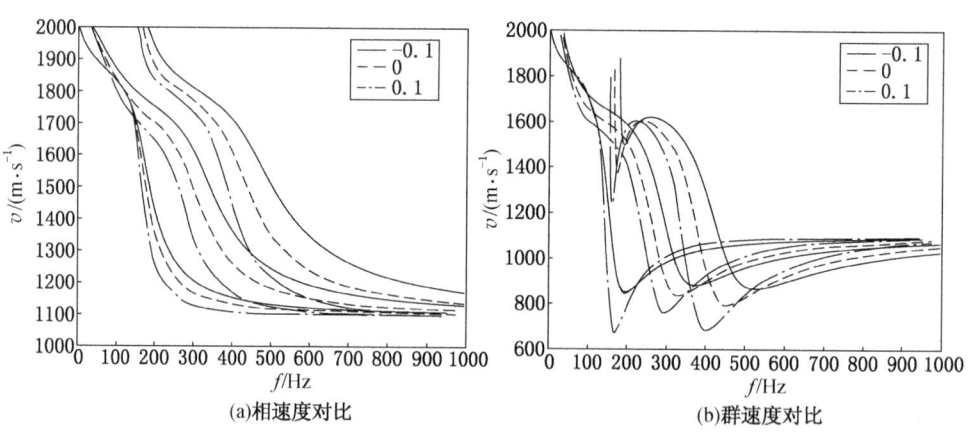

图 10-5　HTI 介质 δ^V 变化 0~2 阶频散曲线（$\varepsilon^V = -0.1$）

10.2.2　五层模型

设计五层模型（表 10-6），煤层在中间，邻近上下地层为泥岩，最上层和最下层是砂岩，整个模型相对煤层对称，此模型和实际煤层环境更为接近。计算此模型各向同性、VTI 和 HTI 介质的 0~2 阶理论频散曲线（图 10-6）。该模型三种介质不只基阶频散曲线十分接近，高阶曲线也较为接近，差异很小，尤其是 Airy 相几乎相等，和三层模型 VTI 介质不同，与三层 HTI 介质差异更大。原因可能是地层物性变化较缓，不如三层模型物性变化剧烈。

表 10-6 五层模型参数

参数	$v_p/(\text{m}\cdot\text{s}^{-1})$	$v_S/(\text{m}\cdot\text{s}^{-1})$	$P/(\text{kg}\cdot\text{m}^{-3})$	$\varepsilon(\text{VTI})$	$\delta(\text{VTI})$	$\varepsilon^V(\text{HTI})$	$\delta^V(\text{HTI})$	thick
砂岩	3500	2000	2400	0	0	0	0	∞
泥层	2800	1600	2000	0.05	0.05	-0.05	-0.05	2 m
煤层	1900	1100	1300	0.1	0.1	-0.1	-0.1	5 m
泥层	2800	1600	2000	0.05	0.05	-0.05	-0.05	2 m
砂岩	3500	2000	2400	0	0	0	0	∞

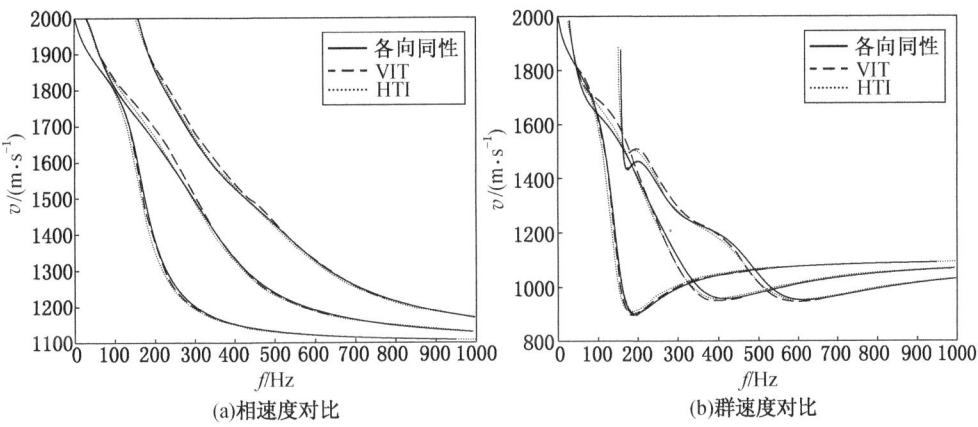

(a) 相速度对比　　　(b) 群速度对比

图 10-6　五层模型各向同性、VTI 和 HTI 介质 0~2 阶频散曲线对比

10.2.3　含夹矸模型

设计含夹矸的煤层模型（表 10-7），以表 10-1 三层模型为基础，在煤层中间设置一层 1 m 厚的夹矸层，夹矸物理参数介于煤层和围岩之间，上煤层和下煤层厚度都为 2 m。含夹矸模型频散曲线很不规则（图 10-7），群速度曲线跳跃性大，和前面曲线有很大差异。相速度一阶曲线和基阶曲线离得较远，和二阶曲线离得近。TI 介质频散曲线和各向同性有一定差异，尤其是 HTI 介质。TI 介质相速度基阶曲线在 350~550 Hz 部分高频速度略高于低频速度（图 10-7a 椭圆

范围),而各向同性频散曲线高频速度皆小于低频速度,这是 TI 介质很特殊的性质。群速度基阶和二阶曲线低频部分有一半圆形凸起,HTI 介质群速度二阶曲线凸起部分和各向同性介质频段范围有差异。

表 10-7　含夹矸煤层模型参数

参数	$v_P/(\mathrm{m}\cdot\mathrm{s}^{-1})$	$v_S/(\mathrm{m}\cdot\mathrm{s}^{-1})$	$\rho/(\mathrm{kg}\cdot\mathrm{m}^{-3})$	$\varepsilon(\mathrm{VTI})$	$\delta(\mathrm{VTI})$	$\varepsilon^V(\mathrm{HTI})$	$\delta^V(\mathrm{HTI})$	thick
围岩	3500	2000	2400	0	0	0	0	∞
煤层	1900	1100	1300	0.1	0.1	-0.1	-0.1	2 m
夹矸	2800	1600	2000	0.05	0.05	-0.05	-0.05	1 m
煤层	1900	1100	1300	0.1	0.1	-0.1	-0.1	2 m
围岩	3500	2000	2400	0	0	0	0	∞

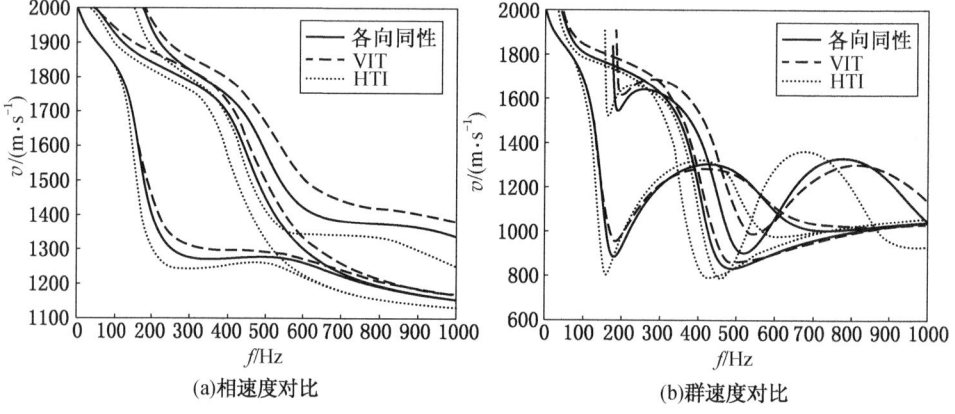

图 10-7　含夹矸模型各向同性、VTI 和 HTI 介质 0~2 阶频散曲线对比

本章研究了 TI 介质 Rayleigh 型槽波的频散曲线,采用改进的广义反射—透射系数法求解了 Rayleigh 槽波频散曲线,分析了 TI 介质在不同煤层模型情况下的 Rayleigh 槽波频散曲线特征,得到以下结论:

(1) 采用广义反射—透射系数法求解 TI 介质 Rayleigh 槽波频散曲线时,TI 介质基本方程系数矩阵的特征值和特征向量公式求解十分复杂,可直接求系数矩阵的特征值和特征向量的数值解,绕过公式求解的困难。根据特征值实数、复数的个数和值大小,可判断各特征值与准纵波、准横波的对应关系,解决由数值求解得出的特征值与特征向量随机排列的问题。通过这两步改进措施,就可以继续使用广义反射—透射系数法求解 TI 介质 Rayleigh 槽波频散曲线。

（2）三层地层模型，同一频率下 VTI 介质相速度大于各向同性介质，HTI 介质相速度小于各向同性介质。VTI 介质基阶频散曲线与各向同性介质差别较小，高阶频散曲线差别稍大。HTI 介质 Airy 相速度和各向同性介质差别较大。δ^V 大于零时，HTI 介质相速度基阶和一阶曲线在首端出现明显的交叉现象，交叉部分一阶曲线速度小于基阶曲线，与以往频散曲线十分不同。

（3）煤层顶（底）板为泥岩的五层地层模型，由于地层物性变化较缓，TI 介质频散曲线与各向同性介质差别很小；含夹矸煤层模型，TI 介质相速度基阶曲线在中间频段高频速度略大于低频速度，而各向同性频散曲线高频速度皆小于低频速度，这是 TI 介质很特殊的性质。

第三部分
煤矿井下槽波探测
应用实例

11 透射槽波探测实例

透视槽波探测主要用于煤层回采工作面内隐伏的陷落柱、断层、煤厚变化等地质异常体探测。

11.1 陷落柱探测

山西某矿3204工作面煤层厚度5 m左右,煤质以亮煤为主,顶(底)板为砂质泥岩和细粉砂岩,适合槽波的形成和传播。根据坑透资料,工作面内存在多个陷落柱,直径为30~60 m。为了进一步探明陷落柱位置和边界,对3204工作面中的部分区域开展了透射槽波探测。

选取3204工作面的联络巷以南690 m区域进行探测,工作面宽157 m。施工过程分为两次作业,第一次在运输巷内打孔爆破,在回风巷内安装检波器接收;第二次在回风巷爆破,在运输巷接收;另外,在联络巷内也安装检波器接收。炮点与检波点的布设如图11-1所示,其中圆点为炮点位置,三角形为检波器点位置。第一次作业15炮激发、78道接收;第二次作业11炮激发、78道接收。炮孔深2 m,位于煤层中间,药量150 g或200 g。

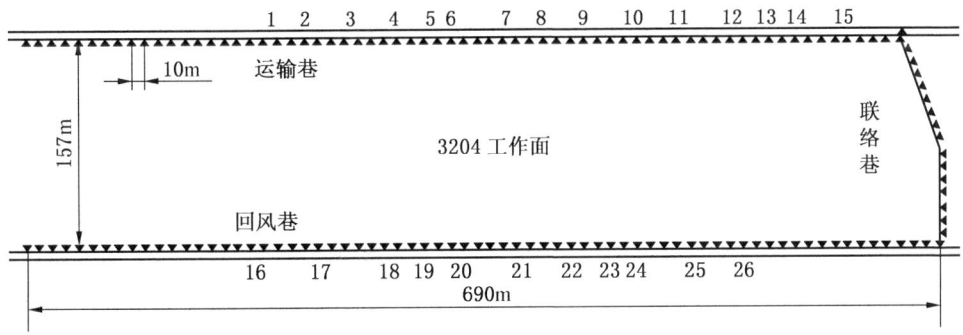

图11-1 山西某矿3204工作面槽波探测施工布置图
(该实例由中煤科工集团西安研究院提供)

槽波施工仪器采用中煤科工集团西安研究院生产的YTZ3矿用节点式无缆地震仪,检波器频率60 Hz,每道4000采样点,采样率为0.25 ms。

选取第 6 炮原始槽波透射数据进行分析（图 11-2），其中透射槽波在第 27 道至第 35 道之间振幅较小，在第 47 道右侧与同样偏移距的左侧相比，振幅也较小，初步分析认为炮点与这些检波点之间的射线穿过了异常区，因此陷落柱的边界应该在第 6 炮与第 27 道、第 35 道、第 47 道的连线上。

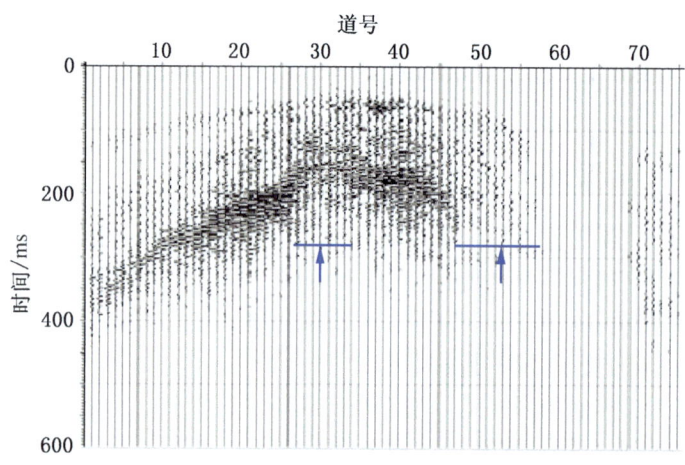

图 11-2 槽波单炮数据（横线表示槽波能量减小区域）

采用透射槽波能量衰减系数成像（图 11-3），由成像结果判断：探测区域内有明显的 4 个异常构造区，结合射线间的能量差异，最终推断出陷落柱边界如图 11-4 中黑色线圈所示。为了进一步确定陷落柱情况，矿方从联络巷 11-4 向内开挖巷道，并由探巷向两侧钻探，最终确定的陷落柱与构造区边界如图 11-4 所示。其中 2 号构造区、3 号陷落柱以及 4 号陷落柱推测边界与实际边界的最大

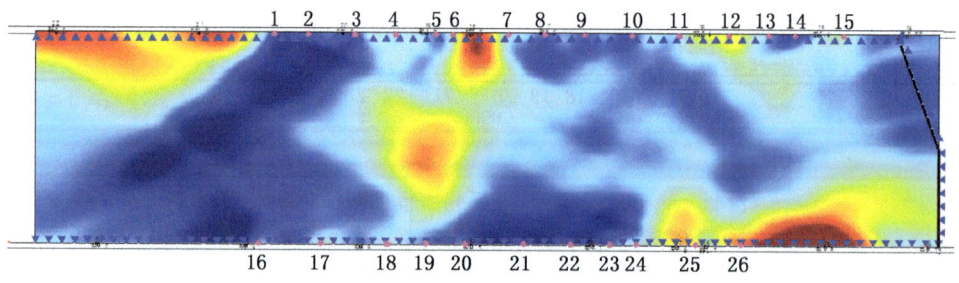

图 11-3 山西某矿 3204 工作面槽波能量衰减系数成像结果

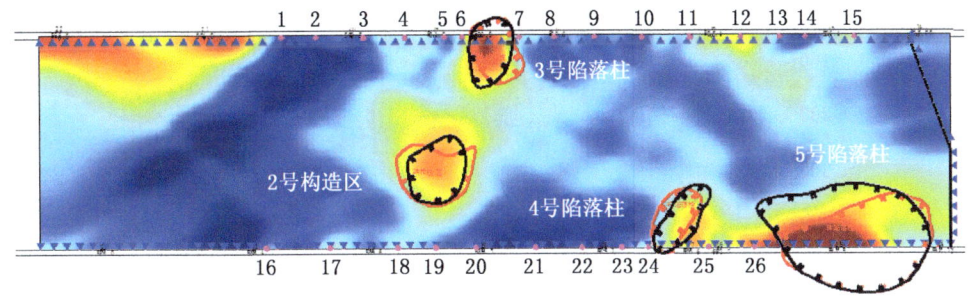

图 11-4 山西某矿 3204 工作面探采对比图

误差均在 11 m 以内。这是由 10 m 道间距所组成的测量系统决定的；5 号陷落柱最大差异为 30 m，这是由于联络巷与第 26 炮之间由于顶板破碎而不能设置炮孔，并且 5 号陷落柱位于探测区域边角，导致此段区域射线密度小、成像精度降低，影响了陷落柱边界的探测准确性。总体而言，能量衰减系数成像的结果能够比较清晰地反映出陷落柱形态，由此推测出的陷落柱边界与实际揭露情况具有较高吻合度。

11.2 断层探测

皖北某矿 45301 工作面长度为 1000 m，宽度为 240 m，主采煤层平均厚度为 2 m，顶板为灰黑色块状泥岩，厚度为 2.8 m，底板为砂质泥岩，厚度为 1.8 m。巷道揭露数条落差 0.8~2.5 m 的断层。为查清工作面内断层分布情况，采用透射槽波法进行探测。在工作面的上、下巷共布置检波点 223 道，道间距 10 m；炮孔 110 个，孔深 3 m，孔间距 20 m。采集所得的数据如图 11-5 所示。槽波的右支能量较强，波形完整连续；而左支在图 11-5 中箭头标出的位置处存在明显的中断，槽波能量很弱，这是落差大于煤厚的断层所带来的影响。

从数据中提取出每一道的对数振幅比，再将整个工作面划分成 5 m×5 m 的网格，由透射槽波振幅衰减系数层析成像法得到的成像结果如图 11-6 所示，衰减系数低的区域表示槽波能够正常穿过；衰减系数高的区域表示槽波传播到此处时被阻断，则此处可能存在断层或其他地质异常体。根据成像结果以及相关地质资料，最终解释了 5 条断层，在图 11-6 中用红色线条标出，其中 CF1、CF2、CF3 和 CF5 断层位置与上下巷的实际揭露情况一致，CF4 断层为隐伏断层。

为了验证工作面内断层槽波探测结果的可靠性，在工作面回采过程中对槽波

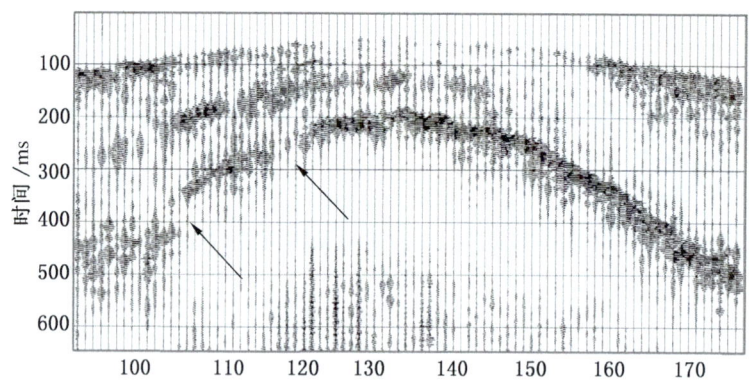

图 11-5 皖北某矿 45301 工作面透射槽波数据

探测的 CF1 和 CF2 断层实际揭露情况进行井下素描,其位置如图 11-6 所示,地质素描剖面如图 11-6 左侧的剖面图所示。经实际验证:CF1 断层为正断层,落差为 1 m;CF2 断层为正断层,落差为 6 m,其位置与槽波探测的结果相一致,成像结果中能量的高衰减区域与实际断层位置较为吻合。

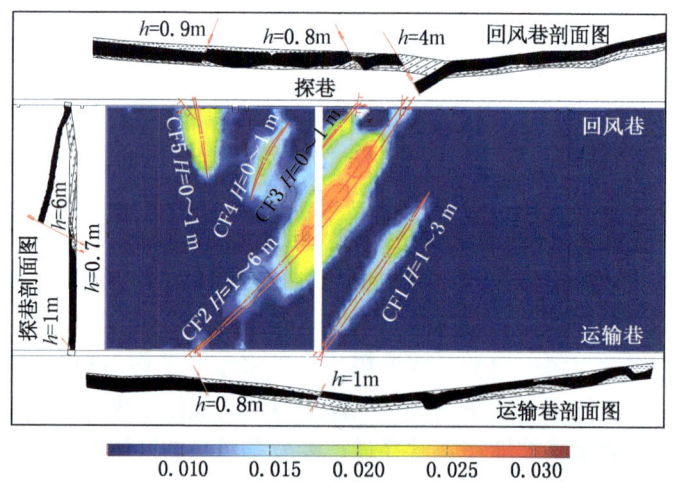

图 11-6 皖北某矿 45301 工作面成像与断层解释及探巷揭露情况

11.3 煤厚探测

黄陵某矿 1001 工作面回采 2 号煤，煤层平均厚度约 2 m。工作面计划由西向东方向推进，工作面设计走向长 2500 m、倾向宽 235 m，煤层底板标高 880~906 m。

施工进风巷时，在 1425 m 位置附近揭露煤层变薄现象，煤厚从 2 m 变薄至 1 m 甚至更小，在回风巷相对位置也有类似情况，严重影响工作面回采。为了探明 1001 工作面内煤厚变化的范围和其他异常构造，决定采取槽波透射法进行煤厚探测。接收道距采用 10 m，进风巷和回风巷选择炮间距为 40 m，炮孔深 3 m，药量 300 g/炮；接收排列长度 770 m（图 11-7）。

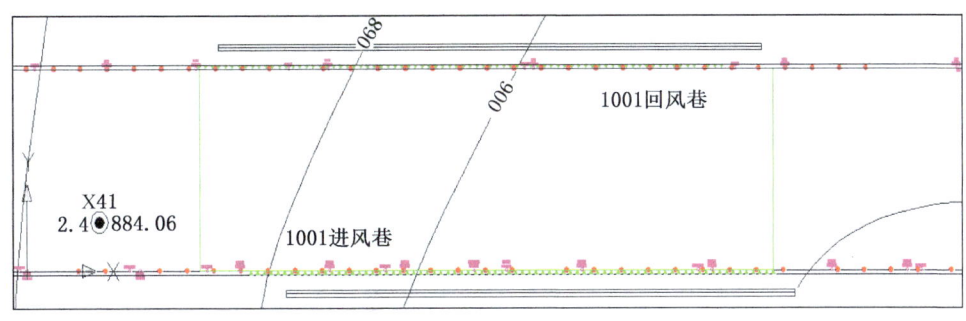

图 11-7 黄陵某矿 1001 工作面测点布置图（该实例由中煤科工集团西安研究院提供）

从本次透射槽波采集的数据看，槽波能够完全穿透工作面，且能量变化很小，说明工作面内部没有 2 m 以上断层。对 1 m 和 2 m 的煤层，槽波在频带范围和能量变化较大，相对容易区分。

选取煤厚 2 m 埃里相频带 300~500 Hz 滤波数据进行槽波衰减系数成像（图 11-8），当煤厚小于 2 m 时槽波能量减弱，然后根据巷道揭露情况可判定煤层厚

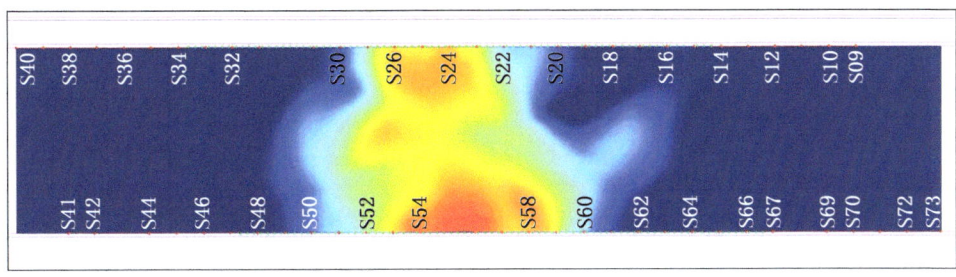

图 11-8 槽波探测衰减系数 CT 成像图

度（图 11-9）。对于实际巷道揭露的煤层变薄区，能量变化较大是在进风巷的 R41 桩号附近，与巷道中该位置由于煤层滑脱构造形成的小型逆断层相对应。进风巷 R51-R62 桩号内能量变化较为剧烈，该位置也正好与巷道揭露该区域煤层分叉的地质现象吻合。根据 CT 成像图，煤层变薄的范围并不大，仅在进风巷一侧影响较大，对回风巷的影响并不显著，整个工作面绝大多数煤层厚度应在 2 m 以上。

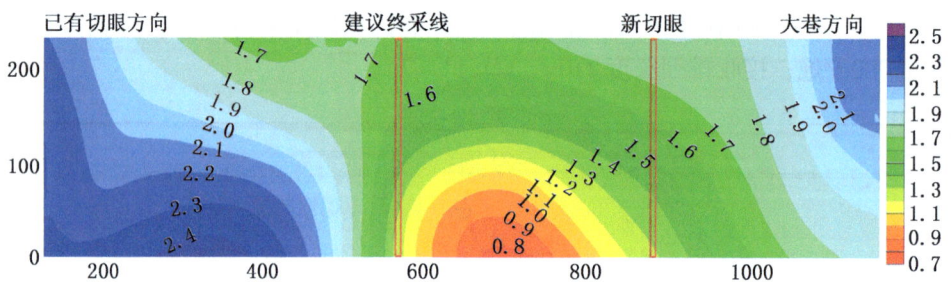

图 11-9 煤厚槽波解释图

矿方按照槽波报告建议的终采线位置，并在新切眼位置重开切眼，煤厚揭露和槽波探测结果基本吻合（图 11-9）。

12 反射槽波探测实例

12.1 断层探测实例一

宁夏某矿 I040204 工作面所采煤层为 2 号煤,工作面内煤层厚度为 5.78 ~ 6.56 m,煤层厚度较为稳定。

该区地面三维地震探测出此工作面内存在一条断层 DF34,落差为 7 m,倾角为 73°,该断层将会对 I040204 工作面运输巷的布置造成重大影响,需要预先查明。

采用反射法探测 I040204 工作面内 DF34 断层的发育情况,布置反射槽波的测线总长为 780 m,测线位置如图 12 -1 所示。采用 10 m 接收道距,共布置检波点 79 个,采用 20 m 炮间距,孔深 3 m,共布置炮点 38 个。

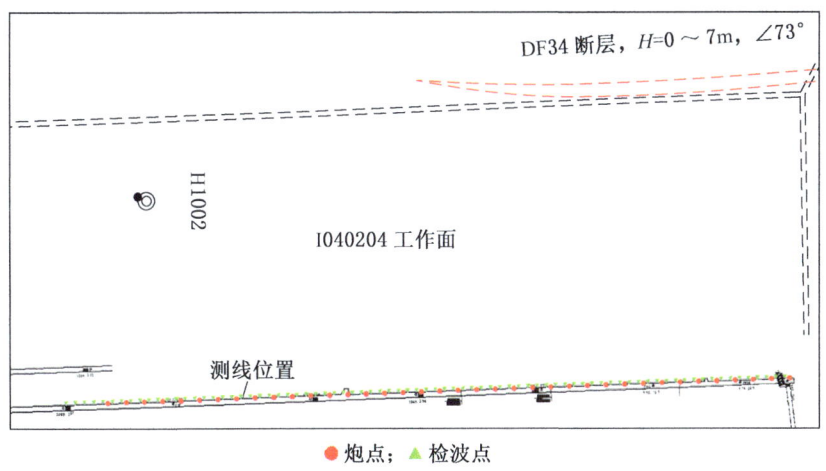

图 12 -1 某矿 DF34 断层槽波探测布置图(该实例由中煤科工集团西安研究院提供)

该工作面反射槽波的单炮数据如图 12 -2 所示,最先到达的是来自围岩的折射纵波,波速为 3100 m/s,接着是折射横波,波速为 1300 m/s,后面较强的能量团是直达槽波和反射槽波,直达槽波波速为 650 m/s,反射槽波波速为 700 m/s,最后接收到的是声波,波速为 340 m/s。

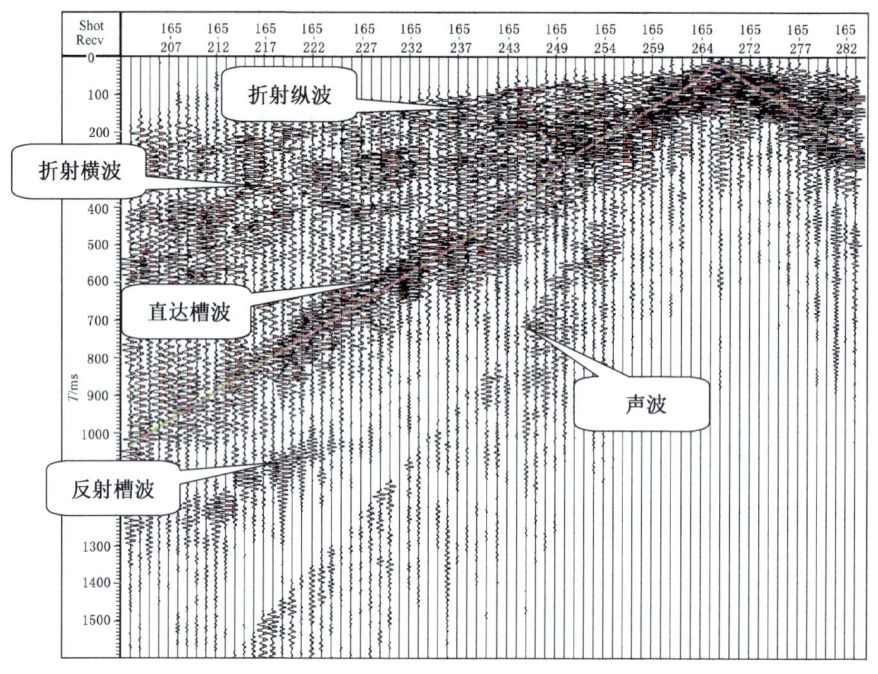

图 12-2 165 炮槽波波场数据

对实际反射槽波数据的处理方法主要有频率域滤波、径向道滤波、反褶积、能量校正等，其中关键的是利用反褶积增强反射槽波和利用径向道变换去除直达槽波和声波。

槽波主要频率范围在 75～175 Hz 之间，对 S165 炮数据进行带通滤波（图 12-3），可以明显看出反射槽波能量变强，特征明显。

对 S165 炮应用最小平方反褶积的方法（图 12-4），可以看出槽波得到压缩，波列变短，能量更为聚焦，反射槽波能量得到增强，更有利于提高槽波信噪比。对 S165 炮应用径向道变换方法（图 12-5），可以看出去除了直达波和声波之后，突出了反射槽波，更有利于成像。变换后数据上还残留直达槽波和部分声波，可以直接切除。

对反射槽波数据进行绕射偏移成像，结果如图 12-6 所示，其中条带状表示存在断层异常，图中异常条带十分清晰，成像结果较好。

将成像图和工作面图叠合，根据异常条带可画出断层形态，如图 12-7 所示。值得注意的是，反射槽波法探测只能得出断层反射面的位置及大致走向形

12 反射槽波探测实例

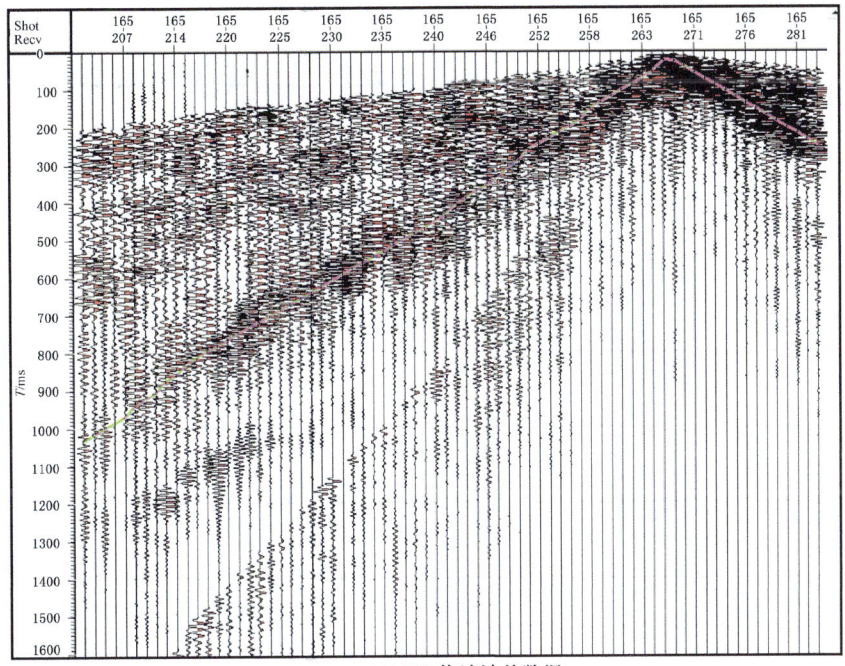

(a)S165 炮滤波前数据

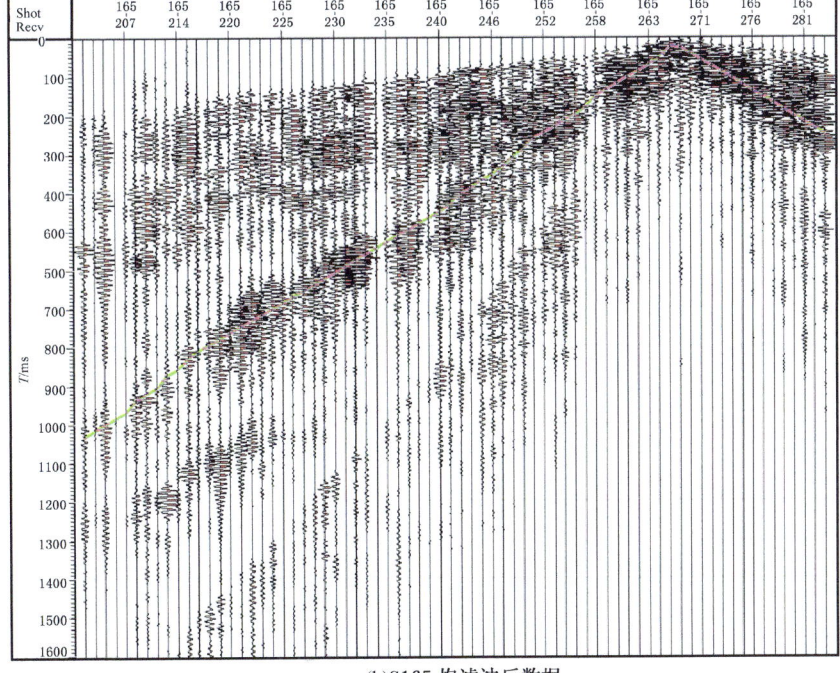

(b)S165 炮滤波后数据

图 12-3　S165 炮频率域滤波前后数据

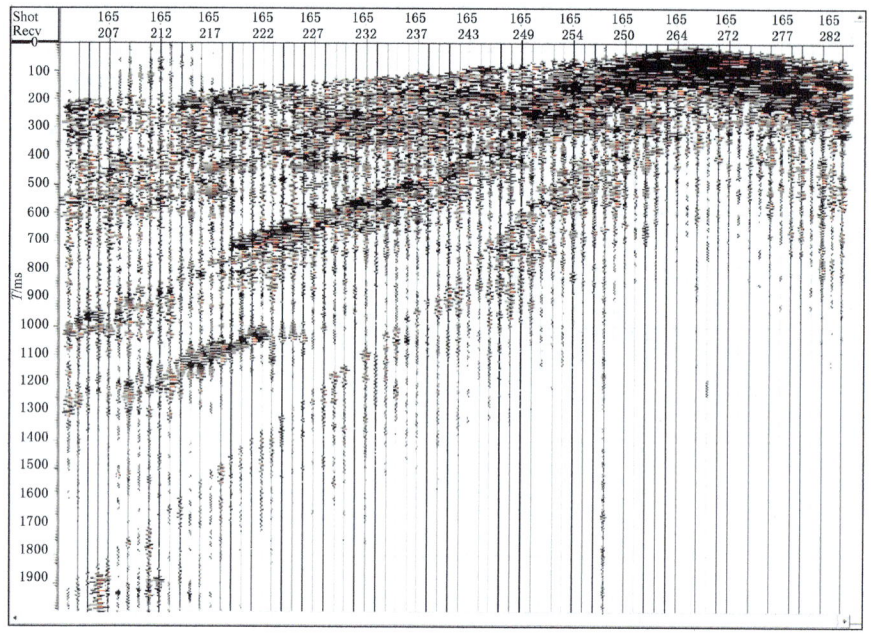

图 12-4　S165 炮反褶积处理图

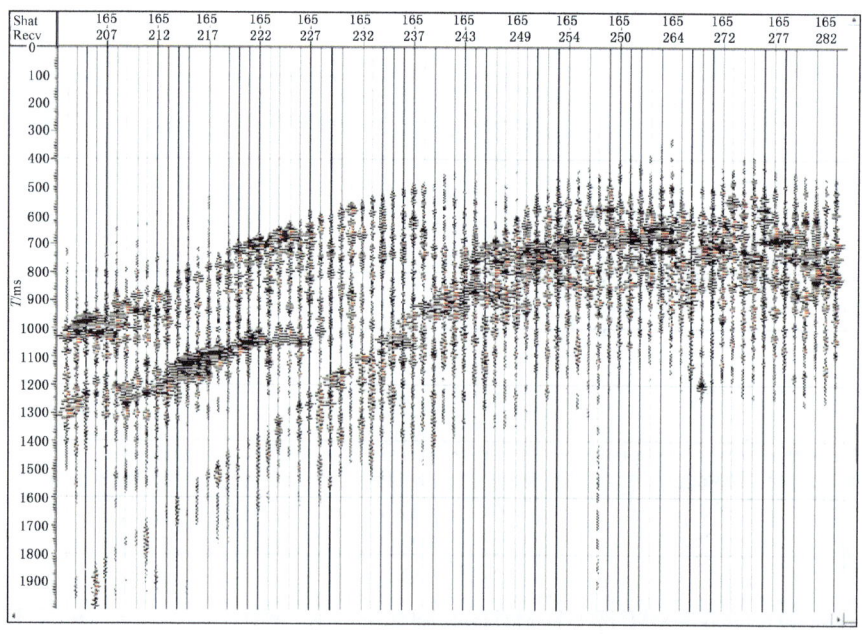

图 12-5　S165 炮径向道变换

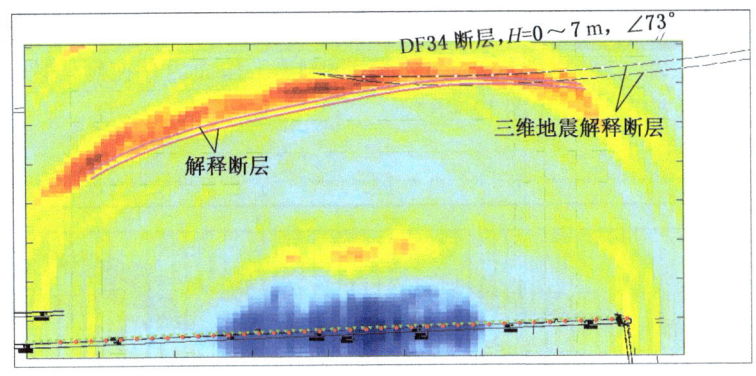

图 12-6 反射槽波断层解释图

态，不能对断层的上下盘、落差进行准确解释。本次断层落差及上下盘的解释，主要依据槽波能量变化趋势，并结合三维地震资料进行解释。初步解释 DF34 断层为正断层，断层总体走向 N50°E，落差大于 1/2 煤厚，距离巷道测线约 250～350 m，延展长度约为 650 m。

矿方在 I040204 工作面另一条巷道掘进过程中见到了 DF34 断层，实际位置如图 12-7 所示，实际揭露位置和反射槽波解释位置偏差 10 m，两者基本吻合，说明槽波反射结果是正确的。

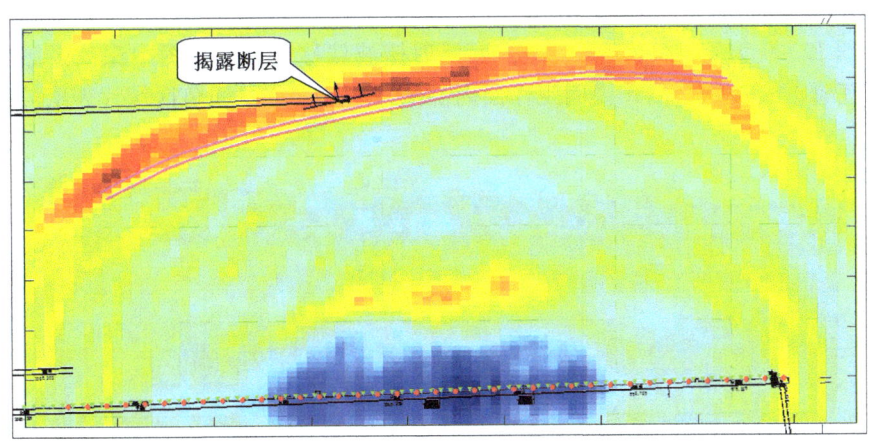

图 12-7 DF34 断层实际揭露位置

12.2 断层探测实例二

根据地面三维地震资料显示,山西某矿 9317 工作面内存在延伸较长的断层,存在未知的地质构造隐患(图 12-8)。

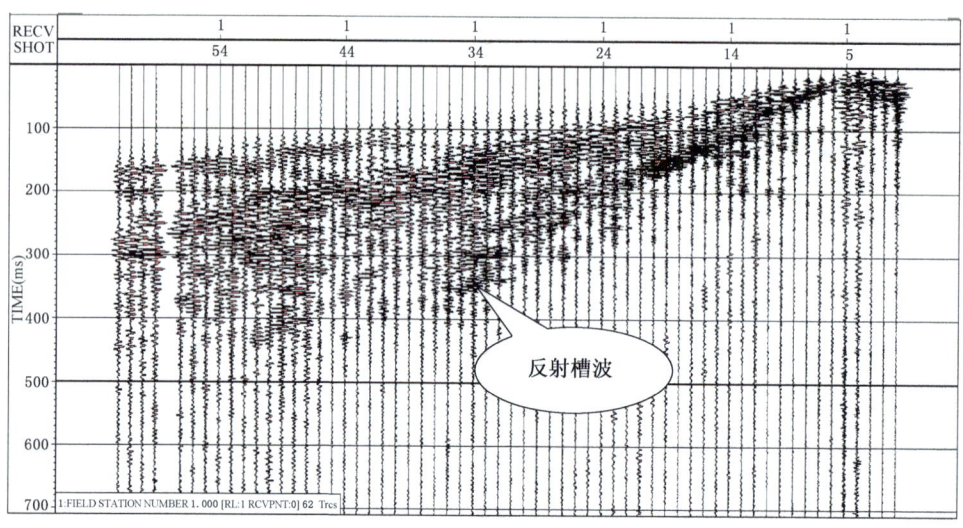

图 12-8 反射槽波记录(该实例由西安中地博睿探测科技公司提供)

9317 工作面回风巷设计槽波测线长度 650 m,接收道距 10 m,炮距 10 m。

图 12-9 为处理后的 9317 工作面反射槽波偏移成像图,图中深色区域代表槽波正常的穿透工作面,说明工作面内部煤层相对稳定;浅色区域代表槽波发生

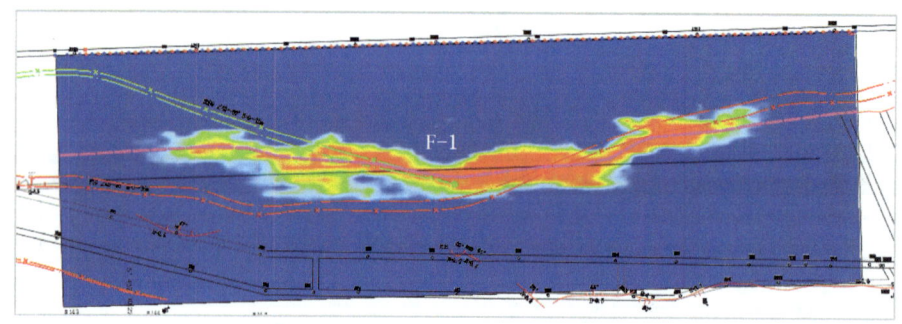

图 12-9 9317 工作面反射槽波偏移成像图

反射的空间位置，表明有断层等地质异常体阻隔。通过分析认为这是一条断层，命名为 F-1，由槽波在煤层中穿透规律判断出 F-1 的落差大于 1/2 煤厚，延伸方向与巷道方向大体一致。

图 12-10 为打钻验证情况，由钻孔情况可知三维地震解释断层偏差较大，矿方解释断层偏差较小，槽波解释断层位置相对最准确。

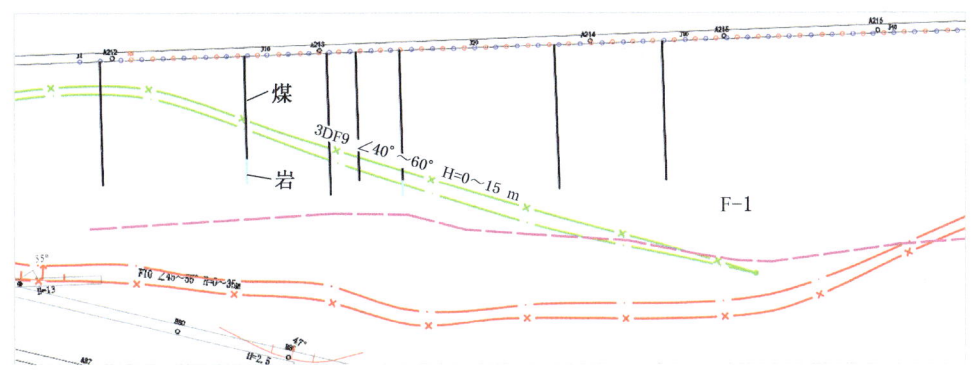

图 12-10 9317 工作面钻孔图

参 考 文 献

[1] Asten M W, Drake L A, Edwards S. In-seam Seismic Love Wave Scattering Modeled by the Finite Element Method [J]. Geophysical Prospecting, 1984, 32: 649-661.

[2] Baumgarte J, Krey Th. Reflexion und Brechung Beim Schragen Durchgang Ebener Seismisgher Wellen durch N Planparallele MEDIEN [J]: Geophysical Prospecting, 1961, 9 (2): 242-260.

[3] Buchanan D J, Jackson P, Davis D. Attenuation and anisotropy of channel waves in coal seams [J]. Geophysics, 1983, 48: 133-147.

[4] Buchanan D J. The Scattering of SH-Channel Waves by a Fault in a Coal Seam [J]. Geophysical Prospecting, 1986, 34: 343-365.

[5] Buchanan D J. The Propagation of Attenuated SH Channel Waves, Geophysical Prospecting, 1978, 26: 16-28.

[6] Chen X.. A systematic and efficient method of computing normal modes for multilayered half-space [J]. Geophysical Journal International, 1993, 115 (2): 391-409.

[7] Cox, K. B. and Mason, I. M. Velocity analysis of the SH-channel wave in the Schwalbach seam at Ensdorf colliery [J]. Geophysical Prospecting, 1988, 36: 298-317.

[8] Dresen L., and Rüter H.. Seismic Coal Exploration, Part B: In-Seam Seismics [M]. Pergamon Oxford, UK, 1994.

[9] Dresen L, Freystitter S. Rayleigh channel waves for the in-seam seismic detection of discontinuities [J]. J. Geophys, 1976, 42: 111-129.

[10] Edwards, Asten M W, Drake l A. P-SV wave scattering by coal seam inhomogeneities [J]. Geophysics, 1985, 50: 214-223.

[11] Essen K., Bohlen T., Friederich W. and Meier T.. Modelling of Rayleigh-type seam waves in disturbed coal seams and around a coal mine roadway [J]. Geophys. J. Int., 2007, 170: 511-526.

[12] Franssens G R, Lagasse P E, Mason I M. Study of leaking channel modes of in-seam exploration seismology by means of synthetic seismograms [J]. Geophysics, 1985, 50 (3): 414-424.

[13] GE M, WANG H, HARDY H R, et al. Void detection at an anthracite mine using an in-seam seismic method [J]. International Journal of Coal Geology, 2008, 73 (3/4): 201-212.

[14] He W X, Ji G Z, Dong S H, et al. Theoretical basis and application of vertical Z-component in-seam wave exploration [J]. Journal of Applied Geophysics, 2017, 138 (3): 91-101.

[15] Ji G Z, Li H, Wei J C, et al. Preliminary study on wave field and dispersion characteristics of channel waves in VTI coal seam media [J]. Acta Geophysica, 2019, 67 (5): 1379-1390.

[16] Ji G Z, Wei J C, Yang S T, et al. Three-component polarization migration of channel waves for prediction ahead of coal roadway [J]. Journal of Applied Geophysics, 2018, 159 (12):

475 – 483.

[17] Korn M, H. Stöckl. Reflection and transmission of Love channel waves at coal seam discontinuities computed with a finite difference method [J]. J. Geophys, 1982, 50: 171 – 176.

[18] Krajewski P, Dresen L, Schott W, et al. Studies of roadway modes in a coal seams by dispersion and polarization analysis: a case history [J]. Geophysical Prospecting, 1987, 35: 767 – 786.

[19] Krey T C. Channel waves as a tool of applied geophysics in coal mining [J]. Geophysics, 1963, 28, 701 – 714.

[20] Krey T, Arnetzb H, Knecht M. Theoretical and practical aspects of absorption in the application of in – seam seismic coal exploration [J]. Geophysics, 1982, 47 (12): 1645 – 1656.

[21] Li H, Zhu P M, Ji G Z, et al. Modified image algorithm to simulate seismic channel waves in 3D tunnel mode [J]. Geophysical Prospecting, 2015, 64 (5): 1259 – 1274.

[22] Li X, Schott W, Rüter H. Frequency – dependent Q – estimation of Love – type channel waves and the application of Gkorrection to seismograms [J]. Geophysics, 1995, 60 (6): 1773 – 1789.

[23] Liu E, Crampins, Roth B. Modelling channel waves with synthetic seismograms in an anisotropic in – seam seismic survey [J]. Geophysical Prospecting, 1991, 40 (5): 13 – 540.

[24] Mason I M, Buchanan D J, Booer A K. Fault location by underground seismic survey [J]. Communications Radar & Signal Processing Iee Proceedings F, 1980, 127 (4): 322 – 336.

[25] Morcote A, Mavko G, Prasad M. Dynamic elastic properties of coal [J]. Geophysics, 2010, 75 (6): E227 – E234.

[26] Rader D, Schott W, Dresnl L, et al. Calculation of Dispersion Curves and Amplitude – depth Distributions of Love Channel Waves in Horizontally – layered Media [J]. Geophysical Prospecting, 1985, 33: 800 – 816.

[27] Thomsen L. Weak elastic anisotropy [J]. Geophysics, 1986, 51 (10): 1954 – 1966.

[28] Wang B, Liu S, Zhou F, et al. Diffraction Characteristics of Small Fault ahead of tunnel face in coal roadways [J]. Earth Sciences Research Journal, 2017, 21 (2): 95 – 99.

[29] Yang S T, Wei J C, Cheng J L, et al. Numerical simulations of full – wave fields and analysis of channel wave characteristics in 3 – D coal mine roadway models [J]. Applied Geophysics, 2016, 13 (4): 621 – 630.

[30] Yang X H, Cao S Y, Li D C, et al. Analysis of quality factors for Rayleigh channel waves [J]. Applied Geophysics, 2014, 11 (1): 107 – 114.

[31] 陈同俊. P波方位AVO理论及煤层裂隙探测技术 [D]. 徐州：中国矿业大学, 2009.

[32] 程建远, 江浩, 姬广忠, 等. 基于节点式地震仪的煤矿井下槽波地震勘探技术 [J]. 煤炭科学技术, 2015, 43 (2): 25 – 28.

[33] 程建远, 石显新. 中国煤炭物探技术的现状与发展 [J]. 地球物理学进展, 2013, 28 (4): 2024 – 2032.

[34] 程久龙,刘天放. 黏弹介质中 Love 型槽波的传播特性 [C]. 北京:地震出版社,1992.

[35] 董守华. 气煤弹性各向异性系数实验测试 [J]. 地球物理学报,2008 (3):947-952.

[36] 冯磊,周明夯,董郑,等. 矿井槽波地震数据极化特征分析 [J]. 煤炭学报,2015,40 (8):1886-1893.

[37] 郭银景,巨媛媛,范晓静,等. 槽波地震勘探研究进展 [J/OL]. 煤田地质与勘探:1-12 [2019-09-23].

[38] 何文欣. 工作面断层的三维槽波波场模拟与探测方法研究 [D]. 徐州:中国矿业大学,2017.

[39] 何耀锋,陈蔚天,陈晓非. 利用广义反射—透射系数方法求解含低速层水平层状介质模型中面波频散曲线问题 [J]. 地球物理学报,2006 (4):1074-1081.

[40] 胡国泽,滕吉文,皮娇龙,等. 井下槽波地震勘探——预防煤矿灾害的一种地球物理方法 [J]. 地球物理学进展,2013,28 (1) 439-451.

[41] 胡泽安,刘盛东,王勃. 煤层槽波的极化特征及其滤波 [J]. 合肥工业大学学报(自然科学版),2015 (3):387-392.

[42] 姬广忠,程建远,胡继武,等. 槽波衰减系数成像方法及其应用 [J]. 煤炭学报,2014,39 (S2):471-475.

[43] 姬广忠,程建远,朱培民,等. 煤矿井下槽波三维数值模拟及频散分析 [J]. 地球物理学报,2012,55 (2):645-654.

[44] 姬广忠,魏久传,杨思通,等. HTI 煤层介质槽波波场与频散特征初步研究 [J]. 地球物理学报,2019,62 (2):645-654.

[45] 姬广忠. 反射槽波绕射偏移成像及应用 [J]. 煤田地质与勘探,2017,45 (1):121-124.

[46] 蒋锦朋,何良,朱培民,等. 基于槽波的 TVSP 超前探测方法:可行性研究 [J]. 地球物理学报,2018,61 (9):3865-3875.

[47] 金丹,程建远,覃思,等. 煤矿井下地震勘探资料特殊处理方法及效果 [J]. 煤田地质与勘探,2014,42 (4):72-76.

[48] 金丹. 基于时窗能量比的槽波地震散射成像方法 [J]. 煤矿安全,2019,50 (7):234-237.

[49] 乐勇,王伟,申青春,等. 槽波地震勘探技术在工作面小构造探测中的应用 [J]. 煤田地质与勘探,2013,41 (4):74-77.

[50] 李东会. 煤储层各向异性波场模拟与特征分析 [D]. 徐州:中国矿业大学,2012.

[51] 李刚,王季,牛欢,等. 透射槽波探测煤矿陷落的方法及应用 [J]. 煤炭技术,2016,35 (12):135-137.

[52] 李松营,廉洁,滕吉文,等. 基于槽波透射法的采煤工作面煤厚解释技术 [J]. 煤炭学报,2017,42 (3):719-725.

[53] 李松营,廉洁,姚小帅,等. 槽波地震勘探应用技术 [M]. 北京:煤炭工业出版社,2016.

[54] 刘强,程建远,王保利,等. Rayleigh 型与 Love 型槽波波场分离[J]. 煤田地质与勘探,2017,45(6):143-148.
[55] 刘胜. 大同煤田地质构造综合探测技术应用[J]. 中国煤田地质,2005,1,50-51+66.
[56] 刘盛东,刘静,岳建华. 中国矿井物探技术发展现状和关键问题[J]. 煤炭学报,2014,39(1):19-25.
[57] 刘天放,潘冬明,李德春,等. 槽波地震勘探[M]. 徐州:中国矿业大学出版社,1994.
[58] 马欣. 槽波地震数据频散分析方法及其应用研究[D]. 青岛:山东科技大学,2019.
[59] 马欣,杨思通,李新凤,等. 基于透射槽波的采煤工作面陷落柱探测模拟研究[J]. 煤矿安全,2019,50(4):32-36.
[60] 牟永光,裴正林. 三维复杂介质地震数值模拟[M]. 北京:石油工业出版社,2005.
[61] 潘冬明,刘天放. 洛夫型槽波的有限差分合成[J]. 中国煤田地质,1990,2,54-59.
[62] 皮娇龙,滕吉文,刘有山. 地震槽波的数学—物理模拟初探[J]. 地球物理学报,2018,61(6):2481-2493.
[63] 皮娇龙,滕吉文,杨辉,等. 地震槽波动力学特征物理—数学模拟及应用进展[J]. 地球物理学进展,2013,28(2):958-974.
[64] 钱建伟,李德春. Love 型槽波的基本特性研究[J]. 中国煤炭地质,2013,25(9):52-54.
[65] 乔勇虎,滕吉文. 煤层厚度变化时地震槽波理论频散曲线计算方法及频散特征分析[J]. 地球物理学报,2018,61(8):3374-3384.
[66] 任亚平. 槽波地震勘探在煤矿大型工作面的应用[J]. 煤田地质与勘探,2015,43(3):102-104.
[67] 沈鸿雁. 反射波法隧道井巷地震超前预报研究[D]. 西安:长安大学,2006.
[68] 王保利,金丹. 矿井槽波地震数据处理系统 Geo Coal 软件开发与应用[J]. 煤田地质与勘探,2019,47(1):174-180.
[69] 王季. 反射槽波探测采空巷道的实验与方法[J]. 煤炭学报,2015,40(8):1879-1885.
[70] 王为民. 矿井下探测含水、导水构造的物探方法[J]. 煤田地质与勘探,1996,3,54-56.
[71] 王伟,高星,李松营,乐勇,等. 槽波层析成像方法在煤田勘探中的应用——以河南义马矿区为例[J]. 地球物理学报,2012,55(3):1054-1062.
[72] 王文德,刘玉忠. 钻孔槽波地震勘探的研究[J]. 煤田地质与勘探,1997,5.
[73] 王文德. 煤层的槽波赋存状况及其分类[J]. 煤炭学报,1997(4):32-35.
[74] 王赟,许小凯,张玉贵. 常温压条件下六种变质程度煤的超声弹性特征[J]. 地球物理学报,2016,59(7):2726-2738.
[75] 王赟,许小凯,张玉贵. 六种不同变质程度煤的纵横波速度特征及其与密度的关系

[J]. 地球物理学报, 2012, 55 (11): 3754-3761.
[76] 卫金善, 张晋武. 综合勘探方法在成庄矿井地质构造探测中的应用 [J]. 中国煤田地质, 2002, 4, 19-20+22.
[77] 吴海. 矿井节点式槽波探测仪研制 [J]. 煤炭技术, 2016, 35 (11): 281-283.
[78] 徐果明, 倪四道, 王汉标. 瑞利型槽波的本征方程及其应用 [J]. 煤炭学报, 1998, 23 (2), 124-129.
[79] 杨思通, 程久龙. 煤巷小构造 Rayleigh 型槽波超前探测数值模拟 [J]. 地球物理学报, 2012, 55 (2): 655-662.
[80] 杨思通. 矿井巷道地震超前探测三维全波场数值模拟与探测方法研究 [D]. 青岛: 山东科技大学, 2011.
[81] 杨文强. 槽波地震勘探的数学物理模型研究 [J]. 地质与勘探, 2001, 3, 58-60.
[82] 杨小慧, 李德春, 于鹏飞. 煤层中瑞利型导波的能量分布 [J]. 煤田地质与勘探, 2011, 39 (4): 64-66.
[83] 杨真, 冯涛. 0.9 m 薄煤层 SH 型槽波频散特征及波形模式 [J]. 地球物理学报, 2010, 53 (2): 442-449.
[84] 于景邨, 刘志新, 岳建华, 等. 煤矿深部开采中的地球物理技术现状及展望 [J]. 地球物理学进展, 2007 (2): 586-592.
[85] 张凯, 张保卫, 刘建勋, 等. 层状黏弹性介质中 Rayleigh 波频散曲线"交叉"现象分析 [J]. 地球物理学报, 2016, 59 (3): 972-980.
[86] 张平松, 刘盛东, 吴健生. 隧道及井巷工程超前探测模拟及其偏移技术研究 [J]. 岩石力学与工程学报, 2007 (S1): 113-117.
[87] 张庆庆, 吴海. 矿用节点式地震仪研制 [J]. 煤炭技术, 2017, 36 (6): 251-253.
[88] 赵存明, 王信文, 杨元海, 等. 小间距煤层群采区开采地质条件的探测与评价 [J]. 煤田地质与勘探, 1998 (6): 22-24.
[89] 赵朋朋. 槽波透射与反射联合勘探在小构造探测中的应用 [J]. 煤炭工程, 2017, 49 (5): 47-50.
[90] 左德坤. 西德槽波地震技术现状 [J]. 矿业安全与环保, 1981 (4): 50-61.